MySQL数据库原理与应用

微课视频·题库版

王金恒 王煜林 刘卓华 陈孝如 主编

清華大學出版社
北京

内 容 简 介

本书全面介绍 MySQL 数据库的相关知识点。全书共 15 章，内容主要涵盖数据库概述，MySQL 工具的使用，结构化查询语言，MySQL 数据库管理，MySQL 数据表管理，表记录的检索，视图与索引，数据处理之增、删、改，存储过程与游标，函数，触发器，事务处理，数据库安全，MySQL 数据库的备份和恢复以及部署和运行数据库学习系统等内容。每章列举了大量的案例，并设置了课业任务，可以帮助读者消化知识点，最后一章的项目是对整个知识点的综合运用，做到从案例到课业任务，再到项目，层层递进，环环相扣，帮助读者提高学习兴趣。

本书共有 153 个案例、78 个课业任务，每个课业任务配有对应的教学视频，随书配备教学大纲、教学课件、电子教案、教学进度表、实验报告、程序源码（包括教学管理系统的源码，可用来开展课程设计）、在线题库、习题答案、数据库课程设计教学大纲等教学资源。

本书可作为高等学校工程类专业的数据库相关课程教材，也可以作为数据库爱好者的参考用书。

图书在版编目（CIP）数据

MySQL 数据库原理与应用：微课视频・题库版/王金恒等主编．—北京：清华大学出版社，2023.8
国家级实验教学示范中心联席会计算机学科组规划教材
ISBN 978-7-302-63933-6

Ⅰ．①M…　Ⅱ．①王…　Ⅲ．①SQL 语言－数据库管理系统－高等学校－教材　Ⅳ．①TP311.132.3

中国国家版本馆 CIP 数据核字（2023）第 115792 号

策划编辑：魏江江
责任编辑：王冰飞　吴彤云
封面设计：刘　键
责任校对：李建庄
责任印制：沈　露

出版发行：清华大学出版社
　　网　　址：http://www.tup.com.cn，http://www.wqbook.com
　　地　　址：北京清华大学学研大厦 A 座　　**邮　　编**：100084
　　社 总 机：010-83470000　　**邮　　购**：010-62786544
　　投稿与读者服务：010-62776969，c-service@tup.tsinghua.edu.cn
　　质量反馈：010-62772015，zhiliang@tup.tsinghua.edu.cn
　　课件下载：http://www.tup.com.cn，010-83470236
印 装 者：三河市龙大印装有限公司
经　　销：全国新华书店
开　　本：185mm×260mm　　**印　张**：22.25　　**字　　数**：571 千字
版　　次：2023 年 8 月第 1 版　　**印　　次**：2023 年 8 月第1次印刷
印　　数：1～1500
定　　价：59.80 元

产品编号：101902-01

前 言

党的二十大报告中指出：教育、科技、人才是全面建设社会主义现代化国家的基础性、战略性支撑。必须坚持科技是第一生产力、人才是第一资源、创新是第一动力，深入实施科教兴国战略、人才强国战略、创新驱动发展战略，这三大战略共同服务于创新型国家的建设。高等教育与经济社会发展紧密相连，对促进就业创业、助力经济社会发展、增进人民福祉具有重要意义。

在信息时代，数据是数字经济的宝贵资源，所有应用软件的运行和数据处理都要与数据库进行数据交互。MySQL 是一个小型关系数据库管理系统，具有体积小、速度快、成本低、开放源码等特征。经过多年的发展，MySQL 被广泛应用于各类系统开发中。

本书从数据库概述，MySQL 工具的使用，结构化查询语言，MySQL 数据库管理，MySQL 数据表管理，表记录的检索，视图与索引，数据处理之增、删、改，存储过程与游标，函数，触发器，事务处理，数据库安全，MySQL 数据库的备份和恢复以及部署和运行数据库学习系统等方面全面介绍了 MySQL 数据库。

本书的编者均是从事数据库教学工作近 20 年的一线教师，积累了丰富的教学和实践经验，本书的案例和课业任务均来自广州理工学院校级一流课程"数据库原理与应用"课程组多年的教学迭代实践和反思优化总结。本书内容具有以下 4 个特点。

1. 项目引领

本书利用开发一个数据库学习系统所需的数据库知识点贯穿所有章节，引领读者循序渐进地掌握知识点。第 15 章还通过实践完成数据库学习系统的云端部署。

2. 任务驱动

本书每章都有相关的课业任务，共 78 个，通过课业任务巩固知识点。每完成一章的学习，就可以练习相应的课业任务，学习的成就感和积极性得到提高。

3. 案例强化

本书共有 153 个案例，几乎每个理论都有一个案例，每一章节都有大量的案例帮助读者消化理解相关的知识点。

4. 配套资源丰富

为便于教学,本书提供丰富的配套资源,包括教学大纲、教学课件、电子教案、程序源码、在线作业、习题答案、教学进度表和实验报告。此外,本书还配备了 73 个微课视频,总时长 350 分钟。

资源下载提示

素材(源码)等资源:扫描目录上方的二维码下载。

在线作业:扫描封底的作业系统二维码,登录网站在线做题及查看答案。

微课视频:扫描封底的文泉云盘防盗码,再扫描书中相应章节的视频讲解二维码,可以在线学习。

注:书中带"*"的课业任务对应本书开发的"数据库学习系统"中的部分功能。"数据库学习系统"可作为"数据库原理与应用"课程的课程设计的教学系统。

本书由广州理工学院王金恒、王煜林老师,广东机电职业技术学院刘卓华老师,广州软件学院陈孝如老师和广州四三九九股份有限公司王建成带领广州理工学院天网工作室和云梯工作室团队一起完成。全书共 15 章,其中第 1 章由王金恒、方圆共同编写,第 2~5 章由胡丽颖、王金恒、方圆共同编写,第 6~8 章、第 14 章由黄夏明、王煜林和王建成共同编写,第 9、10、15 章由周修豪、刘卓华和张艳红共同编写,第 11~13 章由曾志豪、陈孝如、谢晓辉共同编写。

广州理工学院计算机科学与工程学院原峰山院长、张艳红老师、谢晓辉老师,天网工作室成员黄海林、温林燕和吴耀辉对本书进行了审稿,在此表示感谢!

由于编者水平有限,书中难免存在疏漏之处,恳请广大师生与读者批评、指正。

王金恒

2023 年 6 月

目 录

源码下载

第1章

数据库概述

CHAPTER 1

“正确选择是决定成功的基础!”在信息时代,数据是数字经济的宝贵资源,所有应用软件的运行和数据处理都要与数据库进行数据交互。本章从为什么要使用数据库、数据库的相关概念、常见的数据库及6个课业任务熟悉关系数据库设计的6个阶段,让读者了解选择MySQL作为数据库是正确的选择。

【教学目标】

- 了解为什么要使用数据库;
- 了解数据库的相关概念;
- 熟悉常见的数据库;
- 了解关系数据库与非关系数据库;
- 掌握设计数据库的步骤。

【课业任务】

王小明想开发一个数据库学习系统,前期已经有了Java语言基础,现在想确定一种数据库技术支撑数据库学习系统的开发,实现增、删、改、查等功能,并通过6个课业任务了解数据库设计的步骤。

*课业任务1-1　开发数据库学习系统的需求分析

*课业任务1-2　数据库学习系统的概念结构设计

*课业任务1-3　数据库学习系统的逻辑结构设计

*课业任务1-4　数据库学习系统的物理结构设计

课业任务1-5　数据库的实施

课业任务1-6　数据库的运行和维护

1.1 为什么要使用数据库

1.1.1 何为数据库

数据库(Database,DB)是按照数据结构组织、存储和管理数据的仓库,它产生于 60 多年前,随着信息技术和市场的发展,特别是在 20 世纪 90 年代以后,数据管理不再仅仅是存储和管理数据,而转变成用户所需要的各种数据管理的方式。数据库有很多种类型,从最简单的存储各种数据的表格到能够进行海量数据存储的大型数据库系统,它们在各个方面得到了广泛的应用。

在信息化社会,充分、有效地管理和利用各类信息资源是进行科学研究和决策管理的前提。数据库技术是管理信息系统、办公自动化系统、决策支持系统等各类信息系统的核心部分,是进行科学研究和决策管理的重要技术手段。

1.1.2 数据库的特点

数据库最显著的特点是数据持久化(Persistence),即把数据保存在可掉电式存储设备中供以后使用。在大多数情况下,特别是企业级应用,数据持久化意味着将内存中的数据保存到硬盘上加以“固化”,而持久化的实现过程大多通过各种关系数据库来完成,如图 1-1 所示。

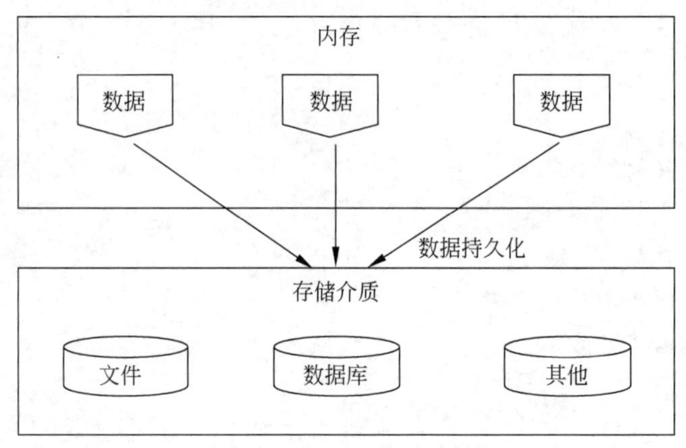

图 1-1　数据库特点图解

数据持久化的主要作用是将内存中的数据存储在关系数据库中,也可以存储在磁盘文件、XML 数据文件中。

1.2 数据库与数据库管理系统

1.2.1 数据库的相关概念

1. 数据表

数据表(Table)是一个二维表格,是用来存储数据和操作数据的逻辑结构。它由纵向的列和横向的行组成。行被称为记录,列被称为字段,每列表示记录的一个属性,有相应的描述信息,如数据类型、数据宽度等。

2. 数据库

数据库是存储数据的“仓库”,其本质是一个文件系统。一个数据库可以包含多个数据表,

图 1-2 所示为本书设计和开发的数据库学习系统所需的数据库和数据表，数据库学习系统所需的 db_study 数据库包含若干个数据表，保存在安装路径的 Date 文件夹中。

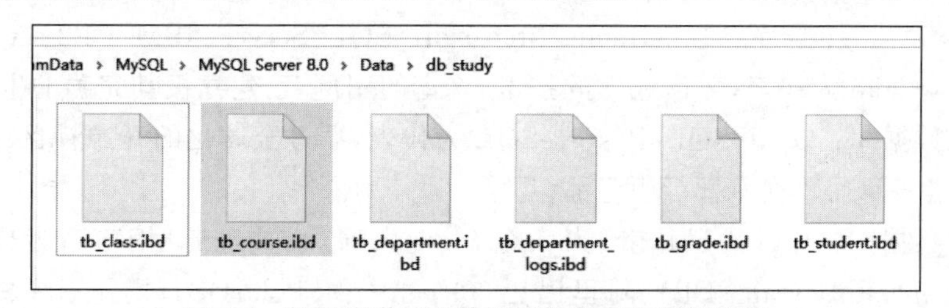

图 1-2　数据库学习系统所需的数据库和数据表

3. 数据库管理系统

数据库管理系统(Database Management System，DBMS)是一种操纵和管理数据库的大型软件，用于建立、使用和维护数据库，对数据库进行统一管理和控制，用户通过数据库管理系统访问数据库中表内的数据。

4. 数据库系统

数据库系统(Database System，DBS)是一个人-机系统，由硬件、软件(操作系统)、数据库、DBMS、数据库管理员组成。

1.2.2　数据库与数据库管理系统的关系

数据库管理系统(DBMS)可以管理多个数据库，一般开发人员会针对每个应用创建一个数据库。为了保存应用中实体的数据，一般会在数据库中创建多个表。数据库系统、数据库管理系统、数据库和表的关系如图 1-3 所示。

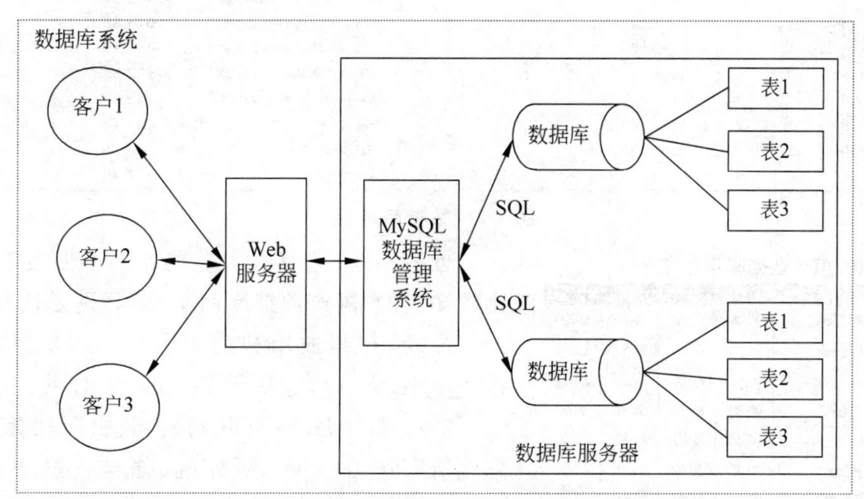

图 1-3　数据库系统、数据库管理系统、数据库和表的关系

1.2.3　数据库管理系统的排名

根据中国计算机学会(China Computer Federation，CCF)数据库专业委员会于 2021 年 12 月发布的《数据库系统的分类和测评研究》，数据库有 3 种常用分类：按照数据模型可分为关系数据库、非关系数据库；按照架构可分为单机数据库、集中式数据库、分布式数据库；按照部署形态可分为本地化部署数据库和云部署数据库。关系数据库是主流的数据库产品之一。

根据艾瑞咨询统计,中国市场中约 90%的数据库是关系数据库。

当前中国的数据库参与者可以分为三大类。

(1) 海外商业数据库:以 Oracle、Microsoft SQL Server、IBM DB2、Amazon、SAP、Teradata、Snowflake 为代表,凭借成熟的技术、丰富的用例,已建立极其完善的生态。

(2) 开源数据库:以 MySQL、PostgreSQL 为代表,通过全球化的开源社区形成强大的生态,并孵化出诸多商业数据库发行版产品。

(3) 国内数据库:有以武汉达梦、人大金仓、南大通用、神舟通用、瀚高为代表的老牌厂商,有华为(openGauss、GaussDB)、阿里巴巴(OceanBase、PolarDB)、腾讯(TDSQL)等大厂,有 PingCAP(TiDB)、海量数据(Vastbase)、优炫(UXDB)等初创厂商,也有基于自身业务需求延伸到数据库领域的跨界厂商,如中兴、浪潮、东软、亚信科技等。

图 1-4 所示为 2023 年 DB-Engines Ranking 对各个数据库受欢迎度进行调查后的统计结果,其中 Oracle、MySQL、Microsoft SQL Server 位列前三。

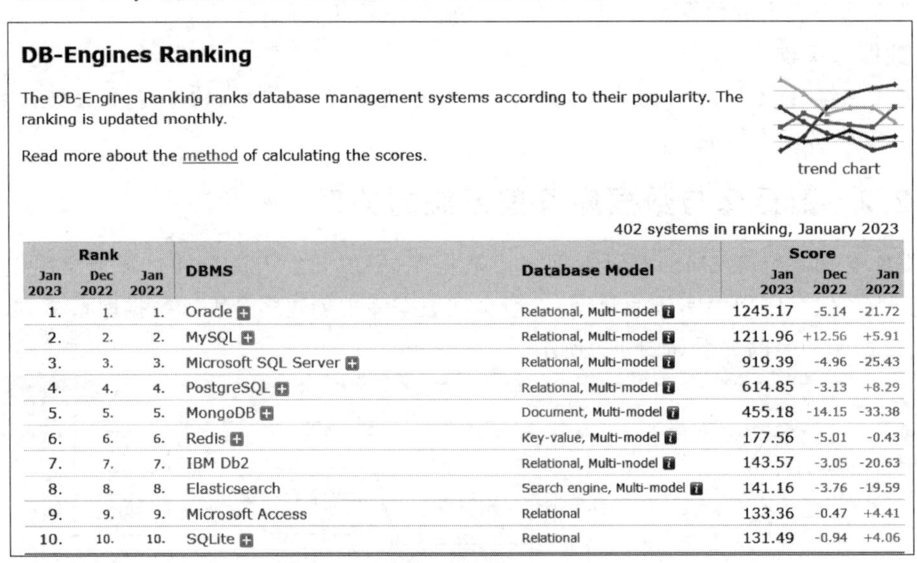

DB-Engines Ranking

The DB-Engines Ranking ranks database management systems according to their popularity. The ranking is updated monthly.

Read more about the method of calculating the scores.

trend chart

402 systems in ranking, January 2023

Rank Jan 2023	Rank Dec 2022	Rank Jan 2022	DBMS	Database Model	Score Jan 2023	Score Dec 2022	Score Jan 2022
1.	1.	1.	Oracle	Relational, Multi-model	1245.17	-5.14	-21.72
2.	2.	2.	MySQL	Relational, Multi-model	1211.96	+12.56	+5.91
3.	3.	3.	Microsoft SQL Server	Relational, Multi-model	919.39	-4.96	-25.43
4.	4.	4.	PostgreSQL	Relational, Multi-model	614.85	-3.13	+8.29
5.	5.	5.	MongoDB	Document, Multi-model	455.18	-14.15	-33.38
6.	6.	6.	Redis	Key-value, Multi-model	177.56	-5.01	-0.43
7.	7.	7.	IBM Db2	Relational, Multi-model	143.57	-3.05	-20.63
8.	8.	8.	Elasticsearch	Search engine, Multi-model	141.16	-3.76	-19.59
9.	9.	9.	Microsoft Access	Relational	133.36	-0.47	+4.41
10.	10.	10.	SQLite	Relational	131.49	-0.94	+4.06

图 1-4 数据库排名

近些年来,随着国产数据库的不断发展与崛起,比较知名的"国产数据库四小龙"分别是达梦数据库、人大金仓、神州通用和南大通用。达梦数据库属于 Oracle 系,人大金仓属于 PostgreSQL 系。

2022 年 6 月,由互联网周刊、中国社会科学院信息化研究中心、eNet 研究院、德本咨询联合推出的《2022 信创数据库企业排行》中前 15 家数据库企业如图 1-5 所示。达梦数据库以综合评分高出第二名 0.02 分的优势排名第一。

2022信创数据库企业排行

RK	企业	性能	市场	创新	综合
1	达梦数据库	90.95	88.86	87.45	89.09
2	南大通用	90.90	88.80	87.52	89.07
3	万里数据库	90.90	88.80	87.52	89.07
4	神舟通用	90.88	88.78	87.34	89.00
5	人大金仓	90.86	88.62	87.15	88.88
6	PingCAP	90.86	88.62	86.15	88.54
7	瀚高软件	90.72	88.49	85.96	88.39
8	中兴	90.64	87.46	87.02	88.37
9	巨杉数据库	90.57	87.61	86.89	88.36
10	天云数据	90.46	87.47	85.43	87.79
11	柏睿数据	90.28	87.38	85.65	87.77
12	易鲸捷	88.94	88.14	84.85	87.31
13	东软集团	89.30	86.55	85.12	86.99
14	爱可生	88.86	86.44	85.06	86.79
15	热璞数据库	88.08	86.38	84.72	86.39

图 1-5 2022 信创数据库企业排行

1.2.4 常见的数据库

1. Oracle

Oracle 是甲骨文公司开发的一款关系数据库管理系统。它在数据库领域一直处于领先地位,它的系统具有可用性强、数据安全性强、稳定性强等优点，适用于各类大、中、小、微机环境。Oracle是一种高效率、可靠性好、适应高吞吐量的数据库解决方案，但是它的扩展性不足，价格昂贵，操作比较复杂。

2. MySQL

MySQL是瑞典的MySQL AB公司开发的一款关系数据库管理系统，属于Oracle旗下产品。它是用C和C++语言编写的，并且使用了多种编辑器进行测试，以保证源代码的可移植性，支持多个操作系统，支持多线程，可以充分地利用中央处理器(Central Processing Unit，CPU)资源，为多种编程语言提供应用程序接口(Application Programming Interface，API)。它优化了结构化查询语言(Structured Query Language，SQL)算法，有效地提高了查询速度。MySQL内提供了用于管理、检查以及优化数据库操作的管理工具。MySQL具有易于使用、性能强大、跨平台、免费的优点。

3. SQL Server

SQL Server是Microsoft公司推出的一款关系数据库系统。它是一个可扩展、高性能、专为分布式客户机/服务器计算设计，实现了与Windows NT的有机结合，提供了基于事务的企业级信息管理系统方案。它具有易用性、适合分布式组织的可伸缩性、用于决策支持的数据仓库功能，具有与许多其他服务器软件紧密关联的集成性，性价比良好。

4. DB2

DB2是IBM公司开发的关系数据库管理系统。它支持面向对象的编程，支持多媒体应用程序，以及存储过程和触发器。用户可以在建表时显式地定义复杂的完整性规则。DB2提供图形用户界面(Graphical User Interface，GUI)和命令行，在Windows和UNIX系统下操作相同。DB2还支持异构分布式数据库访问，支持数据复制。

5. PostgreSQL

PostgreSQL是以加州大学计算机系开发的POSTGRES 4.2版本为基础的对象-关系数据库管理系统。它是一种特性非常齐全的、自由软件的对象-关系数据库管理系统。它支持大部分的SQL标准，并且提供了很多其他现代特性，也可以用许多方法扩展。PostgreSQL的稳定性极强，性能高，速度快，多年来在地理信息系统(Geographic Information System，GIS)领域处于优势地位，并且其“无锁定”特性非常突出。

6. SQLite

SQLite是D. Richard Hipp建立的公有领域项目，是一款轻型的数据库，是具有ACID特性的关系数据库管理系统，它包含在一个相对较小的C库中。SQLite实现了自给自足、无服务器、零配置、事务性的SQL数据库引擎，具有零配置、紧凑、可移植等优点，但不适用于存储过大的数据库，并且与MySQL不同，它不使用固定的日志文件。

7. Informix

Informix是IBM公司出品的关系数据库管理系统(Relational Database Management System，RDBMS)家族。它被定位为作为IBM在线事务处理(On-Line Transaction Processing，OLTP)旗舰级数据服务系统。因此，Informix专注于高可用性和可靠性，并具有适应性强的特点。Informix还具有简单、轻便、易用性等优点。但是，因为其最初是为小型数据库设计的，所以其产品可能仍然存在一些小型数据库的限制，如可扩展性受到限制等。

1.3 关系数据库与非关系数据库

从前面的排名中能看出,关系数据库绝对是 DBMS 的主流,其中排名靠前的 Oracle、MySQL、SQL Server 和国产达梦数据库都是关系数据库。

1.3.1 关系数据库

1. 实质

关系数据库是最古老的数据库类型,关系数据库模型是把复杂的数据结构归结为简单的二元关系(即二维表格形式),如图 1-6 所示。

student_id	student_name	student_gender	student_height	student_birthday	class_id	student_phone
20220101001	王一明	男	158	2005-09-26 07:03:48	B4009	141-5402-7823
20220101002	何宇宁	女	176	2004-09-19 02:53:39	B4001	769-842-5951
20220101003	潘嘉伦	女	173	2005-11-10 13:54:47	B1015	175-4460-0936
20220101004	谭春	女	153	2002-02-21 10:57:13	B1001	28-7282-6419
20220101005	陆岚	男	174	2005-02-15 23:25:25	B3003	176-3255-2591
20220101006	朱子异	女	165	2003-02-20 14:32:34	B5007	163-7226-6158
20220101007	曹秀英	女	179	2005-07-29 15:55:41	B5002	137-6365-4834
20220101008	董子韬	女	165	2004-03-10 19:25:23	B4007	28-0662-5680
20220101009	龚晓明	男	179	2004-07-22 12:19:03	B4009	177-8511-7488
20220101010	许云熙	男	179	2003-12-14 13:19:13	B4008	769-577-3239
20220101011	马子异	男	146	2005-08-24 19:52:46	B4007	132-7319-4472
20220101012	卢安琪	男	166	2004-09-12 02:24:59	B4001	21-008-85[illegible]
20220101013	常云熙	男	155	2002-11-03 07:41:26	B2002	21-155-7266
20220101014	徐震南	女	156	2004-06-12 21:49:56	B4004	184-6277-1788
20220101015	余詩涵	男	162	2003-12-24 09:23:09	B1008	134-5[illegible]
20220101016	张宇宁	女	176	2004-05-10 22:54:31	B4007	183-5946-9849
20220101017	薛秀英	男	145	2005-01-07 11:10:16	B5005	171-0182-6782
20220101018	史晓明	男	158	2003-08-24 23:13:14	B1003	28-3114-9024
20220101019	邓云熙	女	152	2005-08-17 22:49:26	B4007	193-4509-2367
20220101020	姚杰宏	女	148	2004-03-01 05:13:55	B1015	755-0442-8195
20220101021	吴嘉伦	男	156	2002-12-26 18:10:42	B4007	760-659-9567

一个字段
数据
一条记录

图 1-6 数据库学习系统中的数据

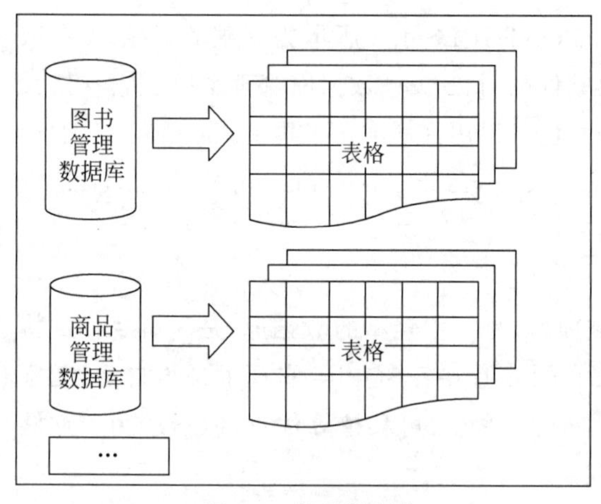

图 1-7 关系数据库

关系数据库以行(Row)和列(Column)的形式存储数据,以便于用户理解。这一系列的行和列被称为表(Table),一组表组成了一个库(Database)。表与表之间的数据记录有关系(Relationship)。现实世界中的各种实体以及实体之间的各种联系均用关系模型来表示。关系数据库就是建立在关系模型基础上的数据库,如图 1-7 所示。SQL 是关系数据库的查询语言。

2. 优势

(1) 复杂查询。用户可以用 SQL 语句方便地在一个表以及多个表之间进行非常复杂的数据查询。

(2) 事务支持。可使对于安全性能很高的数据访问要求得以实现。

1.3.2 非关系数据库

非关系数据库可以看成传统关系数据库的功能阉割版本,它基于键值对存储数据,不需要经过 SQL 层的解析,性能非常高,同时通过减少不常用的功能进一步提高性能。目前大部分主流的非关系数据库都是免费的。

1.3.3 常见的非关系数据库

与 SQL 相比,NoSQL 泛指非关系数据库,包括键值型数据库、文档型数据库、搜索引擎数据库和列式存储数据库等,还包括图形数据库。其实,也只有用 NoSQL 一词才能将这些技术囊括进来。

1. 键值型数据库

键值型数据库通过 Key-Value 的方式存储数据,其中 Key 和 Value 可以是简单的对象,也可以是复杂的对象,如图 1-8 所示。Key 作为唯一的标识符,优点是查找速度快,在这方面键值型数据库明显优于关系数据库;缺点是无法像关系数据库那样使用条件过滤(如 WHERE 语句),如果不知道去哪里找数据,就要遍历所有键,这样就会消耗大量的计算。键值型数据库典型的使用场景是作为内存缓存,Redis 是最流行的键值型数据库。

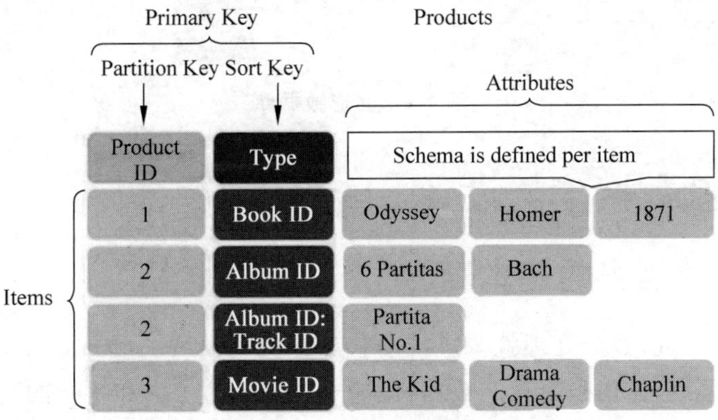

图 1-8 键值型数据库

2. 文档型数据库

文档型数据库可存放并获取文档,可以是 XML、JSON 等格式。在数据库中文档作为处理信息的基本单位,一个文档就相当于一条记录。文档型数据库所存放的文档就相当于键值型数据库所存放的"值",MongoDB 和 CouchDB 是文档型数据库的代表。

3. 搜索引擎数据库

虽然关系数据库采用了索引提升检索效率,但是针对全文索引效率较低。搜索引擎数据库是应用在搜索引擎领域的数据存储形式,由于搜索引擎会爬取大量的数据,并以特定的格式进行存储,这样在检索时才能保证性能最优。搜索引擎的核心原理是"倒排索引"。典型的搜索引擎数据库有 Solr、Elasticsearch、Splunk 等。

4. 列式存储数据库

列式存储数据库是相对于行式存储数据库的,Oracle、MySQL、SQL Server 等数据库是采用行式存储的数据库,而列式存储数据库将数据按照列存储到数据库中,这样做的好处是可以大量降低系统的 I/O,适用于分布式文件系统;不足之处是功能相对有限。典型的列式存储数据库有 HBase 等。

5. 图形数据库

图形数据库利用"图"这种数据结构存储实体(对象)之间的关系。图形数据库最典型的例子就是社交网络中人与人的关系,数据模型主要是以节点和边(关系)来实现,特点在于能高效地解决复杂的关系问题,如图 1-9 所示。图形数据库是一种存储图形关系的数据库,典型的图形数据库有 Neo4J、InfoGrid 等。

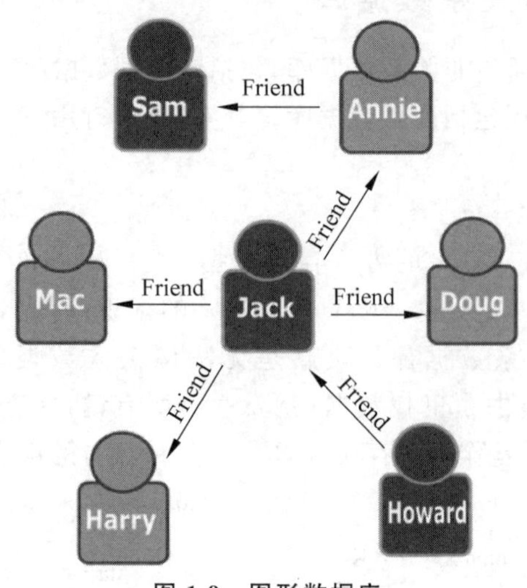

图 1-9 图形数据库

1.4 关系数据库的设计

1.4.1 信息世界的基本概念

从商业计算机出现,数据处理就一直推动着计算机的发展。最开始计算机对数据最重要的需求是存储,在早期,使用磁带存储数据,但随着数据量的扩大和科技的进步,20 世纪 60 年代末硬盘的广泛使用极大地改变了数据处理和存储的情况。1970 年,IBM 公司研究员 Edgar Frank Codd 在 *Communications of ACM* 上发表了 *A Relational Model of Data for Large Shared Data Banks*,拉开了关系数据库软件革命的序幕。随后,Edgar Frank Codd 在 1981 年获得了图灵奖,以表彰其在数据库管理系统的理论与实践领域中根本性的、持续性的贡献。发展到目前,主流的关系数据库有 Oracle、DB2、MySQL、Microsoft SQL Server、MogDB 等,每种数据库的语法、功能和特性各具特色。数据库中的信息世界主要可以抽象为以下基本概念。

1. 实体(Entity)

实体指客观存在并且可以相互区别的事物。实体可以是具体的人、事、物,也可以是抽象的概念或联系。例如,一个部门、一个班级、一个老师、一个学生等都是实体。

2. 属性(Attribute)

实体所具有的某一特性称为实体的属性。一个实体可由若干个属性来描述。例如,学生实体可以用学号、姓名、性别、身高、出生日期、班号、联系电话等属性来描述。

3. 关键字(Key)

唯一标识实体的属性集称为关键字,也叫主键。例如,学号是学生实体的关键字。

4. 域(Domain)

属性的取值范围称为该属性的域。例如,学生实体的性别属性的域为(男,女)。

5. 实体集(Entity Set)

同一类型实体的集合称为实体集。例如,全体学生就是一个实体集,全体教师也是一个实体集。

6. 联系(Relationship)

在现实世界中,事物内部及事物之间普遍存在联系,这些联系在信息世界中表现为实体型内部各属性之间的联系以及实体型之间的联系。两个实体型之间的联系可以分为3类,即一对一联系(1∶1)、一对多联系(1∶n)和多对多联系(m∶n)。

1.4.2 数据模型

数据库结构的基础是数据模型。数据模型是一个描述数据、数据联系、数据语义以及一致性约束的概念工具的集合。数据模型的作用是将用户数据进行有效的组织,使其成为数据库,并能进行访问和数据处理。

数据模型有很多种,这里介绍常见的4种数据模型。

1. 关系模型(Relation Model)

关系模型用表的集合表示数据和数据之间的联系。每个表有多个列,每列有唯一的列名。表也称作关系。关系模型是基于记录的模型的一种。基于记录的模型指的是数据库是由若干种固定格式的记录构成的。表的列对应于记录类型的属性。关系模型是使用最广泛的数据模型,当今大量的数据库系统都基于这种模型。

2. 实体-联系模型

实体-联系(E-R)模型使用一组称作实体的基本对象,以及这些对象之间的联系。实体是现实世界中可区别于其他对象的一件"事情"或一个"物体"。实体-联系模型被广泛地用于数据库设计。

3. 半结构化数据模型

半结构化数据模型允许相同类型的数据项包含不同属性集的数据定义。这和数据模型形成了对比,在数据模型中特定类型的每个数据项都必须有相同的属性集。JSON和可扩展标记语言被广泛地用于表示半结构化数据。

4. 面向对象数据模型

目前,面向对象的程序设计(特别是Java、C++或C#语言)已经成为主流的软件开发方法,这导致面向对象数据模型的发展。面向对象数据模型可以看成对实体-联系模型的扩展,增加了封装、方法和对象标识等概念。

根据应用的目的不同,将数据模型分为两个层次——概念模型和结构数据模型。概念模型(即实体-联系模型)是从用户的角度对信息进行建模;结构数据模型(即关系模型)是从计算机应用的角度对数据进行建模。

概念模型一般使用实体-联系(E-R)图表示,在E-R图中包含了实体、属性和联系3个要素。

(1) 实体:即数据对象,对应现实世界中的"事物",用矩形框表示。

(2) 属性:实体具有的某一特性,用椭圆框表示。

(3) 联系:实体集之间的对应关系,用菱形框表示。

图1-10所示为班级和学生的E-R图。

在将E-R模型中的实体、属性以及实体之间的联系转换为关系模式时,一个实体对应一

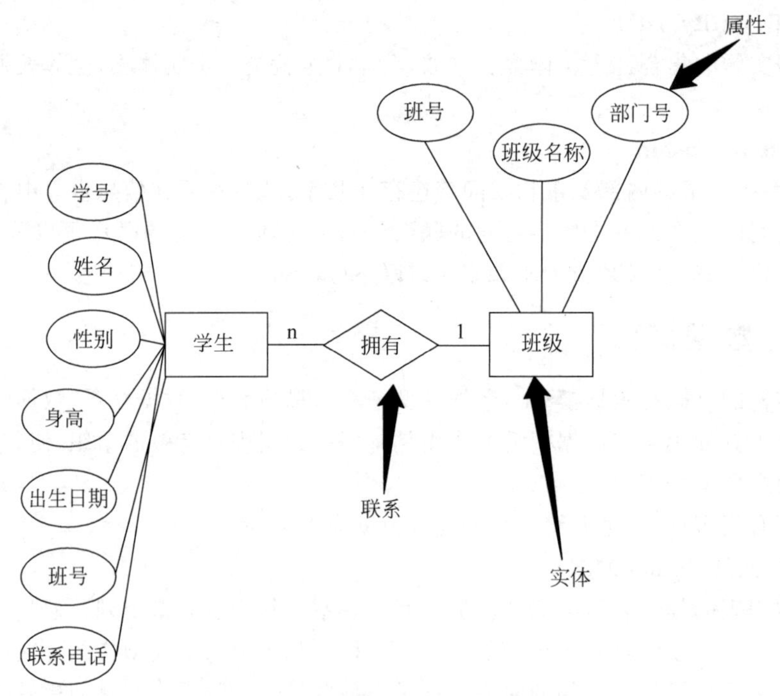

图 1-10 班级和学生的 E-R 图

个关系模式,每个关系模式内需要有主键以及其他必要的属性,同时还要反映实体之间的联系,用外键实现。班级和学生的关系模式表示如下。

学生表(学号,姓名,性别,身高,出生日期,班号,联系电话)

班级表(班号,班级名称,部门号)

其中,学号是学生表的主键,班号是学生表的外键,在学生表中还需要有姓名、性别、身高、出生日期以及联系电话等必要的属性;班号是班级表的主键,部门号是班级表的外键,部门表还需要有部门名称属性。

1.4.3 关系模型的完整性约束

关系模型的完整性约束是为了保证数据库中数据的正确性和相容性,对关系模型提出的某种约束条件或规则。完整性通常包括域完整性、实体完整性、参照完整性和用户定义完整性,其中域完整性、实体完整性和参照完整性是关系模型必须满足的完整性约束条件。

1. 域完整性(Domain Integrity)

域完整性用于保证数据库中字段取值的合理性,属性值应是域中的值,这是关系模式规定的。除此之外,一个属性能否为 NULL,这是由语义决定的,也是域完整性约束的主要内容。域完整性约束(Domain Integrity Constrains)是最简单、最基本的约束。在现在的关系数据库中,一般都有域完整性约束检查功能。

2. 实体完整性(Entity Integrity)

实体完整性是指关系的主关键字不能重复,也不能取"空值"。一个关系对应现实世界中的一个实体集。现实世界中的实体是可以相互区分、识别的,即它们应具有某种唯一性标识。在关系模式中,以主关键字作为唯一性标识,主关键字中的属性(称为主属性)不能取空值,否则表明关系模式中存在着不可标识的实体(因空值是"不确定"的),这与现实世界中的实际情况相矛盾，这样的实体就不是一个完整实体。按实体完整性规则的要求，主属性不能取空值，如果主关键字是多个属性的组合，则所有主属性都不能取空值。

3. 参照完整性(Referential Integrity)

参照完整性是定义建立关系之间联系的主关键字与外部关键字引用的约束条件。在关系数据库中通常包含多个存在相互联系的关系，关系与关系之间的联系是通过公共属性来实现的。所谓公共属性，是一个关系 R(称为被参照关系或目标关系)的主关键字，同时又是另一个关系 K(称为参照关系)的外部关键字。

1.4.4 关系运算

关系代数由一组运算组成，这些运算以一个或两个关系作为输入，并生成一个新的关系作为它们的结果。关系代数的运算对象是关系，运算结果也是关系，关系代数用到的运算符主要有 4 类，即∪(并)、－(差)、∩(交)和×(广义笛卡儿积)。

设有关系 R 和 S，如图 1-11 所示。

关系R

A	B	C
a	b	c
b	a	d
c	d	e
d	f	g

关系S

A	B	C
b	a	d
d	f	g
f	h	k

图 1-11　关系 R 和 S

关系 R 和 S 进行并运算的结果如图 1-12 所示。

关系 R 和 S 进行差运算的结果如图 1-13 所示。

R∪S

A	B	C
a	b	c
b	a	d
c	d	e
d	f	g
f	h	k

图 1-12　关系 R 和 S 进行并运算的结果

R−S

A	B	C
a	b	c
c	d	e

图 1-13　关系 R 和 S 进行差运算的结果

关系 R 和 S 进行交运算的结果如图 1-14 所示。

关系 R 和 S 进行笛卡儿积运算的结果如图 1-15 所示。

关系数据库中的数据运算符在集合运算符外，还有专门的关系运算符——σ(选择)、Π(投影)、∞(连接)。

R∩S

A	B	C
b	a	d
d	f	g

图 1-14　关系 R 和 S 进行交运算的结果

在本书即将开发的数据库学习系统中有学生表(tb_student)和班级表(tb_class)，学生表中有 student_id(学号)、student_name(姓名)、student_gender(性别)、student_height(身高)、student_birthday(出生日期)、class_id(班号)、student_phone(联系电话)7 个字段，如图 1-16 所示；班级表中有 class_id(班号)、class_name(班级名称)、department_id(部门号)3 个字段，如图 1-17 所示。

R×S

R.A	R.B	R.C	S.A	S.B	S.C
a	b	c	b	a	d
a	b	c	d	f	g
a	b	c	f	h	k
b	a	d	b	a	d
b	a	d	d	f	g
b	a	d	f	h	k
c	d	e	b	a	d
c	d	e	d	f	g
c	d	e	f	h	k
d	f	g	b	a	d
d	f	g	d	f	g
d	f	g	f	h	k

图 1-15　关系 R 和 S 进行笛卡儿积运算的结果

student_id	student_name	student_gender	student_height	student_birthday	class_id	student_phone
20220101001	王一明	男	158	2005-09-26 07:03:48	B4009	141-5402-7823
20220101002	何宇宁	女	176	2004-09-19 02:53:39	B4001	769-842-5951
20220101003	潘嘉伦	女	173	2005-11-10 13:54:47	B1015	175-4460-0936
20220101004	谭春	女	153	2002-02-21 10:57:13	B1001	28-7282-6419
20220101005	陆岚	男	174	2005-02-15 23:25:25	B3003	176-3255-2591
20220101006	朱子异	女	165	2003-02-20 14:32:34	B5007	163-7226-6158
20220101007	曹秀英	女	179	2005-07-29 15:55:41	B5002	137-6365-4834
20220101008	萧子韬	女	165	2004-03-10 19:25:23	B4007	28-0662-5680
20220101009	龚晓明	男	179	2004-07-22 12:19:03	B4009	177-8511-7488
20220101010	许云熙	男	179	2003-12-14 13:19:13	B4008	769-577-3239
20220101011	马子异	男	146	2005-08-24 19:52:46	B4007	132-7319-4472
20220101012	卢安琪	男	166	2004-09-12 02:24:59	B4001	21-008-8508
20220101013	常云熙	男	155	2002-11-03 07:41:26	B2002	21-155-7266

图 1-16　学生表(tb_student)

class_id	class_name	department_id
B1001	22计科1班	X01
B1002	22计科2班	X01
B1003	22计科3班	X01
B1004	22计科4班	X01
B1005	22计科5班 (Z)	X01
B1006	22计科6班 (Z)	X01
B1007	22软件1班	X01
B1008	22软件2班	X01
B1009	22软件3班	X01
B1010	22软件4班	X01
B1011	22软件5班	X01
B1012	22软件6班 (Z)	X01
B1013	22软件7班 (Z)	X01

图 1-17　班级表(tb_class)

1. 选择运算(σ)

选择运算是单目运算,是从关系 R 中找出满足给定条件 F 的所有元组,组成一个新的关系。

【案例 1-1】 查找姓王的同学的信息。

关系 R 为学生表,条件 F 为姓王的同学,组成的新关系如图 1-18 所示,找到了王一明同学的全部信息。

2. 投影运算(Π)

投影运算是单目运算,关系 R 上的投影是从 R 中选择若干属性列 A,删去重复的元组,组成新的关系。

student_id	student_name	student_gender	student_height	student_birthday	class_id	student_phone
20220101001	王一明	男	158	2005-09-26 07:03:48	B4009	141-5402-7823

图 1-18　选择运算的结果

【案例 1-2】 查找学生表中的学号、姓名信息。

关系 R 为学生表,属性列 A 为学生表中的学号列和姓名列,删除重复记录(因为学号是主键,要求值不能重复,所以不存在重复记录),组成新的关系,如图 1-19 所示。

3. 连接运算(∞)

连接运算是二目运算,即从两个关系的属性名中选择满足连接条件的元组,组成新的关系。

【案例 1-3】 查找姓王的同学的学号、姓名和成绩。

关系表为学生表(tb_student)和成绩表(tb_grade),条件是姓王的同学,属性列 A 为学生表中的学号列、姓名列以及成绩表中的成绩列,组成新的关系,如图 1-20 所示。

student_id	student_name
20220101001	王一明
20220101002	何宇宁
20220101003	潘嘉伦
20220101004	谭春
20220101005	陆岚
20220101006	朱子异
20220101007	曹秀英
20220101008	萧子韬
20220101009	龚晓明
20220101010	许云熙
20220101011	马子异
20220101012	卢安琪

图 1-19 投影运算的结果

student_id	student_name	grade_score
20220101001	王一明	59
20220101001	王一明	81

图 1-20 连接运算的结果

1.4.5 设计关系数据库的基本步骤

按照规范设计的方法,考虑数据库及其应用系统开发的全过程,将数据库设计分为以下 6 个阶段。

(1) 需求分析(用户需要分析)。

(2) 概念结构设计(用 E-R 模型对现实进行描述)。

(3) 逻辑结构设计(转换为计算机可以表达的方式——关系模型,即表)。

(4) 物理结构设计(功能描述)。

(5) 数据库的实施(开发)。

(6) 数据库的运行和维护(应用与维护)。

课业任务

*课业任务 1-1 开发数据库学习系统的需求分析①

【能力测试点】

了解数据库设计的第一阶段——需求分析。

【具体内容】

需求分析是指听取客户的需要,了解数据库主要针对的应用环境,了解在这个应用环境中涉及哪些实体,需要对这些实体进行什么操作与管理。

王小明决定开发一个数据库学习系统,经过前期的分析,选择 MySQL 作为数据库。该系统需要实现用户登录、学生信息查询、学生成绩查询、部门人数查询,以及对学生表中的数据进行增、删、改操作,查询管理员的操作日志等功能。

① 标 * 的章节表示在数据库中实现的功能,可用于数据库原理与应用的课程设计。

*课业任务 1-2　数据库学习系统的概念结构设计

【能力测试点】

了解数据库设计的第二阶段——概念结构设计；熟悉 E-R 模型。

【具体内容】

概念结构设计是指将需求分析阶段得到的用户需求抽象为信息结构(即概念模型),即将第一阶段(需求分析)中涉及的实体、属性以及实体之间的联系用 E-R 模型表示,并使用 E-R 图描述出来。数据库学习系统的 E-R 图如图 1-21 所示。

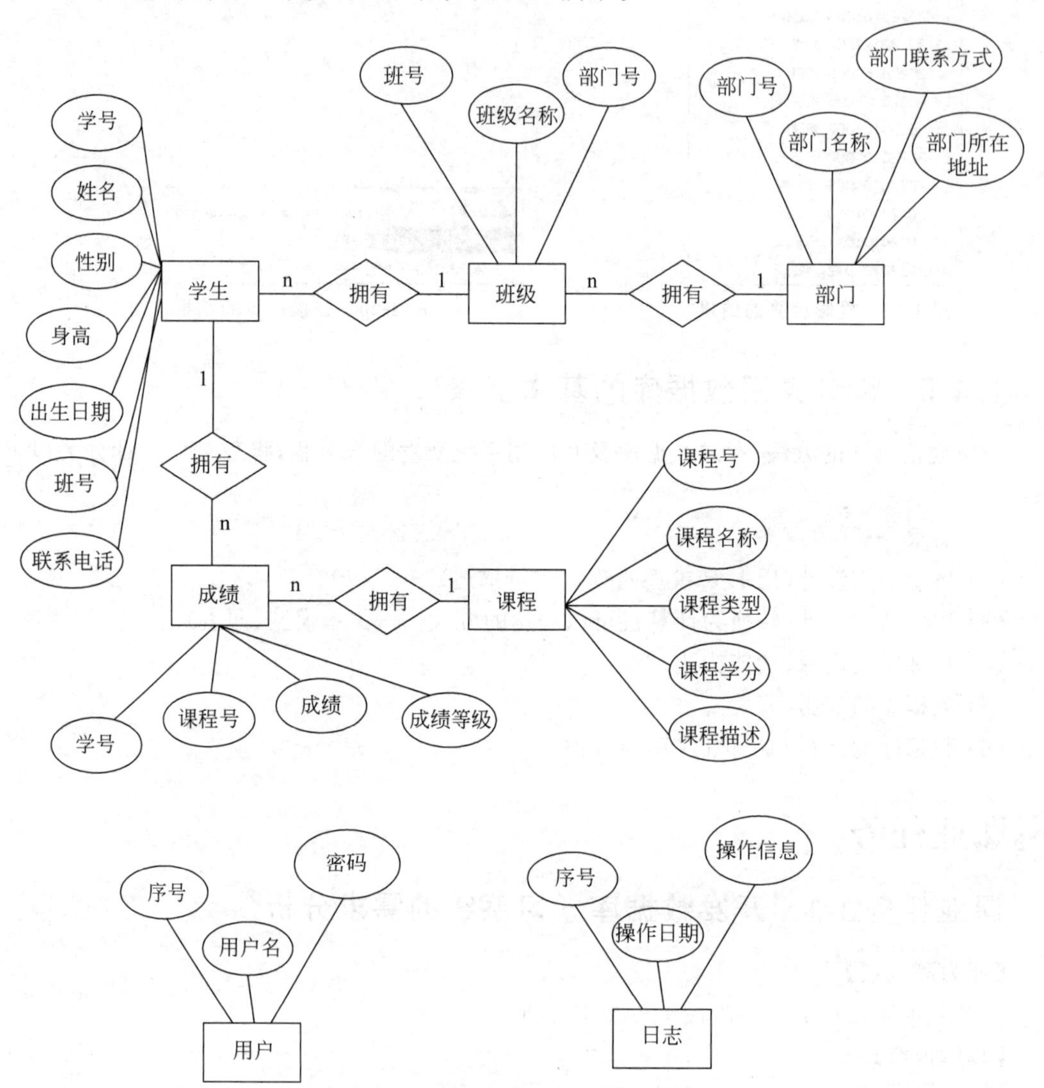

图 1-21　数据库学习系统的 E-R 图

*课业任务 1-3　数据库学习系统的逻辑结构设计

【能力测试点】

了解数据库设计的第三阶段——逻辑结构设计；熟悉关系模式。

【具体内容】

逻辑结构设计是指将概念结构设计阶段完成的概念模型转换为能被选定的数据库管理系

统支持的数据模型,即将E-R模型转换为关系模式。在将E-R模型中的实体、属性以及实体之间的联系转换为关系模式时,一个实体对应一个关系模式,每个关系模式内需要有主键(用下画线表示)以及其他必要的属性,同时还要反映实体之间的联系,用外键实现(用下画波浪线表示)。数据库学习系统的关系模式如下。

部门表(部门号,部门名称,部门联系方式,部门所在地址)

班级表(班号,班级名称,部门号)

学生表(学号,姓名,性别,身高,出生日期,班号,联系电话)

课程表(课程号,课程名称,课程类型,课程学分,课程描述)

成绩表(学号,课程号,成绩,成绩等级)

用户表(序号,用户名,密码)

日志表(序号,操作日期,操作信息)

说明:E-R图转换为关系模式的注意事项如下。

(1) 一对一联系:不会产生新表,只会在其中一个表中加入另一个表的主键。

(2) 一对多联系:一种方法是不会产生新表,只会在多的那方表中加入另一方表的主键,再加上联系自己的属性;另一种方法是产生新表,类似多对多联系的处理。

(3) 多对多联系:会产生新表,取联系名为表名,将相关联的两表的主键组合在一起作为新表的主键,再加上联系自己的属性。

*课业任务1-4　数据库学习系统的物理结构设计

【能力测试点】

了解数据库设计的第四阶段——物理结构设计;熟悉数据类型和约束条件。

【具体内容】

物理结构设计是指将逻辑结构设计阶段优化过的关系模式转换为数据库中的多个关系表,每个属性用合适的类型和长度存储,并设置主键和相关约束(见本书第5章中的内容)。将数据库学习系统所需的数据库命名为db_study,根据关系模式创建部门表、班级表、学生表、课程表、成绩表、用户表和日志表等多个数据表,具体如下。

1. 部门表

部门表(tb_department)由部门号、部门名称、部门联系方式和部门所在地址4个字段组成,其中将部门号设置为主键,将部门名称设置为唯一约束,具体信息如表1-1所示。

表1-1　部门表

字段名称	数据类型	NULL	约束	描　述
department_id	CHAR(3)	否	主键	部门(X+两位数字)
department_name	VARCHAR(50)	否	唯一	部门名称
department_phone	VARCHAR(13)	是		部门联系方式(11位数字+一或两个间隔符)
department_address	VARCHAR(50)	是		部门所在地址

2. 班级表

班级表(tb_class)由班号、班级名称和部门号3个字段组成,其中将班号设置为主键,将班级名称设置为唯一约束,将部门号设置为外键,班级表的部门号需要与部门表的部门号保持一致,具体信息如表1-2所示。

表 1-2　班级表

字段名称	数据类型	NULL	约束	描　述
class_id	CHAR(5)	否	主键	班号(B+4 位数字)
class_name	VARCHAR(50)	否	唯一	班级名称
department_id	CHAR(3)	是	外键	部门号(X+两位数字,与部门表的部门号保持一致)

3. 学生表

学生表(tb_student)由学号、姓名、性别、身高、出生日期、班号和联系电话 7 个字段组成,其中学号实现自增长,初始值为 20220101001,每增加一条记录加 1,学生表的班号需要与班级表的班号保持一致,将联系电话设置为唯一约束,具体信息如表 1-3 所示。

表 1-3　学生表

字段名称	数据类型	NULL	约束	描　述
student_id	BIGINT(11)	否	主键	学号(自增长,初始值为 20220101001,每次加 1)
student_name	VARCHAR(20)	否		姓名
student_gender	ENUM	是		性别('男','女')
student_height	TINYINT(3)	是		身高(无符号整数,范围为 0～255)
student_birthday	TIMESTAMP	是		出生日期
class_id	CHAR(5)	是	外键	班号(B+4 位数字,与班级表的班号保持一致)
student_phone	CHAR(13)	是	唯一	联系电话(13 位,考虑中间两个"-"分隔符)

4. 课程表

课程表(tb_course)由课程号、课程名称、课程类型、课程学分和课程描述 5 个字段组成,其中将课程号设置为主键,课程名称不可以重复,具体信息如表 1-4 所示。

表 1-4　课程表

字段名称	数据类型	NULL	约束	描　述
course_id	CHAR(5)	否	主键	课程号(K+4 个数字)
course_name	VARCHAR(50)	否	唯一	课程名称
course_type	ENUM	是		课程类型(公共必修课、公共选修课、专业基础课、专业选修课、集中实践课、拓展课)
course_credit	TINYINT(3)	是		课程学分(无符号整数,范围为 0～255)
course_describe	TEXT	是		课程描述(课程介绍)

5. 成绩表

成绩表(tb_grade)由学号、课程号、成绩和成绩等级 4 个字段组成,其中学号需要与学生表的学号保持一致,课程号需要与课程表的课程号保持一致,成绩的取值范围为 0～100,将成绩等级设置为优秀、良好、中等、及格、不及格,具体信息如表 1-5 所示。

表 1-5　成绩表

字段名称	数据类型	NULL	约束	描　述
student_id	BIGINT(11)	否	外键	学号(与学生表的学号保持一致)

续表

字段名称	数据类型	NULL	约束	描　　述
course_id	CHAR(5)	否	外键	课程号(K+4个数字,与课程表的课程号保持一致)
grade_score	TINYINT(3)	是		成绩(无符号整数,范围为0～100)
grade_level	ENUM	是		成绩等级(优秀、良好、中等、及格、不及格)

6. 用户表

通过本书第5章课业任务的指引进行创建和应用。

7. 日志表

通过本书第11章课业任务的指引进行创建和应用。

课业任务1-5　数据库的实施

【能力测试点】

了解数据库设计的第五阶段——数据库的实施；熟悉创建数据库和数据表、输入数据、管理数据、在数据表中查找需要的数据以及了解数据库的安全性等。

【任务实现步骤】

(1) 打开Windows系统的命令提示符工具,使用命令登录到MySQL服务器(见本书第2章的内容),参考命令如下。

```
C:\Users\Administrator> mysql -u root -p123456
```

(2) 创建数据库学习系统所需的db_study数据库(见本书第3章和第4章的内容),SQL语句如下。

```
mysql> CREATE DATABASE db_study;
```

(3) 创建数据库学习系统所需的数据表,包括部门表、班级表、学生表、课程表和成绩表(见本书第5章的内容),并输入相应的数据(因后期查询所需的数据量较大,编者已提前输入样例数据,有需要的读者可以联系编者获取样例数据库db_study或db_study.sql文件；也可以直接通过数据库图形化管理工具MySQL Workbench运行SQL文件,获得5个数据表的结构和数据；还可以利用数据库图形化管理工具Navicat Premium的"数据生成"功能自动生成样例数据)。创建表结构的SQL语句如下。

```
mysql>/*部门表*/
    CREATE TABLE tb_department
    (
     department_id CHAR(3) NOT NULL PRIMARY KEY,
     department_name VARCHAR(50) NOT NULL UNIQUE,
     department_phone VARCHAR(13) NULL,
     department_address VARCHAR(50) NULL
    );
mysql>/*班级表*/
    CREATE TABLE tb_class
    (
     class_id CHAR(5) NOT NULL PRIMARY KEY,
     class_name VARCHAR(50) NOT NULL UNIQUE,
```

```
        department_id CHAR(3) NULL,
        CONSTRAINT fk_department_id1 FOREIGN KEY(department_id) REFERENCES
tb_department(department_id)
       );
mysql>/*学生表*/
       CREATE TABLE tb_student
       (
        student_id BIGINT(11) NOT NULL PRIMARY KEY AUTO_INCREMENT,
        student_name VARCHAR(20) NOT NULL,
        student_gender ENUM('男','女') NULL,
        student_height TINYINT(3) UNSIGNED NULL,
        student_birthday TIMESTAMP NULL,
        class_id CHAR(5) NULL,
        student_phone CHAR(13) NULL UNIQUE,
        CONSTRAINT fk_class_id1 FOREIGN KEY(class_id) REFERENCES tb_class(class_id)
       )
        auto_increment = 20220101001;
mysql>/*课程表*/
       CREATE TABLE tb_course
       (
        course_id CHAR(5) NOT NULL PRIMARY KEY,
        course_name VARCHAR(50) NOT NULL UNIQUE,
        course_type ENUM('公共必修课','公共选修课','专业基础课','专业选修课','集中实践课','拓展课')
NULL,
        course_credit TINYINT(3) UNSIGNED NULL,
        course_describe TEXT NULL
       );
mysql>/*成绩表*/
       CREATE TABLE tb_grade
       (
        student_id BIGINT(11) NOT NULL,
        course_id CHAR(5) NOT NULL,
        grade_score TINYINT(3) UNSIGNED NULL,
        grade_level ENUM('优秀','良好','中等','及格','不及格') NULL,
        CONSTRAINT fk_student_id1 FOREIGN KEY(student_id) REFERENCES tb_student(student_id),
        CONSTRAINT fk_course_id1 FOREIGN KEY(course_id) REFERENCES tb_course(course_id)
       );
```

请尝试使用数据库图形化管理工具 MySQL Workbench 运行 db_study.sql 文件，获得部门表的结构和样例数据。

(4) 使用 SELECT 语句在相应数据表中查找需要的数据(见本书第 6 章、第 7 章、第 9 章和第 10 章的内容)。例如，查找姓王的同学的姓名和成绩，SQL 语句如下。

```
SELECT student_name, score
FROM tb_student JOIN tb_grade ON tb_student.student_id = tb_grade.student_id
WHERE student_name LIKE '王%';
```

查询结果如图 1-22 所示，可以看到学生表中姓王的同学的姓名和成绩。

(5) 使用 INSERT、UPDATE 和 DELETE 语句管理相应数据表中的数据(见本书第 8 章的内容)。例如，向学生表中添加一条王小明的记录，SQL 语句如下。

```
INSERT INTO tb_student(student_name,class_id,student_phone)
VALUES('王小明','B1001','159-1234-5678');
```

(6) 在对工作表执行添加、删除和更新操作时，可以利用触发器保障数据的完整性和一致

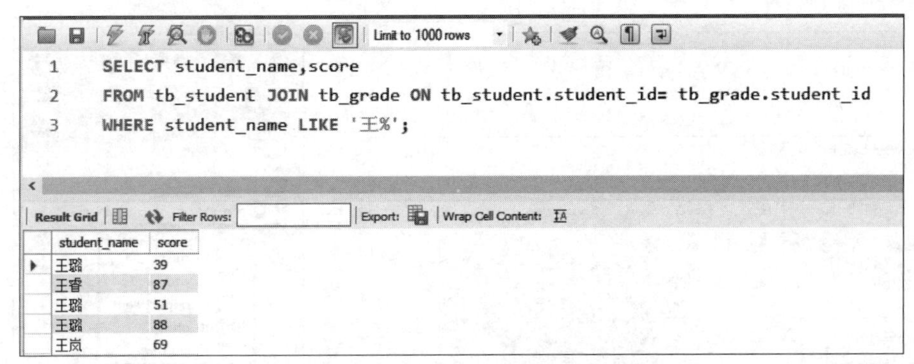

图 1-22　查找姓王的同学的姓名和成绩

性。在向数据库学习系统的部门表中添加数据时需要记录下日志信息，创建一个触发器实现这个功能，SQL 语句如下。

```
DELIMITER $$
CREATE TRIGGER after_insert_department
AFTER INSERT ON tb_department
FOR EACH ROW
BEGIN
INSERT INTO tb_department_logs(date,log_text)
VALUES(CURDATE(),CONCAT('添加了新的部门信息'));
END $$
DELIMITER;
```

(7) 为了保障数据的统一性，使用事务处理，设置事务的隔离级别(见本书第 12 章的内容)。例如，向 tb_department 表中插入一行数据，用 COMMIT 语句显示提交，SQL 语句如下。

```
USE db_study;
BEGIN;
INSERT INTO tb_department
VALUES('X09', '人工智能学院', 87471238, '1 栋教学楼');
COMMIT;
```

(8) 为了保障数据的安全性，给相应的用户分配合适的权限(见本书第 13 章的内容)。例如，新建一个用户"王小明"，他拥有对学生表添加和修改数据的权限，没有对学生表删除数据的权限，SQL 语句如下。

```
mysql > GRANT SELECT,UPDATE ON tb_student TO '王小明'
```

(9) 在不断开发数据库学习系统的过程中，也在不断更新数据库，为了保证数据在意外丢失的情况下仍能够恢复，需要定期备份数据库。利用 MYSQLDUMP 命令对 db_study 数据库进行备份，将其 SQL 语句保存在 D 盘已经存在的 01 文件夹中(见本书第 14 章的内容)，SQL 语句如下。

```
C:\Users\Administrator > MYSQLDUMP -u root -p db_study > D:/01/db_study.sql
```

(10) 使用数据库图形化管理工具 MySQL Workbench 管理数据库学习系统所需的数据库和数据表，如图 1-23 所示。

(11) 使用数据库图形化管理工具 Navicat Premium 管理数据库学习系统所需的数据库和数据表，如图 1-24 所示。

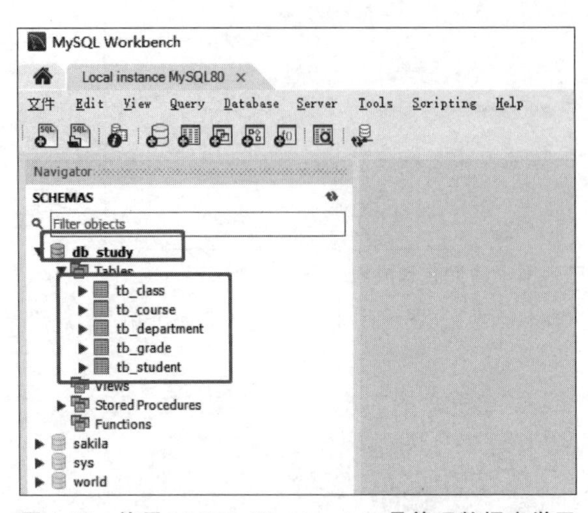

图 1-23　使用 MySQL Workbench 工具管理数据库学习系统所需的数据库和数据表

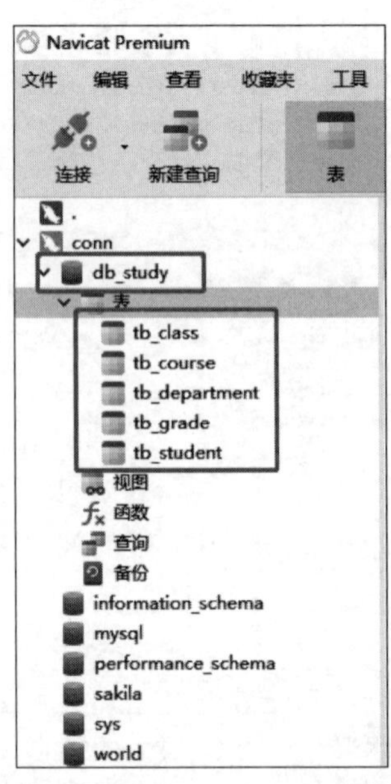

图 1-24　使用 Navicat Premium 工具管理数据库学习系统所需的数据库和数据表

课业任务 1-6　数据库的运行和维护

【能力测试点】

了解数据库设计的第六阶段——数据库的运行和维护。

【具体内容】

"数据库原理与应用"课程组及其工作室团队决定基于 Java＋MySQL 开发一个数据库学习系统,该系统能够实现用户登录、学生信息查询、学生成绩查询、部门人数查询,以及对学生表中的数据进行增、删、改操作,查询管理员的操作日志等功能。将该系统部署到腾讯云轻量应用服务器上,作为"数据库原理与应用"课程的课程设计模拟开发系统(见本书第 15 章的内容),具体效果如图 1-25 所示。

图 1-25　数据库学习系统的主界面

扫一扫

自测题

习题

（1）MySQL 是一个（　　）的关系数据库管理系统。

A. 闭源　　B. 开源　　C. 半开源　　D. 完全收费

（2）关系数据库模型是将复杂的数据结构用（　　）来表示。

A. 文件　　B. 一维结构　　C. 二维表结构　　D. 自定义方式

（3）下列选项中不属于数据库系统的特点的是（　　）。

A. 数据共享　　B. 数据独立　　C. 数据结构化　　D. 数据高冗余

（4）下列关系中是一对多的关系的是（　　）。

A. 正校长和副校长们　　B. 学生和课程

C. 医生和患者　　D. 老师和课程

（5）商品和顾客两个实体集之间的联系一般是（　　）。

A. 一对一　　B. 一对多　　C. 无关系　　D. 多对多

第2章

MySQL工具的使用

CHAPTER 2

“工欲善其事，必先利其器。”MySQL 是一个小型的关系数据库管理系统，具有体积小、速度快、成本低、开放源代码等特点。经过多年的发展，MySQL 成为世界上最受欢迎的开放源代码的数据库之一。本章将通过 7 个课业任务演示 MySQL 的下载与安装、配置和卸载，MySQL 服务器的启动和停止，以及使用不同的数据库图形化管理工具登录到 MySQL 服务器。

【教学目标】

- 掌握如何下载 MySQL 社区版；
- 掌握 Windows 平台上 MySQL 的安装、配置和卸载，以及 MySQL 服务的启动和停止；
- 熟悉使用不同的数据库图形化管理工具登录到 MySQL 服务器。

【课业任务】

王小明想利用 MySQL＋Java 开发一个数据库学习系统，在真正学习 MySQL之前需要部署 MySQL 的开发环境，将通过 7 个课业任务来完成。

*__课业任务 2-1__　下载 MySQL 8.0 社区版

*__课业任务 2-2__　安装 MySQL 8.0

*__课业任务 2-3__　配置 MySQL 8.0 的环境变量

*__课业任务 2-4__　登录 MySQL 服务器

课业任务 2-5　卸载 MySQL

课业任务 2-6　使用 MySQL Workbench 工具登录 MySQL 服务器

课业任务 2-7　使用 Navicat Premium 工具登录 MySQL 服务器

2.1　MySQL 概述

MySQL 是一个开放源代码的关系数据库管理系统，由瑞典的 MySQL AB 公司(创始人为 Michael Widenius)于 1995 年开发，迅速成为最受人们欢迎的开源数据库之一。2008 年 1 月 MySQL AB 公司被 Sun 公司收购，2009 年 4 月 Sun 公司被 Oracle 公司收购，MySQL 成为 Oracle 旗下的一款数据库产品。MySQL 的创造者担心 MySQL 有闭源的风险，于是又创建了 MySQL 的分支项目——MariaDB。MySQL 使用标准的 SQL 数据语言形式，允许运行于多个操作系统之上，支持 C、C++、Python、Java、Perl、PHP 和 Ruby 等多种编程语言。

MySQL 的历史就是整个互联网的发展史。互联网业务从社交领域、电商领域到金融领域的发展，推动着应用对数据库需求的提升，对传统的数据库服务能力提出了挑战。高并发、高性能、高可用、轻资源、维护、易扩展的需求促进了 MySQL 的发展。MySQL 从 5.7 版本直接跳跃至发布 8.0 版本，这是一个令人兴奋的里程碑版本。MySQL 8.0 在功能上有显著的改进与增强，开发者对 MySQL 的源代码进行了重构，最突出的一点是对 MySQL Optimizer(优化器)进行了改进，不仅在速度上得到了改善，还为用户带来了更好的性能和更佳的体验。MySQL 6.x 版本之后分为社区版(免费)和商业版(收费)，本书使用的是 MySQL 8.0.31 社区版，发布的时间是 2022 年 10 月 11 日。

对比之前的版本，MySQL 8.0 具有很多新特征，其中比较突出的新特征如下。

(1) MySQL 8.0 的默认字符集为 utf8mb4(即最多使用 4 字节表示一个字符，可以表示更多字符，如生僻汉字、冷门符号、表情符号等)。

(2) 系统数据库的默认存储引擎修改为 InnoDB(支持了 ACID 兼容的事务)。

(3) MySQL 8.0 支持原子数据定义语言(Atomic DDL)语句，即 InnoDB 数据表上的数据定义语言(Data Definition Language，DDL)可以实现事务完整性，要么失败回滚，要么成功提交，不会出现 DDL 部分成功的问题。

2.2　MySQL 的下载与安装

MySQL 支持多个平台，在不同平台上的安装和配置过程不同，本书以 Windows 平台上的安装和配置为例进行介绍，具体下载、安装和配置步骤详见课业任务 2-1～课业任务 2-3。安装成功的 MySQL 的主要文件夹和文件如下。

1. bin 文件夹

该文件夹用于存放可执行文件、MySQL 自带的客户端和 MySQL 服务端等。

2. Data 文件夹

该文件夹用于存放数据文件和日志文件，本书开发的数据库学习系统使用的 db_study 数据库的存放位置如图 2-1 所示。

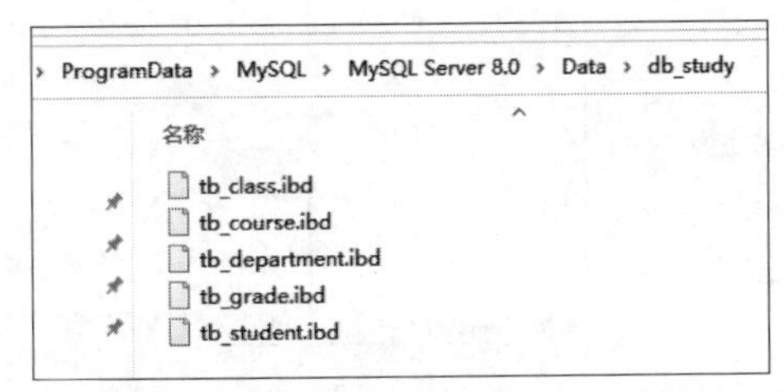

图 2-1　数据库学习系统使用的 db_study 数据库的存放位置

3. docs 文件夹

该文件夹用于存放一些文档。

4. include 文件夹

该文件夹用于存放包含的头文件，如 mysql.h、mysql_ername.h 等。

5. lib 文件夹

该文件夹用于存放一系列库文件。

6. share 文件夹

该文件夹用于存放字符集、语言等信息。

7. my.ini

my.ini 是 MySQL 数据库中使用的配置文件。

说明:默认的 MySQL 安装路径为 C:\ProgramData\MySQL\MySQL Server 8.0 和 C:\Program Files\MySQL\MySQL Server 8.0。

2.3 MySQL 服务的启动与停止

在 MySQL 安装完毕之后,需要启动服务进程,否则客户端无法连接数据库。在前面的安装过程中已经将 MySQL 安装为 Windows 服务,并且选择当 Windows 启动、停止时 MySQL 也自动启动、停止,即计算机默认自动启动 MySQL 服务。

2.3.1 使用图形界面工具启动与停止 MySQL 服务

在计算机桌面上右击"计算机"图标,在弹出的快捷菜单中选择"管理"菜单命令,打开"计算机管理"窗口,在左侧"计算机管理(本地)"列表中选择"服务和应用程序"→"服务"选项,然后在右侧的具体服务中右击 MySQL80 选项,可进行启动或停止操作,如图 2-2 所示。

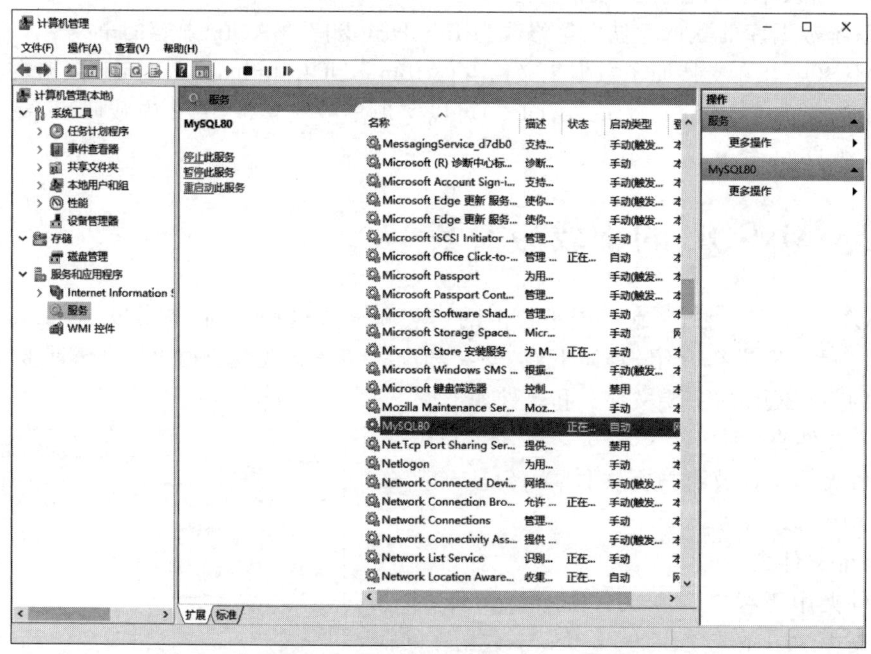

图 2-2 使用图形界面工具启动和停止 MySQL 服务

2.3.2 使用命令行启动与停止 MySQL 服务

打开 Windows 系统的命令提示符工具,使用命令管理 MySQL 服务,具体的命令格式如下。

```
启动 MySQL 服务的命令:net start MySQL 服务名称
停止 MySQL 服务的命令:net stop MySQL 服务名称
```

说明：

(1) start 和 stop 后面的服务名称应与之前配置时指定的服务名称一致。

(2) 如果输入命令后提示"拒绝服务"，请以系统管理员身份打开命令提示符工具重新尝试。

【案例 2-1】 使用命令行启动与停止 MySQL 服务。

本书使用的 MySQL 服务名称是 mysql80，在 Windows 系统的命令提示符工具下执行 net stop mysql80 命令停止 MySQL 服务，执行 net start mysql80 命令启动 MySQL 服务，如图 2-3 所示。

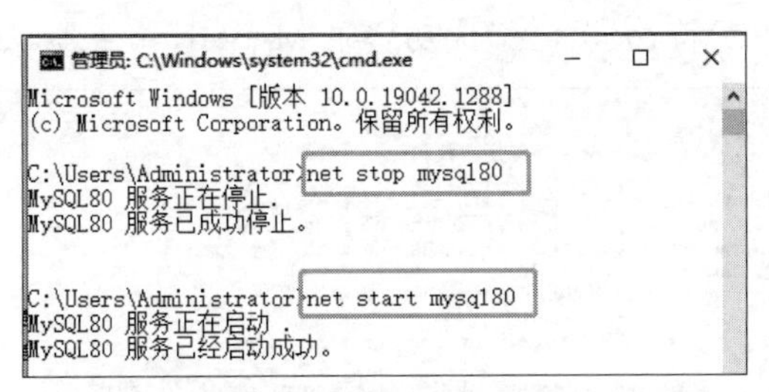

图 2-3　使用命令行启动与停止 MySQL 服务

2.4　MySQL 服务器的登录

当 MySQL 服务启动完成后，就可以通过客户端登录 MySQL 服务器了。

2.4.1　使用 MySQL 自带的客户端登录

在 Windows 系统中单击"开始"菜单，选择 MySQL 8.0 Command Line Client，启动 MySQL 自带的客户端，然后输入 root 用户(仅限于 root 用户)的密码即可登录 MySQL 服务器，如图 2-4 所示。

```
选择 MySQL 8.0 Command Line Client
Enter password: ******
Welcome to the MySQL monitor.  Commands end with ; or \g.
Your MySQL connection id is 39
Server version: 8.0.31 MySQL Community Server - GPL

Copyright (c) 2000, 2022, Oracle and/or its affiliates.

Oracle is a registered trademark of Oracle Corporation and/or its
affiliates. Other names may be trademarks of their respective
owners.

Type 'help;' or '\h' for help. Type '\c' to clear the current input statement.

mysql> 
```

图 2-4　使用 MySQL 自带的客户端登录 MySQL 服务器

2.4.2　使用命令行方式登录

打开 Windows 系统的命令提示符工具，使用命令登录 MySQL 服务器，具体的命令格式如下。

```
mysql -h 主机名 -P 端口号 -u 用户名 -p 密码
```

- mysql 是登录命令。
- -h 后面是服务器的主机地址,因为客户端和服务器在同一台计算机上,所以输入 localhost 或 IP 地址 127.0.0.1 代表本机。如果服务器和客户端在同一台计算机上,则连接本机,-h localhost 可以省略,如果端口号没有修改,-P3306 也可以省略。
- -u 后面是登录数据库的用户名称(默认管理员用户是 root,也可以新建用户)。
- -p 后面是用户登录的密码,为了保证安全,建议密码在下一行输入。

说明:参数-p 与密码之间不能有空格,其他参数名与参数值之间可以有空格,也可以没有。

【案例 2-2】 使用命令行登录 MySQL 服务器。

在 Windows 系统的命令提示符工具下执行 mysql -h localhost -P3306 -uroot -p123456 命令,如果出现了 mysql>提示符,表示已经成功登录 MySQL 服务器,如图 2-5 所示。

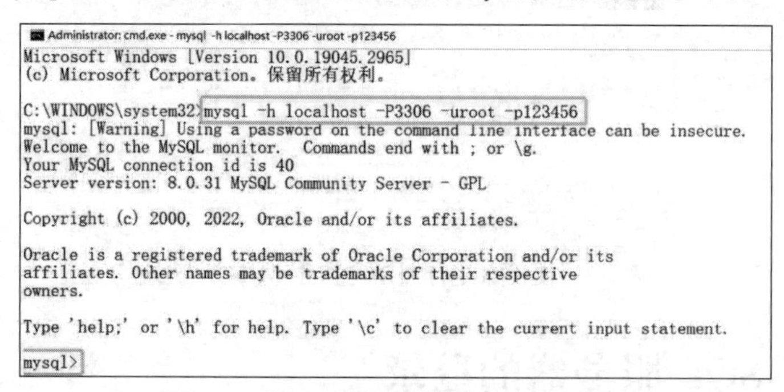

图 2-5 使用命令行登录 MySQL 服务器

2.4.3 两种数据库图形化管理工具

使用数据库图形化管理工具可以极大地方便数据库的操作与管理,常用的数据库图形化管理工具有 MySQL Workbench、phpMyAdmin、Navicat Premium、MySQLDumper、SQLyog、DBeaver、MySQL Connector/ODBC 等。本书介绍 MySQL 自带的数据库图形化管理工具 MySQL Workbench 和常用的数据库图形化管理工具 Navicat Premium。

1. MySQL Workbench

MySQL 官方提供的数据库图形化管理工具 MySQL Workbench 完全支持 MySQL 5.0 以上的版本。MySQL Workbench 分为社区版和商业版,社区版完全免费,商业版则是按年收费。在安装 MySQL 8.0 时选择默认安装选项,会自动安装 MySQL Workbench 8.0 CE。

MySQL Workbench 为数据库管理员、程序开发者和系统规划师提供可视化设计、模型建立以及数据库管理功能。在 MySQL Workbench 中导入本书开发的数据库学习系统所需的 db_study 数据库,如图 2-6 所示。

2. Navicat Premium

Navicat Premium 是一个强大的数据库图形化管理工具,可以与任何 3.21 或以上版本的 MySQL 一起工作,支持触发器、存储过程、函数、事件、视图、管理用户等,对于新手来说易学、易用。其图形用户界面(GUI)可以让用户以一种安全、简便的方式快速地创建、组织、访问和共享信息。Navicat Premium 支持中文,Navicat Premium 官网中提供了其试用版的下载链接。在 Navicat Premium 中导入本书开发的数据库学习系统所需的 db_study 数据库,如图 2-7 所示。

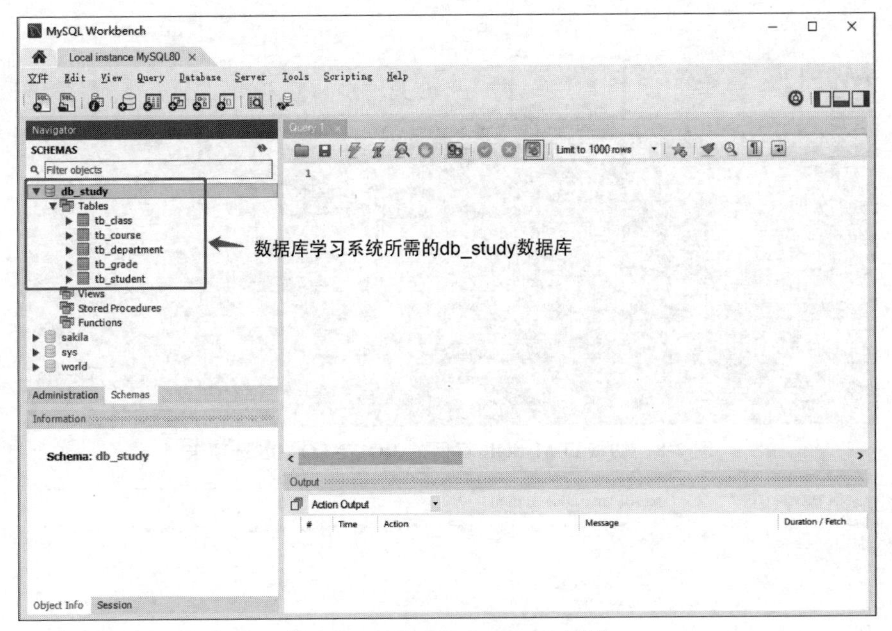

图 2-6　MySQL Workbench 界面

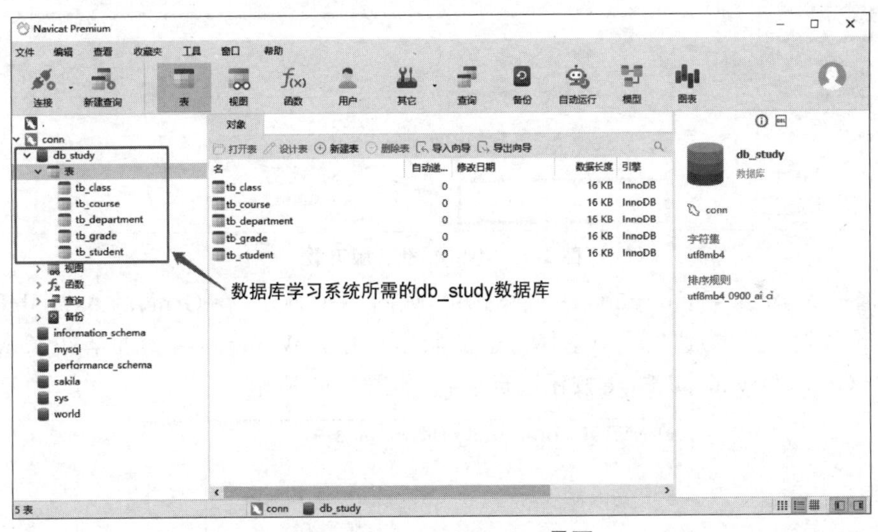

图 2-7　Navicat Premium 界面

课业任务

扫一扫

视频讲解

*课业任务 2-1　下载 MySQL 8.0 社区版

【能力测试点】

在 MySQL 官网下载 MySQL 8.0.31 社区版。

【任务实现步骤】

(1) 在百度中搜索 MySQL，找到并进入 MySQL 官网。

(2) 在 MySQL 官网中切换到 DOWNLOADS 选项卡，如图 2-8 所示；然后单击 MySQL Community(GPL) Downloads 链接进行 MySQL 社区版的下载，如图 2-9 所示。

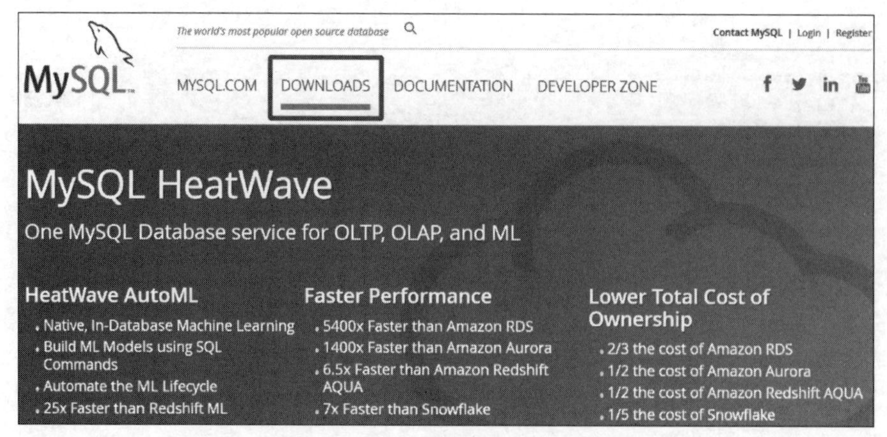

图 2-8　切换到 MySQL 官网的 DOWNLOADS 选项卡

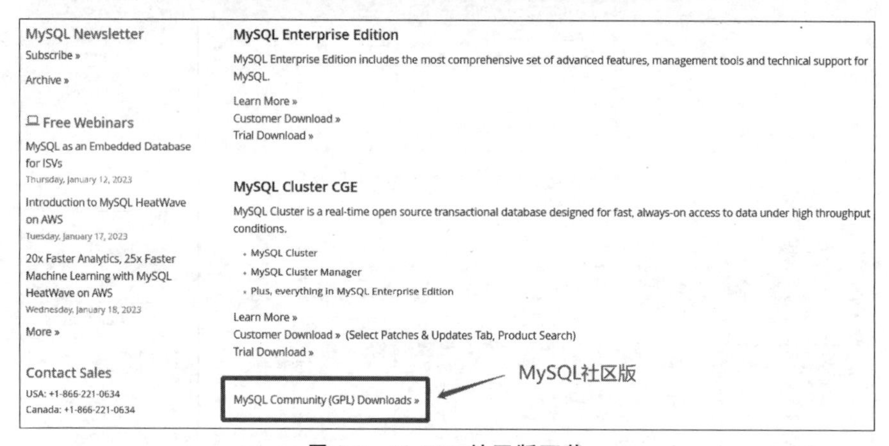

图 2-9　MySQL 社区版下载

(3) 选择 MySQL Community Server 选项,如图 2-10 所示,在 General Availability(GA) Releases(正式发布版本)选项卡中选择合适的版本；由于 Windows 系统推荐下载 MSI 安装程序,单击 Go to Download Page 按钮进行下载,如图 2-11 所示。

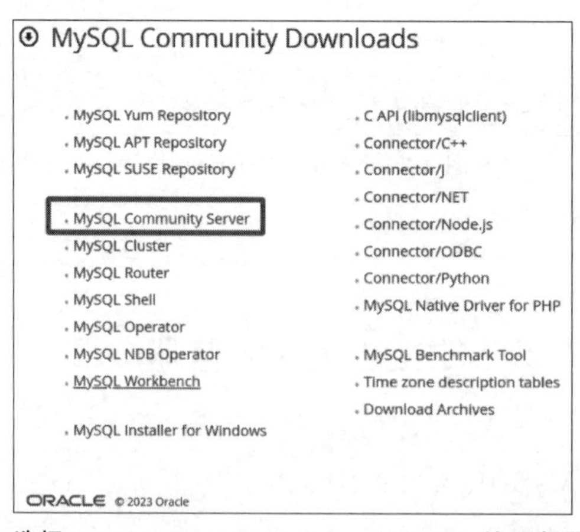

图 2-10　选择 MySQL Community Server(MySQL 社区版服务)选项

(4) 单击 Windows (x86, 32-bit), MSI Installer 版本的 Download 按钮,开始下载 mysql-installer-community-8.0.31.0.msi 文件,如图 2-12 所示。

说明:

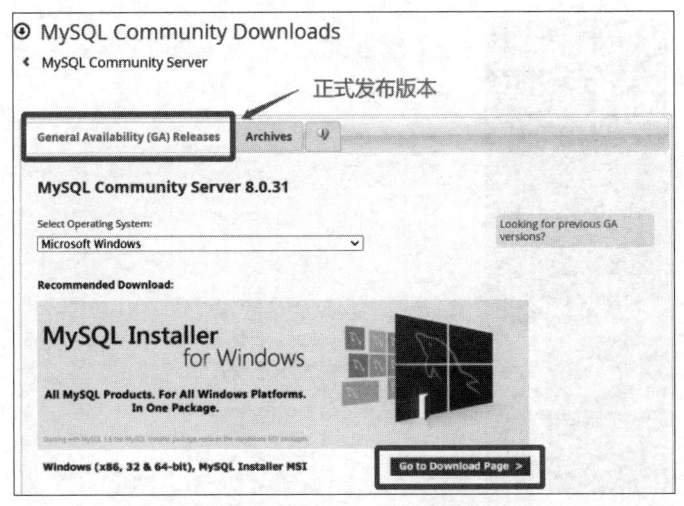

图 2-11　General Availability(GA)Releases(正式发布版本)选项卡

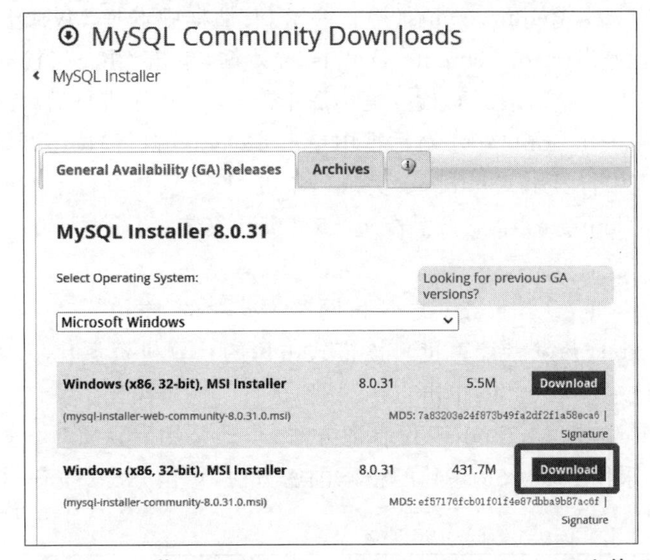

图 2-12　下载 mysql-installer-community-8. 0. 31. 0. msi 文件

(1) 本书使用的 MySQL 版本是 8.0.31。

(2) 32 位的安装程序有两个版本，分别为 mysql-installer-community(离线安装版本)和 mysql-installer-web-community(在线安装版本)，在安装时需要联网安装组件，本书推荐使用离线安装版本。

扫一扫

视频讲解

*课业任务 2-2　安装 MySQL 8.0

【能力测试点】

通过默认方式安装 MySQL 8.0。

【任务实现步骤】

(1) 双击课业任务 2-1 下载的 mysql-installer-community-8. 0. 31. 0. msi 安装文件开始安装 MySQL，弹出 MySQL Installer 对话框。在 Choosing a Setup Type(选择一个版本)步骤，单击 Developer Default(默认安装)单选按钮，单击 Next 按钮进行下一步操作，如图 2-13 所示。

说明： 在进行默认安装的同时会自动安装 MySQL Workbench 等工具。

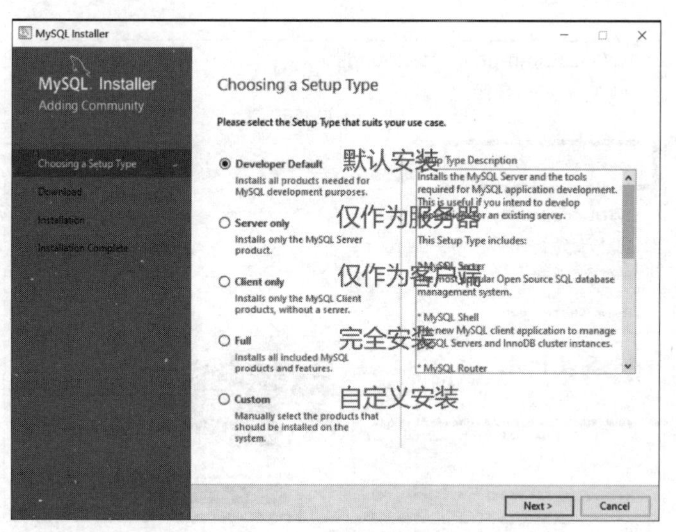

图 2-13 默认安装

(2) 在弹出的 Check Requirements(检查要求)对话框中选择 MySQL for Visual Studio 1.2.10 选项,此时会弹出 Requirements Details 对话框,单击 Check(检查)按钮,在弹出的 Information 对话框中单击 OK 按钮,检查完毕后单击 Next 按钮进行后续操作。

(3) 在弹出的 Installation(安装)对话框中单击 Execute(执行)按钮开始安装,安装完成后在 Status(状态)列表中将显示 Complete(完成),单击 Next 按钮进行下一步操作。

(4) 在 Product Configuration(产品配置)步骤默认安装 3 款产品,单击 Next 按钮进行下一步操作。

(5) 在 Type and Networking(类型和网络)步骤的 Config Type 下拉菜单中选择 Development Computer(开发者计算机),该模式占用的计算机资源比较少。在 Connectivity(连接)区域采用默认端口号 3306,单击 Next 按钮进行下一步操作。

(6) 在 Authentication Method(身份验证方法)步骤采用默认选项,这是 MySQL 8.0 提供的新的授权方式,采用 SHA256 基础的密码加密方法,单击 Next 按钮进行下一步操作,如图 2-14 所示。

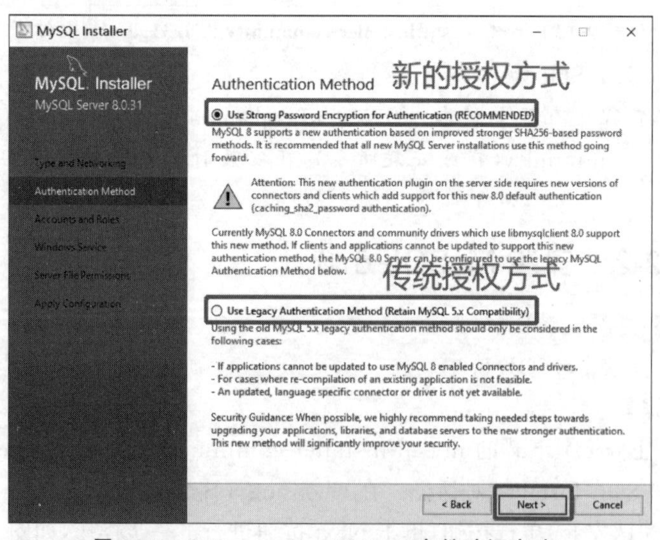

图 2-14 Authentication Method(身份验证方法)

（7）在 Accounts and Roles（账户和角色）步骤，为默认的 root 用户设置密码，需要输入两次相同的密码，且密码要求至少为 4 位，完成后单击 Next 按钮进行下一步操作，如图 2-15 所示。

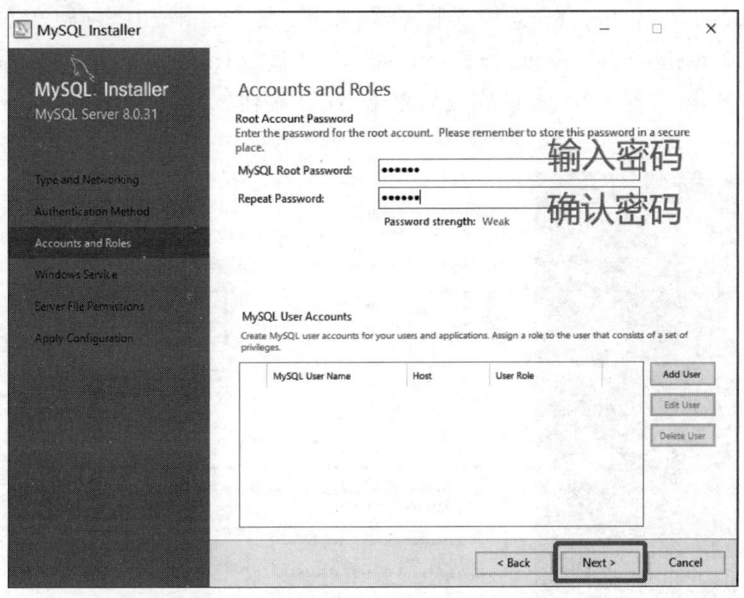

图 2-15　Accounts and Roles（账户和角色）

（8）在 Windows Service（窗口服务）步骤，勾选 Start the MySQL Server at System Startup（服务开机自启动）复选框和 Standard System Account（标准系统账户）单选按钮，单击 Next 按钮进行下一步操作，如图 2-16 所示。

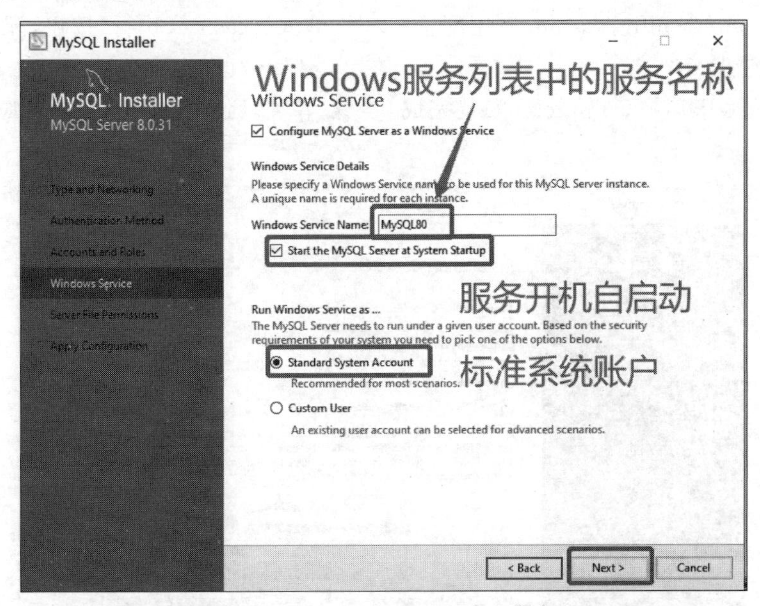

图 2-16　Windows Service（窗口服务）

（9）在 Server File Permissions（服务器文件权限）步骤采用默认选项。

（10）在 Apply Configuration（应用配置）步骤，单击 Execute（执行）按钮，配置完成后单击 Finish（完成）按钮。

（11）在 Product Configuration（产品配置）步骤，单击 Next 按钮进行下一步操作。进入

MySQL Router Configuration(MySQL 路由器配置)步骤,根据需要配置 MySQL 路由器,单击 Finish(完成)按钮。

(12) 在 Connect To Server(连接到服务器)步骤,在 Password(密码)文本框中输入 root 用户的密码,然后单击 Check 按钮,若 Status(状态)列显示 Connection Succeeded(连接成功),表示连接 MySQL 服务器成功,验证完成后单击 Next 按钮,如图 2-17 所示。

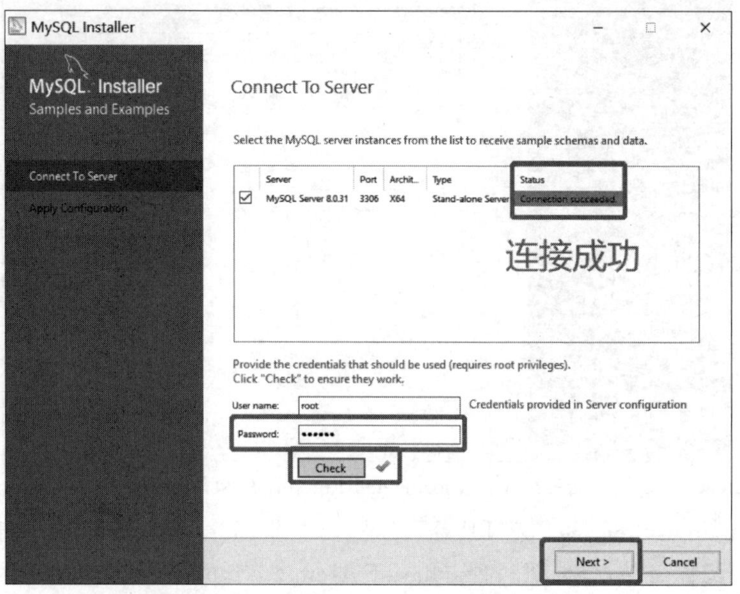

图 2-17 Connect To Server(连接到服务器)

(13) 在 Apply Configuration(应用配置)步骤,单击 Execute(执行)按钮,配置完成后单击 Finish(完成)按钮。

(14) 在 Installation Complete(安装完成)步骤,单击 Finish 按钮,完成 MySQL 的安装,如图 2-18 所示。

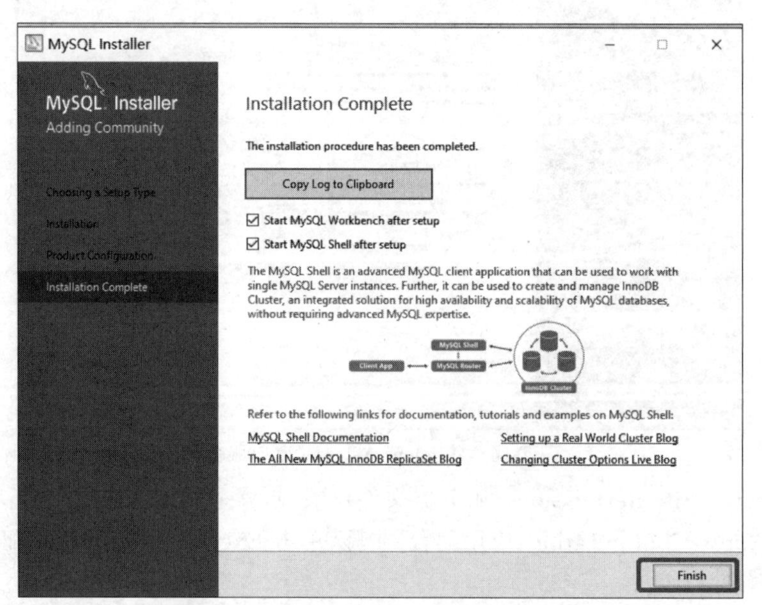

图 2-18 Installation Complete(安装完成)

扫一扫

视频讲解

*课业任务 2-3　配置 MySQL 8.0 的环境变量

【能力测试点】

在 Windows 系统中配置环境变量，通过命令查看 MySQL 的版本号确保环境变量配置成功。

【任务实现步骤】

(1) 复制 MySQL 应用程序的安装路径(C:\Program Files\MySQL\MySQL Server 8.0)，在配置环境变量时需要使用该路径。

(2) 在桌面上右击"计算机"图标，在弹出的快捷菜单中选择"属性"菜单命令，打开"系统"窗口，单击"高级系统设置"链接，如图 2-19 所示。

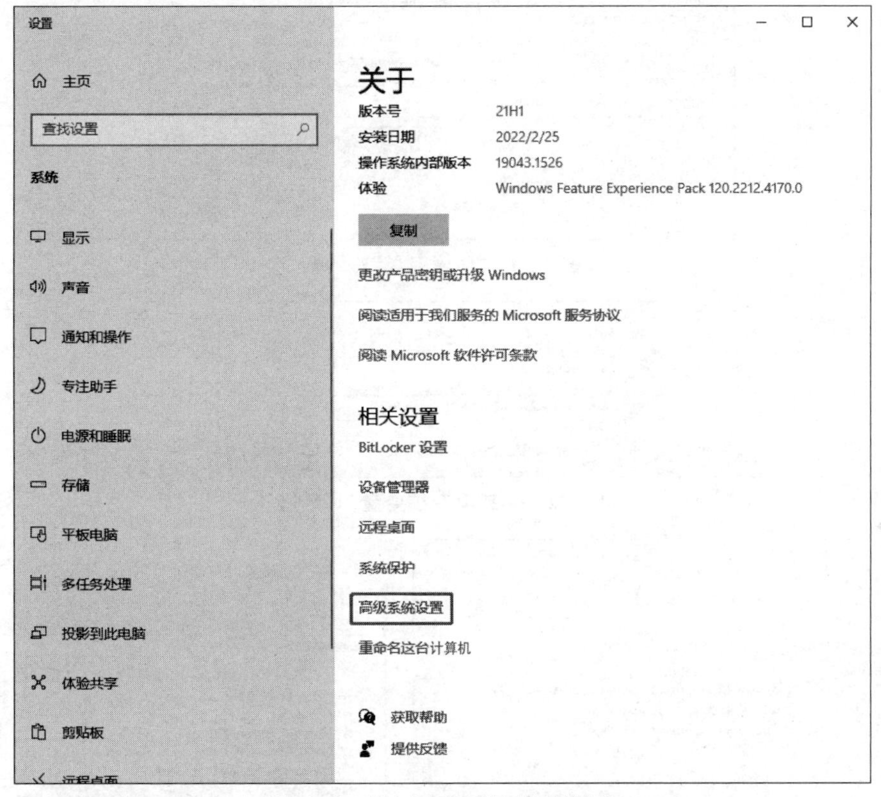

图 2-19　单击"高级系统设置"链接

(3) 弹出"系统属性"对话框，切换至"高级"选项卡，单击"环境变量"按钮，弹出"环境变量"对话框，单击"系统变量"列表下的"新建"按钮，如图 2-20 所示。弹出"新建系统变量"对话框，将系统变量命名为 MYSQL_HOME，设置变量值为 MySQL 的安装路径，单击"确定"按钮完成系统变量的创建，如图 2-21 所示。

(4) 在"环境变量"对话框的"系统变量"列表中选择 Path 变量，单击"编辑"按钮，如图 2-22 所示。弹出"编辑环境变量"对话框，单击"新建"按钮，将 MySQL 应用程序的 bin 目录(%MYSQL_HOME%\bin)添加到变量值中，然后单击"确定"按钮完成配置 Path 变量的操作，如图 2-23 所示。

(5) 打开 Windows 系统的命令提示符工具，输入 mysql --version 命令查看 MySQL 的安装版本，如果能够看到 MySQL 的安装版本，表示环境变量配置成功，如图 2-24 所示。

图 2-20 “环境变量”对话框

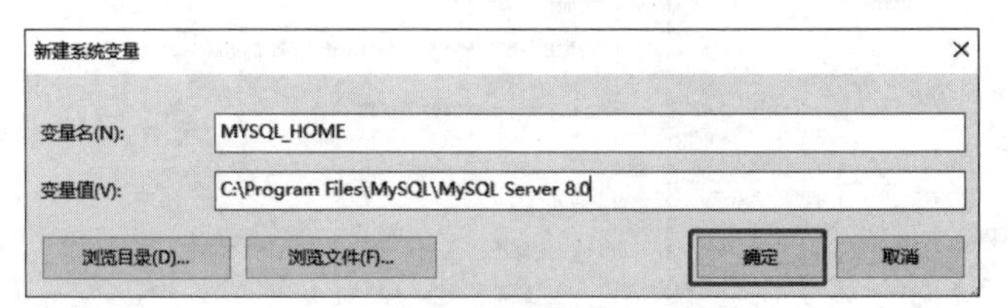

图 2-21 “新建系统变量”对话框

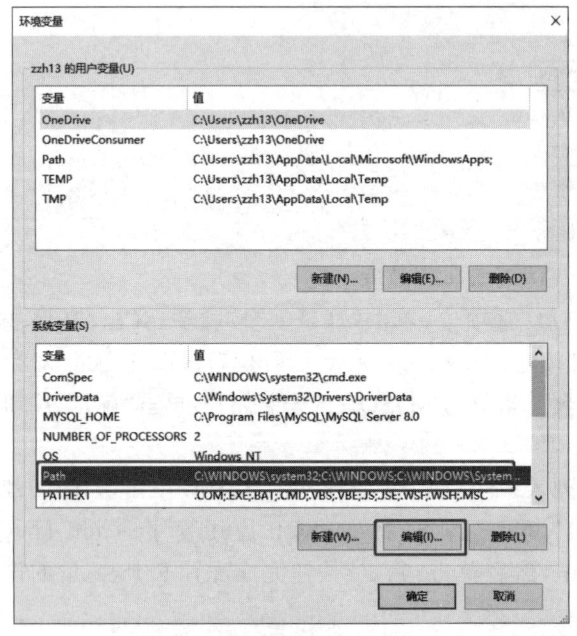

图 2-22 选择 Path 变量

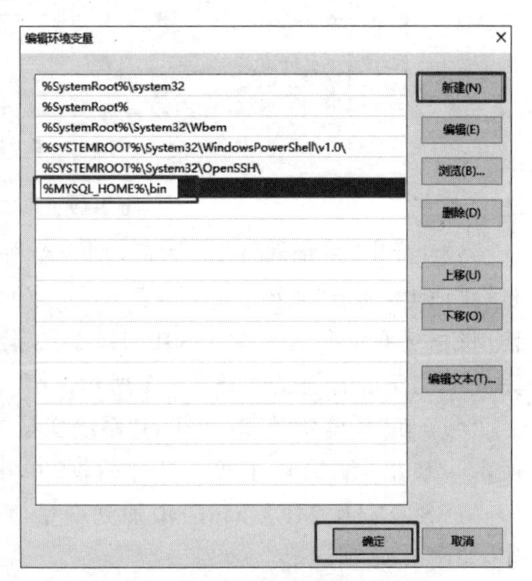

图 2-23 “编辑环境变量”对话框

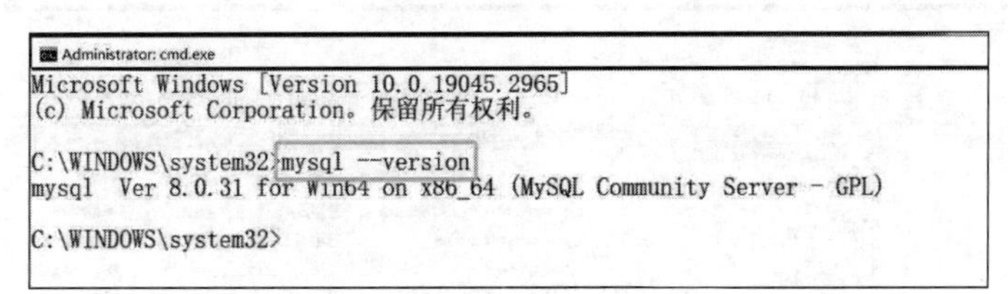

图 2-24　查看安装版本

扫一扫

视频讲解

*课业任务 2-4　登录 MySQL 服务器

【能力测试点】

通过命令行方式登录 MySQL 服务器。

【任务实现步骤】

打开 Windows 系统的命令提示符工具，执行“mysql -h 主机名 -P 端口号 -u 用户名 -p 密码”格式的命令登录 MySQL 服务器。如果是本机，参数-h localhost 和-P3306 可以省略。如果出现了 mysql>提示符，表示成功登录 MySQL 服务器，如图 2-25 所示。

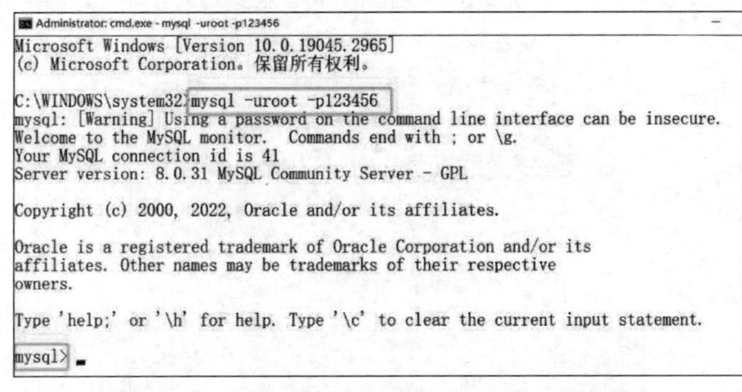

图 2-25　通过命令行方式登录 MySQL 服务器

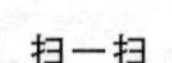

视频讲解

课业任务 2-5　卸载 MySQL

【能力测试点】

停止 MySQL 服务，通过安装包提供的卸载功能卸载 MySQL，并清除注册表。

【任务实现步骤】

(1) 停止 MySQL 服务。右击“计算机”图标，在弹出的快捷菜单中选择“管理”菜单命令，在弹出的“计算机管理”对话框中选择“服务”选项，然后在右侧的具体服务中找到 MySQL80 选项，右击，在弹出的快捷菜单中选择“停止”菜单命令，如图 2-26 所示。

(2) 通过安装包提供的卸载功能卸载 MySQL。单击“开始”菜单，选择 MySQL Installer-Community 选项，如图 2-27 所示。

(3) 在弹出的 MySQL Installer 对话框中选择要卸载的 MySQL Server，单击 Remove(删除)按钮，如图 2-28 所示。

(4) 在 Select Products to Remove(选择要删除的产品)步骤，勾选所有复选框，单击 Next 按钮进行下一步操作，如图 2-29 所示。

(5) 在 Remove Server 8.0.31 步骤，如果想同时删除 MySQL Server 中的数据，则勾选 Removing the data directory(删除数据目录)复选框，然后单击 Next 按钮进行下一步操作。

(6) 在 Remove Selected Products(删除选择的产品)步骤，单击 Execute(执行)按钮进行

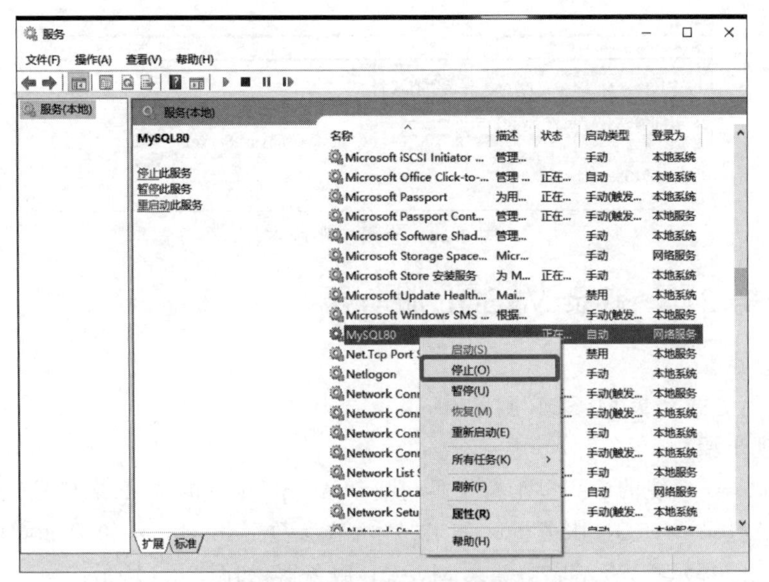

图 2-26　停止 MySQL 服务

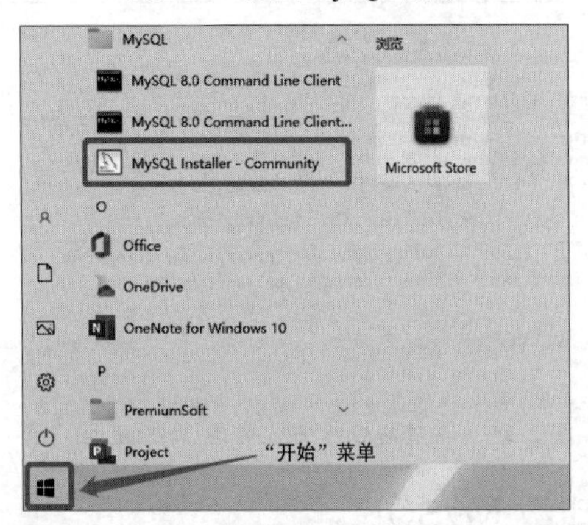

图 2-27　选择 MySQL Installer-Community 选项

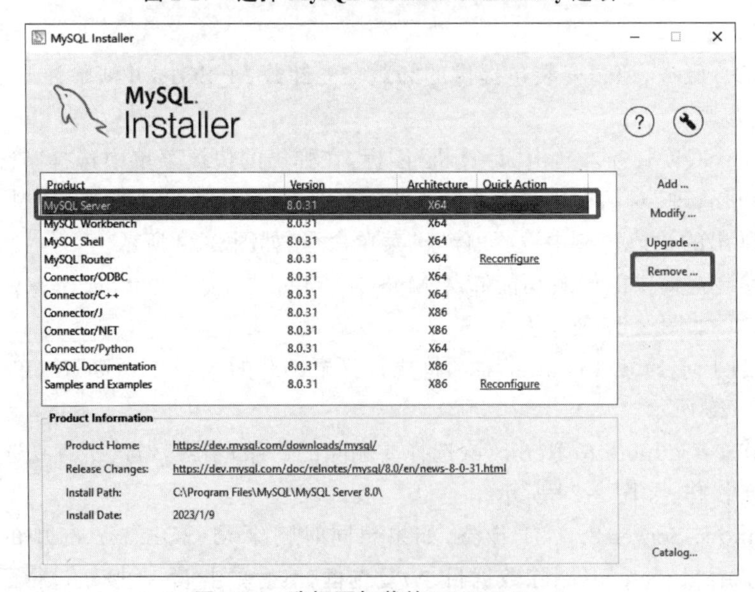

图 2-28　选择要卸载的 MySQL Server

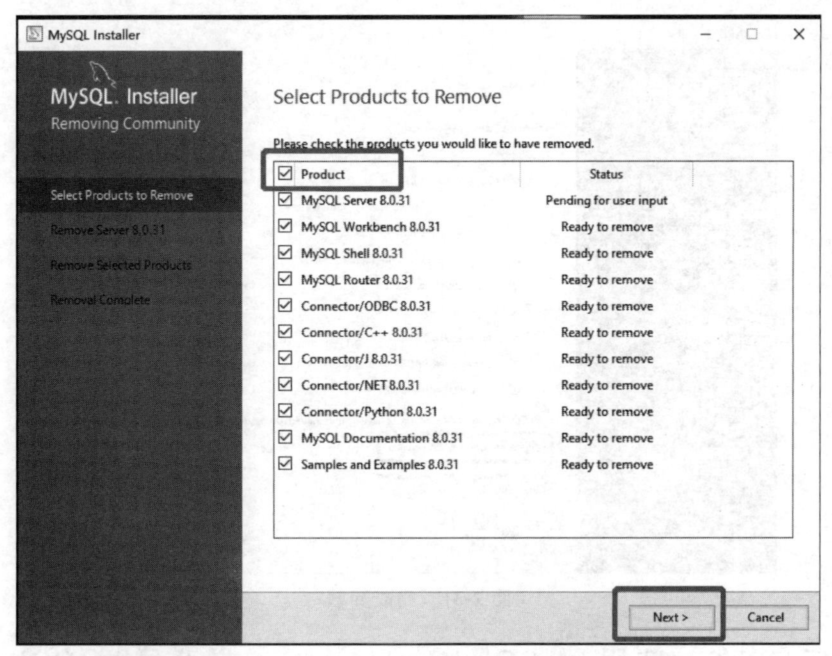

图 2-29 Select Products to Remove(选择要删除的产品)

卸载操作,如图 2-30 所示。

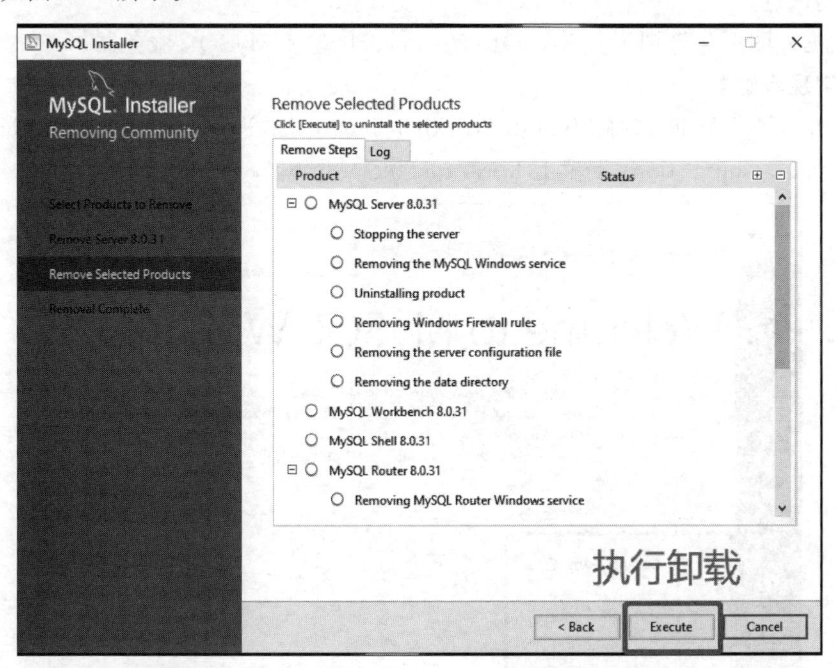

图 2-30 Remove Selected Products(删除选择的产品)

(7) 完成卸载后,单击 Finish(完成)按钮即可。如果想同时卸载 MySQL 8.0 的安装向导程序,则勾选 Yes,uninstall MySQL Installer 复选框,如图 2-31 所示。

(8) 删除 MySQL 服务目录。在“运行”对话框中输入 regedit 命令打开注册表,在地址搜索栏中输入 HKEY_LOCAL_MACHINE\SYSTEM\ControlSet001\Services\MySQL80,找到 MySQL 服务目录将其删除。

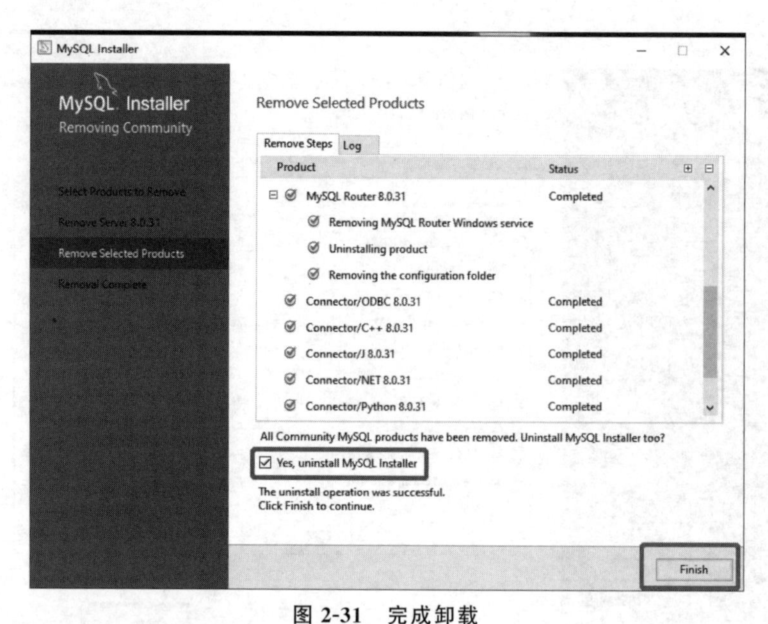

图 2-31 完成卸载

扫一扫

视频讲解

课业任务 2-6 使用 MySQL Workbench 工具登录 MySQL 服务器

【能力测试点】

使用数据库图形化管理工具 MySQL Workbench 登录 MySQL 服务器。

【任务实现步骤】

(1) 单击“开始”菜单，选择 MySQL Workbench 8.0 CE，进入 MySQL Workbench 工具的首页，在 MySQL Connections 下单击 Local instance MySQL80，如图 2-32 所示。

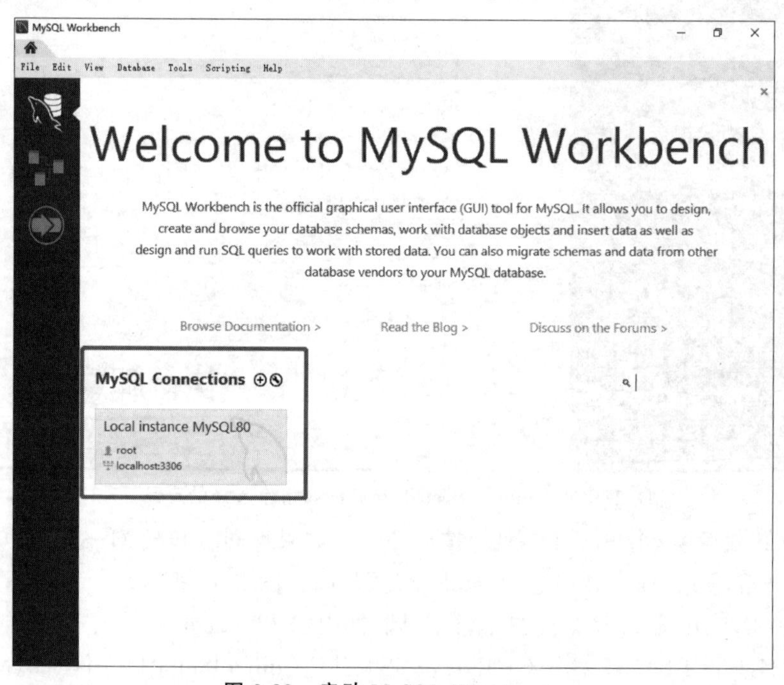

图 2-32 启动 MySQL Workbench

(2) 弹出 Connect to MySQL Server 对话框，在 Password 文本框中输入 root 用户的密

码，单击 OK 按钮登录 MySQL 服务器，如图 2-33 所示。

注意：默认登录用户是 root，也可以使用其他用户登录。

图 2-33　Connect to MySQL Server 对话框

成功登录 MySQL 服务器后，MySQL Workbench 工具的界面如图 2-34 所示。

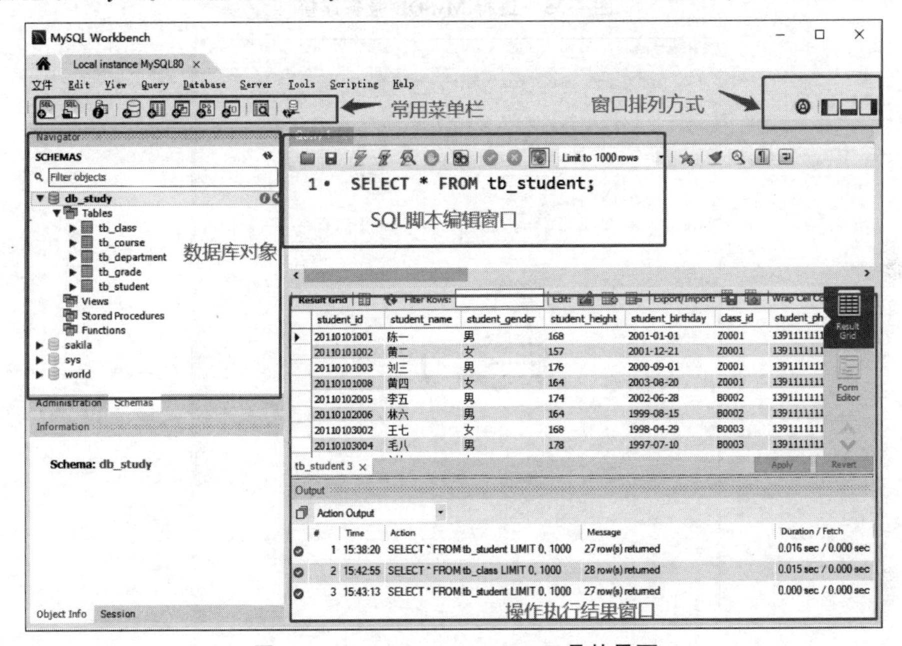

图 2-34　MySQL Workbench 工具的界面

课业任务 2-7　使用 Navicat Premium 工具登录 MySQL 服务器

扫一扫

视频讲解

【能力测试点】

使用数据库图形化管理工具 Navicat Premium 登录 MySQL 服务器。

【任务实现步骤】

(1) 进入 Navicat Premium 的官网，选择合适的版本进行下载。

说明：Navicat Premium 16 为收费工具，本书使用的是免费试用版。

(2) 双击下载的 navicat161_premium_cs_x64.exe 文件安装 Navicat Premium 16。

(3) 启动 Navicat Premium 16，单击"连接"按钮，在弹出的列表中选择 MySQL 选项进行 MySQL 服务连接，如图 2-35 所示。

(4) 弹出"新建连接(MySQL)"对话框，在"连接名"文本框中输入 MySQL8.0，即 MySQL 服务器的名称，在"密码"文本框中输入 root 用户的密码，其他参数采用默认，如图 2-36 所示，单击"确定"按钮就能成功登录 MySQL 服务器。

成功登录 MySQL 服务器后，Navicat Premium 16 工具的界面如图 2-37 所示。

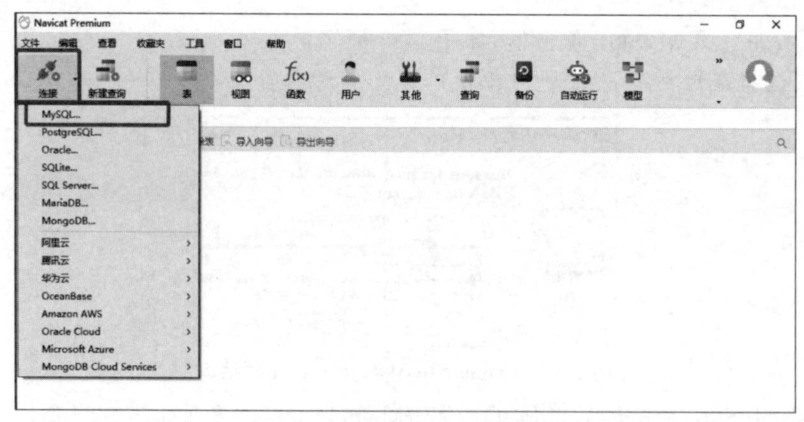

图 2-35　进行 MySQL 服务连接

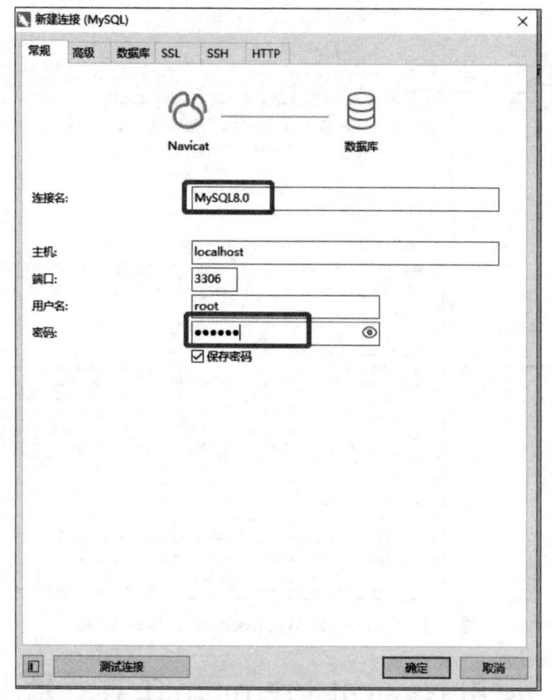

图 2-36　"新建连接(MySQL)"对话框

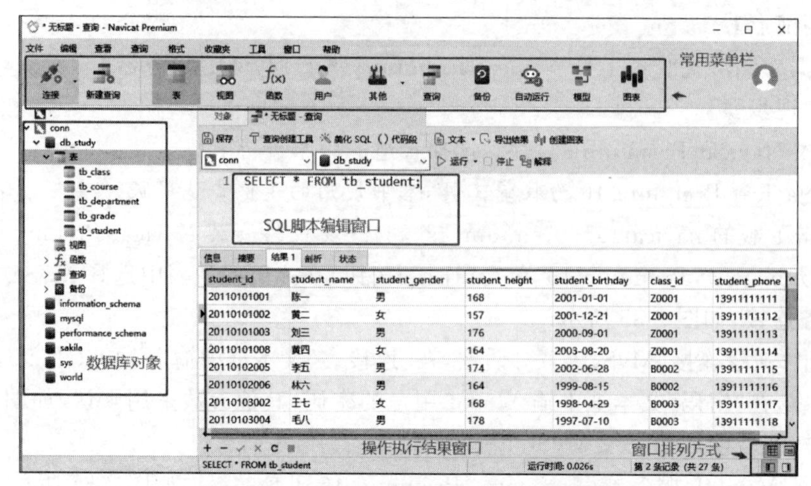

图 2-37　Navicat Premium 16 工具的界面

常见错误及解决方案

错误 2-1　安装过程失败

【问题描述】

无法打开 MySQL 8.0 的安装包或安装过程失败，如图 2-38 所示。

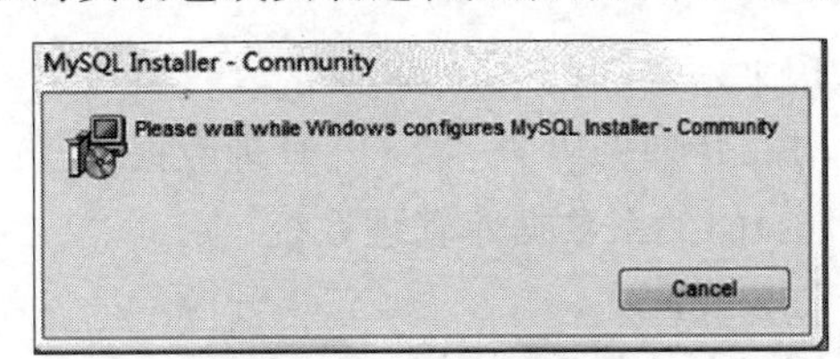

图 2-38　安装过程失败

【解决方案】

在运行 MySQL 8.0 的安装包之前，用户需要确保系统中已经安装了.Net Framework 软件，如果缺少此软件，将不能正常地安装 MySQL 8.0。

错误 2-2　MySQL 运行失败

【问题描述】

打开 Windows 系统的命令提示符工具，通过命令行方式登录 MySQL，出现如图 2-39 所示的错误提示，即 mysql 不是内部或外部命令，也不是可运行的程序。

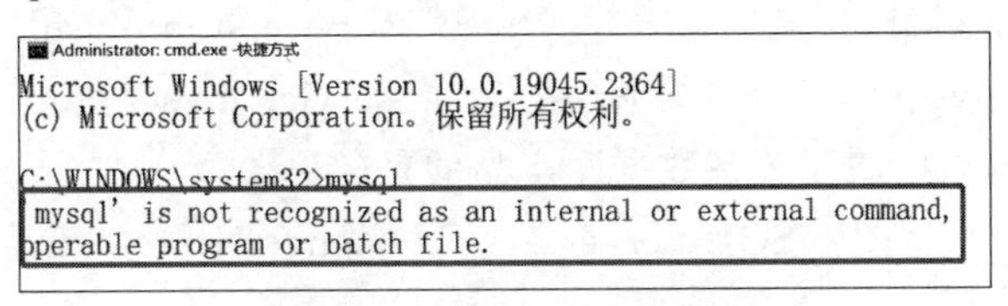

图 2-39　MySQL 运行失败

【解决方案】

配置 Windows 系统的环境变量，将 MySQL 应用程序的 bin 目录配置到环境变量 Path 中，具体见课业任务 2-3。

错误 2-3　用 MySQL 8.0 自带的客户端登录时报错

【问题描述】

用 MySQL 8.0 自带的客户端登录 user 用户，并正确输入该用户的密码，但登录失败。

【解决方案】

MySQL 8.0 自带的客户端仅限于 root 用户登录，非 root 用户无法登录。

错误 2-4　卸载后重装 MySQL 失败

【问题描述】

在 Windows 系统中重装已经卸载的 MySQL，提示不能安装。

【解决方案】

该问题通常是卸载 MySQL 时没有完全清除相关信息所导致的。解决方案如下。

(1) 将 MySQL 的服务目录和数据目录清除,该操作完成后需要重启计算机。

(2) 清理注册表,具体见课业任务 2-5。

(3) 删除环境变量。

扫一扫

自测题

习题

1. 选择题

(1) 数据库管理系统是用来定义和(　　)的软件。

A. 管理应用程序　B. 管理密码　C. 管理数据　D. 管理管理员

(2) MySQL 是一个(　　)的关系数据库管理系统。

A. 闭源　B. 开源　C. 半开源　D. 完全收费

(3) 关系数据库模型是用复杂的数据结构表示(　　)。

A. 文件　B. 一维结构　C. 二维表结构　D. 自定义方式

(4) 下列选项中不属于数据库系统的特点的是(　　)。

A. 数据共享　B. 数据独立　C. 数据结构化　D. 数据高冗余

(5) 一个数据库最多可以创建的数据表的个数是(　　)。

A. 1　B. 2　C. 1 或 2　D. 多个

(6) 下列选项中用于 MySQL 存放日志文件以及数据库的文件夹是(　　)。

A. bin　B. Data　C. include　D. lib

(7) 下列选项中,在命令提示符工具中停止 MySQL 服务的命令是(　　)。

A. stop net mysql　B. service stop mysql

C. net stop mysql　D. service mysql stop

(8) (多选)下列选项中属于关系数据库产品的是(　　)。

A. Oracle　B. SQL Server　C. MongoDB　D. MySQL

2. 操作题

(1) 下载并安装 MySQL 的最新版。

(2) 配置 MySQL 的环境变量。

(3) 在本机登录 MySQL 服务器。

(4) 邀请同一个网段的计算机远程登录 MySQL 服务器。

(5) 使用 MySQL Workbench 工具登录 MySQL 服务器。

(6) 使用 Navicat Premium 16 工具登录 MySQL 服务器。

第3章

结构化查询语言

CHAPTER 3

结构化查询语言(SQL)是使用关系模型的数据库应用语言。“不以规矩,不能成方圆。”作为程序员,必须要遵守规则与规范。遵守一定的规则与规范可以使程序更容易阅读和调试。运用运算符则可以让程序员灵活地使用表中的数据,常见的运算符类型有算术运算符、比较运算符、逻辑运算符和位运算符。本章将通过丰富的案例和7个课业任务分别演示算术运算符、比较运算符、逻辑运算符和位运算符的使用,并通过 MySQL Workbench 工具和 Navicat Premium 工具进行一些运算。

【教学目标】

- 掌握 SQL 的规则与规范;
- 熟练掌握 MySQL 运算符的使用;
- 掌握运算符的优先级;
- 能够使用 MySQL Workbench 工具进行比较运算;
- 能够使用 Navicat Premium 工具进行综合运算。

【课业任务】

王小明想利用 MySQL+Java 开发一个数据库学习系统,在掌握了 MySQL 的安装与配置以后,需要熟悉 SQL 的规则与规范,并能够灵活地运用运算符处理数据,现通过7个课业任务来完成。

课业任务 3-1 算术运算符的应用
课业任务 3-2 比较运算符的应用
课业任务 3-3 逻辑运算符的应用
课业任务 3-4 位运算符的应用
课业任务 3-5 运算符的综合应用
课业任务 3-6 使用 MySQL Workbench 工具进行比较运算
课业任务 3-7 使用 Navicat Premium 工具进行综合运算

3.1 SQL 的概述

3.1.1 SQL 的背景

1974 年,IBM 公司的研究员发布了一篇关于数据库技术的论文——《SEQUEL:一门结构化的英语查询语言》,从而引出 SQL,直到目前为止,这种结构化查询语言并没有太大的变化,与其他语言相比,SQL 的半衰期可以说是非常长了。

SQL 是使用关系模型的数据库应用语言,可以应用到所有关系数据库中,如 MySQL、Oracle、SQL Server、达梦等,它同时也是与数据直接“打交道”的一种语言。SQL 由 IBM 公司在 20 世纪 70 年代开发出来,由美国国家标准学会(American National Standards Institute,ANSI)着手制定标准,先后有 SQL-86、SQL-89、SQL-92、SQL-99 等标准。其中最重要的两个标准是 SQL-92 和 SQL-99,分别代表了 1992 年和 1999 年颁布的 SQL 标准,现在的 SQL 依然遵循这些标准。

自从 SQL 加入了 TIOBE 编程语言排行榜,就一直保持在前 10,如图 3-1 所示。

Jan 2023	Jan 2022	Change	Programming Language	Ratings	Change
1	1		Python	16.36%	+2.78%
2	2		C	16.26%	+3.82%
3	4	^	C++	12.91%	+4.62%
4	3	v	Java	12.21%	+1.55%
5	5		C#	5.73%	+0.05%
6	6		Visual Basic	4.64%	-0.10%
7	7		JavaScript	2.87%	+0.78%
8	9	^	SQL	2.50%	+0.70%
9	8	v	Assembly language	1.60%	-0.25%
10	11	^	PHP	1.39%	-0.00%
11	10	v	Swift	1.20%	-0.21%
12	13	^	Go	1.14%	+0.10%
13	12	v	R	1.04%	-0.21%
14	15	^	Classic Visual Basic	0.98%	+0.01%
15	16	^	MATLAB	0.91%	-0.05%

图 3-1 TIOBE 编程语言的排行榜

不同的数据库生产厂商都支持 SQL,但很多数据库有自己特有的内容,如 MySQL 中的 LIMIT 语句就是 MySQL 特有的语句,其他数据库都不支持。当然,Oracle 和 SQL Server 也都有自己特有的语句,数据库的特有内容图解如图 3-2 所示。

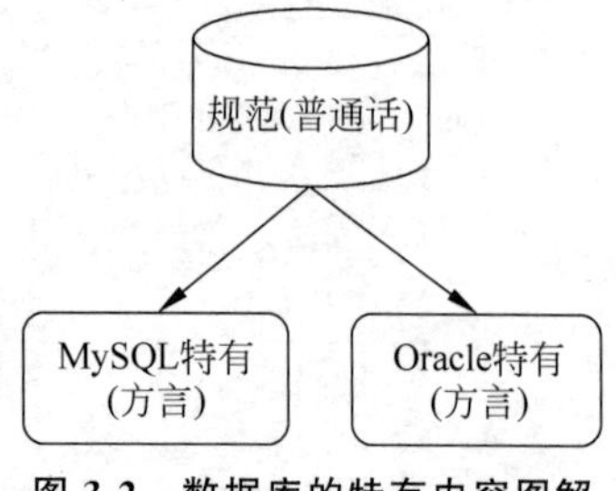

图 3-2 数据库的特有内容图解

3.1.2 SQL 的分类

SQL 在功能上主要分为以下 3 类。

(1) 数据定义语言(Data Definition Language,DDL):主要用于定义数据库、数据表、索引、视图等数据库对象,还可以用来创建、删除、修改数据库和数据表的结构。其关键字包括 CREATE、DROP、ALTER 等。

(2) 数据操作语言(Data Manipulation Language,DML)：主要用于添加、删除、更新和查询数据库记录,并检查数据的完整性。其关键字包括 INSERT、DELETE、UPDATE、SELECT 等,其中 SELECT 是 SQL 的基础,最为重要。

(3) 数据控制语言(Data Control Language,DCL)：主要用于定义数据库、数据表、字段、用户的访问权限和安全级别。其关键字包括 GRANT、REVOKE、COMMIT、ROLLBACK、SAVEPOINT 等。

因为查询语句的使用非常频繁,所以可以把查询语句单独作为一类,另外将 COMMIT、ROLLBACK 单独作为一类,具体如下。

(1) 数据查询语言(Data Query Language,DQL)：主要用于查询记录(数据),执行 SELECT 操作。数据库执行 DQL 语句不会对数据进行改变,而是让数据库发送结果集给客户端。

(2) 事务控制语言(Transaction Control Language,TCL)：主要用于事务管理,如果需要在一个事务中包含多条 SQL 语句,那么需要开启事务和结束事务。其关键字包括 COMMIT(提交)、ROLLBACK(回滚)、SAVEPOINT(保存点)等。

3.2　SQL 的规则与规范

3.2.1　SQL 的基本规则

作为程序员,规则是一定要遵守的,如果不遵守规则,程序就会出错,无法执行。以下是使用 SQL 必须遵守的基本规则。

(1) SQL 语句可以单行或多行书写。为了提高可读性,各子句可分行书写,必要时使用缩进。

(2) 每条命令以分号(;)、\g 或\G 结尾。

(3) 关键字不能缩写,也不能分行。

(4) 必须保证所有括号、单引号、双引号是成对结束的。

(5) 必须使用英文状态下的半角输入方式。

(6) 字符串和日期时间类型的数据可以使用单引号表示。

(7) 列的别名尽量使用双引号,而且不建议省略 AS。

3.2.2　SQL 大小写的规范

规范是建议程序员去遵守的,遵守一定的规范可以使程序更容易阅读和调试,提高复写性。以下是 SQL 大小写的规范。

(1) MySQL 在 Windows 环境下是大小写不敏感的。

(2) MySQL 在 Linux 环境下是大小写敏感的：数据库名、表名、表的别名、变量名是严格区分大小写的；关键字、函数名、列名(字段名)、列的别名(字段的别名)是忽略大小写的。

(3) 推荐采用统一的书写规范：数据库名、表名、字段名、变量名、视图名、索引名、存储名、触发器名等都用小写；SQL 关键字、函数、数据类型等都用大写。

3.2.3　MySQL 注释符

注释用于说明 SQL 语句的作用或存储过程中代码块的逻辑,在解析 SQL 代码时,MySQL

会忽略注释部分,只执行除注释以外的 SQL 部分。MySQL 可以使用以下 3 种注释结构。

(1) 单行注释:#注释文字。

(2) 单行注释:-- 注释文字(--后面必须有一个空格)。

(3) 多行注释:/* 注释文字 */。

3.2.4 MySQL 数据库对象的命名规范

用户在使用 MySQL 时需要遵循一定的命名规范,扬长避短。以下是 MySQL 数据库对象的命名规范。

(1) 数据库名、表名不能超过 30 个字符,变量名的长度限制为 29。

(2) 名称中只能包含 A~Z、a~z、0~9,共 62 个字符。

(3) 数据库名、表名、字段名等对象名中不能有空格。

(4) 在同一个 MySQL 软件中,数据库不能重名;在同一个数据库中,表不能重名;在同一个表中,字段不能重名。

(5) 必须保证字段没有与保留字、数据库系统或常用方法冲突。如果一定要使用,则必须在 SQL 语句中使用着重号(`)引起来。

(6) 在命名字段并为其指定数据类型时一定要保证一致性。

3.3 运算符

3.3.1 算术运算符

算术运算符主要用于数学运算,其可以连接运算符前后的两个数值或表达式,对数值或表达式进行加(+)、减(-)、乘(*)、除(/)和求模(或称为求余,%)运算。MySQL 中的算术运算符如表 3-1 所示。

表 3-1 算术运算符

运算符	名称	作用
+	加法运算符	计算两个值或表达式的和
-	减法运算符	计算两个值或表达式的差
*	乘法运算符	计算两个值或表达式的乘积
/或 DIV	除法运算符	计算两个值或表达式的商
%或 MOD	求模(求余)运算符	计算两个值或表达式的余数

1. 加法运算符与减法运算符

加法运算符(+)用于计算一个或多个值的和;减法运算符(-)用于从一个值中减去另外一个值。

【案例 3-1】 加法运算符和减法运算符的应用。

在 MySQL 中,数字 6 加上一个数字或减去一个数字的 SQL 语句如下。

```
SELECT 6, 6 + 0, 6 - 0, 6 + 10, 6 - 10, 6 + 10 - 2, 6 + 4.5, 6 - 4.5
FROM dual;
```

执行上述 SQL 语句,运行结果如图 3-3 所示。

说明:

(1) 一个整数类型的值对整数(浮点数)进行加法和减法操作,运算结果还是一个整数(浮

```
mysql> SELECT 6, 6+0, 6-0, 6+10, 6-10, 6+10-2, 6+4.5, 6-4.5
    -> FROM dual;
+---+-----+-----+------+------+--------+-------+-------+
| 6 | 6+0 | 6-0 | 6+10 | 6-10 | 6+10-2 | 6+4.5 | 6-4.5 |
+---+-----+-----+------+------+--------+-------+-------+
| 6 |   6 |   6 |   16 |   -4 |     14 |  10.5 |   1.5 |
+---+-----+-----+------+------+--------+-------+-------+
1 row in set (0.00 sec)
```

图 3-3　加法运算符和减法运算符的应用

点数)。

(2) 加法运算符和减法运算符的优先级相同,进行先加后减操作与进行先减后加操作的结果是一样的。

(3) 在 MySQL 中不需要虚拟表(dual)也可以进行加法、减法运算。

(4) 在早期的 MySQL 5.1 版本之前是没有虚拟表(dual)的,现在大多使用 MySQL 5.5 以上的版本,所以在 MySQL 中存在和 Oracle 中类似的虚拟表(dual),官方声明是为了满足 SELECT…FROM…结构,在 MySQL 中会忽略对该表的引用。

在 MySQL(SQL 语句需要以分号结尾)和 SQL Server(SQL 语句不需要以分号结尾)中可以直接用 SELECT 1,不需要加“FROM 表名”就可以执行,但在 Oracle(SQL 语句需要以分号结尾)中需要满足 SELECT…FROM…结构,Oracle 不能直接执行“SELECT 1;”语句,需要引入虚拟表(dual)满足结构。以下 SQL 语句是在 MySQL 中不用虚拟表(dual)执行加法和减法运算。

```
SELECT 6, 6 + 0, 6 - 0, 6 + 10, 6 - 10, 6 + 10 - 2, 6 + 4.5, 6 - 4.5;
```

执行上述 SQL 语句,运行结果如图 3-4 所示。

```
mysql> SELECT 6, 6+0, 6-0, 6+10, 6-10, 6+10-2, 6+4.5, 6-4.5;
+---+-----+-----+------+------+--------+-------+-------+
| 6 | 6+0 | 6-0 | 6+10 | 6-10 | 6+10-2 | 6+4.5 | 6-4.5 |
+---+-----+-----+------+------+--------+-------+-------+
| 6 |   6 |   6 |   16 |   -4 |     14 |  10.5 |   1.5 |
+---+-----+-----+------+------+--------+-------+-------+
1 row in set (0.00 sec)
```

图 3-4　不用虚拟表(dual)执行加法和减法运算的结果

2. 乘法运算符与除法运算符

乘法运算符由星号(*)表示,用于两数相乘;除法运算符由斜杠(/)或 DIV 表示,用一个值除以另外一个值得到商。

【案例 3-2】　乘法运算符和除法运算符的应用。

在 MySQL 中,数字 20 乘以一个数字和除以一个数字的 SQL 语句如下。

```
SELECT 20, 20 * 1, 20/1, 20 * 0.5, 20/0.5, 20 * 3, 20/3, 20 * 2/5, 20/5 * 2, 20 DIV 0;
```

执行上述 SQL 语句,运行结果如图 3-5 所示。

```
mysql> SELECT 20, 20*1, 20/1, 20*0.5, 20/0.5, 20*3, 20/3, 20*2/5, 20/5*2, 20 DIV 0;
+----+------+---------+--------+---------+------+--------+--------+--------+----------+
| 20 | 20*1 | 20/1    | 20*0.5 | 20/0.5  | 20*3 | 20/3   | 20*2/5 | 20/5*2 | 20 DIV 0 |
+----+------+---------+--------+---------+------+--------+--------+--------+----------+
| 20 |   20 | 20.0000 |   10.0 | 40.0000 |   60 | 6.6667 | 8.0000 | 8.0000 |     NULL |
+----+------+---------+--------+---------+------+--------+--------+--------+----------+
1 row in set, 1 warning (0.01 sec)
```

图 3-5　乘法运算符和除法运算符的应用

说明:

(1) 一个数乘以或除以浮点数后都变成浮点数,数值与原数相等。

(2) 一个数除以整数后,不管是否能除尽,结果都是浮点数,并且结果都保留到小数点后

4 位。

(3) 因为乘法运算符和除法运算符的优先级相同,所以进行先乘后除操作与进行先除后乘操作的结果相同。

(4) 在数学运算中,0 不能用作除数。但是在 MySQL 中,一个数除以 0 的返回值为 NULL。

3. 求模(求余)运算符

求模(求余)运算符由百分号(%)表示,执行常规的除法运算,返回经过除法运算后得到的余数。在 MySQL 中%和 MOD 的作用相同,返回值一样。

3.3.2 比较运算符

比较运算符是在查询数据时最常用的一类运算符,用来对表达式左、右两边的操作数进行比较,如果比较的结果为真,返回 1;如果比较的结果为假,返回 0;如果是其他情况,返回 NULL。比较运算符经常在 SELECT 的查询条件子句中使用,用来查询满足指定条件的记录。MySQL 中的比较运算符又分为常见的算术比较运算符和非符号类型的比较运算符。

1. 常见的算术比较运算符

MySQL 中常见的算术比较运算符如表 3-2 所示。

表 3-2 常见的算术比较运算符

运 算 符	名 称	作 用
=	等于运算符	判断两个值、字符串或表达式是否相等
<=>	安全等于运算符	安全地判断两个值、字符串或表达式是否相等
<>、!=	不等于运算符	判断两个值、字符串或表达式是否不相等
<	小于运算符	判断前面的值、字符串或表达式是否小于后面的
<=	小于或等于运算符	判断前面的值、字符串或表达式是否小于或等于后面的
>	大于运算符	判断前面的值、字符串或表达式是否大于后面的
>=	大于或等于运算符	判断前面的值、字符串或表达式是否大于或等于后面的

1) 等于运算符

等于运算符(=)用于判断等号两边的值、字符串或表达式是否相等。如果相等,返回 1;如果不相等,返回 0。

【案例 3-3】 等于运算符的应用。

在 MySQL 中,执行等于运算符的运算的 SQL 语句如下。

```
SELECT 3 = 1, 3 = 3, '3' = 2, 'm' = 'm', (3 + 0) = (1 + 2), 3 = NULL, NULL = NULL;
```

执行上述 SQL 语句,运行结果如图 3-6 所示。

```
mysql> SELECT 3=1, 3=3, '3'=2, 'm'='m', (3+0)=(1+2), 3=NULL, NULL=NULL;
+-----+-----+-------+---------+-------------+--------+-----------+
| 3=1 | 3=3 | '3'=2 | 'm'='m' | (3+0)=(1+2) | 3=NULL | NULL=NULL |
+-----+-----+-------+---------+-------------+--------+-----------+
|   0 |   1 |     0 |       1 |           1 |   NULL |      NULL |
+-----+-----+-------+---------+-------------+--------+-----------+
1 row in set (0.01 sec)
```

图 3-6 等于运算符的应用

说明:

(1) 等号两边的操作数都是整数,则 MySQL 会按照整数值比较两个操作数的大小。

(2) 等号两边的操作数一个是整数,另一个是字符串,则 MySQL 会将字符串转换为数字进行比较。

(3) 等号两边的操作数都是字符串，则 MySQL 会按照字符串进行比较。

(4) 等号两边的值、字符串或表达式中有一个为 NULL，则比较结果为 NULL。

2) 安全等于运算符

安全等于运算符(<=>)和等于运算符(=)的作用相似，当操作数相等时值都为 1，唯一的区别是<=>运算符在即使操作数是 NULL 时也可以正确比较。

说明：

(1) <=>运算符与=运算符的操作相同。

(2) 当两个操作数均为 NULL 时，返回值为 1，而不是 NULL；当一个操作数为 NULL 时，返回值为 0，而不是 NULL。

3) 不等于运算符

不等于运算符(<>和!=)用于判断运算符两边的数字、字符串或表达式是否不相等，如果不相等，返回 1；如果相等，返回 0。

【案例 3-4】 不等于运算符的应用。

在 MySQL 中，执行不等于运算符的运算的 SQL 语句如下。

```
SELECT 2 <> 2, 2!= 2, 'mysql'<>'sql', 'm'<> NULL, NULL <> NULL;
```

执行上述 SQL 语句，运行结果如图 3-7 所示。

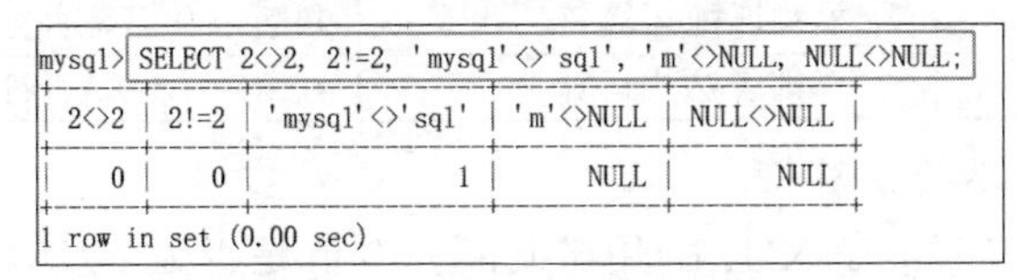

```
mysql> SELECT 2<>2, 2!=2, 'mysql'<>'sql', 'm'<>NULL, NULL<>NULL;
+------+------+----------------+-----------+------------+
| 2<>2 | 2!=2 | 'mysql'<>'sql' | 'm'<>NULL | NULL<>NULL |
+------+------+----------------+-----------+------------+
|    0 |    0 |              1 |      NULL |       NULL |
+------+------+----------------+-----------+------------+
1 row in set (0.00 sec)
```

图 3-7 不等于运算符的应用

说明：

(1) <>和!=运算符两边的值不相等时返回 1，否则返回 0。

(2) 不等于运算符不能判断 NULL 值，若两边的值有一个为 NULL，或两边都为 NULL，结果都为 NULL。

4) 小于运算符和小于或等于运算符

小于运算符(<)和小于或等于运算符(<=)用来判断左侧的操作数是否小于、小于或等于右侧的操作数，如果小于、小于或等于，返回值为 1，否则返回值为 0。

【案例 3-5】 小于运算符和小于或等于运算符的应用。

在 MySQL 中，执行小于运算符、小于或等于运算符的运算的 SQL 语句如下。

```
SELECT 3 < 2, 2 <= 2, 'b'<'c', 'm'< NULL, NULL < NULL;
```

执行上述 SQL 语句，运行结果如图 3-8 所示。

```
mysql> SELECT 3<2, 2<=2, 'b'<'c', 'm'<NULL, NULL<NULL;
+-----+------+---------+----------+-----------+
| 3<2 | 2<=2 | 'b'<'c' | 'm'<NULL | NULL<NULL |
+-----+------+---------+----------+-----------+
|   0 |    1 |       1 |     NULL |      NULL |
+-----+------+---------+----------+-----------+
1 row in set (0.00 sec)
```

图 3-8 小于运算符和小于或等于运算符的应用

说明：

(1) <=运算符具有左结合性。

(2) <运算符和<=运算符都不能用于判断空值(NULL),如果使用,结果都为 NULL。

5) 大于运算符和大于或等于运算符

大于运算符(>)和大于或等于运算符(>=)用来判断左侧的操作数是否大于、大于或等于右侧的操作数,如果大于、大于或等于,返回值为 1,否则返回值为 0。

说明:

(1) >和>=运算符与<和<=运算符的操作相同。

(2) >和>=运算符不能用于判断空值(NULL)。

2. 非符号类型的比较运算符

MySQL 中非符号类型的比较运算符如表 3-3 所示。

表 3-3　非符号类型的比较运算符

运　算　符	名　　称	作　　用
IS NULL(或 ISNULL)	为空运算符	判断值、字符串或表达式是否为空
IS NOT NULL	不为空运算符	判断值、字符串或表达式是否不为空
LEAST	最小值运算符	在多个值中返回最小值
GREATEST	最大值运算符	在多个值中返回最大值
BETWEEN AND	两值之间运算符	判断一个值是否在两个值之间
IN	属于运算符	判断一个值是否为列表中的任意值
NOT IN	不属于运算符	判断一个值是否不是列表中的任意值
LIKE	模糊匹配运算符	判断一个值是否符合模糊匹配规则
PEGEXP	正则表达式运算符	判断一个值是否符合正则表达式的规则

1) 为空运算符和不为空运算符

为空运算符(IS NULL 或 ISNULL)用于判断一个值是否为 NULL,如果为 NULL,返回 1,否则返回 0;不为空运算符(IS NOT NULL)用于判断一个值是否不为 NULL,如果不为 NULL,返回 1,否则返回 0。

【案例 3-6】 为空运算符和不为空运算符的应用。

在 MySQL 中,执行为空运算符和不为空运算符的运算的 SQL 语句如下。

```
SELECT NULL IS NULL, ISNULL(NULL), ISNULL(6), 6 IS NOT NULL;
```

执行上述 SQL 语句,运行结果如图 3-9 所示。

```
mysql> SELECT NULL IS NULL, ISNULL(NULL), ISNULL(6), 6 IS NOT NULL;
+--------------+--------------+-----------+---------------+
| NULL IS NULL | ISNULL(NULL) | ISNULL(6) | 6 IS NOT NULL |
+--------------+--------------+-----------+---------------+
|            1 |            1 |         0 |             1 |
+--------------+--------------+-----------+---------------+
1 row in set (0.00 sec)
```

图 3-9　为空运算符和不为空运算符的应用

说明:

(1) NULL IS NULL 的返回值为 1。

(2) ISNULL(表达式)函数求表达式的值是否为 NULL,当表达式的值为 NULL 时,返回值为 1;当表达式的值不为 NULL 时,返回值为 0。

(3) IS NULL 和 ISNULL 的作用相同,ISNULL 和 IS NOT NULL 的返回值正好相反。

(4) IS NULL 运算符和 ISNULL()函数的格式不同,ISNULL()函数将表达式作为参数,而 IS NULL 运算符将表达式放在其左侧。

(5) IS NULL 运算符的效率比 ISNULL()函数高,因为它不需要扫描,只搜索符合条件的记录,通常比扫描更快。

2) 最小值运算符

最小值运算符(LEAST)在有两个或多个参数比较的情况下返回最小值。基本的语法格式如下。

```
LEAST(值 1,值 2,…,值 n)    #值 n 表明参数列表中有 n 个值
```

【案例 3-7】 最小值运算符的应用。

在 MySQL 中执行最小值运算符的运算的 SQL 语句如下。

```
SELECT LEAST(2,5,1.3), LEAST('q','w','e'), LEAST(3,NULL,7);
```

执行上述 SQL 语句,运行结果如图 3-10 所示。

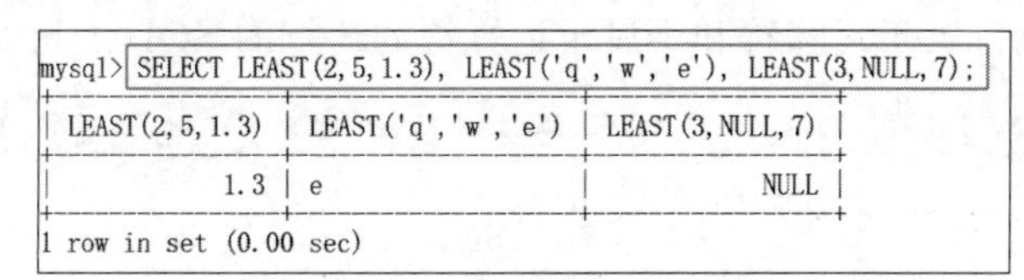
```
mysql> SELECT LEAST(2,5,1.3), LEAST('q','w','e'), LEAST(3,NULL,7);
+----------------+--------------------+-----------------+
| LEAST(2,5,1.3) | LEAST('q','w','e') | LEAST(3,NULL,7) |
+----------------+--------------------+-----------------+
|            1.3 | e                  |            NULL |
+----------------+--------------------+-----------------+
1 row in set (0.00 sec)
```

图 3-10 最小值运算符的应用

说明:

(1) 当参数列表中的值是整数(浮点数)时,LEAST 运算符将返回其中最小的整数(浮点数)。

(2) 当参数列表中的值为字符串时,返回字母表中顺序最靠前的字符。

(3) 当参数列表中的值有 NULL 时,不能判断大小,其返回值为 NULL。

3) 最大值运算符

最大值运算符(GREATEST)在有两个或多个参数比较的情况下返回最大值。基本的语法格式如下。

```
GREATEST(值 1,值 2,…,值 n)    #值 n 表示参数列表中有 n 个值
```

说明:

(1) 最大值运算符和最小值运算符的操作相同。

(2) 当参数列表中的值是整数(浮点数)时,GREATEST 运算符将返回其中最大的整数(浮点数)。

(3) 当参数列表中的值为字符串时,返回字母表中顺序最靠后的字符。

(4) 当参数列表中的值有 NULL 时,不能判断大小,其返回值为 NULL。

4) 两值之间运算符

两值之间运算符(BETWEEN AND)用于判断一个值(c)是否在两个值(a 和 b)之间,当 c≥a,并且 c≤b 时,返回 1,否则返回 0。基本的语法格式如下。

```
SELECT d FROM TABLE WHERE c BETWEEN a AND b;
```

【案例 3-8】 两值之间运算符的应用。

在 MySQL 中,执行两值之间运算符的运算的 SQL 语句如下。

```
SELECT 'c' BETWEEN 'a' AND 'b', 1 BETWEEN 3 AND 4, 7 BETWEEN 5 AND 8;
```

执行上述 SQL 语句,运行结果如图 3-11 所示。

```
mysql> SELECT 'c' BETWEEN 'a' AND 'b', 1 BETWEEN 3 AND 4, 7 BETWEEN 5 AND 8;
+-------------------------+-------------------+-------------------+
| 'c' BETWEEN 'a' AND 'b' | 1 BETWEEN 3 AND 4 | 7 BETWEEN 5 AND 8 |
+-------------------------+-------------------+-------------------+
|                       0 |                 0 |                 1 |
+-------------------------+-------------------+-------------------+
1 row in set (0.00 sec)
```

图 3-11 两值之间运算符的应用

说明：当比较字符串类型时，按照字母表的顺序进行比较。

5）属于运算符和不属于运算符

属于运算符(IN)用于判断给定的值是否为列表中的一个值，如果是，返回 1，否则返回 0；不属于运算符(NOT IN)用于判断给定的值是否不是列表中的一个值，如果不是，返回 1，否则返回 0。

【案例 3-9】 属于运算符和不属于运算符的应用。

在 MySQL 中，执行属于运算符和不属于运算符的运算的 SQL 语句如下。

```
SELECT 1 IN (2,3,4), 1 NOT IN (2,3,4), NULL NOT IN (2,3,4);
```

执行上述 SQL 语句，运行结果如图 3-12 所示。

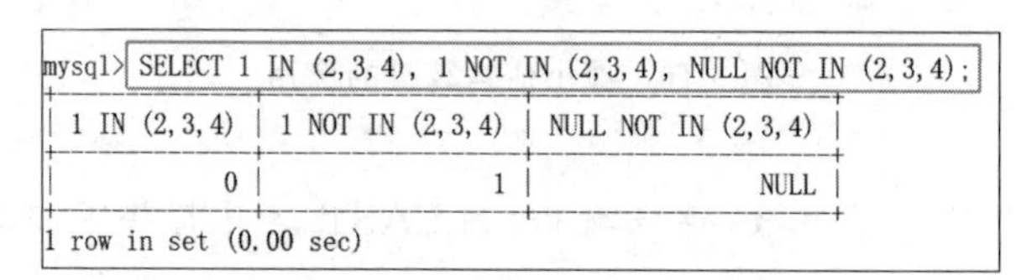

图 3-12 属于运算符和不属于运算符的应用

说明：

(1) IN 运算符和 NOT IN 运算符的运行结果相反。

(2) 当在列表中找不到给定的值相匹配时，或者给定的值是 NULL，又或者列表中存在 NULL 值，结果均为 NULL。

6）模糊匹配运算符

模糊匹配运算符(LIKE)主要用来匹配字符串，通常用于模糊匹配，如果满足条件，返回 1，否则返回 0；如果给定的值或匹配条件为 NULL，则返回结果为 NULL。

LIKE 运算符可以使用以下两个通配符。

(1) %：可以匹配任何数目的字符以及零字符。

(2) _：只能匹配一个字符。

【案例 3-10】 模糊匹配运算符的应用。

在 MySQL 中，执行模糊匹配运算符的运算的 SQL 语句如下。

```
SELECT 13579 LIKE '123%', 13579 LIKE '%35%', 2468 LIKE '24__';
```

执行上述 SQL 语句，运行结果如图 3-13 所示。

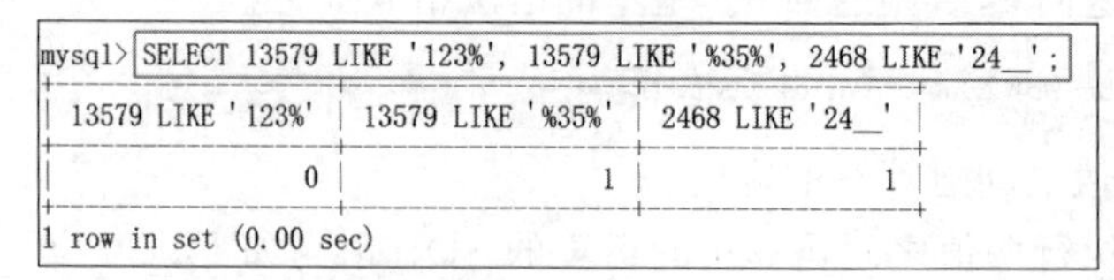

图 3-13 模糊匹配运算符的应用

说明：_通配符匹配单个任意字符。

7）正则表达式运算符

正则表达式运算符(REGEXP)用来匹配字符串，正则表达式(Regular Expression，通常简写为 REGEXP 或 RE)在搜索字符串时非常强大。正则表达式运算符的基本语法格式如下，若 expr 中包含相匹配的字符串，返回 1，否则返回 0。

```
SELECT expr REGEXP 匹配条件;
```

【案例 3-11】 正则表达式运算符的应用。

在 MySQL 中，执行正则表达式运算符的运算的 SQL 语句如下。

```
SELECT 'happy' REGEXP '^h', 'happy' REGEXP 'p$', 'happy' REGEXP 'py';
```

执行上述 SQL 语句，运行结果如图 3-14 所示。

```
mysql> SELECT 'happy' REGEXP '^h', 'happy' REGEXP 'p$', 'happy' REGEXP 'py';
+---------------------+---------------------+---------------------+
| 'happy' REGEXP '^h' | 'happy' REGEXP 'p$' | 'happy' REGEXP 'py' |
+---------------------+---------------------+---------------------+
|                   1 |                   0 |                   1 |
+---------------------+---------------------+---------------------+
1 row in set (0.00 sec)
```

图 3-14　正则表达式运算符的应用

说明：在 MySQL 中使用 REGEXP 关键字指定正则表达式的字符匹配模式，以下是 REGEXP 运算符常用的几个通配符。

(1) ^：匹配以该字符后面的字符开头的字符串。

(2) $：匹配以该字符前面的字符结尾的字符串。

(3) .：匹配任意单字符。

(4) *：匹配 0 个或多个在它前面的字符。

(5) [...]：匹配在方括号内的任何字符。例如，[xyz]匹配 x、y 或 z；[a-z]匹配任何字母；[0-9]匹配任何数字。

3.3.3　逻辑运算符

逻辑运算符主要用于判断表达式的真假，在 MySQL 中，逻辑运算符的返回结果为 1、0 或 NULL。在 MySQL 中支持 4 种逻辑运算符，如表 3-4 所示。

表 3-4　逻辑运算符

运　算　符	作　　用	运　算　符	作　　用
NOT 或!	逻辑非	OR 或||	逻辑或
AND 或 &&	逻辑与	XOR	逻辑异或

1. 逻辑非运算符

逻辑非运算符(NOT 或!)当给定的值为 0 时返回 1；当给定的值为非 0 值时返回 0。但有一点除外，那就是当给定的值为 NULL 时返回 NULL。

【案例 3-12】 逻辑非运算符的应用。

在 MySQL 中，执行逻辑非运算符的运算的 SQL 语句如下。

```
SELECT NOT 0, NOT 1, NOT !1, NOT 1+2, ! 1+2, NOT NULL;
```

执行上述 SQL 语句，运行结果如图 3-15 所示。

```
mysql> SELECT NOT 0, NOT 1, NOT !1, NOT 1+2, ! 1+2, NOT NULL;
+-------+-------+--------+---------+-------+----------+
| NOT 0 | NOT 1 | NOT !1 | NOT 1+2 | ! 1+2 | NOT NULL |
+-------+-------+--------+---------+-------+----------+
|     1 |     0 |      1 |       0 |     2 |     NULL |
+-------+-------+--------+---------+-------+----------+
1 row in set, 2 warnings (0.00 sec)
```

图 3-15　逻辑非运算符的应用

说明：

(1) NOT 和!运算符的返回值相同。

(2) NOT 1+2 和!1+2 的运算结果不同，原因是 NOT 和!运算符的优先级不同，NOT 运算符的优先级低于+运算符，而！运算符的优先级高于+运算符，所以导致两者结果不同。

2. 逻辑与运算符

逻辑与运算符(AND 或 &&)当给定的所有值均为非零值且不为 NULL 时返回 1；当给定的一个值或多个值为 0 时返回 0，否则返回 NULL。

【案例 3-13】 逻辑与运算符的应用。

在 MySQL 中，执行逻辑与运算符的运算的 SQL 语句如下。

```
SELECT 0 AND 1, 0 AND NULL, 1 AND NULL, -1 AND 1, -1 && 1;
```

执行上述 SQL 语句，运行结果如图 3-16 所示。

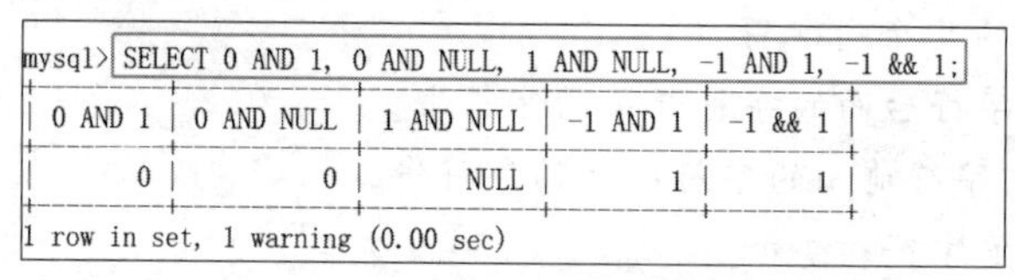

```
mysql> SELECT 0 AND 1, 0 AND NULL, 1 AND NULL, -1 AND 1, -1 && 1;
+---------+------------+------------+----------+---------+
| 0 AND 1 | 0 AND NULL | 1 AND NULL | -1 AND 1 | -1 && 1 |
+---------+------------+------------+----------+---------+
|       0 |          0 |       NULL |        1 |       1 |
+---------+------------+------------+----------+---------+
1 row in set, 1 warning (0.00 sec)
```

图 3-16　逻辑与运算符的应用

说明：

(1) AND 和 && 运算符的作用相同。

(2) 在操作数中若有一个为 NULL，结果就返回 NULL。

3. 逻辑或运算符

逻辑或运算符(OR 或||)当给定的两个值都不为 NULL 且任何一个值为非零值时返回 1，否则返回 0；当一个值为 NULL 且另一个值为非零值时返回 1，否则返回 NULL；当两个值都为 NULL 时返回 NULL。

【案例 3-14】 逻辑或运算符的应用。

在 MySQL 中，执行逻辑或运算符的运算的 SQL 语句如下。

```
SELECT 0 OR 1, 0 || 1, 0 OR 0, 3 OR NULL, NULL || NULL;
```

执行上述 SQL 语句，运行结果如图 3-17 所示。

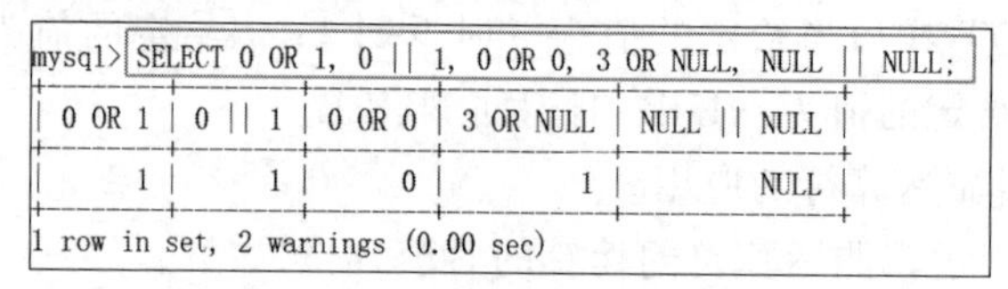

```
mysql> SELECT 0 OR 1, 0 || 1, 0 OR 0, 3 OR NULL, NULL || NULL;
+--------+--------+--------+-----------+--------------+
| 0 OR 1 | 0 || 1 | 0 OR 0 | 3 OR NULL | NULL || NULL |
+--------+--------+--------+-----------+--------------+
|      1 |      1 |      0 |         1 |         NULL |
+--------+--------+--------+-----------+--------------+
1 row in set, 2 warnings (0.00 sec)
```

图 3-17　逻辑或运算符的应用

说明：

(1) OR 和||运算符的作用相同。

(2) 当两个值中有一个 0 时，返回 1；当两个值都为 0 时，返回 0；当两个值都为 NULL

时,返回 NULL。

4. 逻辑异或运算符

逻辑异或运算符(XOR)当给定的值中有一个为 NULL 时返回 NULL;如果是非 NULL 的操作数,两个的逻辑值相异返回 1,否则返回 0。

说明: 若一个操作数为 0,另一个不为 0,则结果返回 1。

3.3.4　位运算符

位运算符是先将操作数转换为二进制数,然后进行位运算,再将结果从二进制数转换为十进制数。MySQL 中支持的位运算符如表 3-5 所示。

表 3-5　位运算符

<table>
<tr><th>运　算　符</th><th>作　　用</th><th>运　算　符</th><th>作　　用</th></tr>
<tr><td>&</td><td>按位与(位 AND)</td><td>~</td><td>按位取反</td></tr>
<tr><td>|</td><td>按位或(位 OR)</td><td>>></td><td>按位右移</td></tr>
<tr><td>^</td><td>按位异或(位 XOR)</td><td><<</td><td>按位左移</td></tr>
</table>

1. 按位与运算符

按位与运算符(&)将给定值对应的二进制数逐位进行逻辑与运算。先将十进制的操作数转换为二进制数,然后按对应的二进制数逐位进行逻辑与运算。当给定值对应的二进制位的数值都为 1 时,该位的运算结果为 1,否则该位的运算结果为 0。

【案例 3-15】 按位与运算符的应用。

在 MySQL 中,执行按位与运算符的运算的 SQL 语句如下。

```
SELECT 1&4, 2&3, 5&6&7;
```

执行上述 SQL 语句,运行结果如图 3-18 所示。

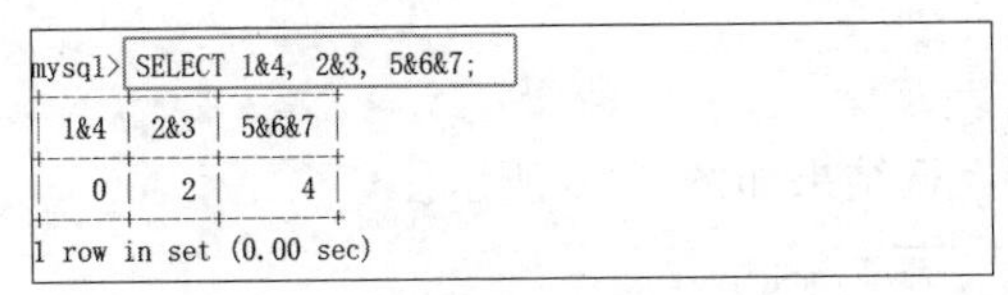

```
mysql> SELECT 1&4, 2&3, 5&6&7;
+-----+-----+-------+
| 1&4 | 2&3 | 5&6&7 |
+-----+-----+-------+
|   0 |   2 |     4 |
+-----+-----+-------+
1 row in set (0.00 sec)
```

图 3-18　按位与运算符的应用

说明:

(1) 1 的二进制数为 0001,4 的二进制数为 0100,所以 1&4 的结果为 0000,对应的十进制数为 0。

(2) 2 的二进制数为 0010,3 的二进制数为 0011,所以 2&3 的结果为 0010,对应的十进制数为 2。

(3) 5 的二进制数为 0101,6 的二进制数为 0110,7 的二进制数为 0111,所以 5&6&7 的结果为 0100,对应的十进制数为 4。

2. 按位或运算符

按位或运算符(|)将给定值对应的二进制数逐位进行逻辑或运算。先将十进制的操作数转换为二进制数,然后逐位进行逻辑或运算。当给定值对应的二进制位的数值有一个或两个为 1 时,该位的运算结果为 1,否则该位的运算结果为 0。例如,计算 2|3,因为 2 的二进制数为 0010,3 的二进制数为 0011,所以 2|3 的结果为 0011,对应的十进制数为 3,即运算结果为 3。

3. 按位异或运算符

按位异或运算符(^)将给定值对应的二进制数逐位进行逻辑异或运算。当给定值对应的二进制位的数值不同时,该位的运算结果为 1,否则该位的运算结果为 0。例如,计算 2^3,因为 2 的二进制数为 0010,3 的二进制数为 0011,所以 2^3 的结果为 0001,对应的十进制数为 1,即运算结果为 1。

4. 按位取反运算符

按位取反运算符(～)将给定值的二进制数逐位按对应的补码进行反转,也就是进行取反操作,即 1 取反后变为 0,0 取反后变为 1。

【案例 3-16】 按位取反运算符的应用。

在 MySQL 中,执行按位取反运算符的运算的 SQL 语句如下。

```
SELECT ~1;
```

执行上述 SQL 语句,运行结果如图 3-19 所示。

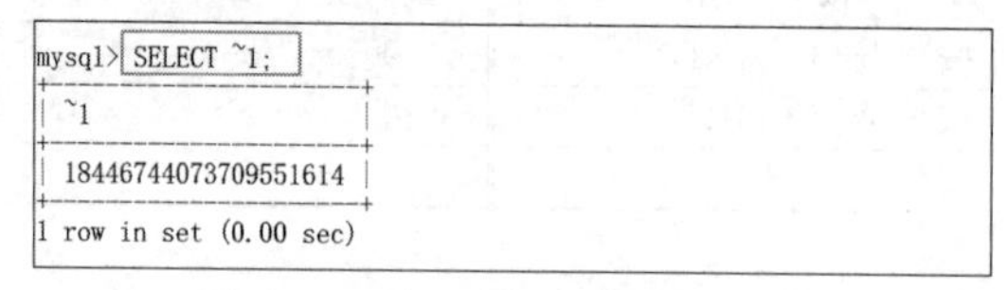

图 3-19 按位取反运算符的应用

在 MySQL 中常数是 8 字节,每字节是 8 位,则一个常数就是 64 位。常数 1 转换为二进制数后是由 64 位构成的,最后一位是 1,前面的 63 位是 0。在进行按位取反后,前 63 位的值是 1,最后一位是 0,最终将二进制数转换为十进制数 18446744073709551614。

用户可以使用 BIN()函数查看常数 1 取反后的结果,BIN()函数的作用是将一个十进制数转换为二进制数。

【案例 3-17】 BIN()函数的使用。

在 MySQL 中使用 BIN()函数的 SQL 语句如下。

```
SELECT BIN(~1);
```

执行上述 SQL 语句,运行结果如图 3-20 所示。

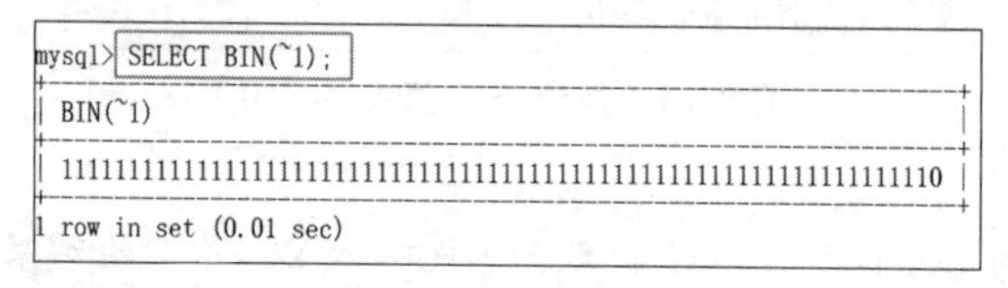

图 3-20 BIN()函数的使用

常数 1 转换为二进制数后,最右边一位为 1,其他位均为 0。在进行按位取反操作后,除了最右边一位为 0 以外,其他位均为 1。

5. 按位右移运算符

按位右移运算符(>>)将给定值的二进制数的所有位右移指定的位数。在右移指定的位数之后,右边低位的数值被移出并丢弃,左边高位空出的位置用 0 补齐。例如,m >> n 表示将 m 的二进制数向右移 n 位,左边补 n 个 0。

【案例 3-18】 按位右移运算符的应用。

在 MySQL 中,执行按位右移运算符的运算的 SQL 语句如下。

```
SELECT 3 >> 1, 24 >> 2;
```

执行上述 SQL 语句,运行结果如图 3-21 所示。

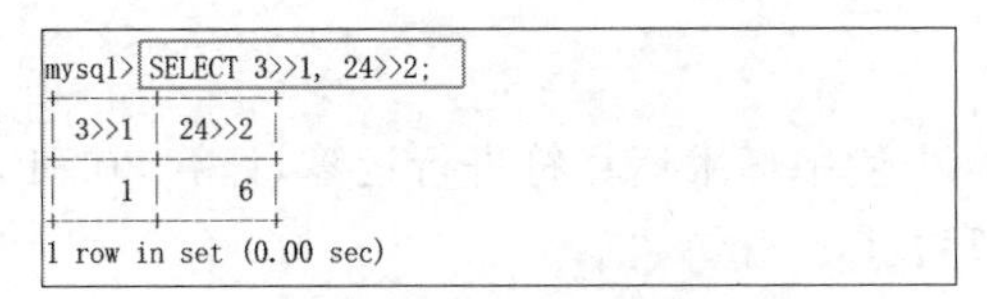

图 3-21　按位右移运算符的运行结果

说明：

(1) 3 的二进制数为 0000 0011，右移一位为 0000 0001，对应的十进制数为 1。

(2) 24 的二进制数为 0001 1000，右移两位为 0000 0110，对应的十进制数为 6。

6. 按位左移运算符

按位左移运算符(<<)将给定值的二进制数的所有位左移指定的位数。在左移指定的位数之后，左边高位的数值被移出并丢弃，右边低位空出的位置用 0 补齐。例如，m << n 表示将 m 的二进制数向左移 n 位，右边补 n 个 0。

说明：<<运算符与>>运算符的操作相同。

3.3.5　运算符的优先级

在 MySQL 中，优先级高的运算符先进行计算；赋值运算符的优先级最低，使用括号括起来的表达式的优先级最高。MySQL 中运算符的优先级如表 3-6 所示。

表 3-6　MySQL 中运算符的优先级

优　先　级	运　算　符
1(低)	:=、=(赋值)
2	||、OR、XOR
3	&&、AND
4	NOT
5	BETWEEN、CASE、WHEN、THEN、ELSE
6	=(比较运算符)、<=>、>=、>、<=、<、<>、!=、IS、LIKE、REGEXP、IN
7	|
8	&
9	<<、>>
10	-、+
11	*、/、DIV、%、MOD
12	^
13	-(负号)、~(按位取反)
14	!
15(高)	()

说明：由表 3-6 可以看出，运算符的优先级与正常的运算符的规则很相似，不同运算符的优先级是不同的。在一般情况下，级别高的运算符优先进行计算，如果级别相同，MySQL 按表达式的顺序从左到右依次计算。

课业任务

扫一扫

视频讲解

课业任务 3-1　算术运算符的应用

【能力测试点】

算术运算符的应用。

【任务实现步骤】

任务需求：在 MySQL 中使用算术运算符进行运算，计算 30 和 7 的和、差、积、商。

按要求进行程序的编写，SQL 语句如下。

```
SELECT 30 + 7, 30 - 7, 30 * 7, 30/7;
```

执行上述 SQL 语句，结果如图 3-22 所示。

```
mysql> SELECT 30+7, 30-7, 30*7, 30/7;
+------+------+------+--------+
| 30+7 | 30-7 | 30*7 | 30/7   |
+------+------+------+--------+
|   37 |   23 |  210 | 4.2857 |
+------+------+------+--------+
1 row in set (0.01 sec)
```

图 3-22 课业任务 3-1 程序运行结果

扫一扫

视频讲解

课业任务 3-2 比较运算符的应用

【能力测试点】

比较运算符的应用。

【任务实现步骤】

任务需求：在 MySQL 中使用比较运算符进行运算，计算 5＝2、'a'<> 'c'、1 IN (6,7,8)。

按要求进行程序的编写，SQL 语句如下。

```
SELECT 5 = 2, 'a'<> 'c',1 IN (6,7,8);
```

执行上述 SQL 语句，结果如图 3-23 所示。

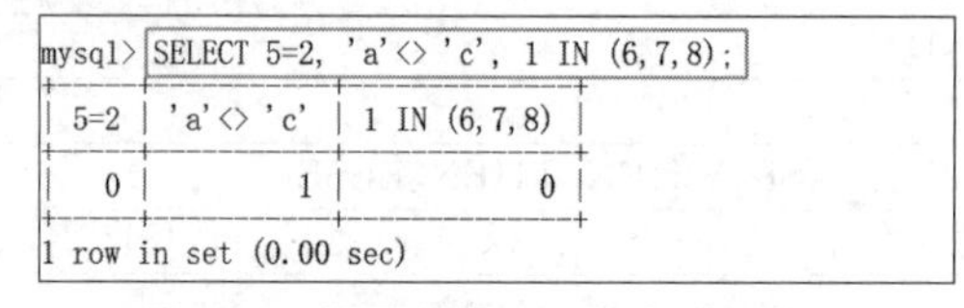

```
mysql> SELECT 5=2, 'a'<>'c', 1 IN (6,7,8);
+-----+----------+--------------+
| 5=2 | 'a'<>'c' | 1 IN (6,7,8) |
+-----+----------+--------------+
|   0 |        1 |            0 |
+-----+----------+--------------+
1 row in set (0.00 sec)
```

图 3-23 课业任务 3-2 程序运行结果

扫一扫

视频讲解

课业任务 3-3 逻辑运算符的应用

【能力测试点】

逻辑运算符的应用。

【任务实现步骤】

任务需求：在 MySQL 中使用逻辑运算符进行运算，计算!22＋10、22&&10、22||10、22 XOR 10。

按要求进行程序的编写，SQL 语句如下。

```
SELECT !22 + 10, 22&&10, 22||10, 22 XOR 10;
```

执行上述 SQL 语句，结果如图 3-24 所示。

```
mysql> SELECT !22+10, 22&&10, 22||10, 22 XOR 10;
+--------+--------+--------+-----------+
| !22+10 | 22&&10 | 22||10 | 22 XOR 10 |
+--------+--------+--------+-----------+
|     10 |      1 |      1 |         0 |
+--------+--------+--------+-----------+
1 row in set, 3 warnings (0.02 sec)
```

图 3-24 课业任务 3-3 程序运行结果

课业任务 3-4　位运算符的应用

扫一扫

视频讲解

【能力测试点】

位运算符的应用。

【任务实现步骤】

任务需求：在 MySQL 中使用位运算符进行运算，计算 9&23、6|5、12^2、5 >> 1。

按要求进行程序的编写，SQL 语句如下。

```
SELECT 9&23, 6|5, 12^2, 5 >> 1;
```

执行上述 SQL 语句，结果如图 3-25 所示。

```
mysql> SELECT 9&23, 6|5, 12^2, 5>>1;
+------+-----+------+------+
| 9&23 | 6|5 | 12^2 | 5>>1 |
+------+-----+------+------+
|    1 |   7 |   14 |    2 |
+------+-----+------+------+
1 row in set (0.00 sec)
```

图 3-25　课业任务 3-4 程序运行结果

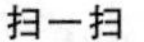

课业任务 3-5　运算符的综合应用

扫一扫

视频讲解

【能力测试点】

算术运算符、比较运算符、逻辑运算符和位运算符的综合应用。

【任务实现步骤】

任务需求：在 MySQL 中使用多种运算符进行运算，计算 22%4、6 < NULL、'book' LIKE '%oo%'、!3+1、24|5。

按要求进行程序的编写，SQL 语句如下。

```
SELECT 22 % 4, 6 < NULL, 'book' LIKE '% oo %', !3 + 1, 24|5;
```

执行上述 SQL 语句，结果如图 3-26 所示。

```
mysql> SELECT 22%4, 6<NULL, 'book' LIKE '%oo%', !3+1, 24|5;
+------+--------+--------------------+------+------+
| 22%4 | 6<NULL | 'book' LIKE '%oo%' | !3+1 | 24|5 |
+------+--------+--------------------+------+------+
|    2 |   NULL |                  1 |    1 |   29 |
+------+--------+--------------------+------+------+
1 row in set, 1 warning (0.00 sec)
```

图 3-26　课业任务 3-5 程序运行结果

课业任务 3-6　使用 MySQL Workbench 工具进行比较运算

扫一扫

视频讲解

【能力测试点】

使用 MySQL Workbench 工具进行比较运算。

【任务实现步骤】

任务需求：使用 MySQL Workbench 工具进行比较运算，计算'a' <=> 'b'、5 < 32、LEAST(4,56,7,3)。

(1) 按要求进行程序的编写，SQL 语句如下。

```
SELECT 'a' < = > 'b', 5 < 32, LEAST(4,56,7,3);
```

(2) 启动 MySQL Workbench，首先单击工具栏中的“新建查询”按钮，然后按要求在 SQL

脚本编辑窗口中编写 SQL 语句,最后单击“运行”按钮或按 Ctrl+Enter 快捷键,如图 3-27 所示。

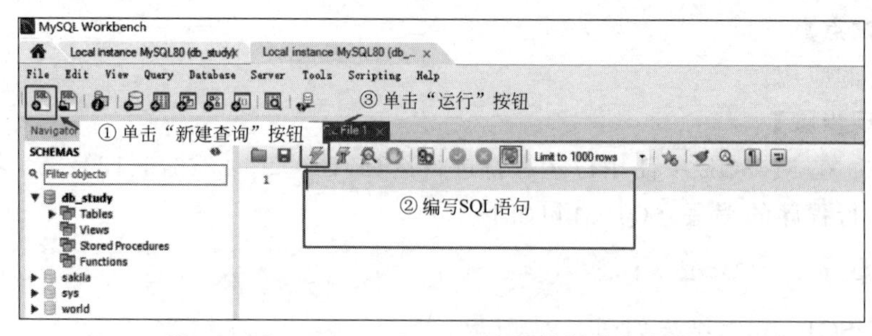

图 3-27　MySQL Workbench 工具的新建查询操作

(3) 在 MySQL Workbench 工具中执行上述 SQL 语句,结果如图 3-28 所示。

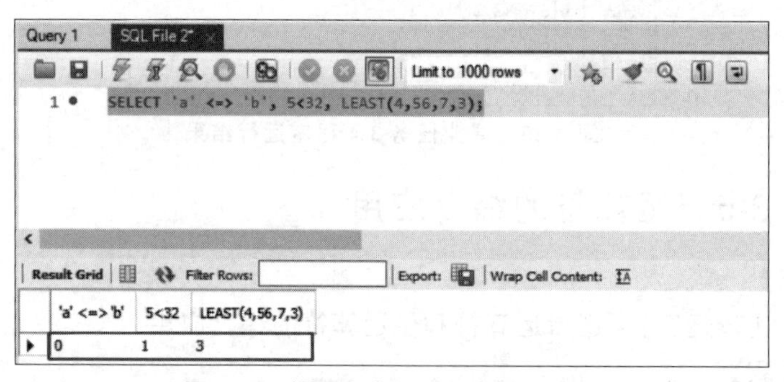

图 3-28　课业任务 3-6 程序运行结果

课业任务 3-7　使用 Navicat Premium 工具进行综合运算

【能力测试点】

使用 Navicat Premium 工具进行综合运算。

【任务实现步骤】

任务需求:使用 Navicat Premium 工具进行综合运算,计算 434 BETWEEN 1 AND 500、－4&&0。

按要求进行程序的编写,SQL 语句如下。

```
SELECT 434 BETWEEN 1 AND 500, - 4&&0;
```

启动 Navicat Premium,首先单击工具栏中的“查询”按钮,然后单击“新建查询”按钮,如图 3-29 所示,最后按要求在 SQL 脚本编辑窗口中编写 SQL 语句,如图 3-30 所示。

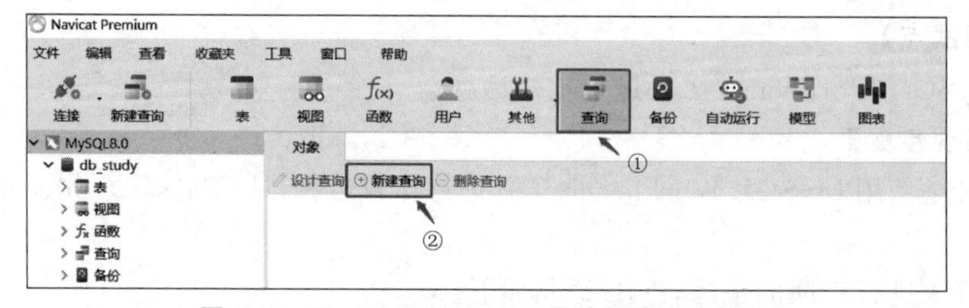

图 3-29　Navicat Premium 工具的新建查询操作

在 Navicat Premium 工具中执行上述 SQL 语句,单击“运行已选择的”按钮,执行成功后,结果如图 3-31 所示。

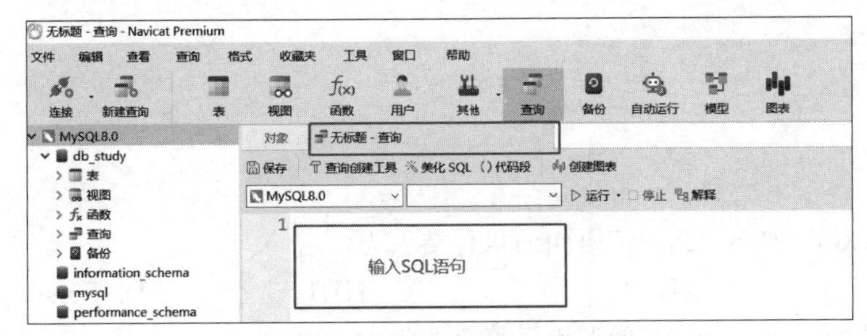

无标题 - 查询 - Navicat Premium
文件 编辑 查看 查询 格式 收藏夹 工具 窗口 帮助
连接 新建查询 表 视图 函数 用户 其他 查询 备份 自动运行 模型 图表
MySQL8.0
db_study
表
视图
函数
查询
备份
information_schema
mysql
performance_schema
对象
无标题 - 查询
保存 查询创建工具 美化 SQL () 代码段 创建图表
MySQL8.0
运行 停止 解释
输入SQL语句

图 3-30　SQL 语句的编写操作

MySQL8.0
db_study
表
视图
函数
查询
备份
information_schema
mysql
performance_schema
sakila
sys
world
对象
* 无标题 - 查询
保存 查询创建工具 美化 SQL () 代码段 文本 导出结果 创建图表
MySQL8.0
db_study
运行已选择的 停止 解释已选择的
1 SELECT 434 BETWEEN 1 AND 500, -4&&0;
信息 摘要 结果 1 剖析 状态
434 BETWEEN 1 AND 500
-4&&0
1
0

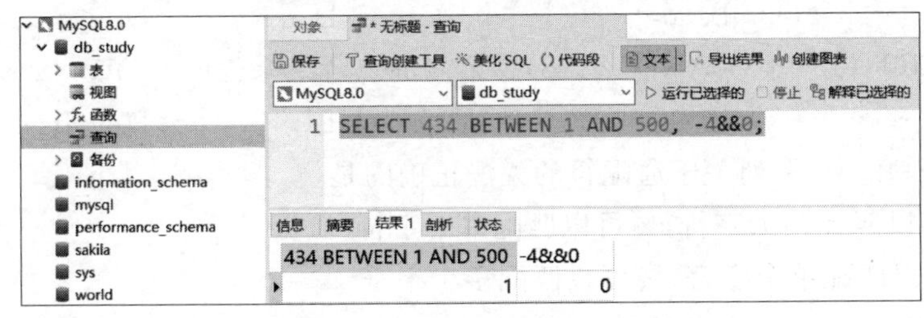

图 3-31　课业任务 3-7 程序运行结果

常见错误及解决方案

错误 3-1　关键字分行书写时报错

【问题描述】

在进行算术运算符的操作时，将 SELECT 关键字分行书写，出现如图 3-32 所示的错误提示，意为"SQL 语法有错误：检查与您的 MySQL 服务器版本对应的手册，了解需要在第 1 行'SELECT 6＋0'附近使用正确的语法"。

【解决方案】

根据 SQL 的基本规则，关键字不能分行书写，所以正确的书写方式如图 3-33 所示。

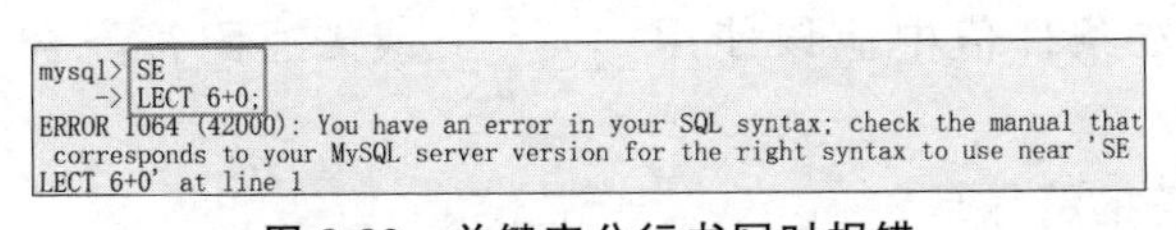

mysql> SE
-> LECT 6+0;
ERROR 1064 (42000): You have an error in your SQL syntax; check the manual that corresponds to your MySQL server version for the right syntax to use near 'SE LECT 6+0' at line 1

图 3-32　关键字分行书写时报错

mysql> SELECT 6+0;
6+0
6
1 row in set (0.00 sec)

图 3-33　SELECT 关键字的正确书写方式

错误 3-2　采用中文状态下的半角输入方式时报错

【问题描述】

在进行等于运算符的操作时，采用了中文状态下的半角输入方式，出现错误提示，如图 3-34 所示。

【解决方案】

根据 SQL 的基本规则，必须使用英文状态下的半角输入方式，正确的输入方式如图 3-35 所示。

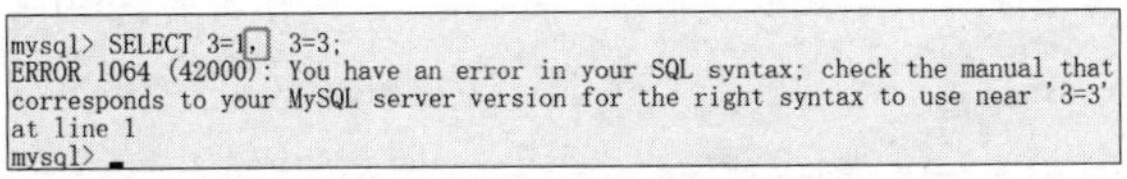

mysql> SELECT 3=1， 3=3;
ERROR 1064 (42000): You have an error in your SQL syntax; check the manual that corresponds to your MySQL server version for the right syntax to use near '3=3' at line 1
mysql>

图 3-34　采用了中文状态下的半角输入方式时报错

mysql> SELECT 3=1, 3=3;
3=1 3=3
0 1
1 row in set (0.00 sec)

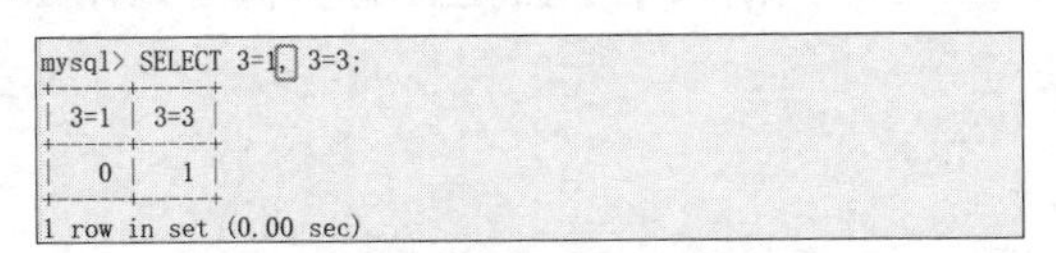

图 3-35　正确的英文状态下的半角输入方式

扫一扫

自测题

习题

1. 选择题

(1) “SELECT '2' = '2xy';”语句的执行结果为(　　)。

A. 0　　B. 1　　C. NULL　　D. False

(2) 下列选项中是 MySQL 的逻辑运算符的是(　　)。

A. IN　　B. &　　C. AND　　D. <>

(3) “SELECT (13=13) AND (4 > 3);”语句的执行结果为(　　)。

A. 0　　B. 1　　C. NULL　　D. False

(4) 在 MySQL 中,下列关于通配符的说法正确的是(　　)。

A. _可以匹配多个字符,%可以匹配单个字符

B. _可以匹配单个字符,%可以匹配多个字符

C. _和%可以匹配多个字符

D. 以上说法都不正确

(5) 下列选项中不属于 DML 操作的是(　　)。

A. UPDATE　　B. INSERT　　C. DELETE　　D. CREATE

(6) 在 MySQL 中,下列关于 BETWEEN AND 运算符的说法错误的是(　　)。

A. 该运算符用在 WHERE 子句中

B. BETWEEN AND 运算符选取介于两个值之间的数据,值可以是数字和日期类型

C. 取值范围包括边界值

D. 以上说法都不正确

2. 填空题

(1) SQL 在功能上主要分为 3 类,即________、________和________。

(2) “SELECT 10/4;”语句的运行结果为________。

(3) 用 SELECT 语句进行模糊查询,在条件值中应该使用________或%通配符配合查询。

(4) 在正则表达式中,匹配任意一个字符的符号是________。

(5) 在 SQL 中,数据操作语句包括 SELECT、INSERT、UPDATE、DELETE,其中最重要、使用最频繁的语句是________。

3. 判断题

(1) b BETWEEN a AND c 等同于 b > a && b < c。(　　)

(2) NULL 和 Null 都代表空值。(　　)

(3) != 和<>都表示不等于。(　　)

(4) 在子查询中使用 IN 运算符和使用=ANY 的效果是不一样的。(　　)

(5) 判断某个字段是否为空值可以用 IS NULL。(　　)

第 4 章

MySQL数据库管理

CHAPTER 4

"管理就是把复杂的问题简单化，把混乱的事情规范化。"对数据库进行管理就是为了实现数据的持久化，使大量信息易于查询。在业务处理中经常分析数据，对数据库进行管理是很有必要的，创建不同的数据库对不同的数据进行分别管理，既可以提高数据的查找效率，也为数据的应用提供了基础。本章将通过丰富的案例和 6 个课业任务分别演示数据库学习系统中数据库的创建、使用、修改和删除，并通过 MySQL Workbench 工具和 Navicat Premium 工具管理数据库。

【教学目标】

- 熟练掌握数据库的创建、使用、修改和删除；
- 熟练使用 MySQL Workbench 工具和 Navicat Premium 工具对数据库进行管理。

【课业任务】

王小明想利用 MySQL＋Java 开发一个数据库学习系统，在熟悉了 SQL 的规则与规范以后，需要熟悉 MySQL 数据库的管理，并能够熟练掌握数据库的创建、使用、修改和删除操作，为后续开发数据库学习系统打下良好的基础，现通过 6 个课业任务来完成。

*__课业任务 4-1__　创建数据库学习系统数据库

课业任务 4-2　使用数据库学习系统数据库

课业任务 4-3　修改数据库学习系统数据库

课业任务 4-4　删除数据库学习系统数据库

课业任务 4-5　使用 MySQL Workbench 工具管理数据库

*__课业任务 4-6__　使用 Navicat Premium 工具管理数据库

4.1 MySQL 数据库管理概述

4.1.1 数据库系统概述

数据库系统(DBS)是指在计算机应用系统中引入数据库后的系统,它主要由硬件、操作系统、数据库(DB)、数据库管理系统(DBMS)、应用系统和数据库管理员(DBA)组成,用户可以通过 DBMS 或应用程序操作数据库。

数据请求过程:首先由客户端应用程序发起一个数据请求,经过 DBMS 把客户端应用程序发来的请求命令进行转换,转换为一个底层数据库能够识别的底层指令,然后交给底层数据库,数据库经过相应的处理把查询结果返回给 DBMS,最后 DBMS 将处理结果返回给客户端应用程序。具体的数据请求过程如图 4-1 所示。

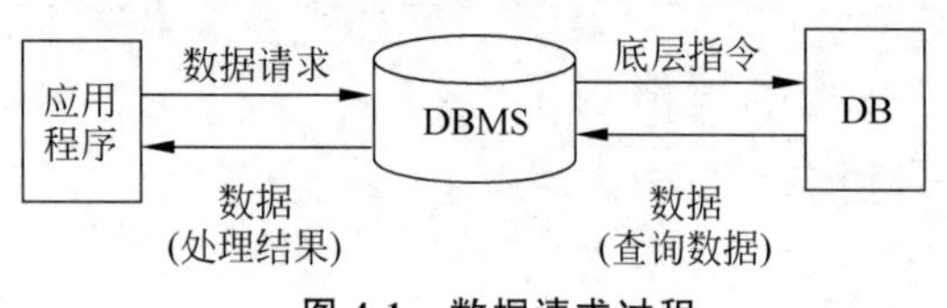

图 4-1 数据请求过程

由图 4-1 可知,DBS 的核心是 DBMS。对于程序员来说,DBMS 提供了很大的便利,可以使其更加专注于程序本身。DBS 和普通软件系统的最大区别在于,普通软件是自己管理数据和数据安全,而 DBS 是由 DBMS 管理数据和数据安全。

4.1.2 数据的存储过程

存储数据是处理数据的第 1 步,只有正确地把数据存储起来,才能进行有效的处理和分析。若在 MySQL 中想把用户的各种数据有序、高效地存储起来,一般需要 4 个步骤,如图 4-2 所示。

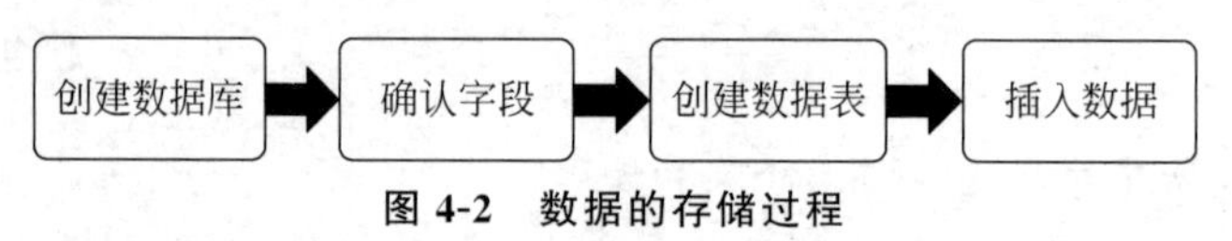

图 4-2 数据的存储过程

由图 4-2 可知,首先要创建一个数据库,再创建数据表,那么为什么不直接创建数据表呢?因为从系统架构的层次上看,MySQL 数据库系统从大到小依次是数据库服务器、数据库、数据表、数据表的行与列,而 MySQL 数据库服务器之前已经安装,所以要从创建数据库开始。

4.2 创建和管理数据库

4.2.1 创建数据库

如果想使用数据库存储数据,首先要创建数据库。创建数据库是在系统磁盘上划分一块区域用于数据的存储和管理。在创建数据库时可以指定一些选项,如字符集(Character Set)和排序规则(Collation)。在 MySQL 中使用 SQL 语句创建数据库有以下 3 种方式。

(1) 直接创建数据库,在创建时使用默认的字符集(UTF-8),语法格式如下。

```
CREATE DATABASE 数据库名;
```

(2) 创建数据库,并指定需要使用的字符集,语法格式如下。

```
CREATE DATABASE 数据库名 CHARACTER SET 字符集;
```

或

```
CREATE DATABASE 数据库名 CHARACTER SET 字符集 COLLATE 排序规则;
```

(3) 判断数据库是否已经存在,若不存在,则创建数据库;若 MySQL 中已经存在相关的数据库,则忽略该创建语句,不再创建数据库。语法格式如下。

```
CREATE DATABASE IF NOT EXISTS 数据库名;
```

【案例 4-1】 直接创建数据库。

在 MySQL 中创建一个新的数据库并命名为 test1,SQL 语句如下。

```
CREATE DATABASE test1;
```

执行上述 SQL 语句,运行结果如图 4-3 所示,表示 test1 数据库创建成功。

```
mysql> CREATE DATABASE test1;
Query OK, 1 row affected (0.01 sec)
```

图 4-3　直接创建数据库

说明:

(1) 在 MySQL 中表和列可以改名,但数据库不能改名。如果想修改数据库名,可以使用一些可视化工具,它们是通过先创建一个新库,把所有表复制到新库中,再删除旧库来完成修改库名的。

(2) 新建的 test1 数据库以文件夹的形式保存,如果 MySQL 是默认安装,没有修改过安装路径,新建的数据库保存在 C:\ProgramData\MySQL\MySQL Server 8.0\Data,如图 4-4 所示。

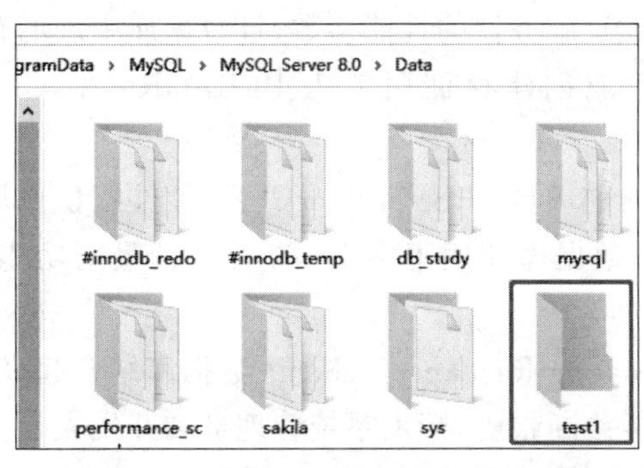

图 4-4　新建的 test1 数据库的存储位置

(3) 直接在 C:\ProgramData\MySQL\MySQL Server 8.0\Data 路径删除空数据库 test1,服务器上 test1 数据库仍然是存在的,需要执行"DROP DATABASE test1;"语句删除数据库。

(4) 正在使用的数据库是不可以删除和移动的。

4.2.2　查看数据库

在 MySQL 数据库中存在系统数据库和自定义数据库,系统数据库是指 MySQL 安装完成后自动创建的 information_schema、mysql、performance_schema、sakila、sys 以及 world 数据库,而自定义数据库是由用户自己创建的数据库。

有些老版本的 MySQL 数据库中会有一个 test 数据库,这是一个测试数据库,之后 sakila 和 world 数据库代替 test,在新版本中就没有 test 数据库了。如果是使用免安装包安装的 MySQL 数据库,其中只包含了 information_schema、mysql、performance_schema 以及 sys 数据库,也就是缺少两个测试数据库。用户可以执行"SHOW DATABASES;"语句查看当前所有数据库。

【案例 4-2】 查看当前所有数据库。

查看当前所有数据库,并检查案例 4-1 的 test1 数据库是否创建成功,SQL 语句如下。

```
SHOW DATABASES; #DATABASES 中的 S 表示有多个数据库
```

执行上述 SQL 语句,运行结果如图 4-5 所示。可以看到当前所有系统数据库和用户自定义数据库,其中就存在案例 4-1 创建的 test1 数据库。

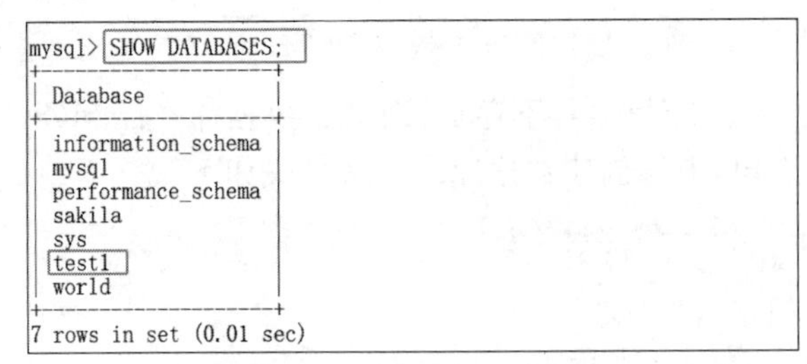

```
mysql> SHOW DATABASES;
+--------------------+
| Database           |
+--------------------+
| information_schema |
| mysql              |
| performance_schema |
| sakila             |
| sys                |
| test1              |
| world              |
+--------------------+
7 rows in set (0.01 sec)
```

图 4-5 查看当前数据库

由运行结果可以得知,除了 MySQL 本身自带的数据库以外,还显示了案例 4-1 创建的 test1 数据库。由此可见,一个 MySQL 系统可以管理多个数据库。

MySQL 中自带的数据库的功能如下。

(1) information_schema:主要保存 MySQL 服务器维护的所有其他数据库的信息,如数据库名称、数据库的表名称、字段名称、表栏的数据类型、访问权限与系统使用的文件夹等。

(2) mysql:主要存储数据库的用户、权限设置、关键字等 MySQL 本身需要使用的控制和管理信息。

(3) performance_schema:主要用于收集 MySQL 服务器的性能参数,且数据库中表的存储引擎均为 PERFORMANCE_SCHEMA,用户不能创建存储引擎为 PERFORMANCE_SCHEMA 的表。

(4) sakila:该数据库最初由 MySQL AB 公司的前成员 Mike Hillyer 开发,旨在提供可用于书籍、教程、文章、样本等示例的标准模式。sakila 数据库还用于突出 MySQL 的最新功能,如视图、存储过程和触发器。

(5) sys:通过视图的形式把 information_schema、performance_schema 数据库结合起来,可以执行一些性能方面的配置,还可以得到一些性能诊断报告,帮助系统管理员和开发人员监控 MySQL 的技术性能。

(6) world:MySQL 提供的示例数据库,包括 3 个数据表,分别是 city、country 和 countrylanguage。

说明:切记不要随意删除 MySQL 自带的数据库,否则 MySQL 服务器不能正常运行。

若想查看所创建的数据库是否创建成功,可以使用以下 SQL 语句查看数据库的创建信息。

```
SHOW CREATE DATABASE 数据库名;
```

或

```
SHOW CREATE DATABASE 数据库名\G;
```

【案例 4-3】 查看指定数据库的创建信息。

在 MySQL 中查看所创建的 test1 数据库的相关信息,SQL 语句如下。

```
SHOW CREATE DATABASE test1;
```

执行上述 SQL 语句,结果如图 4-6 所示,可以查看 test1 数据库的字符集信息。

说明:由创建信息的注释可知,test1 数据库默认使用的字符集为 utf8mb4,在创建数据库时如果没有指定字符集,会采用服务器的默认字符集,设置服务器的默认字符集为 utf8mb4

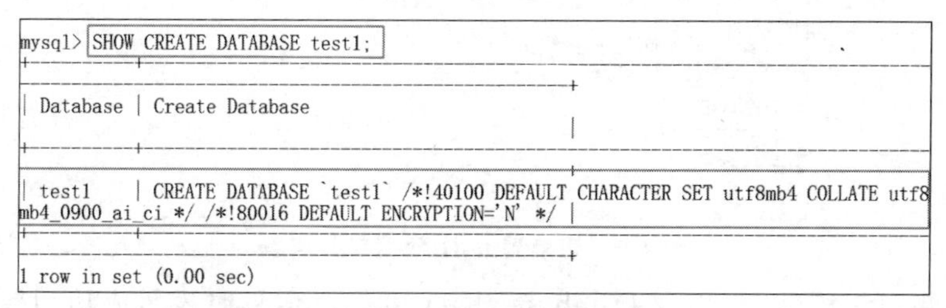

图 4-6　查看 test1 数据库的字符集信息

以提高便利性；同时可知使用的排序规则是 utf8mb4_0900_ai_ci。最后的注释 DEFAULT ENCRYPTION='N'表示默认没有使用 MySQL 的加密技术。

4.2.3　选择当前操作的数据库

若想查看 MySQL 中当前正在操作的数据库，可以使用以下 SQL 语句。

```
SELECT DATABASE();
```

执行上述 SQL 语句，结果如图 4-7 所示，可知当前没有正在操作的数据库。

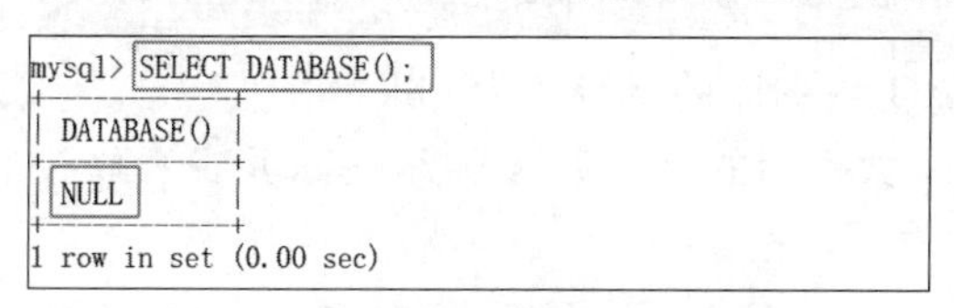

图 4-7　查看当前正在操作的数据库

查看指定数据库中的所有表，语法格式如下。

```
SHOW TABLES FROM 数据库名;
```

【案例 4-4】　查看 test1 数据库中的所有表。

在 MySQL 中查看 test1 数据库中的所有表，SQL 语句如下。

```
SHOW TABLES FROM test1;
```

执行上述 SQL 语句，结果如图 4-8 所示，可知 test1 数据库中没有表。

```
mysql> SHOW TABLES FROM test1;
Empty set (0.00 sec)
```

图 4-8　查看 test1 数据库中的所有表

说明：由于还没有创建表，所以当前操作的库中是没有表的。

对于所创建的数据库，如果接下来的 SQL 语句都是针对该数据库的，那么就不用重复使用 USE 语句了；如果要针对另一个数据库，则要重新使用 USE 语句。切换数据库的语句如下。

```
USE 数据库名;
```

【案例 4-5】　切换到 test1 数据库。

在 MySQL 中切换到 test1 数据库，并查看当前正在操作的数据库是否为 test1，SQL 语句如下。

```
USE test1;
SELECT DATABASE();
```

执行上述 SQL 语句，结果如图 4-9 所示，可知当前正在操作的数据库是 test1。

```
mysql> USE test1;
Database changed
mysql> SELECT DATABASE();
+------------+
| DATABASE() |
+------------+
| test1      |
+------------+
1 row in set (0.00 sec)
```

图 4-9 切换到 test1 数据库并查看

由运行结果可以得知,当出现 Database changed 提示信息时表示成功切换到 test1 数据库。用户也可以通过查看当前正在操作的数据库证明是否成功切换到 test1 数据库。

说明:在操作表和数据之前,必须先说明是对哪个数据库进行操作,否则要对所有对象加上数据库名称。

4.2.4 修改数据库

MySQL 8.0 的数据库默认使用的字符集是 utf8mb4,一般不更改字符集,因为 utf8mb4 支持中文输入。如果需要更改字符集,可以使用 ALTER DATABASE 语句,基本语法格式如下。

```
ALTER DATABASE 数据库名 CHARACTER SET 字符集;
```

【案例 4-6】 修改 test1 数据库的字符集为 gbk。

在 MySQL 中将 test1 数据库的字符集修改为 gbk,并查看修改后的字符集信息,SQL 语句如下。

```
ALTER DATABASE test1 CHARACTER SET gbk;
SHOW CREATE DATABASE test1;
```

执行上述 SQL 语句,结果如图 4-10 所示。

```
mysql> ALTER DATABASE test1 CHARACTER SET gbk;
Query OK, 1 row affected (0.00 sec)

mysql> SHOW CREATE DATABASE test1;
+----------+------------------------------------------------------------------------
----------------------+
| Database | Create Database
                      |
+----------+------------------------------------------------------------------------
----------------------+
| test1    | CREATE DATABASE `test1` /*!40100 DEFAULT CHARACTER SET gbk */ /*!80016 DEFA
ULT ENCRYPTION='N' */ |
+----------+------------------------------------------------------------------------
----------------------+
1 row in set (0.00 sec)
```

图 4-10 修改数据库的字符集

由运行结果可以得知,执行 SHOW CREATE DATABASE 语句查看 test1 数据库的详细信息,在注释信息中说明了 test1 数据库的字符集已被成功修改为 gbk。

说明:在 MySQL 5.5.3 之后增加了 utf8mb4 字符编码,且只需要 3 字节,这样不仅可以减少磁盘 I/O、数据库缓存,还可以缩短网络传输的时间,从而提高性能。如果数据库主要支持中文且数据量很大,性能要求也比较高,那么就可以选择 gbk。因为相对于 utf8mb4,gbk 占用的空间较小,每个汉字只占两字节。相反,如果数据库主要处理英文,则建议使用 utf8mb4。因为 utf8mb4 对中文采用 3 字节,对英文采用一字节,gbk 对中、英文都采用两个字节。当然,还有其他字符编码格式,用户可以根据具体需要选择字符编码格式。

4.2.5 删除数据库

随着后期开发的进行,数据开始增加,SQL 执行得越来越慢,系统的运行速度大不如前,此时应该调整数据库。调整数据库的方法有很多,其中一个方法就是通过删除不需要的数据库释放被占用的空间。另外,如果不再需要某个数据库,或者想将数据库迁移到另一个数据库或服务器,也可以删除数据库。在 MySQL 中使用 SQL 语句删除指定的数据库有以下两种方式。

方式 1:基本语法格式如下。在这种方式下,如果要删除的数据库存在,则删除成功,否则会报错。

```
DROP DATABASE 数据库名;
```

方式 2:基本语法格式如下。在这种方式下,如果要删除的数据库存在,则删除成功,否则默认结束,不会报错。

```
DROP DATABASE IF EXISTS 数据库名;
```

【案例 4-7】 直接删除 test1 数据库。

在 MySQL 中删除 test1 数据库,然后通过查看当前存在的所有数据库检查 test1 数据库是否删除成功,SQL 语句如下。

```
DROP DATABASE test1;
SHOW DATABASES;
```

执行上述 SQL 语句,结果如图 4-11 所示。

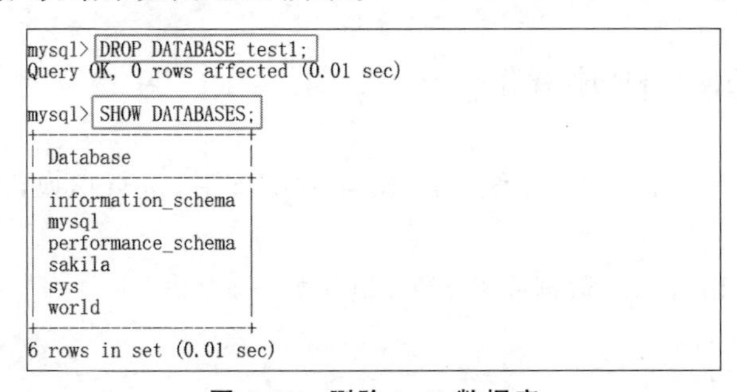

```
mysql> DROP DATABASE test1;
Query OK, 0 rows affected (0.01 sec)

mysql> SHOW DATABASES;
+--------------------+
| Database           |
+--------------------+
| information_schema |
| mysql              |
| performance_schema |
| sakila             |
| sys                |
| world              |
+--------------------+
6 rows in set (0.01 sec)
```

图 4-11　删除 test1 数据库

由运行结果可以得知,执行 DROP DATABASE 语句将 test1 数据库成功删除,通过查看当前存在的所有数据库发现数据库列表中已没有 test1 数据库。

说明:在执行 DROP DATABASE 语句时要小心谨慎,因为在执行该语句时 MySQL 不会给出任何提醒确认信息,一旦删除了数据库,数据库中存储的所有数据表和数据也将被删除,而且不能恢复。

课业任务

*课业任务 4-1　创建数据库学习系统数据库

【能力测试点】

MySQL 数据库的创建。

【任务实现步骤】

任务需求:在 MySQL 中创建一个数据库学习系统数据库所需的数据库(db_study),并且指定字符编码为 gbk。

(1) 按任务需求创建数据库的 SQL 语句如下。

```
CREATE DATABASE db_study CHARACTER SET gbk;
```

(2) 执行上述 SQL 语句,结果如图 4-12 所示,表明创建数据库成功。

```
mysql> CREATE DATABASE db_study CHARACTER SET gbk;
Query OK, 1 row affected (0.01 sec)
```

图 4-12　创建 db_study 数据库

(3) 执行 SHOW CREATE DATABASE 语句查看数据库的创建信息,结果如图 4-13 所示,可知 db_study 数据库存在,其字符编码为 gbk。

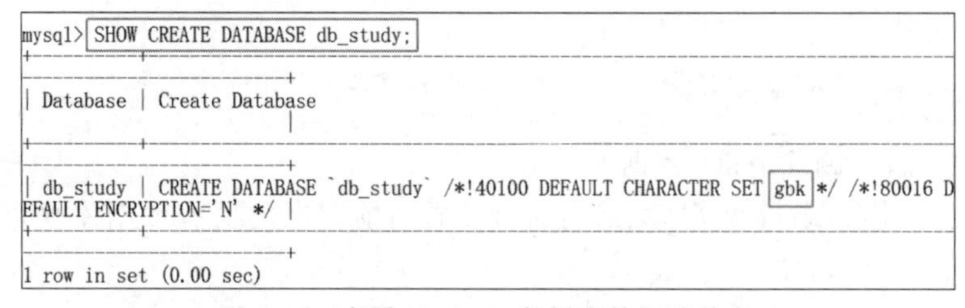

```
mysql> SHOW CREATE DATABASE db_study;
+----------+------------------------------------------------------------------------------------------------------
| Database | Create Database
           |
+----------+------------------------------------------------------------------------------------------------------
| db_study | CREATE DATABASE `db_study` /*!40100 DEFAULT CHARACTER SET gbk */ /*!80016 DEFAULT ENCRYPTION='N' */ |
+----------+------------------------------------------------------------------------------------------------------
1 row in set (0.00 sec)
```

图 4-13　查看 db_study 数据库的创建信息

扫一扫

视频讲解

课业任务 4-2　使用数据库学习系统数据库

【能力测试点】

MySQL 数据库的使用和切换操作。

【任务实现步骤】

任务需求:创建完数据库学习系统 db_study 数据库后,进行切换,以正常使用 db_study 数据库。

按任务需求使用 db_study 数据库的 SQL 语句如下。

```
USE db_study;
```

执行上述 SQL 语句,结果如图 4-14 所示,可以看到当前正在使用的数据库为 db_study,说明已成功切换到 db_study 数据库。

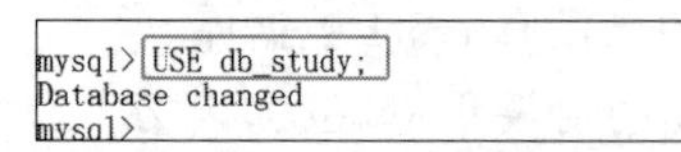

```
mysql> USE db_study;
Database changed
mysql>
```

图 4-14　切换到 db_study 数据库

扫一扫

视频讲解

课业任务 4-3　修改数据库学习系统数据库

【能力测试点】

修改 MySQL 数据库的字符编码格式。

【任务实现步骤】

任务需求:由于后续开发的需求,需要将 db_study 数据库的字符编码修改为 utf8mb4,排序规则修改为 utf8mb4_general_ci。

(1) 按任务需求修改数据库的 SQL 语句如下。

```
ALTER DATABASE db_study CHARACTER SET utf8mb4 COLLATE utf8mb4_general_ci;
```

(2) 执行上述 SQL 语句,结果如图 4-15 所示,表明修改数据库字符编码格式成功。

```
mysql> ALTER DATABASE db_study CHARACTER SET utf8mb4 COLLATE utf8mb4_general_ci;
Query OK, 1 row affected (0.00 sec)
```

图 4-15　修改 db_study 数据库的字符编码格式

(3) 执行 SHOW CREATE DATABASE 语句查看数据库修改后的信息,结果如图 4-16 所示,由注释信息可知 db_study 数据库的字符编码格式被成功修改为 utf8mb4,排序规则被修改为 utf8mb4_general_ci。

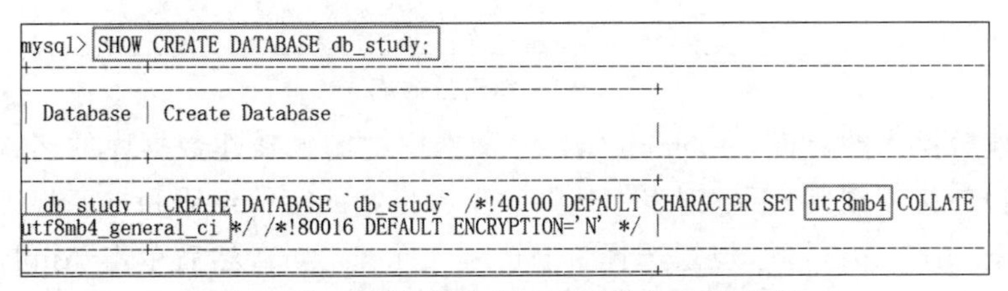

```
mysql> SHOW CREATE DATABASE db_study;
+----------+--------------------------------------------------+
| Database | Create Database                                  |
+----------+--------------------------------------------------+
| db_study | CREATE DATABASE `db_study` /*!40100 DEFAULT CHARACTER SET utf8mb4 COLLATE
utf8mb4_general_ci */ /*!80016 DEFAULT ENCRYPTION='N' */ |
+----------+--------------------------------------------------+
```

图 4-16　查看数据库学习系统数据库的信息

扫一扫

视频讲解

课业任务 4-4　删除数据库学习系统数据库

【能力测试点】

MySQL 数据库的删除操作。

【任务实现步骤】

任务需求：删除数据库学习系统数据库。

(1) 按任务需求删除数据库的 SQL 语句如下。

```
DROP DATABASE db_study;
```

(2) 执行上述 SQL 语句,结果如图 4-17 所示,表明成功删除 db_study 数据库。

(3) 执行 SHOW DATABASES 语句查看当前存在的所有数据库,发现 db_study 数据库已被成功删除,如图 4-18 所示。

```
mysql> DROP DATABASE db_study;
Query OK, 0 rows affected (0.01 sec)
```

图 4-17　删除 db_study 数据库

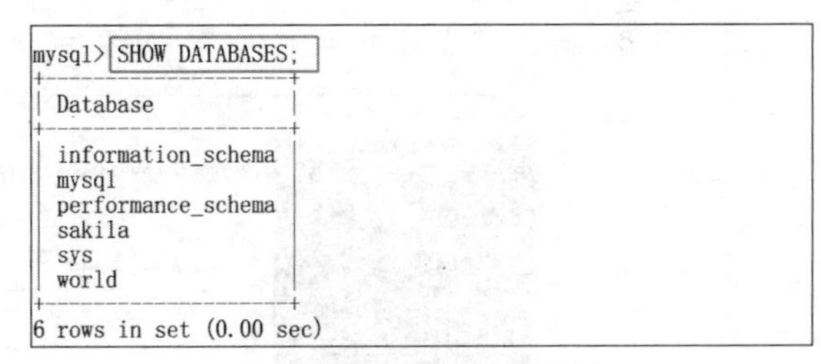

```
mysql> SHOW DATABASES;
+--------------------+
| Database           |
+--------------------+
| information_schema |
| mysql              |
| performance_schema |
| sakila             |
| sys                |
| world              |
+--------------------+
6 rows in set (0.00 sec)
```

图 4-18　查看当前数据库

扫一扫

视频讲解

课业任务 4-5　使用 MySQL Workbench 工具管理数据库

【能力测试点】

使用 MySQL Workbench 工具管理数据库。

【任务实现步骤】

任务需求：使用数据库图形化管理工具 MySQL Workbench 创建、查看和删除数据库学习系统所需数据库。

(1) 启动 MySQL Workbench,登录成功后,在工具栏中单击 Create a new schema in the connected server(在已经连接的服务器上创建一个项目)按钮,如图 4-19 所示。

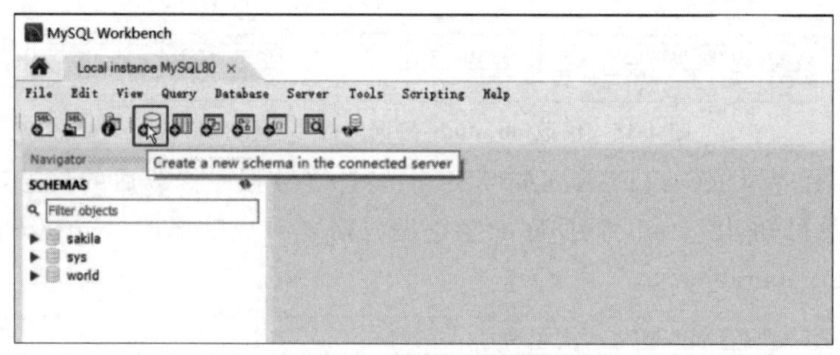

图 4-19 创建数据库

(2) 在创建数据库的界面,在 Name(名字)文本框中输入新建数据库的名称,在 Charset/Collation(字符集/排序规则)下拉列表中选择数据库指定的字符编码和排序规则(本课业任务中字符编码选择 utf8mb4,排序规划选择 utf8mb4_general_ci),然后单击 Apply(确认)按钮,即可成功创建数据库,具体如图 4-20 所示。

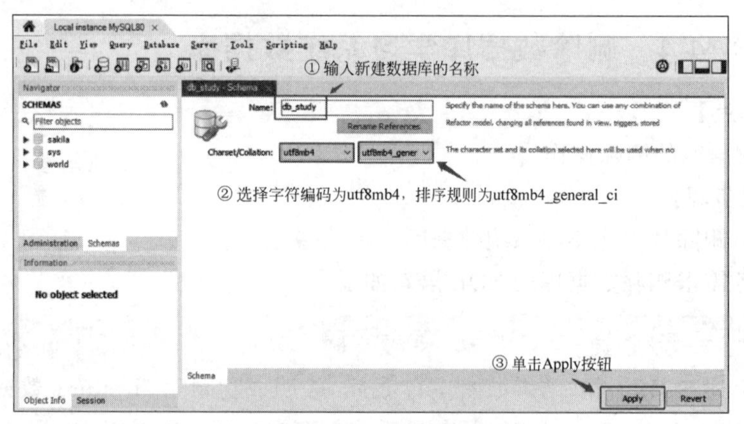

图 4-20 填写创建信息

(3) 在弹出的对话框中将显示创建数据库的语句,这是为了方便大家学习,再次单击 Apply(确认)按钮完成数据库的创建,如图 4-21 所示。

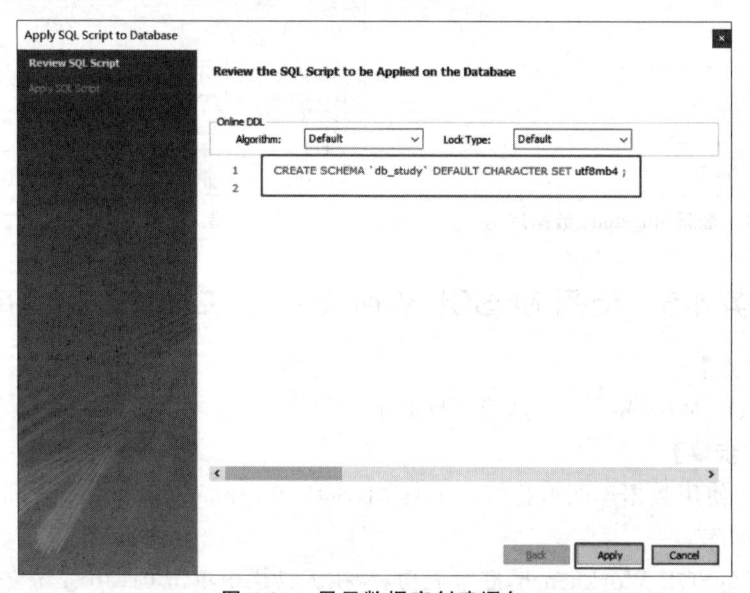

图 4-21 显示数据库创建语句

(4) 在弹出的对话框中单击 Finish 按钮,即可完成创建数据库的操作。

(5) 在 SCHEMAS 项目下可以看到刚才创建的 db_study 数据库。若需要删除 db_study 数据库,可以右击 db_study 数据库,在弹出的快捷菜单中选择 Drop Schema(删除项目)菜单命令,如图 4-22 所示。

(6) 在弹出的对话框中可以单击 Review SQL(查看 SQL 语句)查看相应的删除语句,也可以单击 Drop Now 直接删除数据库,完成删除数据库的操作。

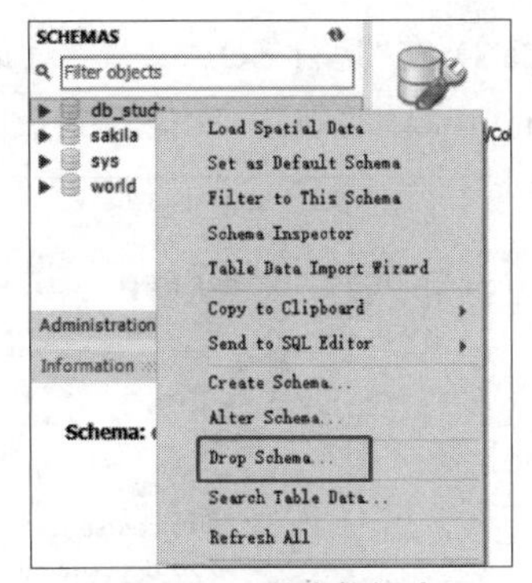

图 4-22　删除数据库

扫一扫

视频讲解

*课业任务 4-6　使用 Navicat Premium 工具管理数据库

【能力测试点】

使用 Navicat Premium 工具管理数据库。

【任务实现步骤】

任务需求:使用数据库图形化管理工具 Navicat Premium 创建、修改和删除数据库学习系统所需数据库。

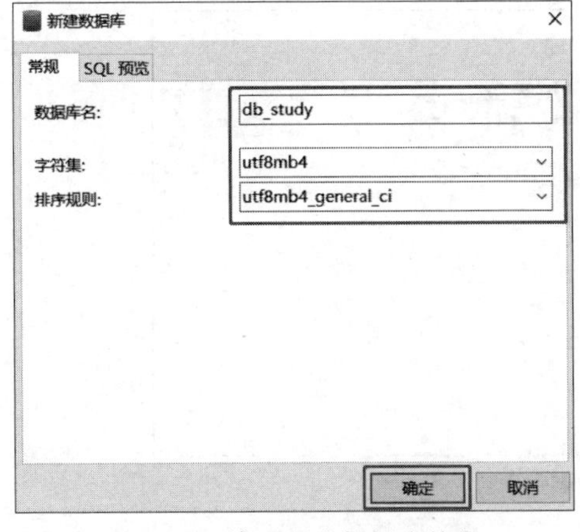

图 4-23　填写新建数据库信息

(1) 启动 Navicat Premium 16,登录成功后,首先在 Navicat Premium 界面的左侧右击 MySQL 8.0,在弹出的快捷菜单中选择“新建数据库”菜单命令,弹出“新建数据库”对话框,在“数据库名”文本框中输入 db_study,字符集选择 utf8mb4,排序规则选择 utf8mb4_general_ci,然后单击“确定”按钮,即可成功创建数据库,如图 4-23 所示。

(2) 此时在 Navicat Premium 界面左侧的数据库对象中可以看到刚创建的 db_study 数据库。右击刚创建的 db_study 数据库,在弹出的快捷菜单中选择“运行 SQL 文件”菜单命令,弹出“运行 SQL 文件”对话框,单击“文件”文本框右侧的…按钮,根据路径找到本地计算机中存放的数据库学习系统的数据表文件,选择并确定后,单击“开始”按钮即可导入已经存在的数据表,如图 4-24 所示。

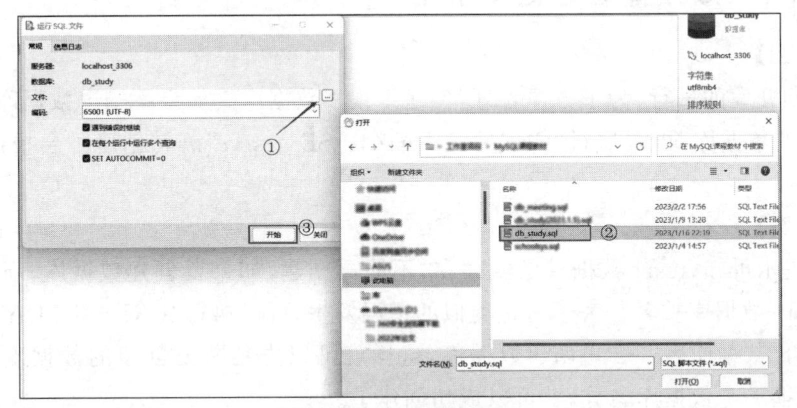

图 4-24　导入数据表

(3) 在“运行 SQL 文件”对话框中单击“关闭”按钮确定导入数据表成功。回到 Navicat Premium 界面刷新,就能看到成功导入的数据表,如图 4-25 所示。

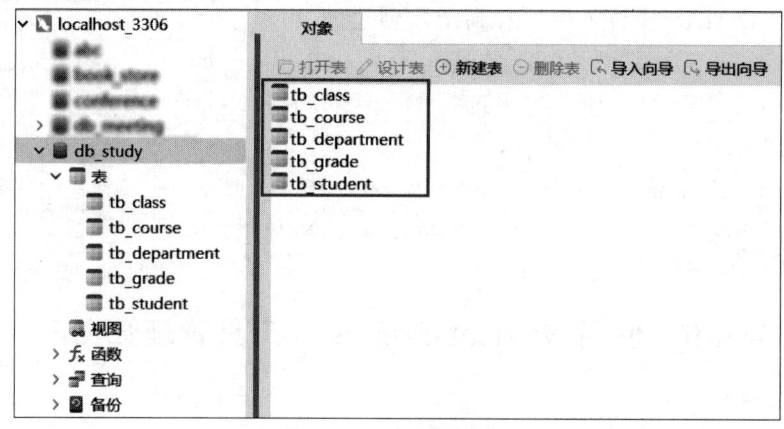

图 4-25 查看数据表

(4) 如果需要删除 db_study 数据库,可以右击该数据库,在弹出的快捷菜单中选择“删除数据库”菜单命令,如图 4-26 所示。然后在弹出的“确认删除”对话框中勾选“我了解此操作是永久性的且无法撤销”复选框,最后单击“删除”按钮,即可成功删除。

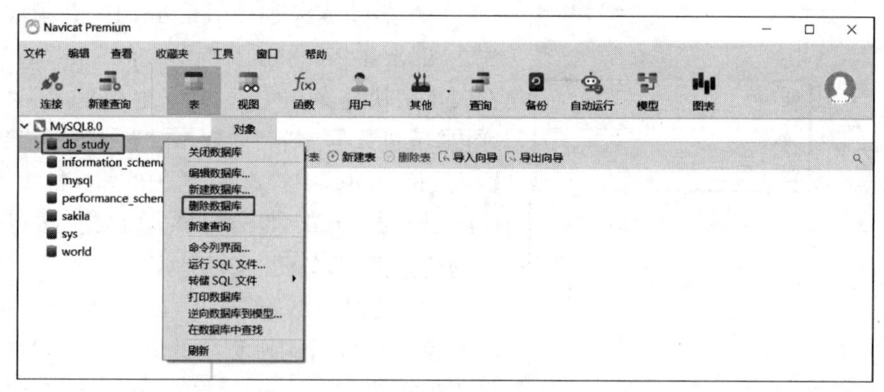

图 4-26 删除数据库

常见错误及解决方案

错误 4-1 数据库在创建时报错

【问题描述】

随着后期开发的进行,为了方便管理,创建了很多数据库。如果不知道数据库中已经存在名称为 test1 的数据库,再次执行“CREATE DATABASE test1;”语句创建时会报错,如图 4-27 所示。

【解决方案】

由错误提示可知,test1 数据库已经存在,不能再创建,如果要创建数据库,新创建的数据库不能和 test1 数据库重名。为了防止类似的错误发生,可以执行“CREATE DATABASE IF NOT EXISTS 数据库名;”语句创建数据库,这样就可以先判断要创建的数据库是否已经存在,若存在则换一个数据库名称,就可以成功创建了。

```
mysql> SHOW DATABASES;
+--------------------+
| Database           |
+--------------------+
| information_schema |
| mysql              |
| performance_schema |
| sakila             |
| sys                |
| test1              |
| world              |
+--------------------+
7 rows in set (0.00 sec)

mysql> CREATE DATABASE test1;
ERROR 1007 (HY000): Can't create database 'test1'; database exists
mysql>
```

图 4-27　数据库在创建时报错

错误 4-2　删除数据库失败

【问题描述】

想要删除 test1 数据库,发现不能删除,错误提示如图 4-28 所示。

```
mysql> CREATE DATABASE test1;
Query OK, 1 row affected (0.00 sec)

mysql> DROP DATABASE tesl1;
ERROR 1008 (HY000): Can't drop database 'tesl1'; database doesn't exist
mysql>
```

图 4-28　删除数据库失败

【解决方案】

因为这里删除了一个不存在的数据库,所以会报错,即把 test1 数据库写成了 tesl1 数据库,只需要把数据库名称写正确即可。如果执行“DROP DATABASE IF EXISTS 数据库名;”语句删除,即使数据库不存在也不会报错。当然,大家在删除数据库时要慎重考虑,一旦删除了数据库,其中的数据会被一起全部删除。

扫一扫

自测题

习题

1. 选择题

(1) 下列选项中不是 MySQL 默认创建的数据库的是(　　)。

A. master　　B. mysql

C. information_schema　　D. performance_schema

(2) 用户及权限信息存储在(　　)数据库中。

A. test　　B. mysql

C. information_schema　　D. performation_schema

(3) DBMS 是指(　　)。

A. 数据库系统　　B. 数据并发系统

C. 数据库信息系统　　D. 数据库管理系统

(4) 创建 db_test 数据库的语句是(　　)。

A. CREATE db_test;　　B. CREATE TABLE db_test;

C. DATABASE db_test;　　D. CREATE DATABASE db_test;

(5) 选择 db_good 数据库为当前数据库的语句是(　　)。

A. IN db_good;　　B. SHOW db_good;

C. USER db_good;　　　　　　　　D. USE db_good;

(6) 对于数据库服务器、数据库和表的关系,下列说法中正确的是(　　)。

A. 一个数据库服务器只能管理一个数据库,一个数据库只能包含一个表

B. 一个数据库服务器只能管理一个数据库,一个数据库可以包含多个表

C. 一个数据库服务器可以管理多个数据库,一个数据库可以包含多个表

D. 一个数据库服务器可以管理多个数据库,一个数据库只能包含一个表

2. 填空题

(1) ________简称 DBS,它是由数据库、硬件、软件、用户等组成的计算机系统。

(2) 数据库(DB)、数据库系统(DBS)和数据库管理系统(DBMS)之间的关系是________。

(3) 查看所有数据库的语句是________。

(4) 长期存储在计算机内有组织的、可共享的数据集合称为________。

(5) 数据库系统的核心是________。

3. 判断题

(1) 为了让 MySQL 较好地支持中文,在安装 MySQL 时最好将字符集设定为 gbk 格式。(　　)

(2) 查看 MySQL 服务器上有哪些数据库的语句是 SHOW DATABASES。(　　)

(3) 在数据库系统中实现数据管理功能的核心软件称为数据结构。(　　)

(4) 选择 TEST 数据库为当前数据库的语句是"USE TEST;"。(　　)

(5) 可以通过"CREATE DATABASE db. book;"语句创建数据库。(　　)

(6) 用户可以删除 MySQL 中自带的 sys 数据库。(　　)

第 5 章

MySQL数据表管理

CHAPTER 5

“数接千载，据联万里。”数据表由表名、表中的字段和表的记录 3 部分组成。设计数据表结构就是定义数据表文件名、确定数据表包含哪些字段和各字段的字段名、选择合适的数据类型及宽度，并将这些数据输入计算机中。本章将通过丰富的案例和 7 个综合课业任务分别演示数据库中数据表的创建、使用、修改、删除操作以及通过不同的工具管理 MySQL 数据表。

【教学目标】

- 熟悉常见的 MySQL 数据类型、约束类型；
- 掌握如何创建数据表、查看数据表的结构、修改数据表；
- 掌握通过不同的工具管理 MySQL 数据表。

【课业任务】

王小明想利用 MySQL＋Java 开发一个数据库学习系统，在熟悉了 MySQL 数据库的管理后，需熟练掌握对数据表的管理，为后续开发数据库学习系统打下良好的基础。现通过 7 个课业任务来完成。

*__课业任务 5-1__　创建用户登录表
课业任务 5-2　向用户登录表中添加字段
课业任务 5-3　修改用户登录表中字段的数据类型
课业任务 5-4　删除用户登录表的一个字段
课业任务 5-5　删除用户登录表
课业任务 5-6　使用 MySQL Workbench 工具创建用户登录表
课业任务 5-7　使用 Navicat Premium 工具向用户登录表添加字段

5.1 数据类型

5.1.1 MySQL 数据类型介绍

数据类型用于在系统中限制或允许该列中存储的数据。在 MySQL 中,数据类型主要根据数据值的内容、大小、精度来选择,为字段选择合适的数据类型对数据库的优化具有重要作用;反之,则可能会严重影响应用程序的功能和性能。MySQL 支持多种数据类型,主要分为 3 种:数值、日期与时间、字符串类型。其中,数值类型包括整数、浮点数和定点数类型;字符串类型包括文本字符串、二进制字符串类型。MySQL 数据类型如表 5-1 所示。

表 5-1 MySQL 数据类型

类型名称	数据类型
整数类型	TINYINT、SMALLINT、MEDIUMINT、INT(INTEGER)、BIGINT
浮点数类型	FLOAT、DOUBLE
定点数类型	DECIMAL
日期与时间类型	YEAR、TIME、DATE、DATETIME、TIMESTAMP
文本字符串类型	CHAR、VARCHAR、TEXT、MEDIUMTEXT、LONGTEXT、ENUM、SET
二进制字符串类型	BINARY、VARBINARY、BLOB、BIT

5.1.2 整数类型

MySQL 中的整数类型分为 TINYINT、SMALLINT、MEDIUMINT、INT(INTEGER)和 BIGINT 这 5 个类型。不同的数据类型存储空间不同,提供的取值范围也不同。因为存储范围越大,存储的空间也越大,所以在实际中根据需求选择合适的数据类型,这有利于节约存储空间以及利于提高查询效率。MySQL 整数类型如表 5-2 所示。

表 5-2 MySQL 整数类型

整数类型	说明	字节数	有符号数值取值范围	无符号数值取值范围
TINYINT	非常小的整数	1	−128～127	0～255
SMALLINT	小整数	2	−32768～32767	0～65535
MEDIUMINT	中等大小的整数	3	−8388608～8388607	0～16777215
INT(INTEGER)	普通大小的整数	4	−2147483648～2147473647	0～4294967295
BIGINT	非常大的整数	8	−9223372036854775808～9223372036854775807	0～18446744073709551615

说明:在 MySQL 5.7 版本中,可以在定义表结构时指定整数数据类型所需要的显示宽度,如果不指定,则系统为每种类型指定默认的宽度值。从 MySQL 8.0.17 开始,整数数据类型不推荐使用显示宽度属性。

面对实际场景需求时,该如何进行选择?MySQL 整数类型的不同场景选择如下。

(1) TINYINT:一般用于枚举数据,如系统设定取值范围很小且固定的场景。

(2) SMALLINT:一般用于较小范围的统计数据,如统计工厂的固定资产库存数量等。

(3) MEDIUMINT:一般用于较大整数的计算,如车站每日的客流量等。

(4) INT(INTEGER):取值范围足够大,一般情况下不用考虑超限问题,用得最多,如商品编号。

(5) BIGINT：一般只有当处理特别巨大的整数时才会用到，如“双十一”的电商交易量、大型门户网站点击量、证券公司衍生产品持仓等。

5.1.3 浮点数类型与定点数类型

1. 浮点数类型

在实际开发中，很多情况下需要存储的数据是有小数数值的，就要使用到浮点数类型。MySQL 中的浮点数类型主要有两种，分别单精度浮点数 FLOAT 和双精度浮点数 DOUBLE。

浮点数类型可以用(M,D)来表示，其中 M 称为精度，表示整数的位数；D 称为标度，表示小数的位数。MySQL 浮点数类型如表 5-3 所示。

表 5-3 MySQL 浮点数类型

浮点数类型	说明	字节数	有符号数值取值范围	无符号数值取值范围
FLOAT(M,D)	单精度浮点数	4	−3.402823466E+38 ～ −1.1754943511E−38	0 和 1.1754943511E−38～3.402823466E+38
DOUBLE(M,D)	双精度浮点数	8	−1.7976931348623157E+308 ～ −2.2250738585072014E−308	0 和 −2.2250738585072014E−308～1.7976931348623157E+308

说明：

(1) FLOAT 和 DOUBLE 浮点数类型的区别：FLOAT 占用字节数少，取值范围小；DOUBLE 占用字节数多，取值范围也大。

(2) 当浮点数类型不指定数据精度时，系统会默认按照实际计算机硬件和操作系统决定精度；若指定精度超出浮点数类型的数据精度，系统则会自动四舍五入，且正常显示。

2. 定点数类型

当项目对精确度要求较高时，则可以使用定点数类型。MySQL 中只有 DECIMAL 一种定点数类型，定点数也可以用(M,D)来表示，其中 M 称为精度，表示数据的总位数；D 称为标度，表示数据的小数部分的位数。MySQL 定点数类型如表 5-4 所示。

表 5-4 MySQL 定点数类型

定点数类型	字 节 数	无符号数值取值范围
DECIMAL(M,D),DEC	M+2	有效范围内由 M 和 D 决定

说明：

(1) 定点数类型是以字符串存储的。

(2) 当定点数类型不指定 M 和 D 时，系统则默认为 DECIMAL(10,0)。

(3) 若数据的精度超出了定点数类型的精度范围，系统也会进行四舍五入操作，但会有警告。

在实际场景当中，该如何进行选择浮点数和定点数类型？MySQL 浮点数和定点数类型的不同场景选择如下。

(1) 浮点数类型适用于取值范围大，且可容忍微小误差的科学计算场景，如计算化学、分子建模、流体动力学等。

(2) 定点数类型适用于对精度要求极高的场景，如涉及金额计算的场景。

5.1.4 日期与时间类型

MySQL 有多种数据类型用于表示日期和时间，主要有 YEAR、TIME、DATE、

DATETIME 和 TIMESTAMP 类型。MySQL 日期与时间类型如表 5-5 所示。

表 5-5　MySQL 日期与时间类型

日期与时间类型	说明	字节数	日期格式	数值取值范围
YEAR	年	1	YYYY 或 YY	1901～2155
TIME	时间	3	HH:MM:SS	−838:59:59～838:59:59
DATE	日期	3	YYYY-MM-DD	1000-01-01～9999-12-03
DATETIME	日期时间	8	YYYY-MM-DD HH:MM:SS	1000-01-01 00:00:00～9999-12-31 23:59:59
TIMESTAMP	日期时间	4	YYYY-MM-DD HH:MM:SS	1970-01-01 00:00:00 UTC～2038-01-19 03:14:07UTC

1. YEAR 类型

YEAR 类型有两种存储格式,分别是以 4 位字符串或数字格式表示和以两位字符串格式表示。

说明:

(1) 当以 4 位字符串或数字格式表示时,格式为 YYYY,取值范围为 1901～2155。

(2) 当以两位字符串格式表示 YEAR 类型时,表示范围如表 5-6 所示。

表 5-6　YEAR 类型(两位字符串格式)

YY 取值	表示范围
01～69	2001～2069
70～99	1970～1999
日期/字符串"0"(整数 0 或 00)	2000(0000)

2. DATE 类型

DATE 类型用于表示仅需要日期信息的值,没有时间部分,格式为 YYYY-MM-DD,其中 YYYY 表示年,MM 表示月,DD 表示日。

说明:

(1) 若以 YYYYMMDD 格式表示,则会被转换为 YYYY-MM-DD 格式。

(2) 使用 CURRENT_DATE()或 NOW()函数,会获取当前系统的日期。

3. TIME 类型

TIME 类型用于表示只需要时间信息的值,没有日期部分,格式为 HH: MM: SS,其中 HH 表示小时,MM 表示分钟,SS 表示秒。

说明:

(1) 如果使用带有 D 的字符串,如 D HH:MM:SS、D HH:MM 等格式,当插入字段时,D(表示天)会被转换为小时,计算方法为 D×24＋HH。

(2) 当使用带有冒号并且不带 D 的字符串表示时间时,如 12:34:56,表示当天的时间;不带有冒号的字符串或数字,如"123456"或 123456,格式为"HMMSS"或 HMMSS,将被自动转换为 HH:MM:SS 格式进行存储。如果插入一个不合法的字符串或数字,如 12:34:56 PM 或 1234567,则会将其自动转换为 00:00:00 进行存储。因为在 MySQL 中,时间类型的数据是用 HH:MM:SS 格式进行存储和比较的,如果插入的数据不符合这个格式,MySQL 会将其自动转换为 HH:MM:SS 格式,如果无法转换,则会被视为 00:00:00。

(3) 使用 CURRENT_TIME()或 NOW()函数,会插入当前系统的日期。

4. DATETIME 类型

DATETIME 类型在格式上是 DATE 类型和 TIME 类型的结合，是在所有类型中存储空间最大的，格式为 YYYY-MM-DD HH:MM:SS 或 YYYYMMDDHHMMSS，其中 YYYY 表示年，前 1 个 MM 表示月，DD 表示日，HH 表示小时，后 1 个 MM 表示分钟，SS 表示秒。

说明：

(1) 插入 DATETIME 类型的字段时，两位数的年份规则符合 YEAR 类型的规则。

(2) 与 DATE 类型的存储格式类似，以 YYYYMMDDHHMMSS 格式插入 DATETIME 类型的字段时，会被转换为 YYYY-MM-DD HH:MM:SS 格式。

(3) 使用 CURRENT_TIMESTAMP() 或 NOW() 函数，可以向 DATETIME 类型的字段插入当前系统的日期和时间。

5. TIMESTAMP 类型

TIMESTAMP 类型与 DATETIME 类型的格式相同，也可以表示日期和时间。但与 DATETIME 类型不同的是，TIMESTAMP 类型是以 UTC(世界标准时间)格式进行存储的，存储时对当前时区进行转换，查询时再转换回当前时区，也就是在不同地区查询时会显示不同时间。

说明：

(1) 当插入 TIMESTAMP 类型的字段时，两位数值的年份同样符合 YEAR 类型的规则条件。

(2) TIMESTAMP 类型表示的时间范围要小很多，在插入字段时，不要超出范围，否则 MySQL 会抛出错误。

(3) 使用 CURRENT_TIMESTAMP() 或 NOW() 函数，可以向 TIMESTAMP 类型的字段插入当前系统的日期和时间。

在实际场景中，该如何选择日期与时间的数据类型？MySQL 日期与时间类型在实际场景中的选择如下。

(1) 若存储数据需要记录年份，则使用 YEAR 类型。

(2) 若存储数据只需要记录时间，则使用 TIME 类型。

(3) 若需要同时记录日期和时间，则可以使用 TIMESTAMP 或 DATETIME 类型。

(4) DATETIME 类型占 8 字节，TIMESTAMP 类型占 4 字节，若要求存储范围较大，建议使用 DATETIME 类型。DATETIME 类型反映的是插入时当地的时区，不会因为访问用户时区不同显示的结果发生变化；而 TIMESTAMP 类型反映的是访问用户的时区，不同时区的用户访问会显示不同的结果。使用 DATETIME 和 TIMESTAMP 类型比较大小或计算日期时，TIMESTAMP 类型会更快、更方便。

5.1.5　文本字符串类型

MySQL 支持的字符串类型包括文本字符串类型和二进制字符串类型，主要用来存储字符串数据，以及存储图片和声音的二进制数据。MySQL 中的文本字符串类型主要包括 CHAR、VARCHAR、TINYTEXT、TEXT、MEDIUMTEXT、LONGTEXT、ENUM、SET 等。

MySQL 字符串数据类型如表 5-7 所示，其中 M 表示为其指定的长度。

表 5-7 MySQL 字符串类型

数据类型	说　明	长度范围	字节数
CHAR(M)	固定长度非二进制字符串	0≤M≤255	M
VARCHAR(M)	可变长非二进制字符串	0≤M≤65535	M+1
TINYTEXT	小文本,可变长度	0≤L≤255	L+2
TEXT	文本,可变长度	0≤L≤65535	L+2
MEDIUMTEXT	中等文本,可变长度	0≤L≤16777215	L+3
LONGTEXT	大文本,可变长度	0≤L≤4294967295(相当于 4GB)	L+4
ENUM	枚举类型,只能有一个枚举字符串类型	0≤L≤65535	1 或 2
SET	一个设置,字符串对象可以有 0 个或多个 SET 成员	0≤L≤64	1,2,3,4 或 8

每种文本字符串类型的长度范围和占用存储空间都是不同的,在实际应用中要考虑好该字段适合的长度和存储空间,再选择合适的数据类型。

1. CHAR 类型与 VARCHAR 类型

在 MySQL 中,CHAR(M)类型一般需要先定义字符串长度 M,若没有指定 M,则表示长度默认是 1 个字符;而 VARCHAR(M)类型在定义时必须指定长度 M,否则会报错。

说明:

(1) 当检索到 CHAR 类型的数据时,CHAR 类型字段尾部的空格将被删除。

(2) VARCHAR 类型在保存和检索字段数据时,字段尾部的空格仍会保留。

在实际场景中,该如何进行选择 CHAR 和 VARCHAR 类型? MySQL 中 CHAR 和 VARCHAR 类型在实际场景中的选择如下。

(1) 当存储的信息较短,速度要求高时,可以使用 CHAR 类型实现,如班级号(01,02,…);反之,则选择 VARCHAR 类型实现。

(2) 当需要固定长度时,使用 CHAR 类型会更合适,而 VARCHAR 类型可变长的特性就消失,而且还会占多一个长度信息。由于 CHAR 类型平均占用的空间大于 VARCHAR 类型,所以除了简短并且固定长度的情况,其他考虑使用 VARCHAR 类型。

(3) 在 InnoDB 存储引擎中,建议使用 VARCHAR 类型。因为对于 InnoDB 数据表,内部的行存储格式并没有区分固定长度和可变长度列,而且主要影响性能的因素是数据行使用的存储总量,由于 VARCHAR 类型是按实际长度进行存储的,这样节省空间,磁盘 I/O 和数据存储总量性能比较好。

2. TEXT 类型

在 MySQL 中,TEXT 类型分为 4 种,分别为 TINYTEXT、TEXT、MEDIUMTEXT 和 LONGTEXT 类型,不同的 TEXT 类型保存的数据长度和所占用的存储空间都不同。当在 TEXT 类型字段中保存或查询数据时,与 VARCHAR 类型相同,不会删除数据尾部的空格。

在实际场景中,该如何进行选择 TEXT 类型? MySQL 中 TEXT 类型在实际场景中的选择如下。

(1) 当数据列保存非二进制字符串时,如文章内容、评论等。

(2) 在实际开发当中,实际存储长度不确定时,不建议使用 TEXT 类型字段作主键。

(3) 当字符数大于 5000 时,建议使用 TEXT 类型,并且新建一个表进行存储,避免影响索引查询效率。

3. ENUM 类型

ENUM 类型又叫作枚举类型，它的取值范围需要在创建表时通过枚举方式进行指定，在设置字段值时，ENUM 类型只允许从成员中选取单个值，不能一次选取多个值，其所需要的存储空间由定义 ENUM 类型时指定的成员个数决定。ENUM 类型如表 5-8 所示，其中 L 表示实际成员个数。

表 5-8　ENUM 类型

成员个数范围	字　节　数	成员个数范围	字　节　数
1≤L≤255	1	256≤L≤65535	2

说明：在定义字段时，若 ENUM 类型字段声明为 NULL，插入 NULL 为有效值，默认值为 NULL；若 ENUM 类型字段声明为 NOT NULL，插入 NULL 为无效值，默认值为 ENUM 类型成员的第 1 个成员。

4. SET 类型

SET 类型与 ENUM 类型十分相似，也是一个字符串对象。与 ENUM 类型不同的是，SET 类型一次可以选取多个成员，而 ENUM 类型则只能选取一个。当一个字符串设置字段值时，SET 类型可以取成员个数范围内的 0 个或多个值。SET 类型包含的成员个数和存储空间都不同，具体如表 5-9 所示，其中 L 表示实际成员个数。

表 5-9　SET 类型

成员个数范围	字　节　数	成员个数范围	字　节　数
1≤L≤8	1	25≤L≤32	4
9≤L≤16	2	33≤L≤64	8
17≤L≤24	3		

5.1.6　二进制字符串类型

在 MySQL 中，二进制字符串类型主要用于存储二进制数据，如图片、音频和视频等。MySQL 支持的二进制字符串类型主要包括 BIT、BINARY、VARBINARY、TINYBLOB、BLOB、MEDIUMBLOB 和 LONGBLOB 等，具体如表 5-10 所示，其中 M 和 L 都表示值的长度。

表 5-10　MySQL 二进制字符串类型

数 据 类 型	值 的 长 度	字　节　数
BIT(M)	1≤M≤64	约为(M+7)/8
BINARY(M)	M(0≤M≤255)	M
VARBINARY(M)	M(0≤M≤65535)	M+1
TINYBLOB	0≤L≤255	L+1
BLOB	0≤L≤65535(64KB)	L+2
MEDIUMBLOB	0≤L≤16777215(16MB)	L+3
LONGBLOB	0≤L≤4294967295(4GB)	L+4

1. BIT 类型

BIT 类型又称作位字段类型，主要存储二进制值，类似 010110。若没有指定长度 M，默认为 1 位,表示只能存储 1 位二进制值。若分配的值的长度小于 M 位,则在值的左侧用 0 填充。

2. BINARY 类型与 VARBINARY 类型

BINARY 类型与 VARBINARY 类型主要用于存储二进制字符串。

BINARY(M)存储固定长度的二进制字符串,如果未指定长度 M,表示只能存储 1 字节。若存储字段不足 M 字节,将在右侧填充/0 以补齐指定长度;反之,超出的部分则会被截断。VARBINARY(M)存储可变长度的二进制字符串,必须指定 M,否则会报错。

3. BLOB 类型

在 MySQL 中,BLOB 类型包括 4 种类型,分别为 TINYBLOB、BLOB、MEDIUMBLOB、LONGBLOB 类型。BLOB 类型是一个二进制的对象,主要用于存储可变数量的数据,如图片、音频和视频等。

在实际开发中,该如何选择 BLOB 类型与 TEXT 类型? MySQL 中 BLOB 类型和 TEXT 类型在实际场景中的选择如下。

(1) BLOB 类型存储的是二进制字符串,而 TEXT 类型存储的是非二进制字符串。

(2) BLOB 类型的数据是以字节序列的形式存储的,因此在进行排序和比较时,会基于这些字节的数值进行操作。TEXT 类型的数据则是以字符序列的形式存储的,所以在排序和比较时,会根据字符集规则对这些字符进行操作。

(3) 在实际工作中,往往不会在 MySQL 数据库中使用 BLOB 类型存储大对象数据,通常会将图片、音频和视频文件存储到服务器的磁盘上,并将图片、音频和视频的访问路径存储到 MySQL 中。

5.2 创建数据表

5.2.1 约束概述

在 MySQL 中,约束是指对表中数据的一种限制,能够帮助数据库管理员更好地管理数据库,并且能够确保数据库中数据的完整性。数据完整性是指数据的精确性和可靠性,是防止数据库中存在不符合语义规定的数据和防止因错误信息的输入/输出造成无效操作或错误信息而提出的。例如,在数据表中存储身高值时,如果存入 300cm、400cm 这种无效的值就毫无意义了,所以使用约束限定表中的数据范围是很有必要的。

可以在创建数据表时执行 CREATE TABLE 语句规定约束,或者在数据表创建之后执行 ALTER TABLE 语句规定约束。

5.2.2 创建数据表的语法格式

数据表是数据库的重要组成部分,每个数据库都是由若干个数据表组成的。也就是说,没有数据表,就无法在数据库中存储数据。所以,在创建完数据库之后,接下来就要在创建好的数据库中创建新的数据表。创建数据表的过程是规定数据列属性的过程,同时也是实施数据完整性约束的过程。在 MySQL 中创建数据表的语法格式如下。

```
CREATE TABLE [IF NOT EXISTS] 表名称(
        字段 1 数据类型 [列级别约束条件] [默认值],
        字段 2 数据类型 [列级别约束条件] [默认值],
```

```
...
[表级别约束条件]
);
```

说明：

(1) 表名称为需要创建的数据表的名称。

(2) 字段规定数据表中列的名称。

(3) 数据类型规定数据表中列的数据类型，如 VARCHAR、DATE 等。

(4) 列级别约束条件指定列级别字段的某些约束条件。

在 MySQL 中创建数据表的注意事项如下。

(1) 如果创建数据表时加上了 IF NOT EXISTS 关键字，则表示：若当前数据库中不存在要创建的数据表，则创建数据表；若当前数据库中已经存在要创建的数据表，则忽略建表语句，不再创建数据表。

(2) 在创建数据表时，还需要指定数据表中每列的名称和数据类型，多列之间需要以逗号进行分隔。

(3) 在 Windows 操作系统中，创建数据表的表名是不区分大小写的，但不能使用 SQL 中的关键字，如 INSERT、ALTER、DROP 等。

【案例 5-1】 创建数据表。

在数据库学习系统数据库(db_study)中创建一个数据表，名称为 tb_department，用于保存部门信息，分别给每个字段选择合适的数据类型，具体信息如表 5-11 所示。

表 5-11　部门表

字段名称	数据类型	描　　述
department_id	CHAR(3)	部门(X＋两位数字)
department_name	VARCHAR(50)	部门名称
department_phone	VARCHAR(13)	部门联系方式(11 位数字＋1～2 个间隔符)
department_address	VARCHAR(50)	部门所在地址

在 db_study 数据库中创建 tb_department 数据表前，需要使用"USE 数据库;"语句指定选择使用的数据库，再创建数据表，否则会报错。SQL 语句如下。

```
USE db_study;
CREATE TABLE tb_department
(
  department_id CHAR(3),
  department_name VARCHAR(50),
  department_phone VARCHAR(13),
  department_address VARCHAR(50)
);
```

执行上述 SQL 语句，结果如图 5-1 所示，表示创建 tb_department 数据表成功。

```
mysql> CREATE TABLE tb_department
    -> (
    -> department_id CHAR(3),
    -> department_name VARCHAR(50),
    -> department_phone VARCHAR(13),
    -> department_address VARCHAR(50)
    -> );
Query OK, 0 rows affected (0.01 sec)
```

图 5-1　创建 tb_department 数据表

也可以使用 SHOW TABLES 语句查看数据表是否创建成功，如图 5-2 所示，tb_department 数据表已创建成功。

```
mysql> SHOW TABLES FROM db_study;
+-------------------+
| Tables_in_db_study |
+-------------------+
| tb_department     |
+-------------------+
1 row in set (0.00 sec)
```

图 5-2　tb_department 数据表创建成功

5.2.3　使用非空约束

非空约束(Not Null Constraint)是指数据表中某列的内容不允许为空，可以使用 NOT NULL 来表示。如果使用了非空约束，用户在添加数据时没有指定值，数据库系统会报错。非空约束的语法格式如下。

```
字段名 数据类型 NOT NULL;
```

说明：

(1) MySQL 默认所有类型的值都可以是 NULL。

(2) 只能某个列单独限定非空，不能组合非空。

(3) 空字符串('')不等于 NULL，0 也不等于 NULL。

【案例 5-2】 添加非空约束。

对案例 5-1 中的 tb_department 数据表进行完善，为 department_id 字段和 department_name 字段添加非空约束，其他字段则默认为空。当要对表结构进行修改时，则执行 DROP TABLE 语句先将数据表删除后再创建。SQL 语句如下。

```
DROP TABLE tb_department;
CREATE TABLE tb_department
(
  department_id CHAR(3) NOT NULL,
  department_name VARCHAR(50) NOT NULL,
  department_phone VARCHAR(13) NULL,
  department_address VARCHAR(50) NULL
);
DESC tb_department;
```

执行上述 SQL 语句，结果如图 5-3 所示。

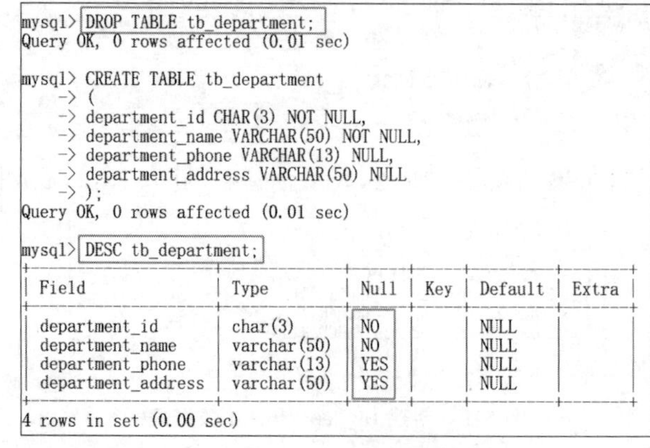

```
mysql> DROP TABLE tb_department;
Query OK, 0 rows affected (0.01 sec)

mysql> CREATE TABLE tb_department
    -> (
    -> department_id CHAR(3) NOT NULL,
    -> department_name VARCHAR(50) NOT NULL,
    -> department_phone VARCHAR(13) NULL,
    -> department_address VARCHAR(50) NULL
    -> );
Query OK, 0 rows affected (0.01 sec)

mysql> DESC tb_department;
+--------------------+-------------+------+-----+---------+-------+
| Field              | Type        | Null | Key | Default | Extra |
+--------------------+-------------+------+-----+---------+-------+
| department_id      | char(3)     | NO   |     | NULL    |       |
| department_name    | varchar(50) | NO   |     | NULL    |       |
| department_phone   | varchar(13) | YES  |     | NULL    |       |
| department_address | varchar(50) | YES  |     | NULL    |       |
+--------------------+-------------+------+-----+---------+-------+
4 rows in set (0.00 sec)
```

图 5-3　添加非空约束

由运行结果可知，当出现 Query OK 提示信息时，则表示成功删除或创建 tb_department 数据表。也可以执行“DESC 表名称;”语句查看数据表的结构，发现 department_id 和 department_name 字段已添加了非空约束。

说明：在实际工作中，任何开发，数据表一旦设计了就基本很难做修改。如果真的要进行表结构的修改，只有一个原则——删除表后重建。但需要给某个字段添加约束时，可以使用 ALTER 语句进行添加。

5.2.4　使用主键约束

在 MySQL 中创建数据表时，可以给数据表指定主键，主键又称为主码，是数据表中一列或多列的组合。主键约束(Primary Key Constraint)是使用最频繁的约束，主键约束既不能重复，也不能为空，主键能够唯一地标识数据表中的一条记录，可以结合外键定义不同数据表之间的关系，并且加快数据库查询的速度。可以使用 PRIMARY KEY 表示主键，简称 PK。

在创建数据表时设置主键约束，可以由一个字段组成，也可以多个字段联合组成。但不管使用哪种方法，一个数据表中只能设置一个主键。

1. 单列主键

单列主键只包含数据表中的一个字段。MySQL 中的单列主键不仅可以在定义列时同时指定，也可以在定义完所有列之后指定。指定单列主键的语法格式如下。

```
# 在定义列的同时指定主键
字段 数据类型 PRIMARY KEY [默认值]
# 在定义完所有列之后指定主键
[CONSTRAINT 约束名] PRIMARY KEY [字段名]
```

2. 多列联合主键

多列联合主键是支持多个字段共同组成的，只能在定义完所有列之后指定。指定多列联合主键的语法格式如下。

```
PRIMARY KEY [字段 1,字段 2,字段 3, …,字段 n]
```

【案例 5-3】 添加主键约束。

对案例 5-2 中的 tb_department 数据表进行完善，为 department_id 字段添加主键约束，SQL 语句如下。

```
DROP TABLE tb_department;
CREATE TABLE tb_department
(
  department_id CHAR(3) NOT NULL PRIMARY KEY,
  department_name VARCHAR(50) NOT NULL,
  department_phone VARCHAR(13) NULL,
  department_address VARCHAR(50) NULL
);
DESC tb_department;
```

执行上述 SQL 语句，结果如图 5-4 所示。

由运行结果可知，当出现 Query OK 提示信息时，则表示成功删除或创建 tb_department 数据表。也可以执行“DESC 表名称;”语句查看数据表的结构，发现 department_id 字段已添加了主键约束。

当数据表中不需要指定主键约束时，可以执行 DROP 语句将其删除，删除主键约束的语

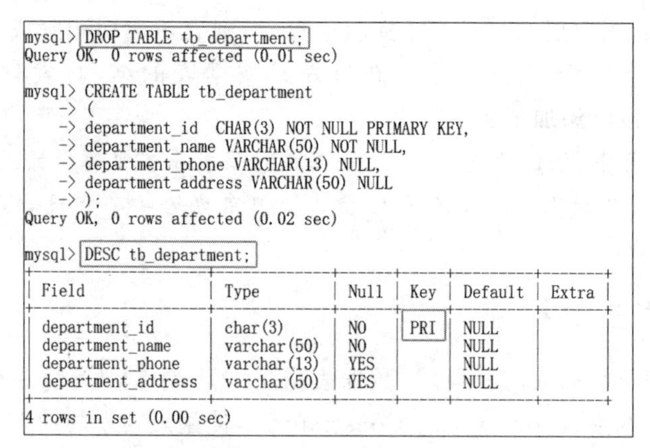

```
mysql> DROP TABLE tb_department;
Query OK, 0 rows affected (0.01 sec)

mysql> CREATE TABLE tb_department
    -> (
    -> department_id  CHAR(3) NOT NULL PRIMARY KEY,
    -> department_name VARCHAR(50) NOT NULL,
    -> department_phone VARCHAR(13) NULL,
    -> department_address VARCHAR(50) NULL
    -> );
Query OK, 0 rows affected (0.02 sec)

mysql> DESC tb_department;
+--------------------+-------------+------+-----+---------+-------+
| Field              | Type        | Null | Key | Default | Extra |
+--------------------+-------------+------+-----+---------+-------+
| department_id      | char(3)     | NO   | PRI | NULL    |       |
| department_name    | varchar(50) | NO   |     | NULL    |       |
| department_phone   | varchar(13) | YES  |     | NULL    |       |
| department_address | varchar(50) | YES  |     | NULL    |       |
+--------------------+-------------+------+-----+---------+-------+
4 rows in set (0.00 sec)
```

图 5-4　添加主键约束

法格式如下。

```
ALTER TABLE 表名称
DROP PRIMARY KEY;
```

说明：

(1) 表名称表示要删除主键约束的数据表的名称。

(2) PRIMARY KEY 为主键约束的关键字。

5.2.5　使用外键约束

外键约束(Foreign Key Constraint)用于在两个数据表的数据之间建立连接,可以是一列或多列。只要是数据表设计,一定要有外键关系,外键是作用在两个数据表上的约束,限定某个表的某个字段的引用完整性。一个表的外键可以为空,也可以不为空,当外键不为空时,则每个外键的值必须等于另一个表主键的某个值,一个表的外键可以不是本表的主键,但其对应另一个表的主键。在一个表中定义了外键之后,不允许删除另外一个表中具有关联关系的行数据。

外键是作用在两个表中,对于两个具有关联关系的表,又分为主表和从表。

主表(父表):两个表具有关联关系时,关联字段中主键所在的表为主表。

从表(子表):两个表具有关联关系时,关联字段中外键所在的表为从表。

指定外键约束的语法格式如下。

```
[CONSTRAINT 外键名] FOREIGN KEY 字段 1[,字段 2,字段 3,…]
REFERENCES 主表名 主键列 1[,主键 2,主键 3,…]
```

说明：

(1) 外键名定义外键约束的名称。

(2) 字段表示从表需要创建外键约束的字段列,可以由多列组成。

(3) 主表名为被从表外键所依赖的表的名称。

(4) 主键列为被应用的表中的列名,也可以由多列组成。

(5) CONSTRAINT 为创建约束的关键字。

(6) FROEIGN KEY 表示所创建约束的类型为外键约束。

(7) REFERENCES 表示被约束的列在主表中的某列。

【案例 5-4】 添加外键约束。

在 db_study 数据库中创建一个数据表,名称为 tb_class,用于保存班级信息,将班级号

(class_id)设置为主键,部门号(department_id)设置为外键,则班级表结构如表 5-12 所示。

表 5-12　班级表

字 段 名 称	数 据 类 型	NULL	约束	描　　述
class_id	CHAR(5)	否	主键	班级号(字母+4 位数字)
class_name	VARCHAR(50)	否	唯一	班级名称
department_id	CHAR(3)	是	外键	部门号(X+两位数字,与 tb_department 表的 department_id 数据保持一致)

在 db_study 数据库中创建 tb_class 数据表,按照要求添加外键约束的 SQL 语句如下。

```
CREATE TABLE tb_class
(
  class_id CHAR(5) NOT NULL PRIMARY KEY,
  class_name VARCHAR(50) NOT NULL,
  department_id CHAR(3) NULL,
  CONSTRAINT fk_department_id1 FOREIGN KEY(department_id)
REFERENCES tb_department(department_id)
);
DESC tb_class;
```

执行上述 SQL 语句,结果如图 5-5 所示。

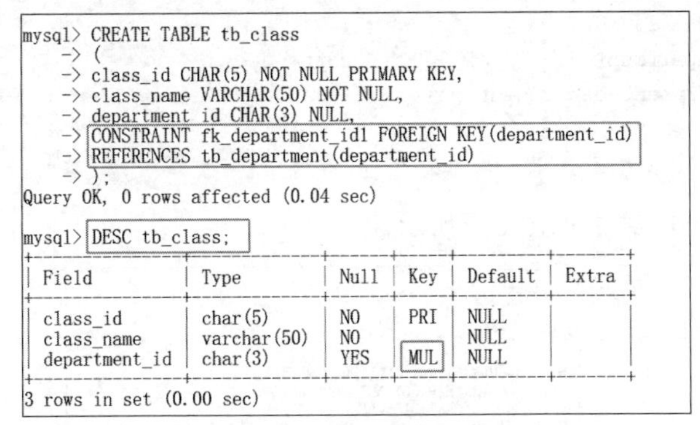

图 5-5　添加外键约束

由运行结果可知,成功创建 tb_class 数据表后,可以执行"DESC 表名称;"语句查看数据表的结构,发现 tb_class 数据表中的 department_id 字段已经添加了外键约束。

说明:

(1) 因为主表是 tb_department,则必须先将其创建成功,才能创建 tb_class 数据表,由于案例 5-3 已创建成功,所以这里才能成功指定外键。

(2) 当需要删除数据表时,首先删除从表,再删除主表。

当数据表中不需要使用外键约束时,可以执行 DROP 语句将其删除,删除外键约束的语法格式如下。

```
ALTER TABLE 表名称
DROP FOREIGN KEY 字段名;
```

说明:

(1) 表名称为要删除的外键约束的数据表的名称。

(2) 字段名为需要删除字段的外键约束的名称。

(3) FOREIGN KEY 表示外键约束的关键字。

5.2.6 使用唯一约束

唯一约束(Unique Constraint)是指数据表中某列的数据不允许重复。例如,每个用户的E-mail 地址不允许重复,就使用唯一性约束(UNIQUE)进行声明。唯一约束与主键约束相似的是它们都可以确保列的唯一性。不同的是,在一个表中可有多个唯一约束,并且设置唯一约束的列允许有空值,但是只能有一个空值;而在一个表中只能有一个主键约束,且不允许有空值。唯一约束通常设置在除了主键以外的其他列上,语法格式如下。

```
字段名 数据类型 UNIQUE
```

说明:UNIQUE 是唯一约束的关键字。

【案例 5-5】 添加唯一约束。

为了避免班级名称重复,需要为其添加唯一约束。对案例 5-4 中的 tb_class 数据表进行完善,将班级名称(class_name)设置为唯一约束,SQL 语句如下。

```
DROP TABLE tb_class;
CREATE TABLE tb_class
(
  class_id CHAR(5) NOT NULL PRIMARY KEY,
  class_name VARCHAR(50) NOT NULL UNIQUE,
  department_id CHAR(3) NULL,
  CONSTRAINT fk_department_id1 FOREIGN KEY(department_id)
REFERENCES tb_department(department_id)
);
DESC tb_class;
```

执行上述 SQL 语句,结果如图 5-6 所示。

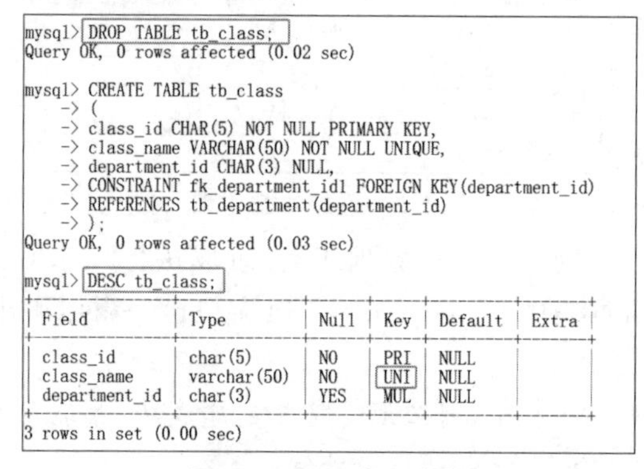

图 5-6 添加唯一约束

由运行结果可知,成功创建 tb_class 数据表后,可以执行"DESC 表名称;"语句查看数据表的结构,发现 tb_class 数据表中的 class_name 字段已经添加了唯一约束。

说明:

(1) 同一个表中可以有某列的值唯一,也可以是多列组合的值唯一。

(2) 唯一约束允许列值为空。

(3) 在创建唯一约束时,如果不给唯一约束命名,就默认和列名相同。

5.2.7 使用自增列

在数据库应用中,需要系统在每次插入记录时能自动生成字段的主键值,可以通过为表主键添加 AUTO_INCREMENT 关键字实现，意为自增长。当主键定义为自增长后，这个主键的值就不再需要用户输入数据，而由数据库根据定义自动赋值。每增加一条记录，主键会自动以相同的步长进行增长。设置自增列的语法格式如下。

```
字段名 数据类型 AUTO_INCREMENT
```

【案例 5-6】 添加自增列。

在数据库学习系统数据库(db_study)中创建一个数据表，名称为 tb_student，用于保存学生信息，其中需要将 student_id 字段(学号)设置为自增长，初始值为 20220101001。学生表结构如表 5-13 所示。

表 5-13　学生表

字段名称	数据类型	NULL	约束	描述
student_id	BIGINT(11)	否	主键	学号(自增长，初始值为 20220101001，每次加 1)
student_name	VARCHAR(20)	否		姓名
student_gender	ENUM	是		性别('男','女')
student_height	SMALLINT(3)	是		身高(无符号整数，范围为 0～255)
student_birthday	TIMESTAMP	是		出生日期
class_id	CHAR(5)	是	外键	班号(B+4 位数字，与 tb_class 数据表中 class_id 数据保持一致)
student_phone	CHAR(13)	是	唯一	联系电话(13 位，中间有两个-分隔符)

在 db_study 数据库中创建 tb_student 数据表，按照要求添加自增列的 SQL 语句如下。

```
CREATE TABLE tb_student
(
  student_id BIGINT(11) NOT NULL PRIMARY KEY AUTO_INCREMENT,
  student_name VARCHAR(20) NOT NULL,
  student_gender ENUM('男','女') NULL,
  student_height TINYINT(3) UNSIGNED NULL,
  student_birthday TIMESTAMP NULL,
  class_id CHAR(5) NULL,
  student_phone CHAR(13) NULL UNIQUE,
  CONSTRAINT fk_class_id1 FOREIGN KEY(class_id) REFERENCES tb_class(class_id )
)
auto_increment = 20220101001;
DESC tb_student;
```

执行上述 SQL 语句，结果如图 5-7 所示。

由运行结果可知，成功创建 tb_student 数据表后，可以执行"DESC 表名称；"语句查看数据表的结构，发现在 tb_student 表中已将 student_id 字段设置为自增列。

说明：

(1) 在默认情况下，自增列的初始值为 1，每新增一条记录，字段值自动加 1。

(2) 一个表中只能有一个字段使用自增列，且该字段必须为主键或主键的一部分。

(3) 自增列只能是整数类型，如 TINYINT、SMALLINT、INT、BIGINT 等。

5.2.8　使用默认值约束

默认值约束(Default Constraint)是给某个字段/某列指定默认值，一旦设置默认值，在插

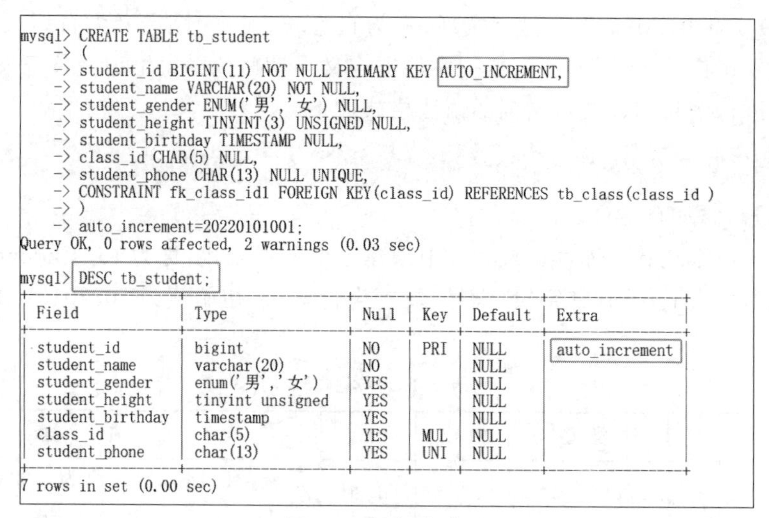

图 5-7 添加自增列

入数据时,如果此字段没有显式赋值,则赋值为默认值。例如,1 班中的学生,那么班级编号就可以指定为默认值 01。如果插入一条新的记录并且没有为这个字段赋值,则系统会自动为班级编号这个字段赋值为 01。默认值约束的语法格式如下。

```
字段名 数据类型 DEFAULT 默认值
```

说明:

(1) DEFAULT 表示默认值约束的关键字。

(2) 默认值是一个具体的值,也可以是通过表达式得到的一个值,但必须与该字段的数据类型相匹配。

(3) 一个表可以有很多默认值约束。在创建表时为列添加默认值,可以一次为多个列添加默认值,需要注意不同列的数据类型。

(4) 默认值约束意味着如果该字段没有手动赋值,会按默认值处理。

5.2.9 使用检查约束

检查约束(Check Constraint)是指在进行数据更新前设置一些过滤条件,满足此条件的数据可以实现更新。可以使用 CHECK 关键字定义检查约束,用于检验输入值,拒绝接受不满足条件的值,减少无效数据的输入。检查约束的语法格式如下。

```
CHECK(检查约束的条件)
```

说明: CHECK 表示设置检查约束的关键字。

虽然有检查约束这种概念,但是在实际场景中,会比较少使用检查约束,为什么?因为所有检查约束都是逐个进行过滤,如果在一个数据表中进行了过多的检查约束,在进行数据更新时会严重影响程序的性能。

5.2.10 查看数据表结构

在 MySQL 中使用 SQL 语句创建数据表之后,可以查看数据表结构,确认数据表的定义是否正确。MySQL 支持使用 DESCRIBE/DESC 语句查看数据表结构,也支持使用 SHOW CREATE TABLE 语句查看数据表结构。下面分别介绍这两种查看数据表结构的方法。

1. DESCRIBE/DESC 语句

使用 DESCRIBE/DESC 语句可以查看数据表的基本结构，语法格式如下。

```
DESCRIBE 表名称;
```

或

```
DESC 表名称;
```

说明：表名称为需要查看数据表结构的表的名称。

【案例 5-7】 查看数据表的基本结构。

使用 DESCRIBE/DESC 语句查看 tb_class 数据表的基本结构，SQL 语句如下。

```
DESCRIBE tb_class;
```

或

```
DESC tb_class;
```

执行上述 SQL 语句，结果如图 5-8 所示。

```
mysql> DESCRIBE tb_class;
+---------------+-------------+------+-----+---------+-------+
| Field         | Type        | Null | Key | Default | Extra |
+---------------+-------------+------+-----+---------+-------+
| class_id      | char(5)     | NO   | PRI | NULL    |       |
| class_name    | varchar(50) | NO   | UNI | NULL    |       |
| department_id | char(3)     | YES  | MUL | NULL    |       |
+---------------+-------------+------+-----+---------+-------+
3 rows in set (0.01 sec)

mysql> DESC tb_class;
+---------------+-------------+------+-----+---------+-------+
| Field         | Type        | Null | Key | Default | Extra |
+---------------+-------------+------+-----+---------+-------+
| class_id      | char(5)     | NO   | PRI | NULL    |       |
| class_name    | varchar(50) | NO   | UNI | NULL    |       |
| department_id | char(3)     | YES  | MUL | NULL    |       |
+---------------+-------------+------+-----+---------+-------+
3 rows in set (0.00 sec)
```

图 5-8　查看数据表的基本结构

由运行结果可知，使用 DESCRIBE 和 DESC 语句的查询结果相同，可以查看表的字段名称、字段数据类型、是否为主键、是否唯一等。其中，各个字段的含义分别如下。

(1) Field：字段名称。

(2) Type：字段类型，这里的 CHAR、VARCHAR 是文本字符串类型。

(3) Null：表示该列是否可以存储 NULL 值。

(4) Key：表示该列是否已编制索引。PRI 表示该列是表主键的一部分；UNI 表示该列是 UNIQUE 索引的一部分；MUL 表示在列中某个给定值允许出现多次。

(5) Default：表示该列是否有默认值，如果有，给出默认值。

(6) Extra：表示可以获取的与给定列有关的附加信息，如 AUTO_INCREMENT 等。

2. SHOW CREATE TABLE 语句

使用 SHOW CREATE TABLE 语句不仅可以查看表创建时的详细语句，还可以查看存储引擎和字符编码，语法格式如下。

```
SHOW CREATE TABLE 表名称;
```

或

```
SHOW CREATE TABLE 表名称\G
```

【案例 5-8】 查看数据表的详细信息。

使用 SHOW CREATE TABLE 语句查看 tb_class 数据表的详细信息,SQL 语句如下。

```
SHOW CREATE TABLE tb_class;
```

或

```
SHOW CREATE TABLE tb_class\G
```

执行上述 SQL 语句,结果如图 5-9 和图 5-10 所示。

```
mysql> SHOW CREATE TABLE tb_class;
+----------+------------------------------------------------------------
| Table    | Create Table
                                                                       |
+----------+------------------------------------------------------------
| tb_class | CREATE TABLE `tb_class` (
  `class_id` char(5) NOT NULL,
  `class_name` varchar(50) NOT NULL,
  `department_id` char(3) DEFAULT NULL,
  PRIMARY KEY (`class_id`),
  UNIQUE KEY `class_name` (`class_name`),
  KEY `fk_department_id1` (`department_id`),
  CONSTRAINT `fk_department_id1` FOREIGN KEY (`department_id`) REFERENCES `tb_department` (`department_id`)
) ENGINE=InnoDB DEFAULT CHARSET=utf8mb4 COLLATE=utf8mb4_0900_ai_ci |
+----------+------------------------------------------------------------
1 row in set (0.00 sec)
```

图 5-9 查看数据表的详细信息(1)

```
mysql> SHOW CREATE TABLE tb_class\G
*************************** 1. row ***************************
       Table: tb_class
Create Table: CREATE TABLE `tb_class` (
  `class_id` char(5) NOT NULL,
  `class_name` varchar(50) NOT NULL,
  `department_id` char(3) DEFAULT NULL,
  PRIMARY KEY (`class_id`),
  UNIQUE KEY `class_name` (`class_name`),
  KEY `fk_department_id1` (`department_id`),
  CONSTRAINT `fk_department_id1` FOREIGN KEY (`department_id`) REFERENCES `tb_department` (`department_id`)
) ENGINE=InnoDB DEFAULT CHARSET=utf8mb4 COLLATE=utf8mb4_0900_ai_ci
1 row in set (0.00 sec)
```

图 5-10 查看数据表的详细信息(2)

由运行结果可知,执行"SHOW CREATE TABLE 表名称;"和"SHOW CREATE TABLE 表名称\G"语句查看数据表的详细信息的结果是相同的。\G 参数相当于格式化输出,使用\G 之后,可以看到输出内容具有较高的易读性。

5.3 修改数据表

5.3.1 重命名数据表

在实际开发中,还需要根据实际情况对数据表进行修改,当需要修改数据表的名称时,则可以执行 ALTER TABLE 语句实现,具体语法格式如下。其中,[TO]表示可选参数,使用与否不影响执行结果。

```
ALTER TABLE 旧表名称 RENAME [TO] 新表名称;
```

【案例 5-9】 重命名数据表。

在已有的 tb_class 数据表中,将 tb_class 重命名为"班级表",使用 ALTER TABLE 语句修改新的表名称，SQL 语句如下。

```
ALTER TABLE tb_class RENAME 班级表;
```

执行上述 SQL 语句，再执行“SHOW TABLES;”语句查看数据表，发现 tb_class 数据表已成功重命名为“班级表”，结果如图 5-11 所示。

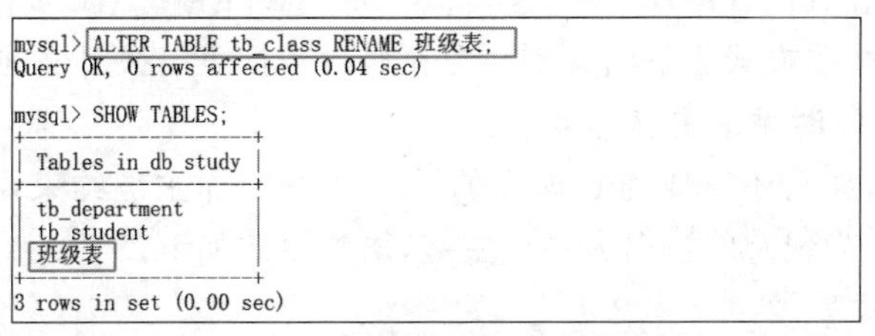

图 5-11　重命名 tb_class 数据表

5.3.2　添加字段

在实际工作中，随着业务需求的变化，可能需要在表中添加新字段，添加字段时可以修改字段的排列位置。在 MySQL 中添加新字段的语法格式如下。

```
ALTER TABLE 表名称 ADD [COLUMN] 新字段名 字段类型 [FIRST|AFTER 已存在的字段名];
```

说明：

(1) FIRST 是可选参数，其作用是将新添加的字段设置为表的第 1 个字段。

(2) AFTER 是可选参数，其作用是将新添加的字段添加到指定的“已存在的字段名”的后面。

【案例 5-10】 添加新的字段。

对案例 5-9 中的班级表进行完善。为了统计每个班的总人数，现在需要在班级表中添加新的字段，并命名为 class_size，数据类型为 TINYINT，SQL 语句如下。

```
ALTER TABLE 班级表 ADD class_size TINYINT(2);
```

执行上述 SQL 语句，再执行“DESC 表名称;”语句查看数据表结构，发现 class_size 字段已添加到班级表中，如图 5-12 所示。

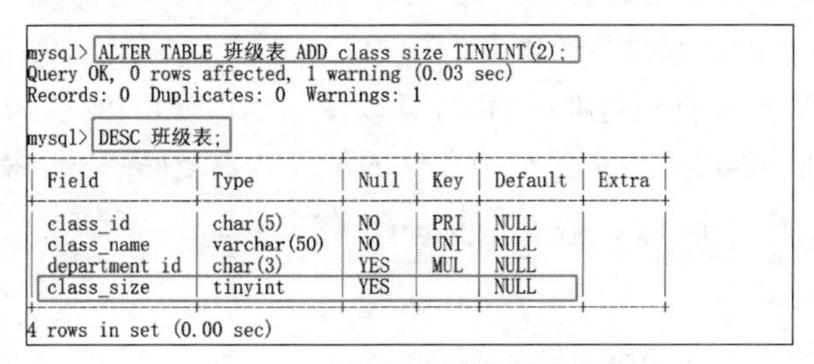

图 5-12　在班级表中添加新字段

5.3.3　修改字段

在 MySQL 中，创建好数据表后，可以使用 ALTER TABLE 语句修改字段的数据类型。语法格式如下。

```
ALTER TABLE 表名称 MODIFY 字段名 字段类型;
```

说明:

(1) 表名称为需要修改数据表的名称。

(2) 字段名表示需要添加数据类型的字段列。

(3) 字段类型表示该字段需要修改的数据类型。

如果在创建数据表时没有添加约束,也可以执行 ALTER TABLE 语句进行添加或修改,不同的约束有不同的修改方式。下面分别介绍在修改数据表字段时添加约束的语法格式。

1. 修改数据表字段时添加主键约束

创建完数据表后,如果还需要为数据表的某个字段添加主键约束,可以不重新创建数据表,使用 ALTER 语句为现有的数据表添加主键,语法格式如下。

```
ALTER TABLE 表名称
ADD CONSTRAINT 约束名 PRIMARY KEY [字段 1,字段 2,字段 3,…,字段 n];
```

说明:

(1) 约束名表示需要添加外键约束的名称。

(2) 字段表示需要添加外键约束的字段列,可以由多个列组成。

(3) CONSTRAINT 表示需要创建约束的关键字。

(4) PRIMARY KEY 表示所添加约束的类型为主键约束。

2. 修改数据表字段时添加外键约束

如果在创建数据表时没有创建外键,可以使用 ALTER 语句为现有的数据表添加外键,语法格式如下。

```
ALTER TABLE 表名称
ADD CONSTRAINT 约束名 FOREIGN KEY [字段 1,字段 2,字段 3,…,字段 n] REFERENCES 主表名 主键列 1
[,主键 2,主键 3,…];
```

说明:

(1) 约束名表示需要添加的外键约束名称。

(2) CONSTRAINT 表示需要添加约束的关键字。

(3) FOREIGN KEY 表示所添加约束的类型为外键约束。

(4) 主键列表示需要被应用的表中的列名,也可以由多个列组成。

3. 修改数据表字段时添加唯一约束

如果在创建数据表时没有创建唯一约束,可以使用 ALTER 语句为现有的数据表添加唯一约束,但是需要保证添加唯一约束的列中存储的值没有重复的。语法格式如下。

```
ALTER TABLE 表名称 ADD CONSTRAINT 约束名 UNIQUE(字段名);
```

说明:

(1) 约束名表示需要添加的唯一约束名称。

(2) 字段名表示需要设置唯一约束的字段名称。

(3) UNIQUE 表示唯一约束的关键字。

4. 修改数据表字段时添加自增列

如果在创建数据表时没有创建自增列,可以使用 ALTER 语句为现有的数据表添加自增列,语法格式如下。

```
ALTER TABLE 表名称 CHANGE 字段名 数据类型 UNSIGNED AUTO_INCREMENT;
```

说明：

(1) CHANGE 表示修改列属性的关键字。

(2) UNSIGNED 表示需要自增长的数值无符号化。

(3) AUTO_INCREMENT 表示自增列约束的关键字。

5. 修改数据表字段时添加默认值约束

如果在创建数据表时没有创建默认值约束，可以使用 ALTER 语句为现有的数据表添加默认值约束，语法格式如下。

```
ALTER TABLE 表名称 ALTER 约束名 SET DEFAULT 默认值;
```

说明：

(1) 约束名表示添加默认值的约束名。

(2) 默认值为具体的一个值或通过表达式得到的一个值，但该值必须与该字段的数据类型相匹配。

【案例 5-11】 修改字段的约束条件。

在添加 class_size 字段时，没有添加唯一约束，现在为班级表中的 class_size 字段添加唯一约束，SQL 语句如下。

```
ALTER TABLE 班级表 ADD CONSTRAINT uq_class_size1 UNIQUE(class_size);
```

执行上述 SQL 语句，再执行“DESC 表名称;”语句查看字段的约束是否修改成功，发现班级表中的 class_size 字段已添加唯一约束，如图 5-13 所示。

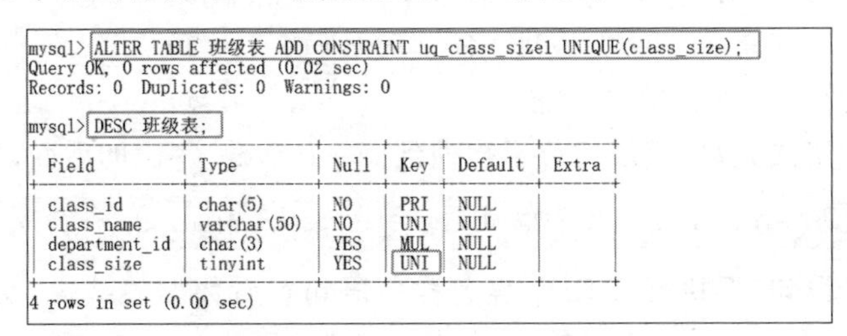
```
mysql> ALTER TABLE 班级表 ADD CONSTRAINT uq_class_size1 UNIQUE(class_size);
Query OK, 0 rows affected (0.02 sec)
Records: 0  Duplicates: 0  Warnings: 0

mysql> DESC 班级表;
+---------------+-------------+------+-----+---------+-------+
| Field         | Type        | Null | Key | Default | Extra |
+---------------+-------------+------+-----+---------+-------+
| class_id      | char(5)     | NO   | PRI | NULL    |       |
| class_name    | varchar(50) | NO   | UNI | NULL    |       |
| department_id | char(3)     | YES  | MUL | NULL    |       |
| class_size    | tinyint     | YES  | UNI | NULL    |       |
+---------------+-------------+------+-----+---------+-------+
4 rows in set (0.00 sec)
```

图 5-13　修改字段的约束条件

5.3.4　重命名字段

重命名字段就是把旧的字段名修改为一个新的字段名，语法格式如下。

```
ALTER TABLE 表名称 CHANGE 旧字段名 新字段名 新数据类型;
```

说明：

(1) 旧字段名为修改前的字段名称。

(2) 新字段名为修改后的字段名称。

(3) 新数据类型表示修改后的数据类型，如果不需要修改字段的数据类型，将新数据类型设置为与原来一样即可，但数据类型不能为空。

【案例 5-12】 修改字段名称。

将班级表中的 class_size 字段的名称修改为“班级人数”，数据类型不变，SQL 语句如下。

```
ALTER TABLE 班级表 CHANGE class_size 班级人数 TINYINT(2);
```

执行上述 SQL 语句，再执行“DESC 表名称;”语句查看字段名称是否修改成功，发现班级表中的 class_size 字段已成功修改成新的字段名称“班级人数”,如图 5-14 所示。

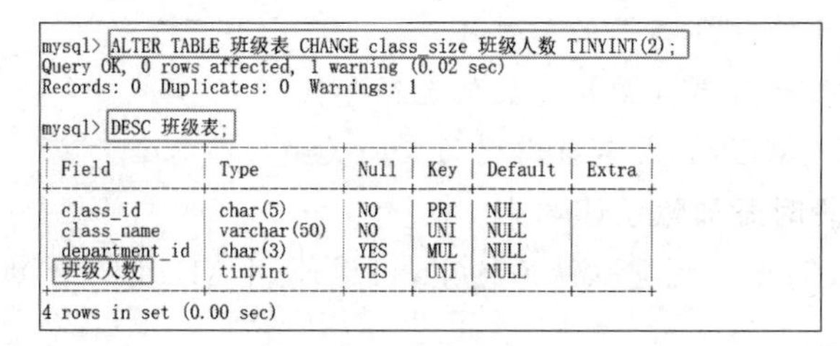
```
mysql> ALTER TABLE 班级表 CHANGE class_size 班级人数 TINYINT(2);
Query OK, 0 rows affected, 1 warning (0.02 sec)
Records: 0  Duplicates: 0  Warnings: 1

mysql> DESC 班级表;
+---------------+-------------+------+-----+---------+-------+
| Field         | Type        | Null | Key | Default | Extra |
+---------------+-------------+------+-----+---------+-------+
| class_id      | char(5)     | NO   | PRI | NULL    |       |
| class_name    | varchar(50) | NO   | UNI | NULL    |       |
| department_id | char(3)     | YES  | MUL | NULL    |       |
| 班级人数      | tinyint     | YES  | UNI | NULL    |       |
+---------------+-------------+------+-----+---------+-------+
4 rows in set (0.00 sec)
```

图 5-14　修改字段名称

5.3.5　修改字段的排列位置

对于一个数据表,在创建时,字段就在表中的排列顺序就已经确定了,但表的结构并不是完全不可以改变的,也可以执行 ALTER TABLE 语句改变表中字段的位置,语法格式如下。

```
ALTER TABLE 表名称 MODIFY 字段名 1 数据类型 FIRST|AFTER 字段名 2;
```

说明:

(1) MODIFY 表示修改列属性的关键字。

(2) 字段 1 表示需要修改位置的字段。

(3) 数据类型为字段 1 的数据类型。

(4) 字段 2 表示需要插入新字段的前一个字段。

(5) FIRST 的作用是将字段 1 修改为数据表中的第 1 个字段。

(6) AFTER 的作用是将字段 1 插到字段 2 的后面。

【案例 5-13】 修改字段的排列位置。

将班级表中的“班级人数”字段的位置排列到 class_name 字段的后面,SQL 语句如下。

```
ALTER TABLE 班级表 MODIFY 班级人数 TINYINT(2) AFTER class_name;
```

执行上述 SQL 语句,再执行“DESC 表名称;”语句查看数据表结构,发现班级表中“班级人数”字段已排列在 class_name 字段的后面,如图 5-15 所示。

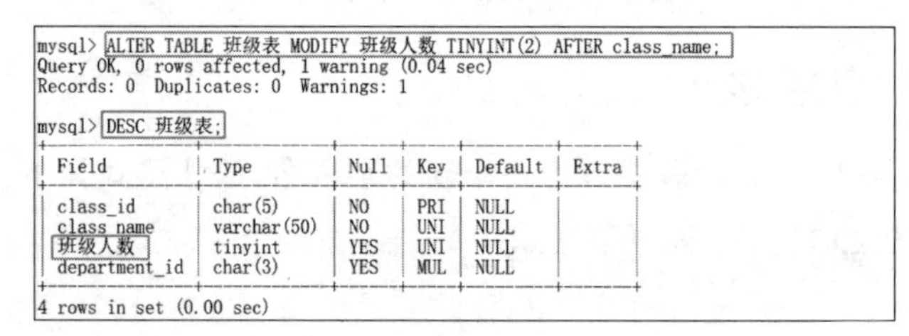
```
mysql> ALTER TABLE 班级表 MODIFY 班级人数 TINYINT(2) AFTER class_name;
Query OK, 0 rows affected, 1 warning (0.04 sec)
Records: 0  Duplicates: 0  Warnings: 1

mysql> DESC 班级表;
+---------------+-------------+------+-----+---------+-------+
| Field         | Type        | Null | Key | Default | Extra |
+---------------+-------------+------+-----+---------+-------+
| class_id      | char(5)     | NO   | PRI | NULL    |       |
| class_name    | varchar(50) | NO   | UNI | NULL    |       |
| 班级人数      | tinyint     | YES  | UNI | NULL    |       |
| department_id | char(3)     | YES  | MUL | NULL    |       |
+---------------+-------------+------+-----+---------+-------+
4 rows in set (0.00 sec)
```

图 5-15　修改字段的排列位置

5.3.6　删除字段

在 MySQL 中,删除字段就是将数据表中的某个字段从表中移除,语法格式如下。

```
ALTER TABLE 表名称 DROP 字段名;
```

【案例 5-14】 删除字段。

在班级表中,将刚修改的“班级人数”字段删除,SQL 语句如下。

```
ALTER TABLE 班级表 DROP 班级人数;
```

执行上述 SQL 语句,再执行“DESC 表名称;”语句查看数据表结构,发现班级表中的“班级人数”字段已删除成功,结果如图 5-16 所示。

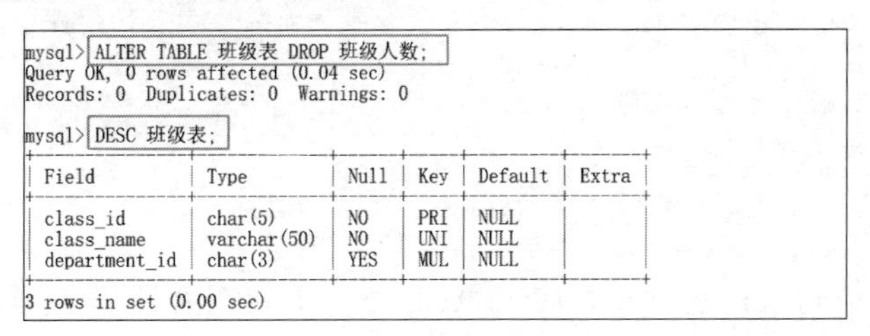

图 5-16　删除字段

5.4　删除数据表

当一个数据表不再被需要时,可以将其删除。但是,在删除表的同时,数据表的结构和表中的所有数据都会被删除,所以在删除数据表前最好先做好备份,以免造成无法弥补的损失。在 MySQL 中删除数据表有两种情况,一种是删除没有被关联的表,另外一种是删除被其他数据表关联的数据表。下面分别介绍这两种情况。

5.4.1　删除没有被关联的数据表

使用 DROP TABLE 语句可以一次删除一个或多个没有被其他数据表关联的数据表,语法格式如下。

```
DROP TABLE [IF EXISTS] 数据表 1 [,数据表 2,数据表 3,…,数据表 n];
```

说明:

(1) 可以同时删除多个数据表,相互之间用逗号隔开即可。

(2) IF EXISTS 用于在删除前判断表是否存在。

【案例 5-15】 删除没有被关联的数据表。

在 db_study 数据库中,先创建一个没有关联其他数据表的数据表,称为课程表(tb_course),用于保存课程信息,其中课程号(course_id)设置为主键,课程名称(course_name)不可以重复。课程表结构如表 5-14 所示。

表 5-14　课程表

字段名称	数据类型	NULL	约束	描　述
course_id	CHAR(5)	否	主键	课程号(K+4 位数字)
course_name	VARCHAR(50)	否	唯一	课程名称
course_type	ENUM	是		课程类型(公共必修课、公共选修课、专业基础课、专业选修课、集中实践课、拓展课)
course_credit	TINYINT(3)	是		课程学分(无符号整数,范围为 0～255)
course_describe	TEXT	是		课程描述(课程介绍)

在 db_study 数据库中创建 tb_course 数据表,SQL 语句如下。

```
CREATE TABLE tb_course
(
```

```
    course_id CHAR(5) NOT NULL PRIMARY KEY,
    course_name VARCHAR(50) NOT NULL UNIQUE,
    course_type ENUM('公共必修课','公共选修课','专业基础课','专业选修课','集中实践课','拓展课')
NULL,
    course_credit TINYINT(3) UNSIGNED NULL,
    course_describe TEXT NULL
);
SHOW TABLES;
```

执行上述 SQL 语句,再执行“SHOW TABLES;”语句查看课程表是否创建成功,结果如图 5-17 所示。

```
mysql> CREATE TABLE tb_course
    -> (
    -> course_id CHAR(5) NOT NULL PRIMARY KEY,
    -> course_name VARCHAR(50) NOT NULL UNIQUE,
    -> course_type ENUM('公共必修课','公共选修课','专业基础课','专业选修课','集中实践课','拓展
课') NULL,
    -> course_credit TINYINT(3) UNSIGNED NULL,
    -> course_describe TEXT NULL
    -> );
Query OK, 0 rows affected, 1 warning (0.03 sec)

mysql> SHOW TABLES;
+-------------------+
| Tables_in_db_study |
+-------------------+
| tb_course         |
| tb_department     |
| tb_student        |
| 班级表            |
+-------------------+
4 rows in set (0.00 sec)
```

图 5-17　创建 tb_course 数据表

由运行结果可知,tb_course 数据表已创建成功。在 db_study 数据库中,tb_course 数据表与其他数据表没有任何关联,当想要删除 tb_course 数据表时,可以直接使用以下 SQL 语句。

```
DROP TABLE IF EXISTS tb_course;
```

执行上述 SQL 语句,再执行“SHOW TABLES;”语句查看 tb_course 数据表是否删除成功,发现 db_study 数据库中已经没有 tb_course 数据表了,说明已删除成功,如图 5-18 所示。

```
mysql> DROP TABLE IF EXISTS tb_course;
Query OK, 0 rows affected (0.02 sec)

mysql> SHOW TABLES;
+-------------------+
| Tables_in_db_study |
+-------------------+
| tb_department     |
| tb_student        |
| 班级表            |
+-------------------+
3 rows in set (0.00 sec)
```

图 5-18　删除 tb_course 数据表

5.4.2　删除被其他数据表关联的数据表

在数据表之间存在外键关联的情况下,如果直接删除父表,会显示删除失败,原因是直接删除将破坏表的完整性。如果必须要删除,可以先直接删除与它关联的子表,再删除父表,这样就同时删除了两个数据表中的数据。或者将关联表的外键约束取消,再删除父表,适用于需要保留子表的数据,只删除父表的情况。

在 MySQL 中删除外键约束的语法格式如下。

```
ALTER TABLE 表名称 DROP FOREIGN KEY 外键约束名;
```

【案例 5-16】　删除被其他数据表关联的数据表。

在 db_study 数据库中，将 tb_department 数据表删除，但在案例 5-4 中已经将 department_id 字段设置为外键，如果直接删除 tb_department 数据表，会显示失败。SQL 语句如下。

```
DROP TABLE IF EXISTS tb_department;
```

执行上述 SQL 语句，可以看到直接删除 tb_department 主表时，MySQL 会报错，如图 5-19 所示。

```
mysql> DROP TABLE IF EXISTS tb_department;
ERROR 3730 (HY000): Cannot drop table 'tb_department' referenced by a foreign key constraint 'f
k_department_id1' on table '班级表'.
mysql>
```

图 5-19　直接删除 tb_department 数据表

由错误提示信息可知，department_id 是班级表的外键约束字段，班级表为子表，具有名称为 fk_department_id1 的外键约束；tb_department 为父表，其主键 department_id 被子表班级表所关联。需要解除关联子表班级表的外键约束，SQL 语句如下。

```
ALTER TABLE 班级表 DROP FOREIGN KEY fk_department_id1;
```

执行上述 SQL 语句，结果如图 5-20 所示。

```
mysql> ALTER TABLE 班级表 DROP FOREIGN KEY fk_department_id1;
Query OK, 0 rows affected (0.01 sec)
Records: 0  Duplicates: 0  Warnings: 0
```

图 5-20　解除关联子表的外键约束

由运行结果可知，出现 Query OK 提示信息，说明已经将关联子表的外键约束删除，则可以将父表 tb_department 删除，SQL 语句如下。

```
DROP TABLE IF EXISTS tb_department;
```

执行上述 SQL 语句，再执行“SHOW TABLES;”语句查看数据库结构，发现数据库中已经没有 tb_department 数据表了，说明已删除成功，如图 5-21 所示。

```
mysql> DROP TABLE IF EXISTS tb_department;
Query OK, 0 rows affected (0.01 sec)

mysql> SHOW TABLES;
+-------------------+
| Tables_in_db_study |
+-------------------+
| tb_student        |
| 班级表            |
+-------------------+
2 rows in set (0.00 sec)
```

图 5-21　删除被关联的主表

课业任务

扫一扫

视频讲解

*课业任务 5-1　创建用户登录表

【能力测试点】

创建数据表。

【任务实现步骤】

任务需求：在 db_study 数据库中创建一个用户登录表(tb_login)，由序号(login_id)、用户名(login_name)、用户密码(login_password)3 个字段组成，其中序号为自增长，初始值为 1，每增加一条记录加 1，用户名设置唯一约束。用户登录表结构如表 5-15 所示。

表 5-15 用户登录表

字段名称	数据类型	NULL	约束	描述
login_id	INT(5)	否	主键	序号(自增长,初始值为 1,每次加 1)
login_name	VARCHAR(20)	否	唯一	用户名
login_password	VARCHAR(45)	否		用户密码

(1) 按任务需求创建用户登录表的 SQL 语句如下。

```
CREATE TABLE tb_login
(
  login_id INT(5) NOT NULL PRIMARY KEY AUTO_INCREMENT,
  login_name VARCHAR(20) NOT NULL UNIQUE,
  login_password VARCHAR(45) NOT NULL
);
```

(2) 执行上述 SQL 语句,结果如图 5-22 所示。

(3) 执行"SHOW TABLES;"语句查看数据库中所有表,结果如图 5-23 所示。由运行结果可知 tb_login 数据表创建成功。

```
mysql> CREATE TABLE tb_login
    -> (
    -> login_id INT(5) NOT NULL PRIMARY KEY AUTO_INCREMENT,
    -> login_name VARCHAR(20) NOT NULL UNIQUE,
    -> login_password VARCHAR(45) NOT NULL
    -> );
Query OK, 0 rows affected, 1 warning (0.03 sec)
```

图 5-22 创建用户登录表

```
mysql> SHOW TABLES;
+-------------------+
| Tables_in_db_study |
+-------------------+
| tb_login          |
| tb_student        |
| 班级表             |
+-------------------+
3 rows in set (0.00 sec)
```

图 5-23 tb_login 数据表创建成功

扫一扫

视频讲解

课业任务 5-2 向用户登录表中添加字段

【能力测试点】

向数据表中添加字段。

【任务实现步骤】

任务需求:课业任务 5-1 已经创建 tb_login 数据表,向表中添加一个备注字段(login_remark),数据类型为 VARCHAR。

(1) 按任务需求在用户登录表中添加字段的 SQL 语句如下。

```
ALTER TABLE tb_login ADD login_remark VARCHAR(255);
```

(2) 执行上述 SQL 语句,结果如图 5-24 所示。

(3) 执行"DESC 表名称;"语句查看数据表结构,结果如图 5-25 所示。由运行结果可知 login_remark 字段已存在,说明字段添加成功。

```
mysql> ALTER TABLE tb_login ADD login_remark VARCHAR(255);
Query OK, 0 rows affected (0.02 sec)
Records: 0  Duplicates: 0  Warnings: 0
```

图 5-24 添加 login_remark 字段

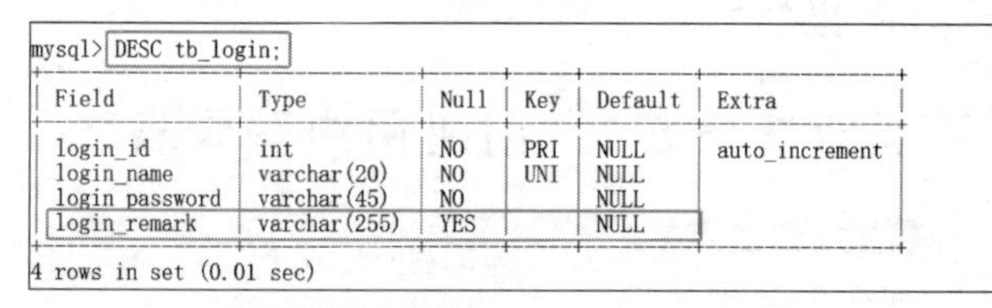

mysql> DESC tb_login;

Field	Type	Null	Key	Default	Extra
login_id	int	NO	PRI	NULL	auto_increment
login_name	varchar(20)	NO	UNI	NULL	
login_password	varchar(45)	NO		NULL	
login_remark	varchar(255)	YES		NULL	

4 rows in set (0.01 sec)

图 5-25 login_remark 字段添加成功

扫一扫

视频讲解

课业任务 5-3 修改用户登录表中字段的数据类型

【能力测试点】

修改字段数据类型。

【任务实现步骤】

任务需求：将 tb_login 数据表的 login_remark 字段修改为 TEXT 类型。

(1) 按任务需求修改用户登录表中字段类型的 SQL 语句如下。

```
ALTER TABLE tb_login MODIFY login_remark TEXT;
```

(2) 执行上述 SQL 语句，结果如图 5-26 所示。

```
mysql> ALTER TABLE tb_login MODIFY login_remark TEXT;
Query OK, 0 rows affected (0.06 sec)
Records: 0  Duplicates: 0  Warnings: 0
```

图 5-26　修改 login_remark 字段的数据类型

(3) 执行"DESC 表名称;"语句查看数据表信息，结果如图 5-27 所示。由运行结果可知 login_remark 字段为 TEXT 类型，说明 login_remark 字段的数据类型已修改成功。

```
mysql> DESC tb_login;
+----------------+-------------+------+-----+---------+----------------+
| Field          | Type        | Null | Key | Default | Extra          |
+----------------+-------------+------+-----+---------+----------------+
| login_id       | int         | NO   | PRI | NULL    | auto_increment |
| login_name     | varchar(20) | NO   | UNI | NULL    |                |
| login_password | varchar(45) | NO   |     | NULL    |                |
| login_remark   | text        | YES  |     | NULL    |                |
+----------------+-------------+------+-----+---------+----------------+
4 rows in set (0.00 sec)
```

图 5-27　login_remark 字段数据类型修改成功

扫一扫

视频讲解

课业任务 5-4　删除用户登录表中的一个字段

【能力测试点】

删除数据表中的字段。

【任务实现步骤】

任务需求：在 db_study 数据库中，删除 tb_login 数据表中的 login_remark 字段。

(1) 按任务需求删除用户登录表中备注字段的 SQL 语句如下。

```
ALTER TABLE tb_login DROP login_remark;
```

(2) 执行上述 SQL 语句，删除 login_remark 字段，结果如图 5-28 所示。

(3) 执行"DESC 表名称;"语句查看备注字段是否删除成功，结果如图 5-29 所示。由运行结果可知，tb_login 数据表中没有 login_remark 字段，即说明该字段删除成功。

```
mysql> ALTER TABLE tb_login DROP login_remark;
Query OK, 0 rows affected (0.01 sec)
Records: 0  Duplicates: 0  Warnings: 0
```

图 5-28　删除 login_remark 字段

```
mysql> DESC tb_login;
+----------------+-------------+------+-----+---------+----------------+
| Field          | Type        | Null | Key | Default | Extra          |
+----------------+-------------+------+-----+---------+----------------+
| login_id       | int         | NO   | PRI | NULL    | auto_increment |
| login_name     | varchar(20) | NO   | UNI | NULL    |                |
| login_password | varchar(45) | NO   |     | NULL    |                |
+----------------+-------------+------+-----+---------+----------------+
3 rows in set (0.00 sec)
```

图 5-29　login_remark 字段删除成功

扫一扫

视频讲解

课业任务 5-5　删除用户登录表

【能力测试点】

删除数据表。

【任务实现步骤】

(1) 当不需要用到用户登录表时，可以将其删除。由于在 db_study 数据库中，tb_login 数据表与其他数据表没有关联，则可以直接使用 DROP TABLE 语句进行删除，SQL 语句如下。

```
DROP TABLE tb_login;
```

(2) 执行上述 SQL 语句,成功删除 tb_login 数据表,结果如图 5-30 所示。

(3) 最后执行"SHOW TABLES;"语句查看列表中是否还有 tb_login 数据表,结果如图 5-31 所示。由运行结果可知,db_study 数据库中已没有 tb_login 数据表,即说明该数据表删除成功。

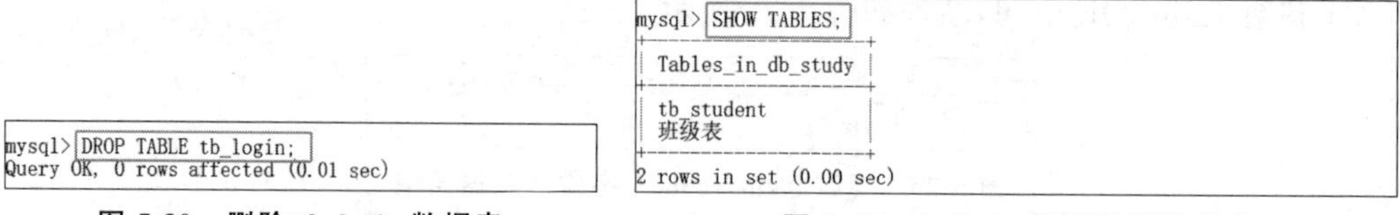

图 5-30 删除 tb_login 数据表　　图 5-31 tb_login 数据表删除成功

扫一扫
视频讲解

课业任务 5-6 使用 MySQL Workbench 工具创建用户登录表

【能力测试点】

使用数据库图形化管理工具 MySQL Workbench 创建数据表。

【任务实现步骤】

任务需求:使用数据库图形化管理工具 MySQL Workbench 在 db_study 数据库中创建用户登录表。

(1) 启动 MySQL Workbench,登录成功后,在界面左侧的数据库对象窗口中展开 db_study 数据库,右击 Tables 选项,在弹出的快捷菜单中选择 Create Table(创建数据表)菜单命令,如图 5-32 所示。

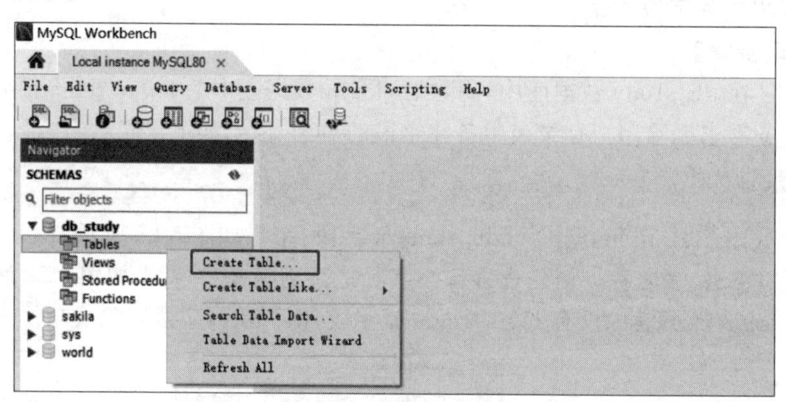

图 5-32 创建数据表

(2) 在弹出的 tb_login-Table 窗口中可以设置用户登录表信息,具体的表结构信息如表 5-15 所示。设置完数据表的基本信息后单击 Apply(确认)按钮,如图 5-33 所示。

(3) 弹出一个确定对话框,显示创建 tb_login 数据表的 SQL 语句,确认无误后,单击 Apply(确认)按钮完成 tb_login 数据表的创建。

(4) 在弹出的对话框中单击 Finish 按钮,即可完成创建用户登录表的操作。

(5) 回到主界面,可以看到 tb_login 数据表已经创建成功。

扫一扫
视频讲解

课业任务 5-7 使用 Navicat Premium 工具向用户登录表添加字段

【能力测试点】

使用图形化管理工具 Navicat Premium 添加字段。

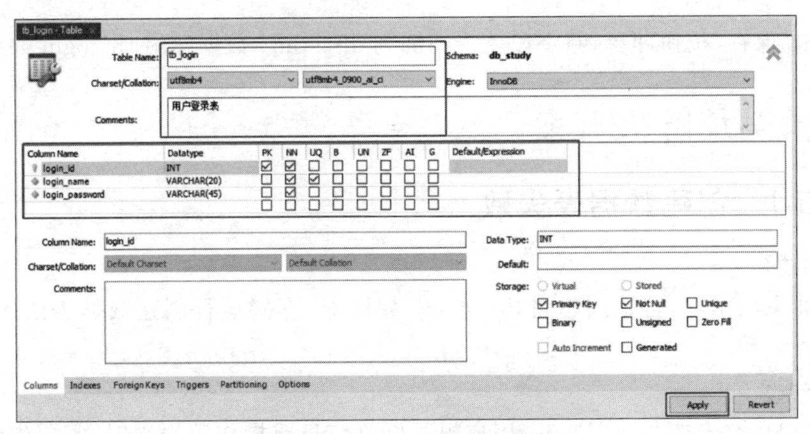

图 5-33　tb_login 数据表信息

【任务实现步骤】

任务需求：由于在课业任务 5-6 中已经创建了用户登录表，所以本任务使用图形化管理工具 Navicat Premium 在 db_study 数据库中向 tb_login 数据表添加一个备注字段 login_remark，数据类型为 TEXT 类型，默认为空。

(1) 启动 Navicat Premiun 16，登录成功后，右击用户登录表 tb_login，在弹出的快捷菜单中选择"设计表"，如图 5-34 所示。

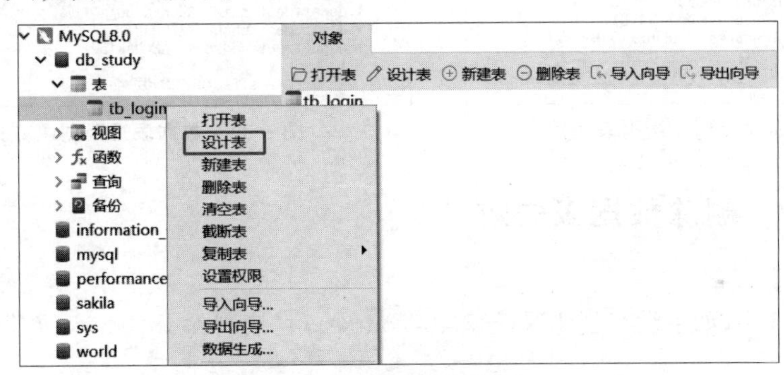

图 5-34　选择"设计表"

(2) 在弹出的窗口中单击"添加字段"按钮，输入新字段名 login_remark，数据类型设置为 text，字符集选择 utf8mb4，排序规则选择 utf8mb4_general_ci，如图 5-35 所示。

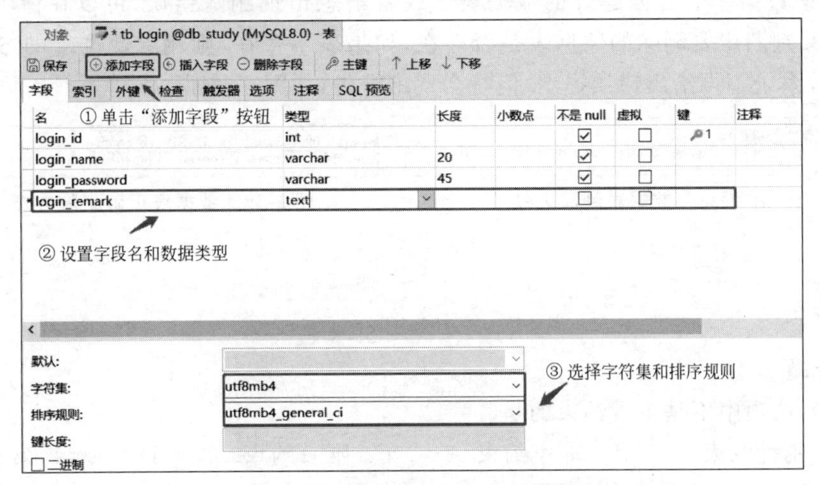

图 5-35　添加 login_remark 字段

(3) 单击“保存”按钮即可,新字段就会添加到 db_study 数据库的 tb_login 数据表中。

常见错误及解决方案

错误 5-1 创建数据表失败

【问题描述】

通过第 4 章的学习,若是创建完 db_study 数据库,直接运行创建数据表语句会报错,如图 5-36 所示。

【解决方案】

错误信息显示“未选择数据库”。用户想要更改信息或操作数据库时,需要先切换到该数据库,才能对其进行修改操作。因为数据表属于数据库,在创建数据表之前,应该先执行“USE 数据库名;”语句指定到数据库 db_study 中进行操作,再创建数据表即可,如图 5-37 所示。

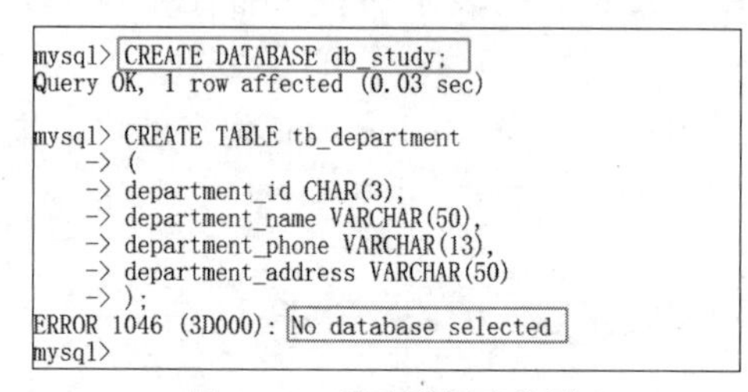

```
mysql> CREATE DATABASE db_study;
Query OK, 1 row affected (0.03 sec)

mysql> CREATE TABLE tb_department
    -> (
    -> department_id CHAR(3),
    -> department_name VARCHAR(50),
    -> department_phone VARCHAR(13),
    -> department_address VARCHAR(50)
    -> );
ERROR 1046 (3D000): No database selected
mysql>
```

图 5-36 创建数据表失败

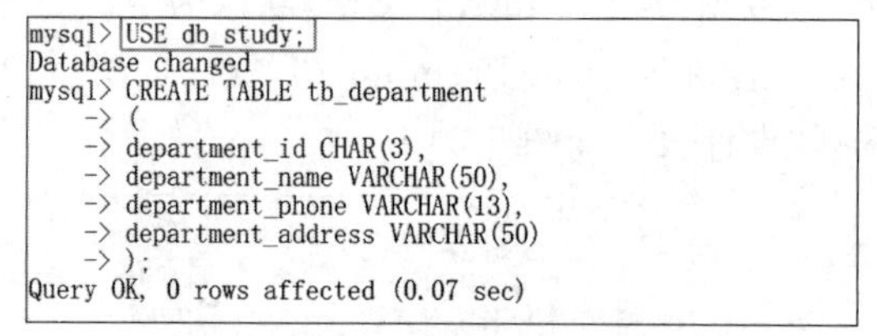

```
mysql> USE db_study;
Database changed
mysql> CREATE TABLE tb_department
    -> (
    -> department_id CHAR(3),
    -> department_name VARCHAR(50),
    -> department_phone VARCHAR(13),
    -> department_address VARCHAR(50)
    -> );
Query OK, 0 rows affected (0.07 sec)
```

图 5-37 数据表正确创建方式

错误 5-2 删除数据表失败

【问题描述】

在案例 5-15 中,如果没有创建课程表(tb_course),直接删除 tb_course 数据表会报错,如图 5-38 所示。

【解决方案】

错误信息显示“在 db_study 数据库中没有 tb_course 数据表”,所以想要删除一个数据表,前提是删除该数据库中已创建好的数据表。或者不想出现删除错误,可以在命令中添加 IF EXISTS 参数判断想要删除的数据表是否存在,如果表不存在,则删除数据表的 SQL 语句可以顺利执行,系统不再给出错误提示,但是会发出警告,如图 5-39 所示。

```
mysql> DROP TABLE tb_course;
ERROR 1051 (42S02): Unknown table 'db_study.tb_course'
mysql>
```

图 5-38 数据表删除失败

```
mysql> DROP TABLE IF EXISTS tb_course;
Query OK, 0 rows affected, 1 warning (0.01 sec)
```

图 5-39 数据表正确删除方式

扫一扫

自测题

习题

1. 选择题

(1) 下列选项中不是单表约束的是(　　)。

A. 主键约束　　B. 非空约束　　C. 唯一约束　　D. 外键约束

(2) UNIQUE 唯一索引的作用是(　　)。

A. 保证各行在该索引上的值都不重复
B. 保证各行在该索引上的值不为 NULL
C. 保证参加唯一索引的各列,不得再参加其他索引
D. 保证唯一索引不能被删除

(3) MySQL 中的非空约束是(　　)。
A. Foreign Key Constraint　　B. Not Null Constraint
C. Primary Key Constraint　　D. Unique Constraint

(4) 在 SQL 中,创建数据表的命令是(　　)。
A. CREATE DATABASE　　B. CREATE VIEW
C. CREATE TABLE　　D. CREATE INDEX

(5) 查看数据库中所有数据表的命令是(　　)。
A. SHOW DATABASE　　B. SHOW TABLES
C. SHOW DATABASES　　D. SHOW TABLE

2. 填空题

(1) 在 MySQL 中,取值范围最小的整数类型是________。
(2) 当某字段要使用 AUTO_INCREMENT 属性时,该字段必须是________类型的数据。
(3) MySQL 数据定义语言中的创建、修改、删除的关键字分别是________。
(4) VARCHAR 类型长度范围为________。
(5) SQL 语句中修改表结构的命令是________。

3. 判断题

(1) 在 MySQL 中不同的数据类型的存储空间不同,取值范围也不同。(　　)
(2) MySQL 中 YEAR 类型只有一种存储格式。(　　)
(3) 在 MySQL 中,约束是指对表中数据的一种限制。(　　)
(4) “ALTER TABLE 旧表名称 RENAME [TO] 新表名称;”语句能对数据表进行重命名。(　　)
(5) 在 MySQL 中默认所有类型的值都可以为 NULL。(　　)
(6) 在 MySQL 中,使用 DROP TABLE 语句可以删除所有数据表。(　　)

第 6 章

表记录的检索

CHAPTER 6

“洞悉先于人，数据赢天下。”数据查询是指从数据库中获取所需要的数据，是数据库操作中最常用也最重要的操作。通过不同的查询方式可以获得不同的数据，用户可以根据自己对数据的需求使用不同的查询方式。在 MySQL 中使用 SELECT 语句查询数据。本章将通过丰富的案例和 7 个综合课业任务演示单表查询、函数查询、连接查询、子查询和综合查询的相关知识。

【教学目标】

- 了解查询功能的概念和实际作用；
- 熟练使用各种类型的查询；
- 熟练查询的实际应用。

【课业任务】

王小明想利用 MySQL＋Java 开发一个数据库学习系统，在熟悉了 MySQL 表管理知识后，需要进一步地学习 MySQL 表记录的检索的知识，为在数据库中进行数据查询打下牢固的基础，现通过 7 个课业任务来完成。

*****课业任务 6-1** 查询课程表中课程学分为 4 的专业基础课的课程信息

*****课业任务 6-2** 查询学生表中最高和最矮身高

课业任务 6-3 查询计算机学院所管理的班级数量

课业任务 6-4 查询选修了“数据库原理与应用”课程的学生姓名

*****课业任务 6-5** 综合查询的应用

课业任务 6-6 使用 MySQL Workbench 工具进行连接查询

课业任务 6-7 使用 Navicat Premium 工具进行综合查询

6.1 单表查询

6.1.1 基本查询

在 MySQL 中使用 SELECT 语句查询数据。SELECT 语句是最常用的查询语句，它的使用方式有些复杂，但功能很强大。

1. 基本查询语句

SELECT 语句的基本语法格式如下。

```
SELECT { * | <字段 1,字段 2, …> }
FROM { <表 1>,<表 2>, … | 视图 }
[WHERE 查询条件]
[GROUP BY grouping_columns]
[ORDER BY sorting_columns]
[HAVING secondary_constraint]
[LIMIT count];
```

说明：

(1) { * | <字段 1,字段 2,…> }包含星号通配符 * 和字段列表。星号通配符 * 表示指定所有字段。如果使用字段名称查询，需要注意多个字段间使用逗号隔开。

(2) { <表 1>,<表 2>,… | 视图 }包含数据表和视图。引用多个数据表时，表之间需要用逗号隔开，视图同理。

(3) [WHERE 查询条件]表示对查询的字段内容增加限制条件，对所查询的字段内容进一步筛选。

(4) [GROUP BY grouping_columns]：grouping_columns 为指定的字段；GROUP BY 表示对指定的字段进行分组。

(5) [ORDER BY sorting_columns]：sorting_columns 为指定的字段；ORDER BY 表示对指定的字段进行排序。

(6) [HAVING secondary_constraint]：secondary_constraint 为次要约束；HAVING 表示查询时满足的第二条件。

(7) [LIMIT count]为限定输出的查询结果。

2. 查询所有字段

查询所有字段是指查询表中所有字段的数据。在 MySQL 中使用星号通配符 * 代表所有列。查询所有字段的语法格式如下。

```
SELECT * FROM 表名;
```

3. 查询指定字段

为了满足用户更多的查询需求，同时提高查询效率，MySQL 能够实现查询指定字段，语法格式如下。

```
SELECT 字段名 FROM 表名;
```

多个字段间使用逗号隔开。

4. 使用 DISTINCT 关键字去除结果中的重复行

使用 DISTINCT 关键字可以去除查询结果中的重复记录，语法格式如下。

```
SELECT DISTINCT 字段名 FROM 表名;
```

【案例 6-1】 查询课程表中有多少种课程类型。

登录 MySQL 终端后,在 db_study 数据库中执行以下 SQL 语句。

```
SELECT DISTINCT course_type FROM tb_course;
```

执行上述 SQL 语句,指定输出字段为 course_type,FROM 关键字指定了 tb_course 数据表,在 SELECT 关键字后添加 DISTINCT 关键字去除重复行。如图 6-1 所示,语句执行成功则直接输出查询内容。去除重复记录前的 course_type 字段如图 6-2 所示。

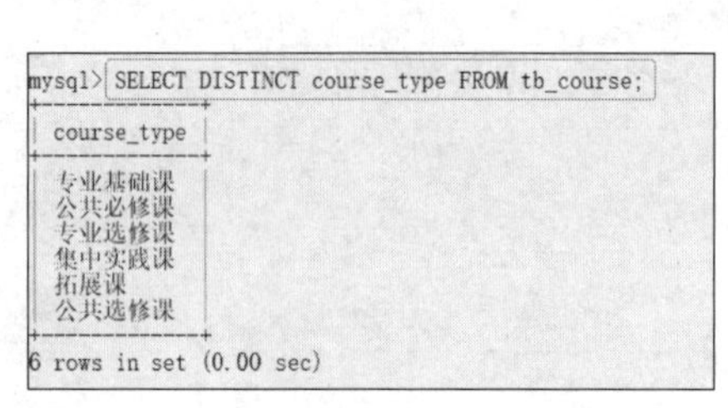

图 6-1 去除重复记录的课程类型

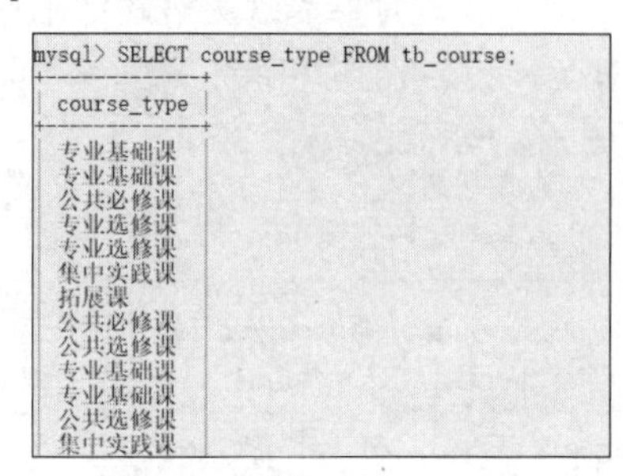

图 6-2 去除重复记录前的 course_type 字段

6.1.2 WHERE 子句

如果要从众多记录中查询出指定的记录,需要设定查询的条件。应用 WHERE 子句设定查询条件,通过它可以实现很多复杂的条件查询。在使用 WHERE 子句时,需要使用一些比较运算符确定查询的条件。常用的比较运算符如表 6-1 所示。

表 6-1 常用的比较运算符

符 号	名 称	示 例	符 号	名 称	示 例
=	等于	id=1	IS NOT NULL	非空	id IS NOT NULL
>	大于	id>1	BETWEEN AND	两值之间	id BETWEEN 1 AND 2
<	小于	id<1	IN	集合	id IN(3,4,5)
>=	大于或等于	id>=1	NOT IN	集合外	id NOT IN(1,2,3)
<=	小于或等于	id<=1	LIKE	模糊匹配	name LIKE '王%'
!=或<>	不等于	id!=1	NOT LIKE	模糊匹配	name NOT LIKE '王%'
IS NULL	为空	id IS NULL	REGEXP	正则表达式	name 正则表达式

说明: 关于比较运算符,可回顾第 3 章内容。

1. 带关键字 IN 的查询

关键字 IN 可以判断某个字段的值是否在指定的集合中。如果字段的值在集合中,则满足查询条件能够查询;如果不在集合中,则不满足查询条件。语法格式如下。

```
SELECT * FROM 表名 WHERE 条件[NOT] IN(元素 1,元素 2,…,元素 n);
```

说明:

(1) [NOT]为可选项,表示不在集合内时满足条件。

(2) 各元素之间用逗号隔开,字符型元素需要加上单引号。

【案例 6-2】 查询课程表中课程学分为 1 和 4 的课程名称。

登录 MySQL 终端后，在 db_study 数据库中执行以下 SQL 语句。

```
SELECT course_name FROM tb_course WHERE course_credit IN(1,4);
```

执行上述 SQL 语句，指定输出字段 course_name，FROM 关键字指定 tb_course 数据表，WHERE 子句指定条件字段 course_credit 的值在集合(1,4)内。如图 6-3 所示，语句执行成功则直接输出查询内容。

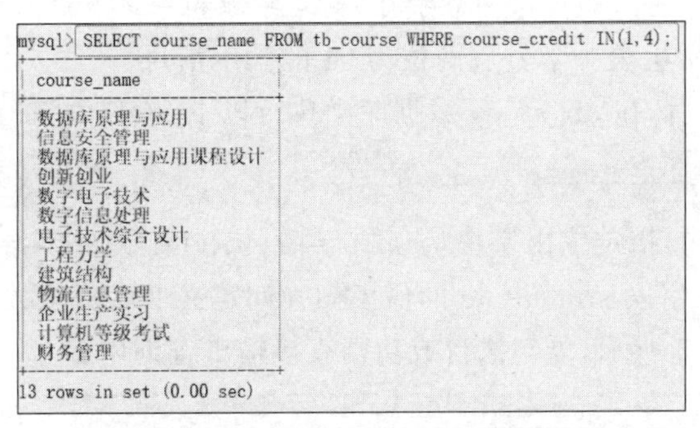

```
mysql> SELECT course_name FROM tb_course WHERE course_credit IN(1,4);
+------------------------+
| course_name            |
+------------------------+
| 数据库原理与应用
| 信息安全管理
| 数据库原理与应用课程设计
| 创新创业
| 数字电子技术
| 数字信息处理
| 电子技术综合设计
| 工程力学
| 建筑结构
| 物流信息管理
| 企业生产实习
| 计算机等级考试
| 财务管理
+------------------------+
13 rows in set (0.00 sec)
```

图 6-3　课程学分为 1 和 4 的课程名称

2. 带关键字 BETWEEN AND 的范围查询

关键字 BETWEEN AND 可以判断某个字段的值是否在指定范围内。如果字段的值在指定范围内，则满足查询条件能够查询；如果不在指定范围内，则不满足查询条件。语法格式如下。

```
SELECT * FROM 表名 WHERE 条件 [NOT] BETWEEN 值 1 AND 值 2;
```

说明：

(1) [NOT]为可选项，表示不在范围内时满足条件。

(2) 值 1 表示指定范围的起始值。

(3) 值 2 表示指定范围的终止值。

【案例 6-3】　查询学生表中出生日期在 2002 年 1 月 1 日—2003 年 10 月 1 日的学生信息。

登录 MySQL 终端后，在 db_study 数据库中执行以下 SQL 语句。

```
SELECT * FROM tb_student
WHERE student_birthday BETWEEN '2002-01-01 00: 00: 00'AND'2003-10-01 23: 59: 59';
```

执行上述 SQL 语句，指定输出字段为所有字段，FROM 关键字指定 tb_student 数据表，WHERE 子句指定条件字段 student_birthday 的值在 2002 年 1 月 1 日—2003 年 10 月 1 日范围内。如图 6-4 所示，语句执行成功则直接输出查询内容。

```
mysql> SELECT * FROM tb_student
    -> WHERE student_birthday BETWEEN '2002-01-01 00:00:00'AND'2003-10-01 23:59:59';
```

student_id	student_name	student_gender	student_height	student_birthday	class_id	student_phone
20220101004	谭睿	女	153	2002-02-21 10:57:13	B1001	28-7282-6419
20220101006	朱子异	女	165	2003-02-20 14:32:34	B5007	163-7226-6158
20220101013	常云熙	男	155	2002-11-03 07:41:26	B2002	21-155-7266
20220101018	史晓明	男	158	2003-08-24 23:13:14	B1003	28-3114-9024
20220101021	吴嘉伦	男	156	2002-12-26 18:10:42	B4007	760-659-9567
20220101022	龙震南	女	185	2002-09-22 06:10:26	B1015	180-4637-2160
20220101024	黄安琪	女	178	2003-05-30 05:37:13	B1014	20-8306-4749
20220101026	秦安琪	女	186	2003-06-17 06:33:46	B3002	181-6472-7121
20220101028	戴致远	女	161	2002-06-18 08:25:20	B5003	176-0100-5041
20220101029	董秀英	男	182	2002-08-18 05:12:54	B4005	141-1148-6261
20220101030	唐嘉伦	男	180	2003-07-28 16:17:29	B4005	10-219-8570
20220101033	何詩涵	男	158	2002-11-27 05:40:32	B1005	148-4894-0174

图 6-4　指定出生日期范围内的学生信息

3. 带 LIKE 关键字的字符匹配查询

LIKE 关键字属于较常用的比较运算符,通过它可以实现模糊查询。它有两种通配符:百分号(%)和下画线(_)。

(1) %可以匹配任何数目的字符,以及零字符。

(2) _只能匹配一个字符。

说明:字符串"p"和"明"都算作一个字符,英文字母和中文是没有区别的。

【案例 6-4】 查询学生表中学号后两位为 01 的学生信息。

登录 MySQL 终端后,在 db_study 数据库中执行以下 SQL 语句。

```
SELECT * FROM tb_student WHERE student_id LIKE '%01';
```

执行上述 SQL 语句,指定输出字段为所有字段,FROM 关键字指定 tb_student 数据表,WHERE 子句指定条件字段 student_id 的值模糊查询定义最后两位数为 01,前面的数由百分号通配符匹配。如图 6-5 所示,语句执行成功则直接输出查询内容。

```
mysql> SELECT * FROM tb_student WHERE student_id LIKE '%01';
```

student_id	student_name	student_gender	student_height	student_birthday	class_id	student_phone
20220101001	曹杰宏	男	158	2005-09-26 07:03:48	B4009	141-5402-7823
20220101101	崔秀英	女	168	2002-06-28 08:16:02	B4006	182-2071-2819

2 rows in set (0.00 sec)

图 6-5 学号后两位为 01 的学生信息

4. 带 IS NULL 关键字的查询控制

IS NULL 关键字可以用来判断字段的值是否为空值(NULL)。如果字段为空,则满足查询条件能够查询;如果不为空,则不满足查询条件。语法格式如下。

```
SELECT * FROM 表名 WHERE 条件 IS [NOT] NULL;
```

【案例 6-5】 查询学生表中学号不为空的学生信息。

登录 MySQL 终端后,在 db_study 数据库中执行以下 SQL 语句。

```
SELECT * FROM tb_student WHERE student_id IS NOT NULL;
```

执行上述 SQL 语句,指定输出字段为所有字段,FROM 关键字指定 tb_student 数据表,WHERE 子句指定条件字段 student_id 的值不为空(IS NOT NULL)。如图 6-6 所示,语句执行成功则直接输出查询内容。

```
mysql> SELECT * FROM tb_student WHERE student_id IS NOT NULL;
```

student_id	student_name	student_gender	student_height	student_birthday	class_id	student_phone
20220101001	曹杰宏	男	158	2005-09-26 07:03:48	B4009	141-5402-7823
20220101002	何宇宁	女	176	2004-09-19 02:53:39	B4001	769-842-5951
20220101003	潘嘉伦	女	173	2005-11-10 13:54:47	B1015	175-4460-0936
20220101004	谭睿	女	153	2002-02-21 10:57:13	B1001	28-7282-6419
20220101005	陆岚	男	174	2005-02-15 23:25:25	B3003	176-3255-2591
20220101006	朱子异	女	165	2003-02-20 14:32:34	B5007	163-7226-6158
20220101007	曹秀英	女	179	2005-07-29 15:55:41	B5002	137-6365-4834
20220101008	萧子韬	女	165	2004-03-10 19:25:23	B4007	28-0662-5680
20220101009	龚晓明	男	179	2004-07-22 12:19:03	B4009	177-8511-7488
20220101010	许云熙	男	179	2003-12-14 13:19:13	B4008	769-577-3239
20220101011	马子异	男	146	2005-08-24 19:52:46	B4007	132-7319-4472
20220101012	卢安琪	男	166	2004-09-12 02:24:59	B4001	21-008-8508
20220101013	常云熙	男	155	2002-11-03 07:41:26	B2002	21-155-7266
20220101014	徐震南	女	156	2004-06-12 21:49:56	B4004	184-6277-1788
20220101015	余詩涵	男	162	2003-12-24 09:23:09	B1008	134-5166-0350
20220101016	张宇宁	女	176	2004-05-10 22:54:31	B4007	183-5946-9849

图 6-6 学号不为空的学生信息

5. 多条件查询

AND 关键字可以为查询语句指定多个条件。只有当查询语句满足了全部条件时,才能够成功完成查询;反之则不满足查询条件。语法格式如下。

```
SELECT * FROM 表名 WHERE 条件 1 AND 条件 2[ …AND 条件表达式 n];
```

可以同时使用多个 AND 关键字连接多个表达式。

OR 关键字与 AND 关键字都可以指定多条件,但是与 AND 关键字不同的是,在 OR 关键字中存在满足其中一个条件的记录时,就会查询该记录；反之,不满足所有条件时将排除该记录。

```
SELECT * FROM 表名 WHERE 条件 1 OR 条件 2[ …OR 条件表达式 n];
```

可以同时使用多个 OR 关键字连接多个表达式。

6.1.3 ORDER BY 子句

使用 ORDER BY 子句能够对查询的结果进行升序或降序排列。在默认情况下,ORDER BY 子句按升序排列输出结果。语法格式如下。

```
SELECT * FROM 表名 ORDER BY 字段名 [ASC|DESC];
```

说明：

(1) ASC 表示升序排列,DESC 表示降序排列。

(2) 对含有 NULL 值的列排序时,升序排列会将其放在最前面,降序排列放在最后。

【案例 6-6】 查询学生表中按身高由矮到高排列的学生信息。

登录 MySQL 终端后,在 db_study 数据库中执行以下 SQL 语句。

```
SELECT * FROM tb_student ORDER BY student_height ASC;
```

执行上述 SQL 语句,指定输出字段为所有字段,FROM 关键字指定 tb_student 数据表,ORDER BY 关键字指定按 student_height 字段升序排列。如图 6-7 所示,语句执行成功则直接输出查询内容。

mysql> SELECT * FROM tb_student ORDER BY student_height ASC;

student_id	student_name	student_gender	student_height	student_birthday	class_id	student_phone
20220101017	薛秀英	男	145	2005-01-07 11:10:16	B5005	171-0182-6782
20220101011	马子异	男	146	2005-08-24 19:52:46	B4007	132-7319-4472
20220101054	薛秀英	女	146	2005-04-09 19:52:48	B5005	147-2891-8645
20220101058	朱晓明	女	146	2005-10-26 07:38:48	B1014	21-5374-6721
20220101065	朱宇宁	女	146	2004-04-13 13:06:51	B2009	145-3156-1079
20220101109	陈璐	女	146	2004-06-03 05:40:58	B2009	173-9632-7667
20220101200	苏嘉伦	女	146	2004-12-07 07:36:43	B5006	194-8826-5258
20220101088	黄子韬	男	147	2005-10-17 02:57:20	B2008	143-5815-9273
20220101110	崔安琪	男	147	2004-06-06 08:51:06	B4006	181-8102-7635
20220101117	石杰宏	男	147	2004-05-06 00:01:51	B4002	144-5442-7111
20220101167	卢子异	女	147	2003-10-19 01:49:45	B5002	10-082-1719
20220101020	姚杰宏	女	148	2004-03-01 05:13:55	B1015	755-0442-8195
20220101035	陶嘉伦	男	148	2005-04-18 19:18:16	B1013	10-3434-6043
20220101074	沈安琪	女	148	2002-09-12 19:27:12	B1011	184-8500-3062
20220101154	黄子韬	女	148	2004-01-23 10:54:33	B4007	169-3038-9016
20220101027	任岚	女	149	2005-10-24 05:35:10	B4004	146-1401-6887
20220101063	张安琪	男	149	2005-01-31 15:45:27	B4003	187-7776-8509

图 6-7　身高升序排列的学生信息

6.1.4 GROUP BY 子句

使用 GROUP BY 子句可以将数据划分到不同的组中,实现对记录进行分组查询。查询的列需要包含在分组中,目的是使查询到的数据没有矛盾。一般情况下,当 SELECT 后既有表结构本身的字段,又使用了聚合函数时,就会用到 GROUP BY 子句进行分组查询。

1. 使用 GROUP BY 子句分组查询

单独使用 GROUP BY 子句的语法格式如下。

```
SELECT 字段|聚合函数 FROM 表名 GROUP BY 字段;
```

说明：

(1) 查询的字段要存在于 GROUP BY 子句中，需要对哪个字段分组就指定哪个字段。

(2) 单独使用 GROUP BY 子句，查询结果只显示每组的一条记录。

(3) 如果 SELECT 后有聚合函数，则该函数可以不存在于 GROUP BY 子句中。常见的聚合函数有 COUNT()、MAX()、MIN()等。

【案例 6-7】 查询班级表中每个系有多少个班级。

登录 MySQL 终端后，在 db_study 数据库中执行以下 SQL 语句。

```
SELECT COUNT( * ),department_id FROM tb_class GROUP BY department_id;
```

执行上述 SQL 语句，指定输出字段为 department_id 以及聚合函数 COUNT(*)，表示所有记录行数，FROM 关键字指定 tb_class 数据表，GROUP BY 子句指定对 department_id 字段进行分组，表示以 department_id 分组查询属于该组的记录行数。如图 6-8 所示，语句执行成功则直接输出查询内容。

```
mysql> SELECT COUNT(*),department_id FROM tb_class GROUP BY department_id;
+----------+---------------+
| COUNT(*) | department_id |
+----------+---------------+
|       15 | X01           |
|       10 | X02           |
|        2 | X03           |
|        9 | X04           |
|        8 | X05           |
+----------+---------------+
5 rows in set (0.00 sec)
```

图 6-8 每个系的班级数

2. GROUP BY 子句与 GROUP_CONCAT()函数同时使用

GROUP_CONCAT()函数的使用方式与聚合函数相同，主要用于分组显示，其作用是将分组中的值连接成一个字符串，并将该字符串返回，所以要结合 GROUP BY 子句使用。

【案例 6-8】 查询班级表中每个系的班级。

登录 MySQL 终端后，在 db_study 数据库中执行以下 SQL 语句。

```
SELECT GROUP_CONCAT(class_name),department_id
FROM tb_class GROUP BY department_id;
```

执行上述 SQL 语句，指定输出字段为 department_id 和 GROUP_CONCAT(class_name)函数，FROM 关键字指定 tb_class 数据表，GROUP BY 子句指定对 department_id 字段进行分组，表示以 department_id 分组将属于该组的记录连接为一条记录。如图 6-9 所示，语句执行成功则直接输出查询内容。

```
mysql> SELECT GROUP_CONCAT(class_name),department_id
    -> FROM tb_class GROUP BY department_id;
| GROUP_CONCAT(class_name) | department_id |
| 22计科1班,22计科2班,22计科3班,22计科4班,22计科5班（Z）,22计科6班（Z）,22软件1班,22软件2班,22软件3班,22软件4班,22软件5班,22软件6班（Z）,22软件7班（Z）,22网工1班,22网工2班 | X01 |
| 22机制1班,22机制2班,22机制3班,22机器人1班,22机器人2班,22机器人3班,22工设1班,22工设2班,22工设3班,22造价1班 | X02 |
| 22造价2班,22造价3班 | X03 |
| 22人资1班,22人资2班,22人资3班,22物流1班,22物流2班,22物流3班,22营销1班,22营销2班,22营销3班 | X04 |
| 22财务管理1班,22财务管理2班,22财务管理3班,22会计1班,22会计2班,22会计3班,22经济1班,22经济2班 | X05 |
5 rows in set (0.00 sec)
```

图 6-9 每个系的班级

3. 按多个字段分组

使用 GROUP BY 子句也可以按多个字段分组。分组过程中，先按照第 1 个字段进行分组，当第 1 个字段的值相同时，再按第 2 个字段进行分组，以此类推。

【案例 6-9】 分组查询学生表中的性别和班级。

登录 MySQL 终端后,在 db_study 数据库中执行以下 SQL 语句。

```
SELECT student_gender,class_id
FROM tb_student GROUP BY class_id,student_gender;
```

执行上述 SQL 语句,指定输出字段为 student_gender 和 class_id,FROM 关键字指定 tb_student 数据表,GROUP BY 子句指定对 class_id 和 student_gender 字段进行分组,表示首先以 class_id 字段进行分组查询,得到相同值后再以 student_gender 字段进行分组查询。如图 6-10 所示,语句执行成功则直接输出查询内容。

```
mysql> SELECT student_gender,class_id
    -> FROM tb_student GROUP BY class_id,student_gender;
+----------------+----------+
| student_gender | class_id |
+----------------+----------+
| 男             | B4009    |
| 女             | B4001    |
| 女             | B1015    |
| 女             | B1001    |
| 男             | B3003    |
| 女             | B5007    |
| 女             | B5002    |
| 女             | B4007    |
| 男             | B4008    |
| 男             | B4007    |
| 男             | B4001    |
```

图 6-10　按多个字段分组

6.1.5　用 LIMIT 关键字限制查询结果的数量

查询数据时,可能会查询出很多记录,但是实际上用户可能只需要其中的一部分,所以 MySQL 提供了 LIMIT 关键字用于限制查询结果的数量。LIMIT 关键字的灵活使用可以实现对查询结果中间取值。语法格式如下。

```
SELECT * FROM 表名 LIMIT [位置偏移量,] 行数;
```

说明:

(1) [位置偏移量]为可选项,表示 MySQL 从哪一行记录开始显示。如果不指定位置偏移量,则默认从数据表的第 1 行记录开始显示,第 1 条记录的位置偏移量是 0,第 2 条记录的位置偏移量是 1,以此类推。

(2) 行数表示返回记录行的数量。

【案例 6-10】 在学生表中按学号升序查询第 3～6 条记录。

登录 MySQL 终端后,在 db_study 数据库中执行以下 SQL 语句。

```
SELECT * FROM tb_student ORDER BY student_id ASC LIMIT 2,5;
```

执行上述 SQL 语句,指定输出字段为所有字段,FROM 关键字指定 tb_student 数据表,ORDER BY 子句指定对 student_id 字段进行升序排序,LIMIT 关键字指定查询记录的第 3～6 条。因为第 1 条记录的位置偏移量为 0,所以第 3 条记录的位置偏移量为 2,第 6 条记录的位置偏移量为 5。如图 6-11 所示,语句执行成功则直接输出查询内容。

```
mysql> SELECT * FROM tb_student ORDER BY student_id ASC LIMIT 2,5;
+-------------+--------------+----------------+----------------+---------------------+----------+---------------+
| student_id  | student_name | student_gender | student_height | student_birthday    | class_id | student_phone |
+-------------+--------------+----------------+----------------+---------------------+----------+---------------+
| 20220101003 | 潘嘉伦       | 女             |            173 | 2005-11-10 13:54:47 | B1015    | 175-4460-0936 |
| 20220101004 | 谭睿         | 女             |            153 | 2002-02-21 10:57:13 | B1001    | 28-7282-6419  |
| 20220101005 | 陆岚         | 男             |            174 | 2005-02-15 23:25:25 | B3003    | 176-3255-2591 |
| 20220101006 | 朱子异       | 女             |            165 | 2003-02-20 14:32:34 | B5007    | 163-7226-6158 |
| 20220101007 | 曹秀英       | 女             |            179 | 2005-07-29 15:55:41 | B5002    | 137-6365-4834 |
+-------------+--------------+----------------+----------------+---------------------+----------+---------------+
5 rows in set (0.00 sec)
```

图 6-11　学号升序排序的第 3～6 条记录

6.2 函数查询

MySQL 函数会对传递进来的参数进行处理,并返回一个处理结果,也就是返回一个值。MySQL 包含了大量且丰富的函数,在查询中最常见的是聚合函数。聚合函数最大的特点是根据一组数据求出一个值。聚合函数的结果值只根据选定行中非空值进行计算,NULL 值被忽略。

6.2.1 COUNT()函数

COUNT()函数对除了 * 以外的任何参数返回所选择集合中非空值的行的数目;对于参数 *,返回所选择集合中所有行的数目,包含 NULL 值的行。没有 WHERE 子句的 COUNT(*)函数是经过内部优化的,能够快速地返回表中所有记录行数。

【案例 6-11】 查询学生表中的学生总人数。

登录 MySQL 终端后,在 db_study 数据库中执行以下 SQL 语句。

```
SELECT COUNT( * ) FROM tb_student;
```

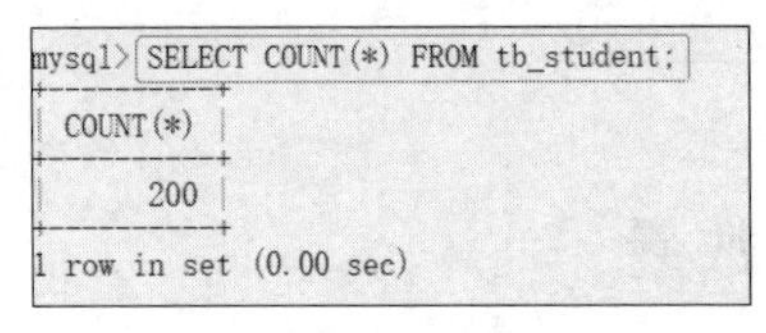

图 6-12 学生表中的学生总人数

执行上述 SQL 语句,指定输出字段为 COUNT(*)函数,FROM 关键字指定 tb_student 数据表。使用 COUNT()函数查询学生表中的所有行数。如图 6-12 所示,语句执行成功则直接输出查询内容。

6.2.2 SUM()函数

利用 SUM()函数可以求出数据表中某个数值类型字段值的总和。

【案例 6-12】 查询成绩表中的总成绩。

登录 MySQL 终端后,在 db_study 数据库中执行以下 SQL 语句。

```
SELECT SUM(grade_score) FROM tb_grade;
```

执行上述 SQL 语句,指定输出字段为 SUM(grade_score),FROM 关键字指定 tb_grade 数据表。使用 SUM()函数计算成绩表中 grade_score 字段的值的总和。如图 6-13 所示,语句执行成功则直接输出查询内容。

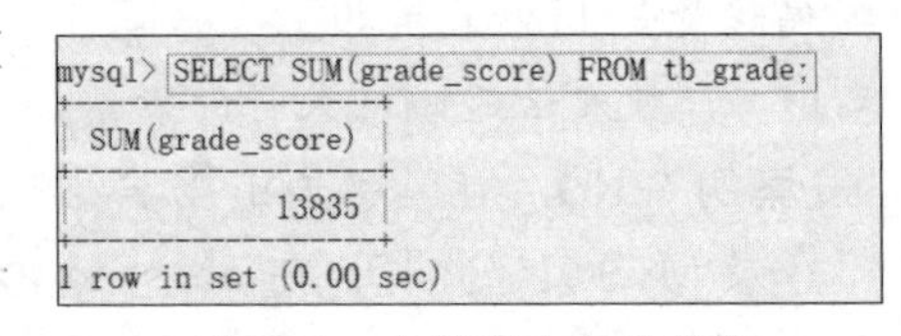

图 6-13 成绩表中的总成绩

6.2.3 AVG()函数

利用 AVG()函数可以求出数据表中某个数值类型字段值的平均值。

【案例 6-13】 查询成绩表中的平均成绩。

登录 MySQL 终端后,在 db_study 数据库中执行以下 SQL 语句。

```
SELECT AVG(grade_score) FROM tb_grade;
```

执行上述 SQL 语句,指定输出字段为 AVG(grade_score)函数,FROM 关键字指定 tb_grade 数据表。使用 AVG()函数计算成绩表中 grade_score 字段值的平均值。如图 6-14 所示，语句执行成功则直接输出查询内容。

```
mysql> SELECT AVG(grade_score) FROM tb_grade;
+------------------+
| AVG(grade_score) |
+------------------+
|          69.1750 |
+------------------+
1 row in set (0.00 sec)
```

图 6-14　成绩表中的平均成绩

6.2.4　MAX()、MIN()函数

利用 MAX()、MIN()函数可以分别求出数据表中某个数值类型字段值的最大值和最小值。

【案例 6-14】 查询成绩表中成绩的最大值和最小值。

登录 MySQL 终端后，在 db_study 数据库中执行以下 SQL 语句。

```
SELECT MAX(grade_score),MIN(grade_score) FROM tb_grade;
```

执行上述 SQL 语句，指定输出字段为 MAX(grade_score)和 MIN(grade_score)函数，FROM 关键字指定 tb_grade 数据表。使用 MAX()和 MIN()函数计算成绩表中 grade_score 字段值的最大值和最小值。如图 6-15 所示，语句执行成功则直接输出查询内容。

```
mysql> SELECT MAX(grade_score),MIN(grade_score) FROM tb_grade;
+------------------+------------------+
| MAX(grade_score) | MIN(grade_score) |
+------------------+------------------+
|              100 |               40 |
+------------------+------------------+
1 row in set (0.00 sec)
```

图 6-15　成绩最大值和最小值

6.3　多表查询

在 MySQL 中，WHERE 子句的强大功能使查询不局限于单表，更能使用多表查询。但是，多表查询也增加了更多的限定条件，查询语句变得更加复杂烦琐。因此，MySQL 提供了更便捷的查询方式：连接查询、子查询以及正则表达式查询。

6.3.1　连接查询

连接是关系数据库模型的主要特点。连接查询是关系数据库中最主要的查询，是指把不同的表的记录连接到一起，主要包括内连接、外连接等。通过连接运算符可以实现多表查询。

1. 内连接

内连接是最普遍的连接模型，而且是最匀称的，因为它要求构成连接的每个表的共有列匹配，不匹配的行将被排除。

内连接包括相等连接和自然连接，最常见的例子是相等连接，也就是在 WHERE 子句中使用等号运算符，根据每个表共有列的值匹配两个表中的行。自然连接也常出现在实际应用中，它使用了 INNER JOIN 语句直接连接两个数据表的数据。语法格式如下。

```
SELECT 字段名 FROM 数据表 1 [INNER] JOIN 数据表 2 ON 条件;
```

说明：

(1) [INNER]为可选参数。

(2) 数据表 2 是与数据表 1 连接的表。

(3) ON 关键字后的条件含有匹配两个表中的共有字段。

(4) 可以连接至少两个数据表,每连接一个数据表则需要使用一次 JOIN 子句。

【案例 6-15】 使用自然连接和相等连接查询学生姓名与其成绩。

在 MySQL 中执行自然连接的 SQL 语句如下。

```
SELECT student_name,grade_score
FROM tb_student JOIN tb_grade ON tb_student.student_id = tb_grade.student_id;
```

执行上述 SQL 语句,指定输出字段为 student_name 和 grade_score,FROM 关键字指定 tb_student 数据表,使用 JOIN 子句连接 tb_grade 数据表,并在 ON 关键字中选择两个数据表的共有字段 student_id 匹配两个数据表中的行。查询结果如图 6-16 所示。

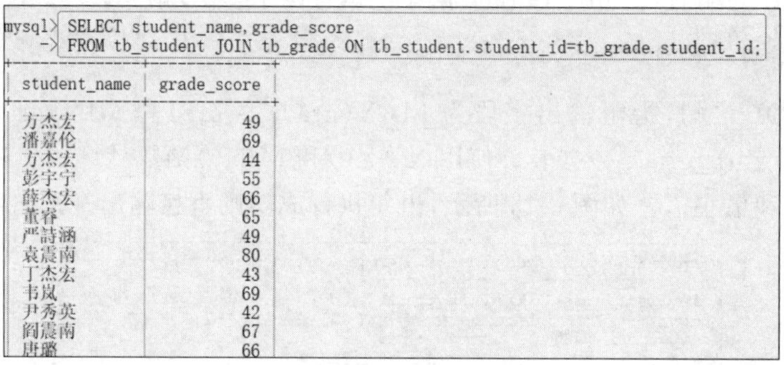

```
mysql> SELECT student_name, grade_score
    -> FROM tb_student JOIN tb_grade ON tb_student.student_id=tb_grade.student_id;
+--------------+-------------+
| student_name | grade_score |
+--------------+-------------+
| 方杰宏       |          49 |
| 潘嘉伦       |          69 |
| 方杰宏       |          44 |
| 彭宇宁       |          55 |
| 薛杰宏       |          66 |
| 董睿         |          65 |
| 严诗涵       |          49 |
| 袁震南       |          80 |
| 丁杰宏       |          43 |
| 韦岚         |          69 |
| 尹秀英       |          42 |
| 阎震南       |          67 |
| 唐璐         |          66 |
```

图 6-16 自然连接

在 MySQL 中执行相等连接的 SQL 语句如下。

```
SELECT student_name,grade_score
FROM tb_student,tb_grade
WHERE tb_student.student_id = tb_grade.student_id;
```

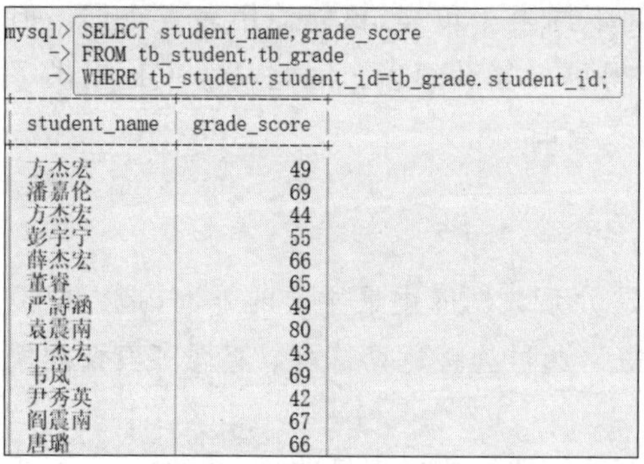

```
mysql> SELECT student_name, grade_score
    -> FROM tb_student, tb_grade
    -> WHERE tb_student.student_id=tb_grade.student_id;
+--------------+-------------+
| student_name | grade_score |
+--------------+-------------+
| 方杰宏       |          49 |
| 潘嘉伦       |          69 |
| 方杰宏       |          44 |
| 彭宇宁       |          55 |
| 薛杰宏       |          66 |
| 董睿         |          65 |
| 严诗涵       |          49 |
| 袁震南       |          80 |
| 丁杰宏       |          43 |
| 韦岚         |          69 |
| 尹秀英       |          42 |
| 阎震南       |          67 |
| 唐璐         |          66 |
```

图 6-17 相等连接

执行上述 SQL 语句,指定输出字段为 student_name 和 grade_score,FROM 关键字指定 tb_student 和 tb_grade 数据表,在 WHERE 子句中选择两个数据表的共有字段 student_id 匹配两个数据表中的行。查询结果如图 6-17 所示。

由运行结果可知,自然连接和相等连接在语法上有差别,但是运行结果是一致的。

2. 外连接

与内连接不同,外连接是指使用 OUTER JOIN 关键字将两个数据表连接起来。外连接生成的结果集不仅包含符合连接条件的行数据,而且包括左表(左外连接时的数据表)、右表(右外连接时的数据表)或两边连接表(全外连接时的数据表)中所有数据行。外连接语法格式如下。

```
SELECT 字段名 FROM 数据表 1 LEFT|RIGHT [OUTER] JOIN 数据表 2 ON 条件;
```

说明：

(1) [OUTER]为可选参数。

(2) LEFT 和 RIGHT 关键字分别表示左连接和右连接。

(3) ON 关键字后的条件含有匹配两个数据表中的共有字段。

1) 左外连接

左外连接是指返回左表中所有记录，以及右表中符合连接条件的记录。当左表的某行记录在右表中没有匹配的记录时，右表中相关的记录将设为空值。

【案例 6-16】 使用左外连接查询成绩大于 60 的学生姓名和成绩。

在 MySQL 中执行左外连接的 SQL 语句如下。

```
SELECT student_name,grade_score FROM tb_student LEFT JOIN tb_grade
ON tb_student.student_id = tb_grade.student_id AND grade_score > 60
GROUP BY student_name,grade_score;
```

执行上述 SQL 语句，指定输出字段为 student_name 和 grade_score，FROM 关键字指定 tb_student 数据表，使用 JOIN 子句连接 tb_grade 数据表，在 ON 关键字中选择两个数据表的共有字段 student_id 匹配两个数据表中的行并添加条件(成绩大于 60)，使用 GROUP BY 子句为字段分组。查询结果如图 6-18 所示。

```
mysql> SELECT student_name,grade_score FROM tb_student LEFT JOIN tb_grade
    -> ON tb_student.student_id=tb_grade.student_id AND grade_score>60
    -> GROUP BY student_name,grade_score;
+--------------+-------------+
| student_name | grade_score |
+--------------+-------------+
| 曹杰宏       |          81 |
| 何宇宁       |          90 |
| 潘嘉伦       |          69 |
| 谭睿         |          63 |
| 陆岚         |        NULL |
| 朱子异       |        NULL |
| 曹秀英       |          63 |
| 曹秀英       |          68 |
| 萧子韬       |          90 |
| 龚晓明       |          72 |
| 龚晓明       |          98 |
| 许云熙       |        NULL |
```

图 6-18　左外连接

由运行结果可知，由 grade_score 字段返回的空值得知该行记录是不满足条件的，但是使用的是左外连接，即使不满足条件依然会遍历左表中的原数据，而在右表中返回空值。

2) 右外连接

右外连接是指返回右表中所有记录，以及左表中符合连接条件的记录。当右表的某行记录在左表中没有匹配的记录时，左表中相关的记录将设为空值。

【案例 6-17】 使用右外连接查询成绩大于 60 的学生姓名和成绩。

在 MySQL 中执行右外连接的 SQL 语句如下。

```
SELECT student_name,grade_score FROM tb_student RIGHT JOIN tb_grade
ON tb_student.student_id = tb_grade.student_id AND grade_score > 60
GROUP BY student_name,grade_score;
```

执行上述 SQL 语句，指定输出字段为 student_name 和 grade_score，FROM 关键字指定 tb_student 数据表，使用 JOIN 子句连接 tb_grade 数据表，在 ON 关键字中选择两个数据表的共有字段 student_id 匹配两个数据表中的行并添加条件(成绩大于 60)，使用 GROUP BY 子句为字段分组。查询结果如图 6-19 所示。

由运行结果可知，由 student_name 字段返回的空值得知该行记录是不满足条件的，但是

```
mysql> SELECT student_name, grade_score FROM tb_student RIGHT JOIN tb_grade
    -> ON tb_student.student_id=tb_grade.student_id AND grade_score>60
    -> GROUP BY student_name, grade_score;
+--------------+-------------+
| student_name | grade_score |
+--------------+-------------+
| NULL         |          49 |
| 潘嘉伦       |          69 |
| NULL         |          44 |
| NULL         |          55 |
| 薛杰宏       |          66 |
| 董睿         |          65 |
| 袁震南       |          80 |
| NULL         |          43 |
| 韦岚         |          69 |
| NULL         |          42 |
| 阎震南       |          67 |
| 唐璐         |          66 |
```

图 6-19　右外连接

使用的是右外连接,即使不满足条件依然会遍历右表中的原数据,而在左表中返回空值。

3. 复合条件连接查询

在连接查询时,可以增加更多的限制条件。通过多个条件的筛选,可以使查询结果更加准确,拥有多条件的连接查询称为复合条件连接查询。

【案例 6-18】 查询每个学生所在的班级。

在 MySQL 中执行复合条件连接查询的 SQL 语句如下。

```
SELECT student_name,class_name,AVG(grade_score) FROM tb_student
JOIN tb_class ON tb_student.class_id = tb_class.class_id
JOIN tb_grade ON tb_student.student_id = tb_grade.student_id
GROUP BY student_name,class_name;
```

执行上述 SQL 语句,指定输出字段为 student_name、class_name 和 AVG(grade_score)函数,FROM 关键字指定 tb_student 数据表,使用 JOIN 子句连接 tb_grade 和 tb_class 数据表,在 ON 关键字中选择 tb_student 和 tb_grade 数据表的共有字段 student_id 匹配两个数据表中的行,选择 tb_student 和 tb_class 数据表的共有字段 class_id 匹配两个数据表中的行,使用 GROUP BY 子句为 student_name、class_name 字段分组。查询结果如图 6-20 所示。

```
mysql> SELECT student_name, class_name, AVG(grade_score) FROM tb_student
    -> JOIN tb_class ON tb_student.class_id=tb_class.class_id
    -> JOIN tb_grade ON tb_student.student_id=tb_grade.student_id
    -> GROUP BY student_name, class_name;
+--------------+-------------------+------------------+
| student_name | class_name        | AVG(grade_score) |
+--------------+-------------------+------------------+
| 方杰宏       | 22机器人2班       |          54.5000 |
| 潘嘉伦       | 22网工2班         |          69.0000 |
| 彭宇宁       | 22造价1班         |          67.7500 |
| 薛杰宏       | 22工设1班         |          65.0000 |
| 董睿         | 22计科4班         |          66.5000 |
| 严诗涵       | 22软件5班         |          49.0000 |
| 袁震南       | 22造价3班         |          84.5000 |
| 丁杰宏       | 22计科5班 (Z)     |          43.0000 |
| 韦岚         | 22软件6班 (Z)     |          69.0000 |
| 尹秀英       | 22人资2班         |          42.0000 |
| 阎震南       | 22物流2班         |          67.0000 |
| 唐璐         | 22网工1班         |          66.0000 |
| 廖云熙       | 22机制3班         |          69.5000 |
```

图 6-20　复合条件连接查询

6.3.2　子查询

一个内层查询语句块可以嵌套在另一个外层查询语句块的 WHERE 子句中,其中外层查询也称为父查询(或主查询),内层查询也称为子查询(或从查询)。MySQL 从最内层的查询开始,向外移动到外层查询,在这个过程中,每个查询产生的结果集都被赋给包围它的父查询,接着执行这个父查询,其结果也被指定给它的父查询。

子查询和常规 SELECT 查询的执行方式一样，子查询可以用在任何可以使用表达式的地方，它必须由父查询包围，而且如同常规的 SELECT 查询，它必须包含一个字段列表、一个具有一个或多个表名称的 FROM 子句以及可选的 WHERE、HAVING 和 GROUP BY 子句。

1. 带 IN 关键字的子查询

只有子查询返回的结果列包含一个值时才可以使用比较运算符进行运算。当其返回的结果列是一个集合时，则需要使用 IN 关键字。

IN 关键字可以检查结果集中是否存在某个特定的值，如果存在，则执行外部查询。

【案例 6-19】 使用子查询查询身高大于 180 的同学信息。

在 MySQL 中执行以下 SQL 语句。

```
SELECT * FROM tb_student
WHERE student_height IN
(SELECT student_height FROM tb_student WHERE student_height > 180);
```

执行上述 SQL 语句，指定输出字段为所有字段，FROM 关键字指定 tb_student 数据表，使用 WHERE 子句为 student_height 字段指定条件，使用 IN 关键字指定子查询中的查询结果集（身高大于 180）。查询结果如图 6-21 所示。

```
mysql> SELECT * FROM tb_student
    -> WHERE student_height IN
    -> (SELECT student_height FROM tb_student WHERE student_height>180);
```

student_id	student_name	student_gender	student_height	student_birthday	class_id	student_phone
20220101022	龙震南	女	185	2002-09-22 06:10:26	B1015	180-4637-2160
20220101026	秦安琪	女	186	2003-06-17 06:33:46	B3002	181-6472-7121
20220101029	董秀英	男	182	2002-08-18 05:12:54	B4005	141-1148-6261
20220101042	林宇宁	女	184	2003-01-07 01:33:27	B1009	28-792-1389
20220101048	罗秀英	女	187	2002-01-01 06:28:29	B1011	181-7621-3356
20220101059	余宇宁	男	185	2004-09-03 14:46:52	B5007	178-6466-7441
20220101062	高詩涵	女	182	2005-12-02 11:11:35	B3001	136-4523-2522
20220101064	姜子异	女	186	2002-06-30 02:55:08	B4004	769-510-7131
20220101067	史睿	男	185	2002-10-09 21:54:48	B1003	28-9404-9853
20220101071	林嘉伦	男	187	2005-04-17 00:45:42	B2007	760-634-5363
20220101078	武嘉伦	男	185	2005-05-25 11:06:43	B2008	20-3122-8403
20220101080	沈璐	女	183	2002-08-08 03:42:45	B5008	20-770-7412
20220101084	何子韬	女	185	2003-09-25 04:04:01	B3003	28-1627-1496
20220101086	唐云熙	男	187	2004-12-16 05:07:43	B1009	161-9039-7848
20220101091	廖子异	男	182	2004-06-23 21:26:38	B1010	20-319-5782
20220101092	傅安琪	女	183	2003-02-12 13:15:16	B1002	10-9563-6372
20220101099	史子异	女	184	2005-02-06 03:49:24	B1007	188-3323-4758
20220101100	韩嘉伦	女	185	2005-08-19 03:12:15	B2002	20-2870-6630

图 6-21　带 IN 关键字的子查询

说明：NOT IN 关键字的作用与 IN 关键字刚好相反。以案例 6-19 为例，如果使用的是 NOT IN 关键字，则查询结果为身高小于 180 的学生信息。

2. 带比较运算符的子查询

子查询可以使用比较运算符，包括=、!=、>、>=、<、<=等。

【案例 6-20】 使用子查询查询 22 营销 3 班的学生信息。

在 MySQL 中执行以下 SQL 语句。

```
SELECT * FROM tb_student
WHERE class_id =
(SELECT class_id FROM tb_class WHERE class_name = '22营销3班');
```

执行上述 SQL 语句，指定输出字段为所有字段，FROM 关键字指定 tb_student 数据表，使用 WHERE 子句为 class_id 字段指定条件，使用比较运算符指定子查询中的查询结果（22 营销 3 班）。查询结果如图 6-22 所示。

3. 带 EXISTS 关键字的子查询

使用 EXISTS 关键字时，内层查询语句不返回查询的记录，而是返回布尔值。如果内层查询语句查询到满足条件的记录，就返回一个真值（true），否则将返回一个假值（false）。当返回

```
mysql> SELECT * FROM tb_student
    -> WHERE class_id =
    -> (SELECT class_id FROM tb_class WHERE class_name = '22营销3班');
+-------------+--------------+----------------+----------------+---------------------+----------+---------------+
| student_id  | student_name | student_gender | student_height | student_birthday    | class_id | student_phone |
+-------------+--------------+----------------+----------------+---------------------+----------+---------------+
| 20220101001 | 曹杰宏       | 男             |            158 | 2005-09-26 07:03:48 | B4009    | 141-5402-7823 |
| 20220101009 | 龚晓明       | 男             |            179 | 2004-07-22 12:19:03 | B4009    | 177-8511-7488 |
| 20220101120 | 余睿         | 女             |            166 | 2003-06-10 20:45:32 | B4009    | 199-0035-1711 |
| 20220101191 | 高璐         | 女             |            174 | 2004-07-01 11:33:47 | B4009    | 21-402-2641   |
+-------------+--------------+----------------+----------------+---------------------+----------+---------------+
4 rows in set (0.00 sec)
```

图 6-22 带比较运算符的子查询

的值为 true 时,外层查询语句将进行查询;当返回的值为 false 时,外层查询语句不进行查询。

【案例 6-21】 如果存在男生身高大于 185 的情况,则查询学生的平均身高。

在 MySQL 中执行以下 SQL 语句。

```
SELECT AVG(student_height) FROM tb_student
WHERE EXISTS (SELECT * FROM tb_student WHERE student_gender = '男' AND student_height > 185);
```

执行上述 SQL 语句,指定输出字段为 AVG(student_height)函数,FROM 关键字指定 tb_student 数据表,在 WHERE 子句中定义 EXISTS 子句,判断子查询中是否有值,有则返回 true,使外层查询继续执行,反之返回 false 中断查询。子查询为查询学生表中男生身高大于 185 的学生信息。查询结果如图 6-23 所示。

```
mysql> SELECT AVG(student_height) FROM tb_student
    -> WHERE EXISTS (SELECT * FROM tb_student WHERE student_gender='男' AND student_height>185);
+---------------------+
| AVG(student_height) |
+---------------------+
|            165.2900 |
+---------------------+
1 row in set (0.00 sec)
```

图 6-23 带 EXISTS 关键字的子查询

说明:NOT EXISTS 关键字的作用与 EXISTS 关键字刚好相反。以案例 6-21 为例,如果使用的是 NOT EXISTS 关键字,则由于子查询中返回的是 true 值,所以外层查询中断或返回 NULL。

4. 带 ANY 关键字的子查询

ANY 关键字表示满足其中任意条件,通常与比较运算符一起使用。使用 ANY 关键字时,只要满足内层查询语句返回结果中的任意一个,就可以通过该条件执行外层查询语句。语法格式如下。

```
字段名 比较运算符 ANY(子查询);
```

如果比较运算符是<,则表示小于子查询结果集中任意值;如果是>,则表示大于子查询结果集中任意值。

【案例 6-22】 查询比 22 营销 3 班身高最矮的学生更高的学生信息。

在 MySQL 中执行以下 SQL 语句。

```
SELECT * FROM tb_student
WHERE student_height > ANY
(SELECT student_height FROM tb_student WHERE class_id = 'B4009');
```

执行上述 SQL 语句,指定输出字段为所有字段,FROM 关键字指定 tb_student 数据表,在 WHERE 子句中使用 ANY 关键字定义 student_height 字段。子查询为查询学生表中 22 营销 3 班的同学身高。比较运算符为>,表示外层查询中的 WHERE 子句满足大于子查询结果集中的最小值即可执行外层查询。查询结果如图 6-24 所示。

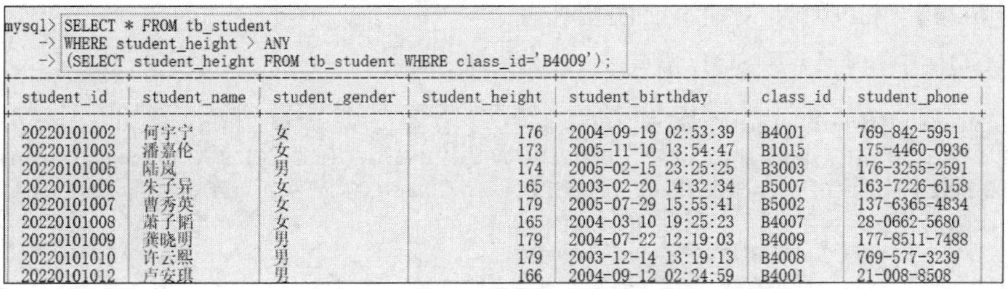

```
mysql> SELECT * FROM tb_student
    -> WHERE student_height > ANY
    -> (SELECT student_height FROM tb_student WHERE class_id='B4009');
```

student_id	student_name	student_gender	student_height	student_birthday	class_id	student_phone
20220101002	何宇宁	女	176	2004-09-19 02:53:39	B4001	769-842-5951
20220101003	潘嘉伦	女	173	2005-11-10 13:54:47	B1015	175-4460-0936
20220101005	陆岚	男	174	2005-02-15 23:25:25	B3003	176-3255-2591
20220101006	朱子异	女	165	2003-02-20 14:32:34	B5007	163-7226-6158
20220101007	曹秀英	女	179	2005-07-29 15:55:41	B5002	137-6365-4834
20220101008	萧子韬	女	165	2004-03-10 19:25:23	B4007	28-0662-5680
20220101009	龚晓明	男	179	2004-07-22 12:19:03	B4009	177-8511-7488
20220101010	许云熙	男	179	2003-12-14 13:19:13	B4008	769-577-3239
20220101012	卢安琪	男	166	2004-09-12 02:24:59	B4001	21-008-8508

图 6-24 带 ANY 关键字的子查询

5. 带 ALL 关键字的子查询

ALL 关键字与 ANY 关键字用法一致,但是性质有所区别,它表示满足所有条件,通常与比较运算符一起使用。使用 ALL 关键字时,只有满足子查询返回的所有结果,才会继续执行外层查询。语法格式如下。

```
字段名 比较运算符 ALL(子查询);
```

如果比较运算符是<,则表示小于子查询结果集中的最小值;如果是>,则表示大于子查询结果集中的最大值。

【案例 6-23】 查询比 22 营销 3 班身高最高的学生更高的学生信息。

在 MySQL 中执行以下 SQL 语句。

```
SELECT * FROM tb_student
WHERE student_height > ALL
(SELECT student_height FROM tb_student WHERE class_id = 'B4009');
```

执行上述 SQL 语句,指定输出字段为所有字段,FROM 关键字指定 tb_student 数据表,在 WHERE 子句中使用 ALL 关键字定义 student_height 字段。子查询意为查询学生表中 22 营销 3 班的同学身高。比较运算符为>,表示外层查询中的 WHERE 子句满足大于子查询结果集中的最大值即可执行外层查询。查询结果如图 6-25 所示。

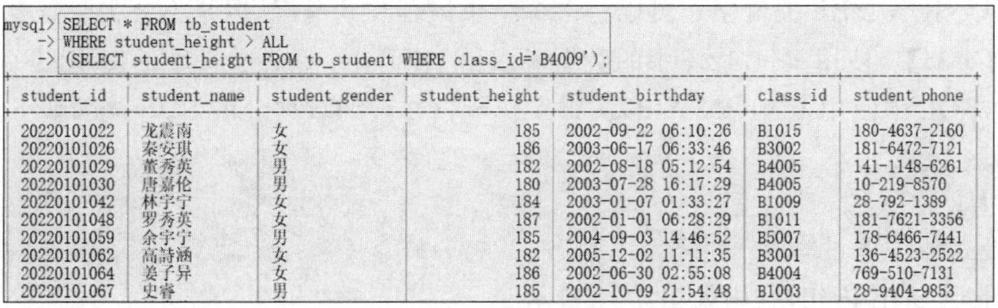

```
mysql> SELECT * FROM tb_student
    -> WHERE student_height > ALL
    -> (SELECT student_height FROM tb_student WHERE class_id='B4009');
```

student_id	student_name	student_gender	student_height	student_birthday	class_id	student_phone
20220101022	龙震南	女	185	2002-09-22 06:10:26	B1015	180-4637-2160
20220101026	秦安琪	女	186	2003-06-17 06:33:46	B3002	181-6472-7121
20220101029	董秀英	男	182	2002-08-18 05:12:54	B4005	141-1148-6261
20220101030	唐嘉伦	男	180	2003-07-28 16:17:29	B4005	10-219-8570
20220101042	林宇宁	女	184	2003-01-07 01:33:27	B1009	28-792-1389
20220101048	罗秀英	女	187	2002-01-01 06:28:29	B1011	181-7621-3356
20220101059	余宇宁	男	185	2004-09-03 14:46:52	B5007	178-6466-7441
20220101062	高詩涵	女	182	2005-12-02 11:11:35	B3001	136-4523-2522
20220101064	姜子异	女	186	2002-06-30 02:55:08	B4004	769-510-7131
20220101067	史睿	男	185	2002-10-09 21:54:48	B1003	28-9404-9853

图 6-25 带 ALL 关键字的子查询

6.3.3 合并查询结果

顾名思义,合并查询结果是将多个 SELECT 语句的查询结果合并在一起。MySQL 可以使用 UNION 和 UNION ALL 关键字对查询结果进行合并。

1. UNION 关键字

使用 UNION 关键字可以将多个结果集合并到一起,并去除相同记录,语法格式如下。

```
SELECT 语句 1
UNION
SELECT 语句 2;
```

【案例 6-24】 UNION 关键字的使用。

在 MySQL 中执行以下 SQL 语句。

```
DROP TABLE IF EXISTS tb_test;
CREATE TABLE tb_test (name varchar(255) CHARACTER SET utf8mb4 COLLATE utf8mb4_general_ci NULL
DEFAULT NULL) ENGINE = InnoDB CHARACTER SET = utf8mb4 COLLATE = utf8mb4_general_ci ROW_FORMAT
= Dynamic;
INSERT INTO tb_test VALUES ('张三');
INSERT INTO tb_test VALUES ('王五');
INSERT INTO tb_test VALUES ('李四');
INSERT INTO tb_test VALUES ('路人甲');
INSERT INTO tb_test VALUES ('路人乙');

DROP TABLE IF EXISTS tb_test1;
CREATE TABLE tb_test1 (name varchar(255) CHARACTER SET utf8mb4 COLLATE utf8mb4_general_ci NULL
DEFAULT NULL) ENGINE = InnoDB CHARACTER SET = utf8mb4 COLLATE = utf8mb4_general_ci ROW_FORMAT
= Dynamic;
INSERT INTO tb_test1 VALUES ('赵一');
INSERT INTO tb_test1 VALUES ('张三');
INSERT INTO tb_test1 VALUES ('李四');
INSERT INTO tb_test1 VALUES ('孙七');
INSERT INTO tb_test1 VALUES ('周八');
```

执行上述 SQL 语句,创建 tb_test 和 tb_test1 数据表,其中有 name 字段,并插入对应数据。

使用 UNION 关键字执行合并查询数据表的 SQL 语句如下。

```
SELECT * FROM tb_test
UNION
SELECT * FROM tb_test1;
```

执行上述 SQL 语句,由查询结果可见,两个数据表中共有的数据“张三”和“李四”仅出现一次,表示 UNION 关键字去除了重复数据。查询结果如图 6-26 所示。

2. UNION ALL 关键字

使用 UNION ALL 关键字也可以将多个结果集合并到一起,但是不会去除重复的数据。

【案例 6-25】 使用案例 6-24 中的数据表演示 UNION ALL 关键字的使用。

在 MySQL 中使用 UNION ALL 关键字执行合并查询数据表的 SQL 语句如下。

```
SELECT * FROM tb_test
UNION ALL
SELECT * FROM tb_test1;
```

执行上述 SQL 语句,结果如图 6-27 所示。

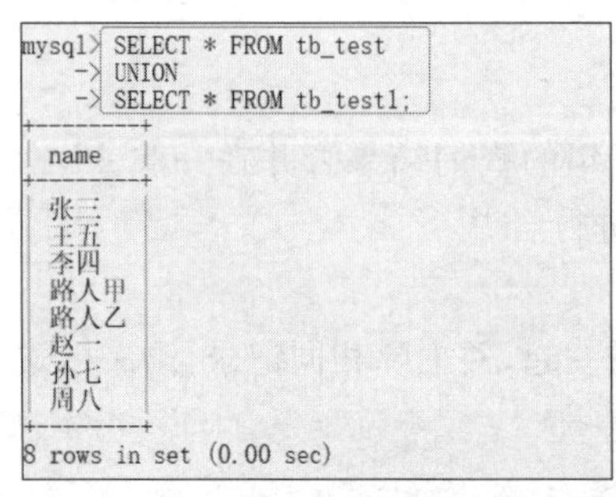

图 6-26 UNION 关键字合并查询数据表

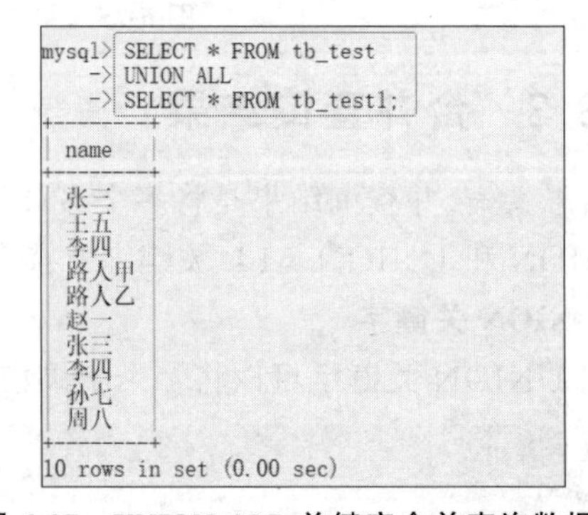

图 6-27 UNION ALL 关键字合并查询数据表

由查询结果可见，两个数据表中共有的数据“张三”和“李四”出现两次，说明 UNION ALL 关键字不会去除重复记录。

6.3.4　定义别名

在查询时，可能由于语句的烦琐或字段名称的复杂，导致出现错误拼写等情况。MySQL 具有为表和字段定义别名的功能，可以提高语句可阅读性，同时也为输出结果提供更精确的命名。

1. 定义数据表别名

使用 AS 关键字为数据表定义别名，语法格式如下。

```
数据表名 [AS] 数据表别名;
```

说明：AS 关键字为可选项，可以省略，不会影响定义别名。

【案例 6-26】　使用别名重写案例 6-18 的 SQL 语句。

在 MySQL 中执行以下 SQL 语句。

```
SELECT student_name,class_name,AVG(grade_score) FROM tb_student AS s
JOIN tb_class AS c ON s.class_id = c.class_id
JOIN tb_grade AS g ON s.student_id = g.student_id
GROUP BY student_name,class_name;
```

执行上述 SQL 语句，为 tb_student 数据表定义别名为 s，为 tb_class 数据表定义别名为 c，为 tb_grade 数据表定义别名为 g，在后续对数据表的引用中也可以直接使用别名引用。查询结果如图 6-28 所示。

```
mysql> SELECT student_name,class_name,AVG(grade_score) FROM tb_student AS s
    -> JOIN tb_class  AS c ON s.class_id=c.class_id
    -> JOIN tb_grade AS g ON s.student_id=g.student_id
    -> GROUP BY student_name,class_name;
+--------------+----------------+-----------------+
| student_name | class_name     | AVG(grade_score) |
+--------------+----------------+-----------------+
| 方杰宏       | 22机器人2班    |         54.5000 |
| 潘嘉伦       | 22网工2班      |         69.0000 |
| 彭宇宁       | 22造价1班      |         67.7500 |
| 薛杰宏       | 22工设1班      |         65.0000 |
| 董睿         | 22计科4班      |         66.5000 |
| 严詩涵       | 22软件5班      |         49.0000 |
| 袁震南       | 22造价3班      |         84.5000 |
| 丁杰宏       | 22计科5班（Z） |         43.0000 |
| 韦岚         | 22软件6班（Z） |         69.0000 |
| 尹秀英       | 22人资2班      |         42.0000 |
| 阎震南       | 22物流2班      |         67.0000 |
| 唐璐         | 22网工1班      |         66.0000 |
| 廖云熙       | 22机制3班      |         69.5000 |
```

图 6-28　定义数据表别名

由查询结果可见，结果与案例 6-18（图 6-20）是一样的，相比之下所使用的 SQL 语句更简洁。

2. 定义字段别名

没有别名的情况下，MySQL 输出查询字段默认使用其列名，为了更加精确，也可以使用 AS 关键字为字段定义别名，语法格式如下。

```
字段名 [AS] 字段别名;
```

说明：AS 关键字为可选项，可以省略，不会影响定义别名。

【案例 6-27】　为案例 6-11 的输出字段定义别名。

在 MySQL 中执行以下 SQL 语句。

```
SELECT COUNT( * ) AS 学生总人数 FROM tb_student;
```

执行上述 SQL 语句,为输出字段 COUNT(*)定义别名为“学生总人数”。查询结果如图 6-29 所示。

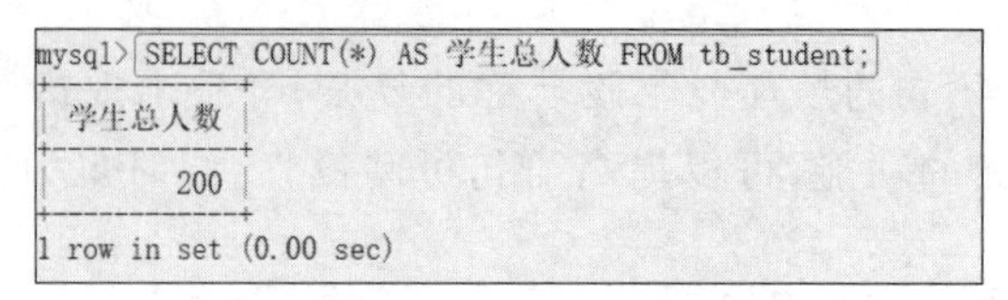

图 6-29 定义字段别名

由查询结果可见,结果与案例 6-11(图 6-12)是一样的,但是列名相比之下更直接明了。

6.3.5 正则表达式查询

正则表达式通常被用来检索或替换那些符合某个模式的文本内容,根据指定的匹配模式匹配文本中符合要求的特殊字符串。正则表达式的查询能力比通配字符更强大,而且更加灵活。

在 MySQL 中,使用 REGEXP 关键字匹配查询正则表达式,语法格式如下。

```
字段名 REGEXP '匹配方式';
```

说明:

(1) 字段名表示需要查询的字段名称。

(2) 匹配方式表示以哪种方式进行匹配查询。其支持的模式匹配字符如表 6-2 所示。

表 6-2 正则表达式的模式匹配字符

模式字符	含 义	应用举例
^	匹配以特定字符或字符串开头的记录	使用^表达式查询 tb_class 数据表中 class_id 字段以 B2 开头的记录,查询语句为 SELECT class_id FROM tb_class WHERE class_id REGEXP '^B2';
$	匹配以特定字符或字符串结尾的记录	使用 $ 表达式查询 tb_class 数据表中 class_id 字段以 01 结尾的记录,查询语句为 SELECT class_id FROM tb_class WHERE class_id REGEXP '01 $ ';
.	匹配任何单个字符,包括回车和换行符	使用.表达式查询 tb_class 数据表中 class_id 字段包含字符 5 的记录,查询语句为 SELECT class_id FROM tb_class WHERE class_id REGEXP '.5';
[字符集合]	匹配字符集合中的任意字符	使用[]表达式查询 tb_class 数据表中 class_id 字段包含 10 的记录,查询语句为 SELECT class_id FROM tb_class WHERE class_id REGEXP '[10]';
S1|S2|S3	匹配 S1、S2 和 S3 中的任意字符串	查询 tb_class 数据表中 class_id 字段包含 B1、B2 或 B3 的记录,查询语句为 SELECT class_id FROM tb_class WHERE class_id REGEXP 'B1|B2|B3';
*	匹配 0 个或多个在它前面的字符	使用 * 表达式查询 tb_class 数据表中 class_id 字段字符 5 前出现字符 B 的记录,查询语句为 SELECT class_id FROM tb_class WHERE class_id REGEXP 'B * 5';
+	匹配前面的字符一次或多次	使用+表达式查询 tb_class 数据表中 class_id 字段字符 5 前出现过至少一次字符 B 的记录,查询语句为 SELECT class_id FROM tb_class WHERE class_id REGEXP 'B + 5';

续表

模式字符	含　义	应 用 举 例
字符串{n}	匹配字符串出现 n 次	使用{n}表达式查询 tb_class 数据表中 class_id 字段中连续出现两次字符 0 的记录，查询语句为 SELECT class_id FROM tb_class WHERE class_id REGEXP '0{2}';
字符串{m,n}	匹配字符串出现至少 m 次，最多 n 次	使用{m,n}表达式查询 tb_class 数据表中 class_id 字段中至少出现一次，最多出现两次字符 2 的记录，查询语句为 SELECT class_id FROM tb_class WHERE class_id REGEXP '2{1,2}';
<字符串>	匹配包含字符串的文本	使用<字符串>表达式查询 tb_class 数据表中 class_id 字段包含字符串 B5 的记录，查询语句为 SELECT class_id FROM tb_class WHERE class_id REGEXP 'B5';

这里的正则表达式与 Java、PHP 等编程语言中的正则表达式基本一致。

课业任务

*课业任务 6-1　查询课程表中课程学分为 4 的专业基础课的课程信息

扫一扫

视频讲解

【能力测试点】

MySQL 数据表单表查询的使用。

【任务实现步骤】

任务需求：查询课程表(tb_course)中课程学分(course_credit)为 4 的专业基础课的课程信息。使用 AND 关键字指定条件课程学分为 4 并且课程类型(course_type)为“专业基础课”。

(1) 按任务需求执行的 SQL 语句如下。

```
SELECT * FROM tb_course WHERE course_credit = 4 AND course_type = '专业基础课'\G
```

(2) 执行上述 SQL 语句，查询结果的第 1 条记录如图 6-30 所示。

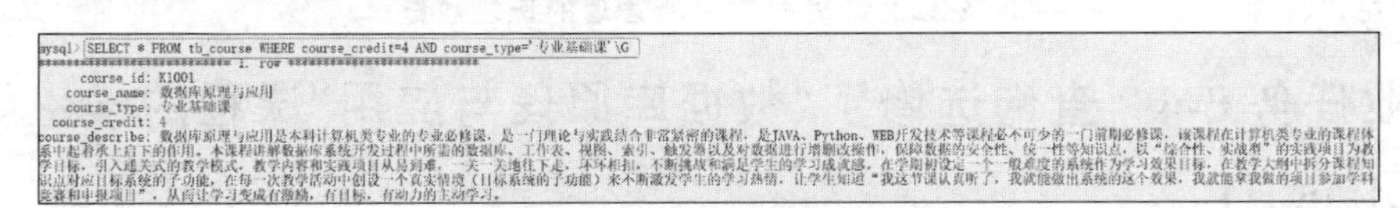

图 6-30　课程学分为 4 的专业基础课的课程信息

说明：SQL 语句以\G 结尾时，要求返回结果竖向打印。

扫一扫

视频讲解

*课业任务 6-2　查询学生表中最高和最矮身高

【能力测试点】

MySQL 数据表函数查询的使用。

【任务实现步骤】

任务需求：查询学生表(tb_student)中最高和最矮身高。对 student_height 字段分别使用 MAX()和 MIN()函数计算最大值和最小值。

(1) 按任务需求编写 SQL 语句如下。

```
SELECT MAX(student_height) AS 最高身高,MIN(student_height) AS 最矮身高
FROM tb_student;
```

(2) 执行上述 SQL 语句，结果如图 6-31 所示。

```
mysql> SELECT MAX(student_height) AS 最高身高,MIN(student_height) AS 最低身高
    -> FROM tb_student;
+----------+----------+
| 最高身高 | 最矮身高 |
+----------+----------+
|      187 |      145 |
+----------+----------+
1 row in set (0.00 sec)
```

图 6-31　学生表中的最高和最矮身高

扫一扫

视频讲解

课业任务 6-3　查询计算机学院所管理的班级数量

【能力测试点】

MySQL 数据表连接查询的使用。

【任务实现步骤】

任务需求：查询计算机学院所管理的班级数量。使用 JOIN 关键字将 tb_department 和 tb_class 数据表连接起来，定义两表匹配的 department_id 字段，WHERE 子句指定 department_name 字段的值为“计算机学院”，使用 COUNT()函数计算 tb_class 数据表符合记录的行数。

(1) 按任务需求编写 SQL 语句如下。

```
SELECT COUNT( * ) AS 计算机学院所管理的班级数量
FROM tb_class
JOIN tb_department ON tb_class.department_id = tb_department.department_id
WHERE department_name = '计算机学院';
```

(2) 执行上述 SQL 语句，结果如图 6-32 所示。

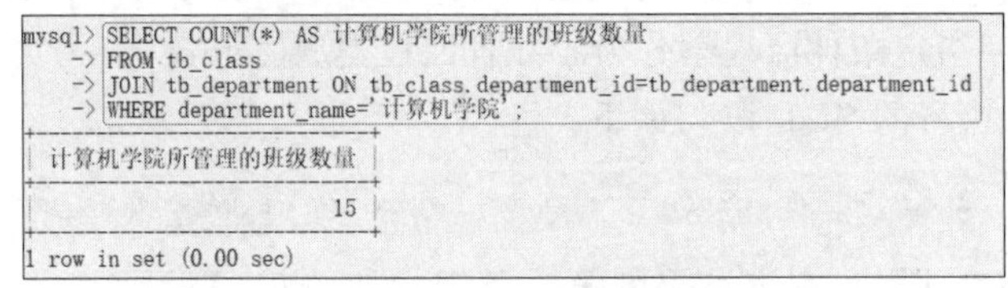

图 6-32　计算机学院所管理的班级数量

扫一扫

视频讲解

课业任务 6-4　查询选修了“数据库原理与应用”课程的学生姓名

【能力测试点】

MySQL 数据表子查询的使用。

【任务实现步骤】

任务需求：查询选修了“数据库原理与应用”课程的学生姓名。在 tb_course 数据表中确定“数据库原理与应用”课程的课程号为 K1001，子查询中指定输出 student_id 字段为结果集，子查询中连接 tb_grade 和 tb_course 数据表，查询出选修了“数据库原理与应用”课程的学生学号(student_id)，外查询用 IN 关键字取得子查询的结果集，查询学生表(tb_student)中符合条件的学生姓名(student_name)。

(1) 按任务需求编写 SQL 语句如下。

```
SELECT student_name AS 姓名
FROM tb_student WHERE student_id IN
(SELECT student_id
FROM tb_grade JOIN tb_course ON tb_grade.course_id = tb_course.course_id
WHERE tb_course.course_id = 'K1001');
```

（2）执行上述 SQL 语句，结果如图 6-33 所示。

```
mysql> SELECT student_name AS 姓名
    -> FROM tb_student WHERE student_id IN
    -> (SELECT student_id
    -> FROM tb_grade JOIN tb_course ON tb_grade.course_id=tb_course.course_id
    -> WHERE tb_course.course_id='K1001');
+--------+
| 姓名   |
+--------+
| 潘嘉伦 |
| 唐嘉伦 |
| 蒋嘉伦 |
| 余宇宁 |
| 卢子异 |
| 宋晓明 |
| 彭云熙 |
| 崔宇宁 |
| 廖云熙 |
| 高璐   |
+--------+
10 rows in set (0.00 sec)
```

图 6-33　选修了“数据库原理与应用”课程的学生姓名

扫一扫

视频讲解

*课业任务 6-5　综合查询的应用

【能力测试点】

MySQL 数据表综合查询的使用。

【任务实现步骤】

任务需求：对成绩表进行操作，成绩大于或等于 90 输出等级为“优”，大于或等于 80 输出等级为“良”，大于或等于 70 输出等级为“中”，大于或等于 60 输出等级为“及格”，小于 60 输出等级为“不及格”。

（1）SQL 语句如下，指定输出 tb_student.student_id、course_id、grade_score 字段以及别名 grade_level；grade_level 由 CASE 语句定义输出，实现了对 grade_score 字段值的判断；FROM 子句中使用了 JOIN 关键字将 tb_grade 与 tb_student 数据表相连接。

```
SELECT tb_student.student_id,course_id,grade_score,
(CASE WHEN grade_score < 60 THEN '不及格'
        WHEN grade_score < = 70 THEN '及格'
        WHEN grade_score < = 80 THEN '中'
        WHEN grade_score < = 90 THEN '良'
        WHEN grade_score < = 100 THEN '优'
ELSE '成绩异常'
END) AS grade_level
FROM tb_grade JOIN tb_student ON tb_grade.student_id = tb_student.student_id;
```

（2）执行上述 SQL 语句，结果如图 6-34 所示。

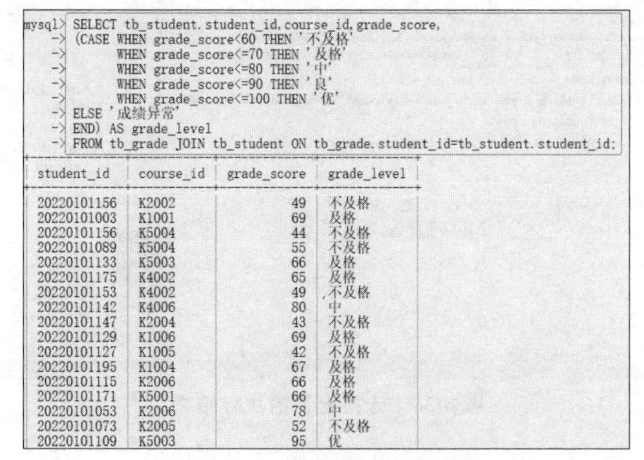

```
mysql> SELECT tb_student.student_id, course_id, grade_score,
    -> (CASE WHEN grade_score<60 THEN '不及格'
    ->        WHEN grade_score<=70 THEN '及格'
    ->        WHEN grade_score<=80 THEN '中'
    ->        WHEN grade_score<=90 THEN '良'
    ->        WHEN grade_score<=100 THEN '优'
    -> ELSE '成绩异常'
    -> END) AS grade_level
    -> FROM tb_grade JOIN tb_student ON tb_grade.student_id=tb_student.student_id;
```

student_id	course_id	grade_score	grade_level
20220101156	K2002	49	不及格
20220101003	K1001	69	及格
20220101156	K5004	44	不及格
20220101089	K5004	55	不及格
20220101133	K5003	66	及格
20220101175	K4002	65	及格
20220101153	K4002	49	不及格
20220101142	K4006	80	中
20220101147	K2004	43	不及格
20220101129	K1006	69	及格
20220101127	K1005	42	不及格
20220101195	K1004	67	及格
20220101115	K2006	66	及格
20220101171	K5001	66	及格
20220101053	K2006	78	中
20220101073	K2005	52	不及格
20220101109	K5003	95	优

图 6-34　按成绩输出等级

扫一扫

视频讲解

课业任务6-6 使用MySQL Workbench工具进行连接查询

【能力测试点】

使用数据库图形化管理工具MySQL Workbench对db_study数据库进行连接查询。

【任务实现步骤】

任务需求:因项目开展需要,需要查询学生表中平均成绩高于60的姓黄的同学。

(1) 启动MySQL Workbench,登录成功后,在界面左侧的数据库对象窗口中找到数据库db_study。单击展开db_study,单击工具栏中第1个按钮——Create a new SQL tab for executing queries,界面右侧弹出SQL File 1窗口,如图6-35所示。

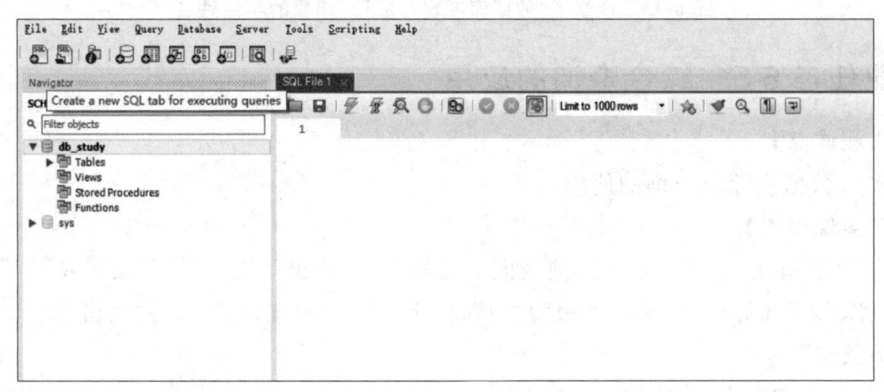

图6-35 SQL File 1窗口

(2) 在SQL File 1窗口中输入以下SQL查询语句。指定输出student_name字段;FROM子句连接tb_student和tb_grade数据表,ON关键字匹配两表共有字段student_id;使用GROUP BY子句为student_id字段分组;使用HAVING关键字追加限定条件,student_name字段的值模糊匹配"黄%",并且grade_score字段平均值大于60。

```
SELECT student_name
FROM tb_student JOIN tb_grade ON tb_student.student_id = tb_grade.student_id
GROUP BY tb_student.student_id
HAVING student_name LIKE '黄%' AND AVG(grade_score)> 60;
```

输入完成后,单击工具栏中的Excute按钮,执行上述SQL语句,弹出Result 1(运行结果1)窗口,显示SQL语句执行结果,如图6-36所示。

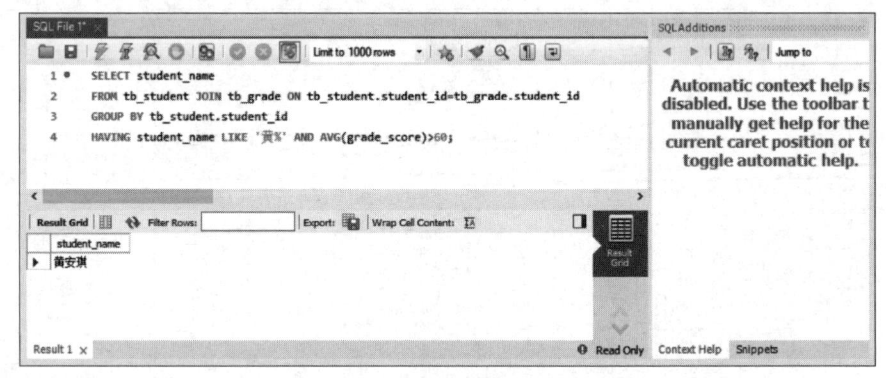

图6-36 连接查询的执行结果

扫一扫

视频讲解

课业任务 6-7　使用 Navicat Premium 工具进行综合查询

【能力测试点】

使用数据库图形化管理工具 Navicat Premium 对 db_study 数据库进行综合查询。

【任务实现步骤】

任务需求：因项目开展需要，需要在 db_study 数据库中判断学生表中男生平均身高是否大于 170，是则输出“男生身高不错”，否则输出“男生有点矮”。

(1) 启动 Navicat Premiun 16，登录成功后，在左侧列表中右击 db_study，在弹出的快捷菜单中选择“新建查询”命令，出现如图 6-37 所示的查询编辑窗口。

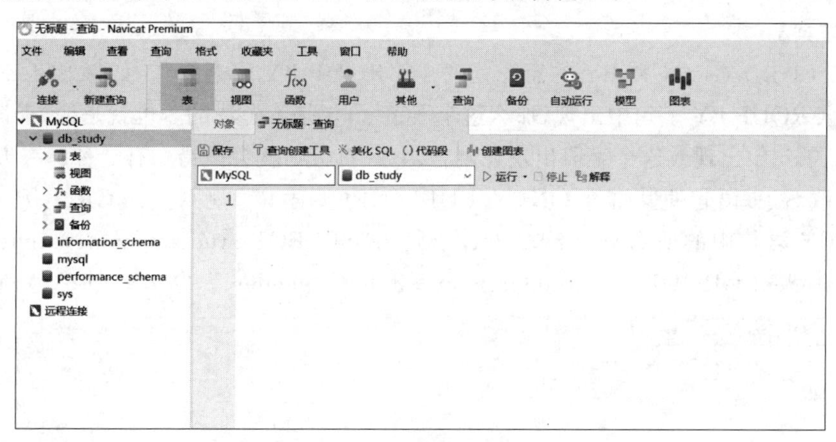

图 6-37　查询编辑窗口

(2) 在查询编辑窗口中输入以下 SQL 查询语句，指定输出内容，由 CASE 语句定义“男生身高不错”或“男生有点矮”字符串；CASE 语句中的 WHEN 子句限定结果集为 student_height 字段的平均值并定义别名为“平均身高”；FROM 子句指定 tb_student 数据表且 WHERE 子句限定 student_gender 字段的值为“男”；在上述基础上，平均身高值大于 170 时得到结果字符串“男生身高不错”，否则得到结果字符串“男生有点矮”，并为输出字符串定义别名为“身高评价”。

```
SELECT (CASE WHEN(SELECT AVG(student_height) AS 平均身高
FROM tb_student WHERE student_gender = '男')> 170 THEN '男生身高不错'
ELSE '男生有点矮'
END) AS 身高评价;
```

(3) 单击“运行”按钮，执行上述 SQL 语句，弹出“结果 1”选项卡，结果如图 6-38 所示。

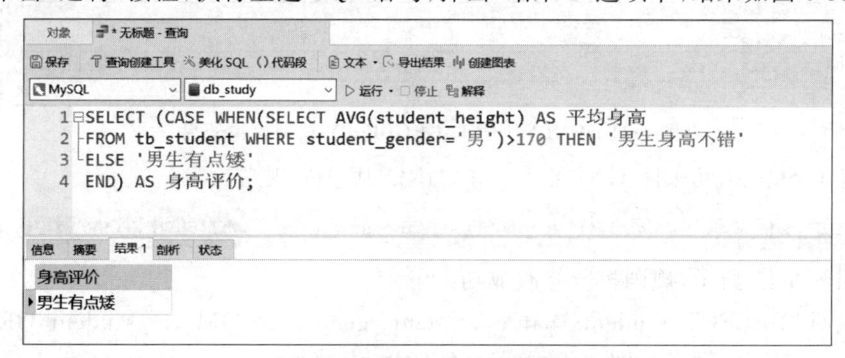

图 6-38　综合查询的执行结果

常见错误及解决方案

错误 6-1　分组查询失败

【问题描述】

在使用 GROUP BY 子句进行分组查询时,出现错误提示,如图 6-39 所示。

```
ERROR 1055 (42000): Expression #2 of SELECT list is not in GROUP BY clause and contains nonaggregated column 'db_study.t
b_student.student_gender' which is not functionally dependent on columns in GROUP BY clause; this is incompatible with s
ql_mode=only_full_group_by
```

图 6-39　分组查询失败

【解决方案】

ONLY_FULL_GROUP_BY 的意思是对于 GROUP BY 聚合操作,如果 SELECT 语句中的列没有在 GROUP BY 子句中出现,那么这个 SQL 语句是不合法的。也就是说,查询列必须在 GROUP BY 子句中出现或这个字段出现在聚合函数中,否则就会报错。有 3 种解决方案。

(1) 修改 SQL 语句使其遵守 ONLY_FULL_GROUP_BY 规则。在 GROUP BY 子句中添加 SELECT 语句中的所有列,修改 SQL 语句为"SELECT student_name,student_gender FROM tb_student GROUP BY student_name,student_gender;",结果如图 6-40 所示。

```
mysql> SELECT student_name,student_gender FROM tb_student GROUP BY student_name,student_gender;
+--------------+----------------+
| student_name | student_gender |
+--------------+----------------+
| 曹杰宏       | 男             |
| 何宇宁       | 女             |
| 潘嘉伦       | 女             |
| 谭睿         | 女             |
| 陆岚         | 男             |
| 朱子异       | 女             |
| 曹秀英       | 女             |
| 萧子韬       | 女             |
| 龚晓明       | 男             |
| 许云熙       | 男             |
| 马子异       | 男             |
| 卢安琪       | 男             |
| 常云熙       | 男             |
```

图 6-40　方案(1)查询结果

(2) 将 MySQL 版本降低至 5.7 以下。不建议使用这种方式,高版本相比低版本明显优势大于劣势,且安全性更好。

(3) 根据业务需求关闭 ONLY_FULL_GROUP_BY 规则。首先查看是否开启了 ONLY_FULL_GROUP_BY 规则校验,在数据库中执行"SELECT @@SESSION.sql_mode;"语句,结果如图 6-41 所示,从查询结果中可以看到 ONLY_FULL_GROUP_BY 这个关键字,说明开启了 ONLY_FULL_GROUP_BY 规则校验。

```
mysql> SELECT @@SESSION.sql_mode;
+------------------------------------------------------------------------------------------------------------+
| @@SESSION.sql_mode                                                                                         |
+------------------------------------------------------------------------------------------------------------+
| ONLY_FULL_GROUP_BY,STRICT_TRANS_TABLES,NO_ZERO_IN_DATE,NO_ZERO_DATE,ERROR_FOR_DIVISION_BY_ZERO,NO_ENGINE_SUBSTITUTION |
+------------------------------------------------------------------------------------------------------------+
1 row in set (0.00 sec)
```

图 6-41　ONLY_FULL_GROUP_BY 规则校验开启

执行以下 SQL 语句关闭 ONLY_FULL_GROUP_BY 规则校验。

```
SET SESSION sql_mode = sys.list_drop(@@session.sql_mode, 'ONLY_FULL_GROUP_BY');
```

结果如图 6-42 所示,规则校验修改成功。

重新执行"SELECT student_name,student_gender FROM tb_student GROUP BY student_name;"语句,结果如图 6-43 所示,查询成功。

```
mysql> SET SESSION sql_mode = sys.list_drop(@@session.sql_mode, 'ONLY_FULL_GROUP_BY');
Query OK, 0 rows affected (0.00 sec)
```

图 6-42　规则校验修改成功

```
mysql> SELECT student_name, student_gender FROM tb_student GROUP BY student_name;
+--------------+----------------+
| student_name | student_gender |
+--------------+----------------+
| 曹杰宏       | 男             |
| 何宇宁       | 女             |
| 潘嘉伦       | 女             |
| 谭睿         | 女             |
| 陆岚         | 男             |
| 朱子异       | 女             |
| 曹秀英       | 女             |
| 萧子韬       | 女             |
| 龚晓明       | 男             |
| 许云熙       | 男             |
| 马子异       | 男             |
| 卢安琪       | 男             |
| 常云熙       | 男             |
| 徐震南       | 女             |
| 余詩涵       | 男             |
| 张宇宁       | 女             |
| 薛秀英       | 男             |
| 史晓明       | 男             |
| 邓云熙       | 女             |
| 姚杰宏       | 女             |
| 吴嘉伦       | 男             |
```

图 6-43　重新执行查询

错误 6-2　连接查询失败

【问题描述】

在执行查询数据操作时，出现错误提示，如图 6-44 所示。

```
mysql> SELECT student_name
    -> FROM tb_student JOIN tb_grade ON tb_student.student_id=tb_grade.student_id
    -> WHERE student_name LIKE '黄%' AND AVG(grade_score)>60
    -> GROUP BY tb_student.student_id;
ERROR 1111 (HY000): Invalid use of group function
```

图 6-44　连接查询失败

【解决方案】

该报错意为组函数使用无效，即由于在 WHERE 子句中使用了聚合函数而报错。WHERE 是一个约束声明，在查询数据库的结果返回之前对数据库中的查询条件进行约束，即在结果返回之前起作用，且 WHERE 后面不能使用聚合函数，因为 WHERE 的执行顺序在聚合函数之前。相比之下，HAVING 是一个过滤声明，是在查询数据库的结果返回之后进行过滤，即在结果返回之后起作用，且 HAVING 后面可以使用聚合函数。所以，需要将 WHERE 关键字换成 HAVING 关键字。修改后的 SQL 语句如下。

```
SELECT student_name
FROM tb_student JOIN tb_grade ON tb_student.student_id = tb_grade.student_id
GROUP BY tb_student.student_id
HAVING student_name LIKE '黄%' AND AVG(grade_score)> 60;
```

执行上述 SQL 语句，结果如图 6-45 所示，表示查询成功。

```
mysql> SELECT student_name
    -> FROM tb_student JOIN tb_grade ON tb_student.student_id=tb_grade.student_id
    -> GROUP BY tb_student.student_id
    -> HAVING student_name LIKE '黄%' AND AVG(grade_score)>60;
+--------------+
| student_name |
+--------------+
| 黄安琪       |
+--------------+
1 row in set (0.00 sec)
```

图 6-45　重新查询成功

扫一扫

自测题

习题

1. 选择题

(1) SELECT 语句中可以使用(　　)关键字去除重复行。

A. ORDER BY　　B. HAVING　　C. LIMIT　　D. DISTINCT

(2) 使用空值查询时表示 aa 列不是空值的表达式是(　　)。

A. aa IS NULL　　B. aa IS NOT NULL

C. aa <> NULL　　D. aa=NULL

(3) 下列选项中关于"SELECT * FROM LIMIT 5,10;"语句的描述正确的是(　　)。

A. 获取第 6~10 条记录　　B. 获取第 4~9 条记录

C. 获取第 4~10 条记录　　D. 获取第 6~9 条记录

(4) SELECT 语句实现相等连接的关键字是(　　)。

A. JOIN　　B. WHERE　　C. HAVING　　D. 以上说法都不正确

(5) 在 SELECT 语句中,可以使用(　　)子句将结果集中的数据行根据选择列的值进行逻辑分组,以便能汇总数据表内容的子集,即实现对每个组的聚集计算。

A. LIMIT　　B. GROUP BY　　C. WHERE　　D. ORDER BY

2. 填空题

(1) 请写出基本查询语句:________。

(2) 查询类型分别是________。

(3) 根据查询的类型写出对应类型的关键字:________。

(4) 相等连接和自然连接属于________。

(5) WHERE 和 HAVING 中哪个关键字后可以使用聚合函数:________。

3. 判断题

(1) WHERE 和 HAVING 关键字能同时出现。　　(　　)

(2) WHERE 关键字后可以使用聚合函数。　　(　　)

(3) IN 关键字的子查询应返回结果集合。　　(　　)

(4) 连接查询分为自然连接和相等连接。　　(　　)

(5) UNION 关键字合并查询结果可以去除重复行。　　(　　)

4. 操作题

(1) 使用 MySQL 终端查询课程表中课程学分为 4 的专业基础课的全部信息。

(2) 使用 MySQL 终端查询计算机系学生的平均成绩。

(3) 使用 MySQL 终端查找学生表中平均成绩高于 60 的姓黄的同学。

(4) 使用 MySQL 终端判断学生表中男生平均身高是否大于 170,是则输出"男生身高不错",否则输出"男生有点矮"。

(5) 使用 MySQL Workbench 工具对成绩表进行操作:成绩大于 90 输出等级为"优";大于 80 输出等级为"良";大于 70 输出等级为"中";大于或等于 60 输出等级为"及格",小于 60 输出等级为"不及格"。

(6) 使用 Navicat Premiun 16 查询选修了"数据库原理与应用"课程的学生姓名。

第 7 章

视图与索引

CHAPTER 7

“数据精准到位，效率自成一派。”一个完整且庞大的数据库如果仅依靠正常查询操作，使用效率会因为数据库本身结构复杂且数据量庞大而降低。MySQL 中的视图与索引功能为使用者提供了高效快捷的使用技巧，数据库管理员可以通过创建视图和创建索引的方式满足用户对数据库更有效率的日常使用。本章将通过丰富的案例和 5 个综合课业任务介绍视图和索引的概念，演示视图和索引的创建等操作。

【教学目标】

- 熟练创建视图和索引及其增、删、改、查操作；
- 熟练使用数据库图形化管理工具对视图和索引进行实际操作。

【课业任务】

王小明想利用 MySQL＋Java 开发一个数据库学习系统，在熟悉了 MySQL 数据库表记录的查询知识后，需要熟悉 MySQL 数据库视图和索引的实际操作，熟练掌握该操作将为后续开发数据库学习系统打下良好的基础，现通过 5 个课业任务来完成。

*__课业任务 7-1__　创建视图求计算机系的人数

课业任务 7-2　创建视图求每位同学的成绩

课业任务 7-3　创建唯一索引

课业任务 7-4　使用 MySQL Workbench 工具创建索引

课业任务 7-5　使用 Navicat Premium 工具创建视图

7.1 视图

视图是一个虚拟表,是从数据库中的一个或多个表中导出的表,其内容由查询定义。与真实的表一样,视图包含一系列带有名称的列和行数据。但是,数据库中只存储了视图的定义,而没有存储视图中的数据。这些数据存储在原来的表中。使用视图查询数据时,数据库系统会从原来的表中取出对应的数据。因此,视图中的数据是依赖于原来的表中的数据的。一旦表中的数据发生改变,显示在视图中的数据也会发生改变。

视图是存储在数据库中的查询语句,它的存在主要出于两个原因:首先是便捷原因,它将复杂的查询简单化,更利于用户理解和使用;其次是安全原因,视图可以隐藏一些数据,如可以用视图显示学生信息表中的姓名、年龄、专业,而不显示联系电话和身份证号码等信息。

对于所引用的基础表,视图的作用类似于筛选,定义视图的筛选可以来自当前或其他数据库的一个或多个表,或者其他视图。通过视图进行查询没有任何限制,通过视图修改数据的限制也很少。

7.1.1 创建视图

创建视图是指在已经存在的数据库表中建立视图。视图可以建立在一个表中,也可以建立在多个表中。

1. 查看创建视图的权限

创建视图需要具有 CREATE VIEW 权限,同时应该具有查询涉及的列的 SELECT 权限。可以使用 SELECT 语句查询这些权限信息,语法格式如下。

```
SELECT Select_priv,Create_view_priv FROM mysql.user WHERE user = '用户名';
```

说明:

(1) Selete_priv 表示用户是否具有 SELECT 权限,Y 表示拥有 SELECT 权限,N 表示没有。

(2) Create_view_priv 表示用户是否具有 CREATE VIEW 权限,Y 表示拥有 CREATE VIEW 权限,N 表示没有。

(3) mysql.user 表示 MySQL 自带的 mysql 数据库中的 user 数据表。

(4) 用户名为当前使用 MySQL 数据库的用户名称。

【案例 7-1】 查询 MySQL 中 root 用户是否具有创建视图的权限。

登录 MySQL 终端,利用查询权限语法查询登录所用的 root 用户是否具有创建视图的权限,SQL 语句如下。

```
SELECT Select_priv,Create_view_priv FROM mysql.user WHERE user = 'root';
```

说明:root 为当前登录的用户名称。

执行上述 SQL 语句,在查询结果中查看当前权限,如图 7-1 所示。

由运行结果可知,Select_priv 和 Create_view_priv 的值都为 Y,表示 root 用户具有 SELECT 和 CREATE VIEW 权限,即查看和创建视图的权限。

2. 使用 CREATE VIEW 语句创建视图

在 MySQL 中,使用 CREATE VIEW 语句创建视图,语法格式如下。

```
mysql> SELECT Select_priv,Create_view_priv FROM mysql.user WHERE user = 'root';
+-------------+------------------+
| Select_priv | Create_view_priv |
+-------------+------------------+
| Y           | Y                |
+-------------+------------------+
1 row in set (0.00 sec)
```

图 7-1　查询 root 用户权限

```
CREATE [ALGORITHM]
      VIEW 视图名[(属性清单)]
      AS SELECT 语句;
```

说明：

(1) ALGORITHM 为可选参数，表示视图选择的算法。

(2) 视图名表示要创建的视图名称。

(3) 属性清单为可选参数，指定视图中各个属性的名词，默认情况下与 SELECT 语句中查询的属性相同。

(4) SELECT 语句：一个完整的查询语句，表示从某个数据表中查询某些满足条件的记录，将这些记录导入视图中。

【案例 7-2】 创建视图查询学生表的全部信息，将视图命名为 view_stu。

登录 MySQL 终端，在 db_study 数据库中执行以下 SQL 语句。

```
CREATE VIEW view_stu AS SELECT * FROM tb_student;
```

执行上述 SQL 语句，创建一个名为 view_stu 的视图，如图 7-2 所示，视图创建成功。

```
mysql> CREATE VIEW view_stu AS SELECT * FROM tb_student;
Query OK, 0 rows affected (0.02 sec)
```

图 7-2　视图创建成功

创建视图时需要注意以下几点。

(1) 执行创建视图的语句需要用户具有创建视图的权限，若带有[or replace]参数，还需要用户具有删除视图的权限。

(2) 在使用 SELECT 语句时，不能包含 FROM 子句中的子查询，不能引用系统或用户变量，不能引用预处理语句参数。

(3) 在存储子程序内，定义不能引用子程序参数或局部变量。

(4) 在定义中引用的表或视图必须存在。但是，创建视图后，能够舍弃定义引用的表或视图。可使用 CHECK TABLE 语句检查视图定义是否存在这类问题。

(5) 在定义中不能引用 temporary 数据表，不能创建 temporary 视图。

(6) 在视图定义中命名的表必须已存在。

(7) 不能将触发程序与视图关联在一起。

(8) 在视图定义中允许使用 ORDER BY 子句，但是，如果从特定视图进行了选择，而该视图使用了具有自己 ORDER BY 子句的语句，它将被忽略。

7.1.2　查看视图

查看视图是指查看已存在的视图，查看视图必须要具有 SHOW VIEW 权限。查看视图的方法主要包括使用 DESCRIBE 语句、SHOW TABLE STATUS 语句、SHOW CREATE VIEW 语句等。

1. 使用 DESCRIBE 语句查看视图

使用 DESCRIBE 语句查看视图时,可以将 DESCRIBE 简写为 DESC,语法格式如下。

```
DESC 视图名;
```

【案例 7-3】 使用 DESC 语句查询案例 7-2 创建的 view_stu 视图的结构。

登录 MySQL 终端,在 db_study 数据库中执行以下 SQL 语句。

```
DESC view_stu;
```

执行上述 SQL 语句,查询 view_stu 视图的结构。如图 7-3 所示,能够了解视图中各个字段的简单信息。

```
mysql> DESC view_stu;
+------------------+--------------------+------+-----+---------+-------+
| Field            | Type               | Null | Key | Default | Extra |
+------------------+--------------------+------+-----+---------+-------+
| student_id       | bigint             | NO   |     | 0       |       |
| student_name     | varchar(20)        | NO   |     | NULL    |       |
| student_gender   | enum('男','女')    | YES  |     | NULL    |       |
| student_height   | tinyint unsigned   | YES  |     | NULL    |       |
| student_birthday | timestamp          | YES  |     | NULL    |       |
| class_id         | char(5)            | YES  |     | NULL    |       |
| student_phone    | char(13)           | YES  |     | NULL    |       |
+------------------+--------------------+------+-----+---------+-------+
7 rows in set (0.01 sec)
```

图 7-3 view_stu 视图结构

2. 使用 SHOW TABLE STATUS 语句查看视图

在 MySQL 中,如果需要查看视图信息,可以使用 SHOW TABLE STATUS 语句,语法格式如下。

```
SHOW TABLE STATUS LIKE '视图名';
```

说明:在 MySQL 的命令行窗口中,语句结束符可以为分号(;)、\g 或\G。其中,分号(;)和\g 的作用是一样的,都是按照表格的形式显示结果;而\G 则会把原来的列按照行显示。

【案例 7-4】 查看 view_stu 视图的信息。

登录 MySQL 终端,在 db_study 数据库中执行以下 SQL 语句。

```
SHOW TABLE STATUS LIKE 'view_stu'\G
```

执行上述 SQL 语句,查看 view_stu 视图的信息,如图 7-4 所示。

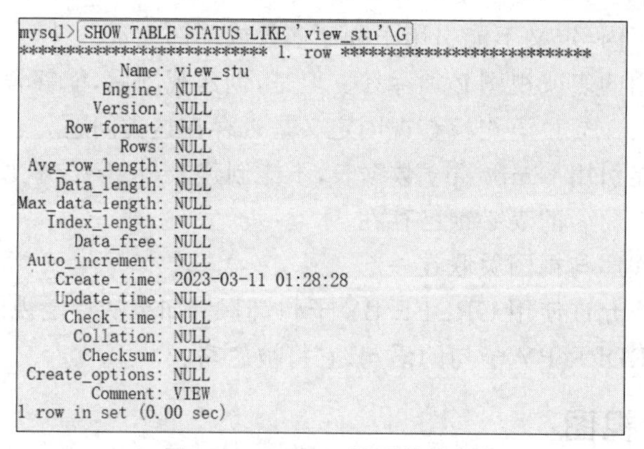

```
mysql> SHOW TABLE STATUS LIKE 'view_stu'\G
*************************** 1. row ***************************
           Name: view_stu
         Engine: NULL
        Version: NULL
     Row_format: NULL
           Rows: NULL
 Avg_row_length: NULL
    Data_length: NULL
Max_data_length: NULL
   Index_length: NULL
      Data_free: NULL
 Auto_increment: NULL
    Create_time: 2023-03-11 01:28:28
    Update_time: NULL
     Check_time: NULL
      Collation: NULL
       Checksum: NULL
 Create_options: NULL
        Comment: VIEW
1 row in set (0.00 sec)
```

图 7-4 view_stu 视图的信息

以同样的方法查询学生表(tb_student),得到学生表的信息,如图 7-5 所示。

对比查询结果,视图中存储引擎、数据长度等信息都显示为 NULL,而学生表中是有具体

```
mysql> SHOW TABLE STATUS LIKE 'tb_student'\G
*************************** 1. row ***************************
           Name: tb_student
         Engine: InnoDB
        Version: 10
     Row_format: Dynamic
           Rows: 200
 Avg_row_length: 81
    Data_length: 16384
Max_data_length: 0
   Index_length: 32768
      Data_free: 0
 Auto_increment: 20220101200
    Create_time: 2023-03-02 20:35:34
    Update_time: NULL
     Check_time: NULL
      Collation: utf8mb4_0900_ai_ci
       Checksum: NULL
 Create_options: row_format=DYNAMIC
        Comment:
1 row in set (0.00 sec)
```

图 7-5　学生表的信息

参数的,说明了视图为虚拟表,与普通数据表有所区别。

3. 使用 SHOW CREATE VIEW 语句查看视图

在 MySQL 中,还可以通过 SHOW CREATE VIEW 语句查看视图的详细定义,语法格式如下。

```
SHOW CREATE VIEW 视图名;
```

【案例 7-5】 查看 view_stu 视图的详细定义。

登录 MySQL 终端,在 db_study 数据库中执行以下 SQL 语句。

```
SHOW CREATE VIEW view_stu\G
```

执行上述 SQL 语句,查看 view_stu 视图的详细定义,如图 7-6 所示。

```
mysql> SHOW CREATE VIEW view_stu\G
*************************** 1. row ***************************
                View: view_stu
         Create View: CREATE ALGORITHM=UNDEFINED DEFINER=`root`@`%` SQL SECURITY DEFINER VIEW
`view_stu` AS select `tb_student`.`student_id` AS `student_id`,`tb_student`.`student_name` AS
`student_name`,`tb_student`.`student_gender` AS `student_gender`,`tb_student`.`student_height`
 AS `student_height`,`tb_student`.`student_birthday` AS `student_birthday`,`tb_student`.`class
_id` AS `class_id`,`tb_student`.`student_phone` AS `student_phone` from `tb_student`
character_set_client: gbk
collation_connection: gbk_chinese_ci
1 row in set (0.00 sec)
```

图 7-6　view_stu 视图的详细定义

7.1.3　修改视图

修改视图是指修改数据库中已存在的数据表的定义。当基本表的某些字段发生改变时,可以通过修改视图保持视图和基本表之间的一致。在 MySQL 中可以通过 CREATE OR REPLACE VIEW 语句和 ALTER VIEW 语句修改视图。

1. 使用 CREATE OR REPLACE VIEW 语句修改视图

CREATE OR REPLACE VIEW 语句在 MySQL 的使用中可以非常灵活,在视图已经存在的情况下,对视图进行修改;若视图不存在时,则可以创建视图。语法格式如下。

```
CREATE OR REPLACE
VIEW 视图[(属性清单)]
AS SELECT 语句;
```

【案例 7-6】 将 view_stu 视图的字段修改为 name、gender、height。

登录 MySQL 终端,在 db_study 数据库中执行以下 SQL 语句。

```
CREATE OR REPLACE
VIEW view_stu(name,gender,height)
AS SELECT student_name,student_gender,student_height
FROM tb_student;
```

执行上述 SQL 语句,view_stu(name,gender,height)为指定需要修改的视图及其字段,分别对应 SELECT 子句中的 3 个字段。如图 7-7 所示,视图修改成功。

```
mysql> CREATE OR REPLACE
    -> VIEW view_stu(name,gender,height)
    -> AS SELECT student_name,student_gender,student_height
    -> FROM tb_student;
Query OK, 0 rows affected (0.01 sec)
```

图 7-7 修改视图字段

使用 DESC 语句重新查询 view_stu 视图,结果如图 7-8 所示。可以得知,视图修改后只剩下 3 个字段,表示修改成功。

```
mysql> DESC view_stu;
+--------+------------------+------+-----+---------+-------+
| Field  | Type             | Null | Key | Default | Extra |
+--------+------------------+------+-----+---------+-------+
| name   | varchar(20)      | NO   |     | NULL    |       |
| gender | enum('男','女')  | YES  |     | NULL    |       |
| height | tinyint unsigned | YES  |     | NULL    |       |
+--------+------------------+------+-----+---------+-------+
3 rows in set (0.00 sec)
```

图 7-8 视图修改后的结构

2. 使用 ALTER VIEW 语句修改视图

ALTER VIEW 语句改变了视图的定义,包括索引视图,但不影响所依赖的存储过程或触发器。该语句与 CREATE VIEW 语句有着同样的限制,如果删除并重建了一个视图,就必须重新为它分配权限。

ALTER VIEW 语句的语法格式如下。

```
ALTER VIEW 视图名 AS SELECT 语句;
```

说明:

(1) 视图名为指定修改的视图名称。

(2) SELECT 语句为重新定义视图内容。

【案例 7-7】 修改 view_stu 视图,以学生表(tb_student)为基本表。

登录 MySQL 终端,在 db_study 数据库中执行以下 SQL 语句。

```
ALTER VIEW view_stu AS SELECT * FROM tb_student;
```

执行上述 SQL 语句,指定 view_stu 视图,内容修改为 SELECT 子句中查询学生表所有信息。如图 7-9 所示,视图基本表修改成功。

```
mysql> ALTER VIEW view_stu AS SELECT * FROM tb_student;
Query OK, 0 rows affected (0.01 sec)
```

图 7-9 修改视图基本表

修改成功后,执行"SELECT * FROM view_stu;"语句,结果如图 7-10 所示。同理可知,视图的定义也被修改。

7.1.4 更新视图

因为视图是一个虚拟表,其中没有数据,所以更新视图时,实际上都是在基本表中执行更

mysql> SELECT * FROM view_stu;

student_id	student_name	student_gender	student_height	student_birthday	class_id	student_phone
2022010001	曹杰宏	男	158	2005-09-26 07:03:48	B4009	141-5402-7823
2022010002	何宇宁	女	176	2004-09-19 02:53:39	B4001	769-842-5951
2022010003	潘嘉伦	女	173	2005-11-10 13:54:47	B1015	175-4460-0936
2022010004	谭睿	女	153	2002-02-21 10:57:13	B1001	28-7282-6419
2022010005	陆岚	男	174	2005-02-15 23:25:25	B3003	176-3255-2591
2022010006	朱子异	女	165	2003-02-20 14:32:34	B5007	163-7226-6158
2022010007	曹秀英	女	179	2005-07-29 15:55:41	B5002	137-6365-4834
2022010008	萧子韬	女	165	2004-03-10 19:25:23	B4007	28-0662-5680
2022010009	龚晓明	男	179	2004-07-22 12:19:03	B4009	177-8511-7488
2022010010	许云熙	男	179	2003-12-14 13:19:13	B4008	769-577-3239
2022010011	马子异	男	146	2005-08-24 19:52:46	B4007	132-7319-4472
2022010012	卢安琪	男	166	2004-09-12 02:24:59	B4001	21-008-8508
2022010013	常云熙	男	155	2002-11-03 07:41:26	B2002	21-155-7266

图 7-10　修改定义后的视图

新操作。更新视图是指通过视图插入(INSERT)、更新(UPDATE)和删除(DELETE)数据表中的数据。但是,更新视图时,只能更新权限范围内的数据,超出了权限范围就不能更新。

1. 更新视图的方法

对于插入、更新和删除等视图更新操作,其语法格式与对表格数据增、删、改相似。

以更新视图为例,语法格式如下。

```
UPDATE 视图名 SET 字段 1 = 值 1,字段 2 = 值 2,… [WHERE 条件表达式];
```

说明:

(1) 视图名为指定更新的视图名称。

(2) 字段 1 对应值 1,字段 2 对应值 2,以此类推。更新规范与数据表的数据更新一致。

【案例 7-8】 将 view_stu 视图中姓黄的同学的身高修改为 0。

登录 MySQL 终端,在 db_study 数据库中执行以下 SQL 语句。

```
UPDATE view_stu SET student_height = 0 WHERE student_name LIKE '黄%';
```

执行上述 SQL 语句,指定更新 view_stu 视图,将 student_height 字段赋值为 0,指定条件范围为黄姓的同学。如图 7-11 所示,视图更新成功。

```
mysql> UPDATE view_stu SET student_height=0 WHERE student_name LIKE '黄%';
Query OK, 3 rows affected (0.01 sec)
Rows matched: 3  Changed: 3  Warnings: 0
```

图 7-11　视图更新成功

更新成功后,分别执行"SELECT student_name, student_height FROM view_stu WHERE student_name LIKE '黄%';"和"SELECT student_name, student_height FROM tb_student WHERE student_name LIKE '黄%';"语句,查看更新后的视图数据和基本表数据,如图 7-12 所示。

由此可见,对视图的修改实际上是在基本表中实现的。相对地,对视图的增加和删除可以参考第 8 章内容。

2. 更新视图的限制

虽然可以在视图中更新数据,但是一般情况下,最好将视图作为查询数据的虚拟表,而不是通过视图更新数据。因为在进行更新操作时很容易由于考虑不全面而导致操作失败。

以下几种情况是不能更新视图的。

(1) 视图中包含 COUNT()、SUM()、MAX()和 MIN()等函数。例如:

```
CREATE VIEW 视图名(字段 1,字段 2) AS SELECT 字段 3,COUNT(字段 4) FROM 数据表;
```

(2) 视图中包含 UNION、UNION ALL、DISTINCT、GROUP BY 和 HAVING 等关键

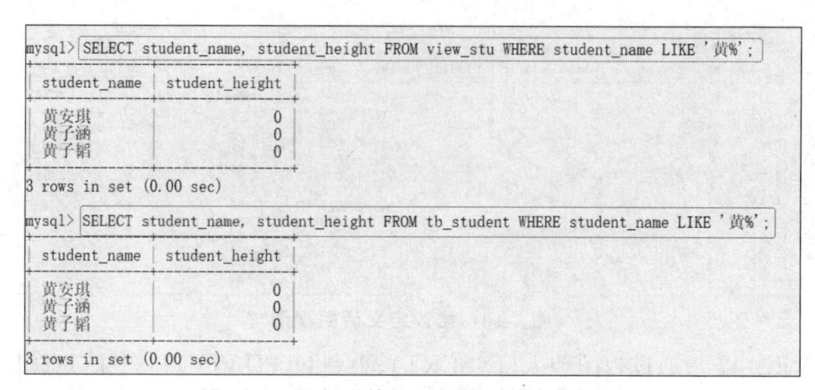

```
mysql> SELECT student_name, student_height FROM view_stu WHERE student_name LIKE '黄%';
+--------------+----------------+
| student_name | student_height |
+--------------+----------------+
| 黄安琪       |              0 |
| 黄子涵       |              0 |
| 黄子韬       |              0 |
+--------------+----------------+
3 rows in set (0.00 sec)

mysql> SELECT student_name, student_height FROM tb_student WHERE student_name LIKE '黄%';
+--------------+----------------+
| student_name | student_height |
+--------------+----------------+
| 黄安琪       |              0 |
| 黄子涵       |              0 |
| 黄子韬       |              0 |
+--------------+----------------+
3 rows in set (0.00 sec)
```

图 7-12　更新后的视图数据和基本表数据

字。例如：

```
CREATE VIEW 视图名(字段 1,字段 2) AS SELECT 子句 GROUP BY 字段 3;
```

(3) 常量视图。例如：

```
CREATE VIEW 视图名(字段 1,字段 2) AS SELECT 常量字符 AS 别名;
```

(4) 视图中的 SELECT 子句中包含子查询。例如：

```
CREATE VIEW 视图名(字段) AS SELECT 子句(SELECT 子查询);
```

(5) 由不可更新的视图导出的视图。例如：

```
CREATE VIEW 视图名 1 AS SELECT * FROM 视图名 2;
```

(6) 创建视图时,ALGORITHM 为 TEMPTABLE 类型。例如：

```
CREATE VIEW ALGORITHM = TEMPTABLE
视图名 AS SELECT * FROM 数据表;
```

(7) 视图对应的数据表中存在没有默认值的列,而且该列没有包含在视图内。例如,数据表中包含的 name 字段没有默认值,但是视图中不包括该字段,那么这个视图是不能更新的。因为在更新视图时,这个没有默认值的记录将没有值被插入,也没有 NULL 值被插入。

总结：当视图的数据和基本表的数据不同时,无法更新或创建视图。

7.1.5　删除视图

删除视图是指删除数据库中已存在的视图。删除视图时,只能删除视图的定义,不会删除数据。MySQL 中,使用 DROP VIEW 语句删除视图,语法格式如下。但要求用户必须拥有 DROP 权限。

```
DROP VIEW IF EXISTS 视图名
```

说明：IF EXISTS 表示执行操作前先检测是否存在满足该语句的对象,存在即可继续执行,不存在则停止操作。

【案例 7-9】　删除 view_stu 视图。

登录 MySQL 终端,在 db_study 数据库中执行以下 SQL 语句。

```
DROP VIEW IF EXISTS view_stu;
```

执行上述 SQL 语句,如图 7-13 所示,视图删除成功。

```
mysql> DROP VIEW IF EXISTS view_stu;
Query OK, 0 rows affected (0.01 sec)
```

图 7-13　视图删除成功

执行“SHOW CREATE VIEW view_stu;”语句，如图 7-14 所示，view_stu 视图已不存在，表示删除成功。

```
mysql> SHOW CREATE VIEW view_stu;
ERROR 1146 (42S02): Table 'db_study.view_stu' doesn't exist
```

图 7-14　视图不存在

7.2　索引

索引是一种将数据库中单列或多列的值进行排序的结构。应用索引，可以大幅度提高查询的速度，还可以降低服务器的负载。用户查询数据时，系统可以不必遍历数据表中的所有记录，而是查询索引列。一般形式的数据查询是通过遍历数据后，寻找数据库中的匹配记录而实现的。与一般形式的查询相比，索引就像一本书的目录。通过目录可以直接查询到书的某节，大大缩短了查询时间，提高了查询速度。所以，使用索引可以有效地提高数据库系统的整体性能。

应用 MySQL 数据库时，用户在查询数据时并非总需要应用索引优化查询。诚然，使用索引可以提高检索数据的速度，但是创建和维护索引是耗费时间的，并且所耗费的时间与数据量成正比。另外，索引需要占用物理空间，会给数据库的维护造成很多麻烦。

整体来说，索引可以提高查询的速度，但是会影响用户操作数据库时的插入操作，因为向有索引的数据表中插入记录时，数据库系统会按照索引进行排序。所以，用户可以将索引删除后插入数据，当数据插入操作完成后，再重新创建索引。

MySQL 的索引包括普通索引、唯一索引、全文索引、单列索引、多列索引和空间索引等。

1. 普通索引

普通索引即无任何限制条件的索引，可以在任何数据类型中创建。通过字段本身的约束条件可以判断其值是否为空或唯一。

2. 唯一索引

使用 UNIQUE 参数可以设置唯一索引。创建该索引时，索引的值必须唯一。通过唯一索引，用户可以快速定位某条记录，主键就是一种特殊的唯一索引。

3. 全文索引

使用 FULLTEXT 参数设置全文索引。全文索引只能创建在 CHAR、VARCHAR 或 TEXT 类型的字段上。查询数据量较大的字符串类型字段时，使用全文索引可以提高查询速度。例如，查询带有文章回复内容的字段，可以应用全文索引方式。需要注意的是，在默认情况下，应用全文索引时大小写不敏感。如果索引的列使用二进制排序，可以执行大小写敏感的全文索引。

4. 单列索引

单列索引是对应一个字段的索引，它包括前 3 种索引方式。应用该索引的条件是保证该索引值对应一个字段。

5. 多列索引

多列索引是在数据表的多个字段上创建一个索引。多列索引指向创建时对应的多个字段,用户可以通过这几个字段进行查询。要想应用该索引,用户必须使用这些字段中的第 1 个字段。

6. 空间索引

使用 SPATIAL 参数可以设置空间索引。空间索引只能建立在空间数据类型上,这样可以提高系统获取空间数据的效率。MySQL 中只有 MyISAM 存储引擎支持空间检索,而且索引的字段不能为空值。

7.2.1 创建索引

创建索引是指在某个数据表的至少一列上建立索引,以提高数据表的访问速度和数据库性能。本节通过几种不同的方式创建索引,包括在创建数据表时创建索引、在已创建的数据表中直接创建索引和修改数据表结构添加索引。

1. 在创建数据表时创建索引

在创建数据表时可以创建索引,这种方式直接、方便且易用。基本语法格式如下。

```
CREATE TABLE 表名(
字段 1 数据类型[约束条件],
…,
[UNIQUE|FULLTEXT|SPATIAL] INDEX [别名] (字段 1 [(长度)],… [ASC|DESC])
);
```

说明:

(1) UNIQUE 为可选项,表示索引为唯一索引。

(2) FULLTEXT 为可选项,表示索引为全文索引。

(3) SPATIAL 为可选项,表示索引为空间索引。

(4) 长度为可选项,表示索引长度,必须是字符串类型才可以使用。

(5) ASC/DESC 为可选项,表示升序/降序排序。

【案例 7-10】 在创建数据表时创建普通索引。

登录 MySQL 终端,在 db_study 数据库中执行以下 SQL 语句。

```
CREATE TABLE test(
aa INT NOT NULL,bb VARCHAR(30) NULL,
INDEX(aa));
```

执行上述 SQL 语句,创建 test 数据表,其中有两个字段,分别为 aa 和 bb,INDEX(aa)表示对 aa 字段创建索引。如图 7-15 所示,索引创建成功。

```
mysql> CREATE TABLE test(
    -> aa INT NOT NULL,bb VARCHAR(30) NULL,
    -> INDEX(aa));
Query OK, 0 rows affected (0.06 sec)
```

图 7-15 在创建数据表时创建索引

执行 SHOW INDEX FROM test\G 语句查看索引,如图 7-16 所示,test 数据表中含有一个索引。

说明: 在普通索引的基础上加上约束条件或改变字段数量即可设置为其他类型的索引。需要注意的是,全文索引只能作用在 CHAR、VARCHAR、TEXT 类型的字段上;单列索引不需要约束参数,仅需指定单列字段名;多列索引则需要指定多个字段名。

```
mysql> SHOW INDEX FROM test\G
*************************** 1. row ***************************
        Table: test
   Non_unique: 1
     Key_name: aa
 Seq_in_index: 1
  Column_name: aa
    Collation: A
  Cardinality: 0
     Sub_part: NULL
       Packed: NULL
         Null:
   Index_type: BTREE
      Comment:
Index_comment:
      Visible: YES
   Expression: NULL
1 row in set (0.00 sec)
```

图 7-16 查看 test 数据表中的索引(1)

2. 在已创建的数据表中创建索引

在 MySQL 中,不但可以在创建数据表时创建索引,还可以在已创建的数据表中创建索引。

1) 方式 1: 直接创建索引

直接创建索引的基本语法格式如下。

```
CREATE [UNIQUE|FULLTEXT|SPATIAL] INDEX 索引名
ON 表名(字段名 [(长度)], … [ASC|DESC]);
```

说明:同个字段可以有多个索引。与创建数据表时创建索引相同,在已建立的数据表中创建索引同样包含 6 种方式。

【案例 7-11】 在 test 数据表中创建普通索引。

登录 MySQL 终端,在 db_study 数据库中执行以下 SQL 语句。

```
CREATE INDEX ii ON test(aa);
```

执行上述 SQL 语句,指定 test 数据表中的 aa 字段,创建名为 ii 的索引。如图 7-17 所示,索引创建成功。

```
mysql> CREATE INDEX ii ON test(aa);
Query OK, 0 rows affected, 1 warning (0.03 sec)
Records: 0  Duplicates: 0  Warnings: 1
```

图 7-17 在已创建的数据表中直接创建索引

执行"SHOW INDEX FROM test;"语句查看索引,如图 7-18 所示,test 数据表中含有两个索引。

mysql> SHOW INDEX FROM test;

Table	Non_unique	Key_name	Seq_in_index	Column_name	Collation	Cardinality	Sub_part	Packed	Null	Index_type	Comment	Index_comment	Visible	Expression
test	1	aa	1	aa	A	0	NULL	NULL		BTREE			YES	NULL
test	1	ii	1	aa	A	0	NULL	NULL		BTREE			YES	NULL

2 rows in set (0.00 sec)

图 7-18 查看 test 数据表中的索引(2)

说明:下面分别列出建立其他类型索引的语法格式。

```
CREATE UNIQUE INDEX 索引名 ON 数据表名(字段名);            —唯一索引
CREATE FULLTEXT INDEX 索引名 ON 数据表名(字段名);          —全文索引
CREATE INDEX 索引名 ON 数据表名(字段名(长度));             —单列索引
CREATE INDEX 索引名 ON 数据表名(字段名 1,字段名 2, …);—多列索引
CREATE SPATIAL INDEX 索引名 ON 数据表名(字段名);           —空间索引
```

2) 方式 2: 修改数据表结构添加索引

可以通过 ALTER TABLE 语句为已经存在的数据表添加索引,基本语法格式如下。

```
ALTER TABLE 表名 ADD [UNIQUE|FULLTEXT|SPATIAL]
INDEX 索引名(字段名 [(长度)], … [ASC|DESC]);
```

【案例 7-12】 在 test 数据表中添加普通索引。

登录 MySQL 终端,在 db_study 数据库中执行以下 SQL 语句。

```
ALTER TABLE test ADD INDEX bb(aa);
```

执行上述 SQL 语句,修改 test 数据表,为其 aa 字段添加名称为 bb 的索引。如图 7-19 所示,索引添加成功。

```
mysql> ALTER TABLE test ADD INDEX bb(aa);
Query OK, 0 rows affected, 1 warning (0.02 sec)
Records: 0  Duplicates: 0  Warnings: 1
```

图 7-19 修改数据表结构添加索引

执行"SHOW INDEX FROM test;"语句查看索引,如图 7-20 所示,test 数据表中含有 3 个索引。

mysql> SHOW INDEX FROM test;

Table	Non_unique	Key_name	Seq_in_index	Column_name	Collation	Cardinality	Sub_part	Packed	Null	Index_type	Comment	Index_comment	Visible	Expression
test	1	aa	1	aa	A	0	NULL	NULL		BTREE			YES	NULL
test	1	ii	1	aa	A	0	NULL	NULL		BTREE			YES	NULL
test	1	bb	1	aa	A	0	NULL	NULL		BTREE			YES	NULL

3 rows in set (0.00 sec)

图 7-20 查看 test 数据表中的索引(3)

说明: 下面分别列出添加其他类型索引的语法格式。

```
ALTER TABLE 表名 ADD UNIQUE INDEX 索引名(字段名);           -- 唯一索引
ALTER TABLE 表名 ADD FULLTEXT INDEX 索引名(字段名);         -- 全文索引
ALTER TABLE 表名 ADD INDEX 索引名(字段名(长度));            -- 单列索引
ALTER TABLE 表名 ADD INDEX 索引名(字段名 1,字段名 2, …);    -- 多列索引
ALTER TABLE 表名 ADD SPATIAL INDEX 索引名(字段名);          -- 空间索引
```

7.2.2 删除索引

在 MySQL 中创建索引后,如果用户不再需要该索引,则可以删除指定数据表的索引。因为这些已经建立但不常使用的索引,一方面会占用系统资源,另一方面可能导致更新速度下降,这会极大地影响数据库的性能。

可以通过 DROP 语句删除索引,基本语法格式如下。

```
DROP INDEX 索引名 ON 数据表名;
```

【案例 7-13】 删除 test 数据表中的索引。

登录 MySQL 终端,在 db_study 数据库中执行以下 SQL 语句。

```
DROP INDEX aa ON test;
```

执行上述 SQL 语句,删除 test 数据表中的 aa 索引。如图 7-21 所示,索引删除成功。

```
mysql> DROP INDEX aa ON test;
Query OK, 0 rows affected (0.01 sec)
Records: 0  Duplicates: 0  Warnings: 0
```

图 7-21 删除索引

执行"SHOW CREATE TABLE test;"语句查看索引,如图 7-22 所示,test 数据表中剩余两个索引。

```
mysql> SHOW CREATE TABLE test;
+-------+----------------------------------------------
+-------+----------------------------------------------
| Table | Create Table
|
+-------+----------------------------------------------
+-------+----------------------------------------------
| test  | CREATE TABLE `test` (
  `aa` int NOT NULL,
  `bb` varchar(30) COLLATE utf8mb4_general_ci DEFAULT NULL,
  KEY `ii` (`aa`),
  KEY `bb` (`aa`)
) ENGINE=InnoDB DEFAULT CHARSET=utf8mb4 COLLATE=utf8mb4_general_ci |
+-------+----------------------------------------------
+-------+----------------------------------------------
1 row in set (0.00 sec)
```

图 7-22　查看 test 数据表中的索引(4)

课业任务

扫一扫

视频讲解

*课业任务 7-1　创建视图求计算机系的人数

【能力测试点】

对于复杂查询的视图创建。

【任务实现步骤】

(1) 登录 MySQL 终端,在 db_study 数据库中执行创建视图前,应先确定 SELECT 语句部分,所以首先完成 SELECT 语句,连接学生表(tb_student)、班级表(tb_class)和部门表(tb_department),筛选班级表与学生表相同的 class_id 以及部门表和班级表相同的 department_id 记录,指定 department_id 字段内容为 X01,使用 COUNT()函数计算满足上述条件的 student_id 数量,以此查询计算机系人数。SQL 语句如下。

```
SELECT COUNT(tb_student.student_id) AS '计算机系人数'
FROM tb_student
JOIN tb_class ON tb_student.class_id = tb_class.class_id
JOIN tb_department ON tb_class.department_id = tb_department.department_id
WHERE tb_class.department_id = 'X01';
```

(2) 根据 CREATE VIEW 语法格式完善 SELECT 语句部分,创建视图并命名为 num_computer。SQL 语句如下。

```
CREATE VIEW num_computer
AS SELECT COUNT(tb_student.student_id) AS '计算机系人数' FROM tb_student
JOIN tb_class ON tb_student.class_id = tb_class.class_id
JOIN tb_department ON tb_class.department_id = tb_department.department_id
WHERE tb_class.department_id = 'X01';
```

(3) 执行上述 SQL 语句,结果如图 7-23 所示,num_computer 视图创建完成。

```
mysql> CREATE VIEW num_computer
    -> AS SELECT COUNT(tb_student.student_id) AS '计算机系人数' FROM tb_student
    -> JOIN tb_class ON tb_student.class_id=tb_class.class_id
    -> JOIN tb_department ON tb_class.department_id=tb_department.department_id
    -> WHERE tb_class.department_id='X01';
Query OK, 0 rows affected (0.01 sec)
```

图 7-23　num_computer 视图创建完成

使用 SELECT 语句查看视图,SQL 语句如下。

```
SELECT * FROM num_computer\G
```

执行上述 SQL 语句,结果如图 7-24 所示,表示视图创建成功。

```
mysql> SELECT * FROM num_computer\G
*************************** 1. row ***************************
计算机系人数: 69
1 row in set (0.00 sec)
```

图 7-24　num_computer 视图创建成功

扫一扫

视频讲解

课业任务 7-2　创建视图求每位同学的成绩

【能力测试点】

对于复杂查询的视图创建。

【任务实现步骤】

(1) 登录 MySQL 终端,在 db_study 数据库中在执行创建视图前,应先确定 SELECT 语句部分,所以首先完成 SELECT 语句,连接学生表(tb_student)和成绩表(tb_grade),筛选成绩表与学生表相同的 student_id 记录,查询每位同学的成绩。SQL 语句如下。

```
SELECT tb_student.student_name,tb_grade.grade_score
FROM tb_student
JOIN tb_grade ON tb_student.student_id = tb_grade.student_id;
```

(2) 根据 CREATE VIEW 语法格式完善 SELECT 语句部分,创建视图并命名为 grade_student,SQL 语句如下。

```
CREATE VIEW grade_student
AS SELECT tb_student.student_name,tb_grade.grade_score
FROM tb_student
JOIN tb_grade ON tb_student.student_id = tb_grade.student_id;
```

(3) 执行上述 SQL 语句,结果如图 7-25 所示,grade_student 视图创建完成。

```
mysql> CREATE VIEW grade_student
    -> AS SELECT tb_student.student_name, tb_grade.grade_score
    -> FROM tb_student
    -> JOIN tb_grade ON tb_student.student_id=tb_grade.student_id;
Query OK, 0 rows affected (0.01 sec)
```

图 7-25　grade_student 视图创建完成

使用 DESC 语句查看视图结构,SQL 语句如下。

```
DESC grade_student;
```

执行上述 SQL 语句,结果如图 7-26 所示,表示视图创建成功。

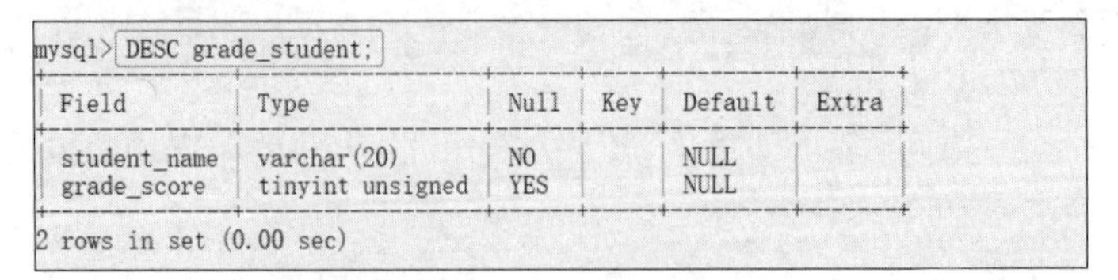

mysql> DESC grade_student;

Field	Type	Null	Key	Default	Extra
student_name	varchar(20)	NO		NULL	
grade_score	tinyint unsigned	YES		NULL	

2 rows in set (0.00 sec)

图 7-26　grade_student 视图结构

扫一扫

视频讲解

课业任务 7-3　创建唯一索引

【能力测试点】

创建唯一索引操作。

【任务实现步骤】

任务需求：向 tb_course 数据表中的 course_name 字段插入唯一索引 union_cor_name。

(1) 登录 MySQL 终端，在 db_study 数据库中，首先判断创建索引时数据表是否已建立。tb_course 数据表已存在，所以使用 CREATE INDEX 语句在数据表中直接创建索引，SQL 语句如下。

```
CREATE UNIQUE INDEX union_cor_name ON tb_course(course_name);
```

(2) 执行上述 SQL 语句，指定 tb_course 数据表中的 course_name 字段，使用 UNIQUE 关键字创建唯一索引并命名为 union_cor_name，结果如图 7-27 所示，表示索引创建完成。

```
mysql> CREATE UNIQUE INDEX union_cor_name ON tb_course(course_name);
Query OK, 0 rows affected (0.04 sec)
Records: 0  Duplicates: 0  Warnings: 0
```

图 7-27　union_cor_name 索引创建完成

(3) 执行“SHOW INDEX FROM tb_course;”语句查看索引，结果如图 7-28 所示，可以看到 union_cor_name 索引创建成功。

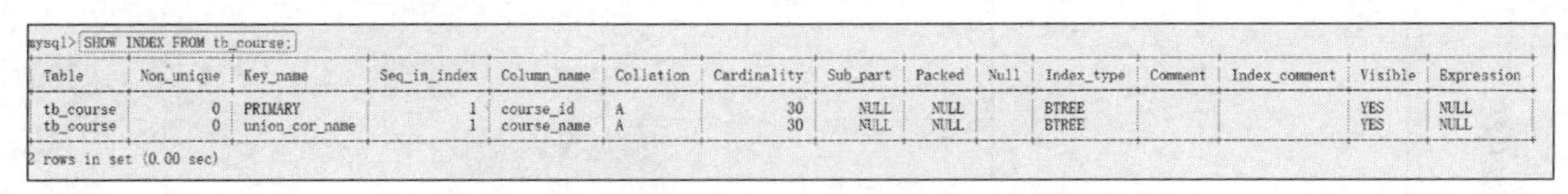

mysql> SHOW INDEX FROM tb_course;

Table	Non_unique	Key_name	Seq_in_index	Column_name	Collation	Cardinality	Sub_part	Packed	Null	Index_type	Comment	Index_comment	Visible	Expression
tb_course	0	PRIMARY	1	course_id	A	30	NULL	NULL		BTREE			YES	NULL
tb_course	0	union_cor_name	1	course_name	A	30	NULL	NULL		BTREE			YES	NULL

2 rows in set (0.00 sec)

图 7-28　查看 tb_course 数据表中的索引

扫一扫

视频讲解

课业任务 7-4　使用 MySQL Workbench 工具创建索引

【能力测试点】

使用数据库图形化管理工具 MySQL Workbench 在数据表中创建索引。

【任务实现步骤】

任务需求：因项目开展需要，需要对 tb_student 数据表中的 student_name 字段创建普通索引。

(1) 启动 MySQL Workbench，登录成功后，在 MySQL Workbench 工具界面左侧的数据库对象窗口中找到 db_study 数据库。展开 db_study→Tables 选项，右击 tb_student 数据表，在弹出的快捷菜单中选择 ALTER TABLE 命令，进入 tb_student 表修改界面，如图 7-29 所示。

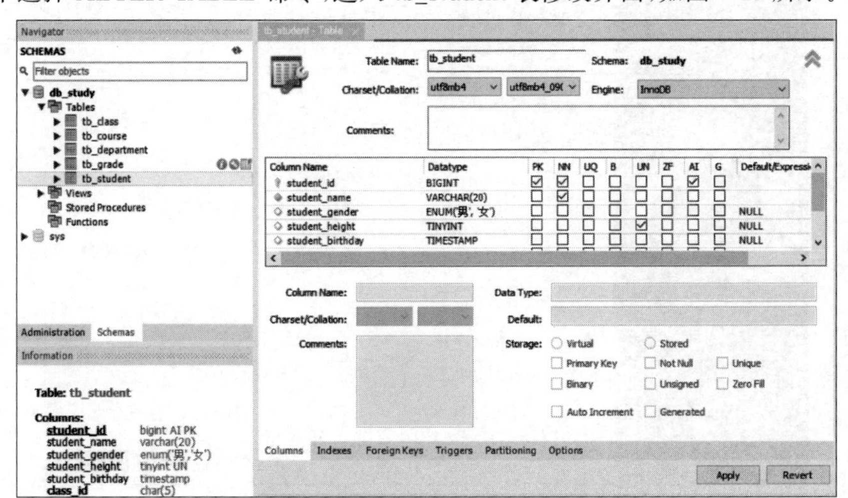

图 7-29　tb_student 表修改界面

(2) 切换至 Indexes 选项卡，在 Index Name 列表文本框中输入索引名称 index_stu_name，选择索引类型为 INDEX，右侧 Index Columns 列表会自动显示 tb_student 数据表中的所有列名。选择 student_name 字段，在 Storage Type(存储类型)下拉列表中选择 BTREE，表示创建索引，其他参数采用默认值，如图 7-30 所示。

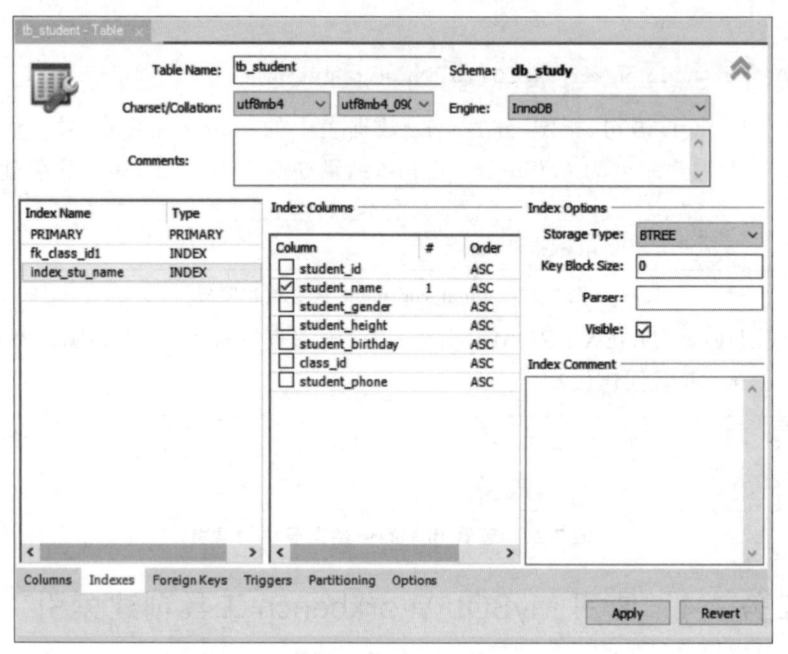

图 7-30 Indexes 选项卡

(3) 单击 Apply 按钮，弹出 Apply SQL Script to Database(应用 SQL 语句到数据库)对话框，如图 7-31 所示。在 Review SQL Script(查看 SQL 语句)步骤会显示该操作对应的 SQL 语句，可自行检查是否需要修改语句，确认无误后再次单击 Apply 按钮，进入 Apply SQL Script 步骤，单击 Finish 按钮即可完成操作。

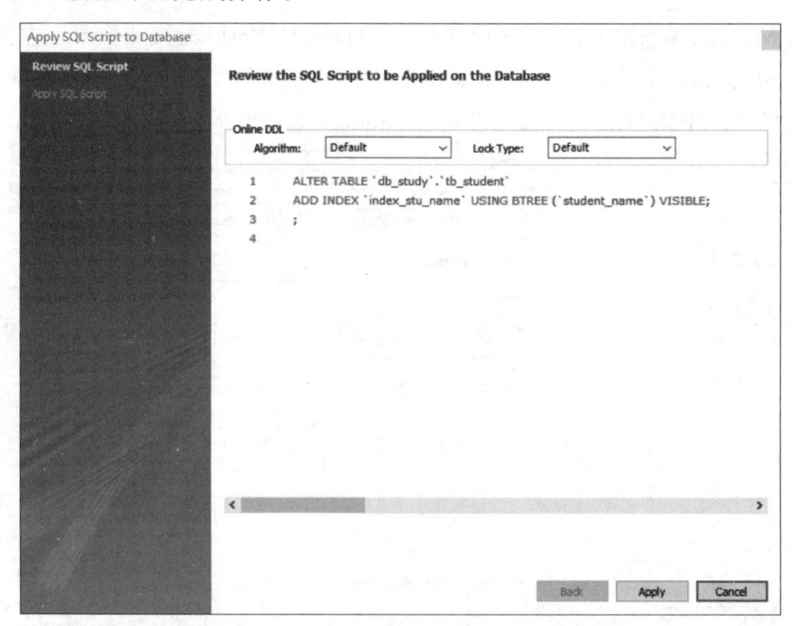

图 7-31 Apply SQL Script to Database 对话框

课业任务 7-5　使用 Navicat Premium 工具创建视图

扫一扫

视频讲解

【能力测试点】

使用数据库图形化管理工具 Navicat Premium 在数据库学习系统的 db_study 数据库中创建视图。

【任务实现步骤】

任务需求：因项目开展需要，需要在 db_study 数据库中创建 tb_student 数据表的视图，并命名为 view_stu。

(1) 启动 Navicat Premium 16，登录成功后，在界面左侧列表中展开 db_study，右击“视图”，在弹出的快捷菜单中选择“新建视图”命令，进入视图编辑界面，如图 7-32 所示。

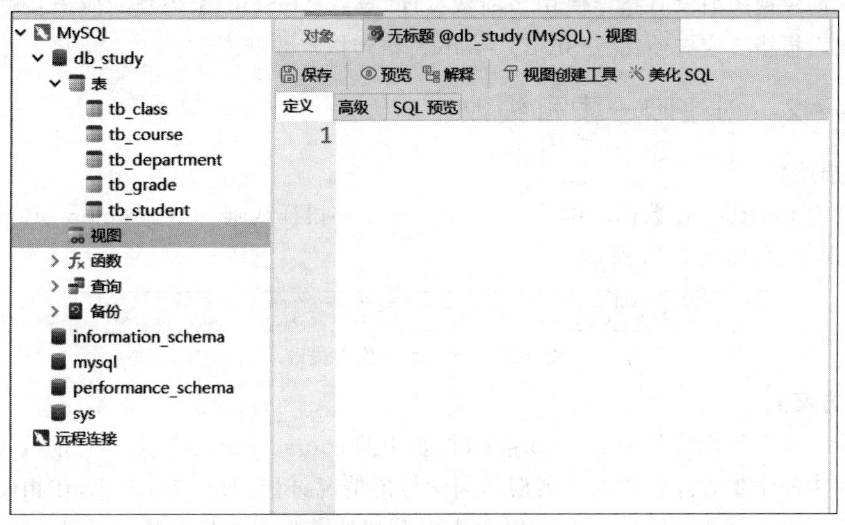

图 7-32　视图编辑界面

(2) 在视图编辑界面中只需要输入 CREATE VIEW 语句中的 SELECT 语句部分：“SELECT * FROM tb_student;”，单击“保存”按钮，在弹出的“另存为”对话框中输入需要保存的视图名称 view_stu，再次单击“保存”按钮，即可完成创建视图操作，如图 7-33 所示。

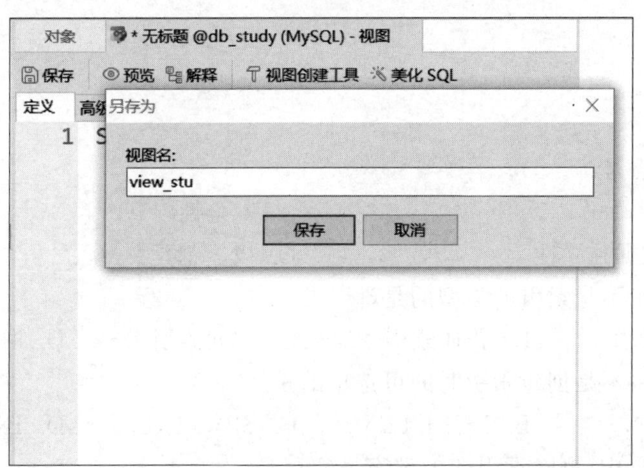

图 7-33　使用 Navicat Premium 工具创建视图

常见错误及解决方案

错误 7-1 创建视图失败

【问题描述】

在使用 CREATE VIEW 语句创建视图时,出现错误提示,如图 7-34 所示。

```
mysql> CREATE VIEW view_stu AS SELECT * FROM tb_student;
ERROR 1046 (3D000): No database selected
```

图 7-34 创建视图失败

【解决方案】

由于在创建视图前没有指定使用当前数据库,导致 MySQL 无法判断应该在哪个数据库中创建视图而报错。应先使用“USE db_study;”语句指定数据库。

错误 7-2 创建唯一索引失败

【问题描述】

在执行为 tb_student 数据表中的 student_name 字段插入唯一索引 union_stu_name 操作时,出现错误提示,如图 7-35 所示。

```
mysql> CREATE UNIQUE INDEX union_stu_name ON tb_student(student_name);
ERROR 1062 (23000): Duplicate entry '姚杰宏' for key 'tb_student.union_stu_name'
```

图 7-35 创建唯一索引失败

【解决方案】

更换唯一索引目标对象为 tb_course 数据表中的 course_name 字段。

数据库中的学生表存在相同姓名但不同学号的情况,但是对于 MySQL,在相同姓名的情况下创建唯一索引会造成影响。在不修改表中数据的前提下可以将唯一索引修改为普通索引,在保证数据准确性的同时也能实现索引效果。不建议通过改变权限的方式强行创建索引,也坚决反对通过修改数据的方式完成索引的创建。这两种方式固然可以创建成功,但是前者对数据库严谨的结构造成了极大的破坏,后者则是对用户数据的一种破坏。

扫一扫

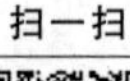

自测题

习题

1. 选择题

(1) 视图的特点是(　　)。

A. 简单性　　B. 安全性

C. 逻辑数据独立性　　D. 以上都是

(2) 下列选项中不是索引的类型的是(　　)。

A. 唯一索引　　B. 普通索引　　C. 空间索引　　D. 时间索引

(3) 下列选项中不是创建索引时的可选项的是(　　)。

A. UNION　　B. FULLTEXT　　C. SPATIAL　　D. INDEX

(4) 在 MySQL 中,删除索引的关键字是(　　)。

A. DROP　　B. DELETE　　C. DESCRIBE　　D. 以上都不是

(5) 创建视图需要最基本的(　　)两个权限。

A. 查看和删除　　B. 创建和删除　　C. 创建和查看　　D. 以上都不是

2. 填空题

(1) 视图的作用分别是________。

(2) 索引的类型分别是________。

(3) 根据索引的类型写出索引不同类型对应的可选项或关键字：________。

(4) 删除视图时应该使用________关键字。

(5) 请至少默写出两个创建索引的语法：________。

3. 判断题

(1) 创建主键时自动创建唯一索引。　(　　)

(2) 创建视图时不可以使用 SELECT 子查询。　(　　)

(3) 创建视图时可以不使用别名。　(　　)

(4) 视图的功能是优化查询。　(　　)

(5) 索引能够保证数据安全性。　(　　)

4. 操作题

(1) 使用 MySQL 终端创建视图,求工商管理学院的人数。

(2) 使用 MySQL 终端创建视图,求工商管理学院同学的分数。

(3) 使用 MySQL 终端创建一个全文索引。

(4) 使用 MySQL 终端删除索引。

(5) 使用 MySQL Workbench 工具创建学生表视图。

(6) 使用 Navicat Premium 工具创建一个普通索引。

第 8 章

数据处理之增、删、改

CHAPTER 8

“让数据更有价值。”成功创建数据库和数据表以后，就可以针对数据表中的数据进行各种交互操作了。这些操作可以有效地使用、维护和管理数据库中的表数据，其中最常用的就是添加、修改和删除操作。本章将通过丰富的案例详细介绍如何通过 SQL 语句实现表数据的增、删、改操作，同时通过 6 个综合课业任务演示数据表插入、修改以及删除等应用。

【教学目标】

- 熟练使用 INSERT、UPDATE 和 DELETE 语句对数据库的数据进行增、删、改操作。
- 熟练使用不同的数据库图形化管理工具对数据表中的数据进行增、删、改操作。

【课业任务】

王小明想利用 MySQL＋Java 开发一个数据库学习系统，在熟悉了 MySQL 视图与索引知识后，需要熟悉对数据表的数据进行增、删、改的操作，并能够灵活地使用这些操作对数据进行管理，现通过 6 个课业任务来完成。

*__课业任务 8-1__　向课程表插入一行记录

课业任务 8-2　向课程表同时插入多行记录

*__课业任务 8-3__　更新课程表中的字段内容

*__课业任务 8-4__　删除课程表中插入的多行记录

课业任务 8-5　使用 MySQL Workbench 工具删除课程表中的记录

课业任务 8-6　使用 Navicat Premium 工具更新课程表中的记录

注意：以上任务是对数据表中的数据进行增、删、改，请谨慎操作。

8.1 插入数据

在建立一个空的数据表后，首先需要考虑如何向数据表中插入(添加)数据，该操作可以使用 INSERT 语句来完成。在 MySQL 中，INSERT 语句有 3 种语法格式，分别是 INSERT…VALUES、INSERT…SET 和 INSERT…SELECT。

8.1.1 通过 INSERT…VALUES 语句插入数据

使用 INSERT…VALUES 语句插入数据的语法格式如下。它是 INSERT 语句最常用的语法格式。

```
INSERT [INTO] 数据表 [(字段 1,字段 2, …)] VALUES (值 1,值 2, …)
```

说明：

(1) INTO 关键字在 MySQL 中可以省略。

(2) 如需指定字段输入，字段 1 对应插入的值 1，字段 2 对应插入的值 2，以此类推。

(3) 插入值的数据类型和对应字段的数据类型一定要匹配，如果类型不同，将无法插入。

使用 INSERT…VALUES 语句插入数据有两种情况，第 1 种情况为向数据表的所有字段均插入数据，第 2 种情况为向数据表的指定字段插入数据。

插入数据前，执行“SHOW DATABASES;”语句查看数据库；执行“USE db_study;”语句切换至 db_study 数据库；执行“SHOW TABLES;”语句查看数据库中的数据表，并执行“SELECT * FROM tb_department;”语句查询数据表中记录，可得到插入数据前的 tb_department 数据表原始记录，如图 8-1 所示。

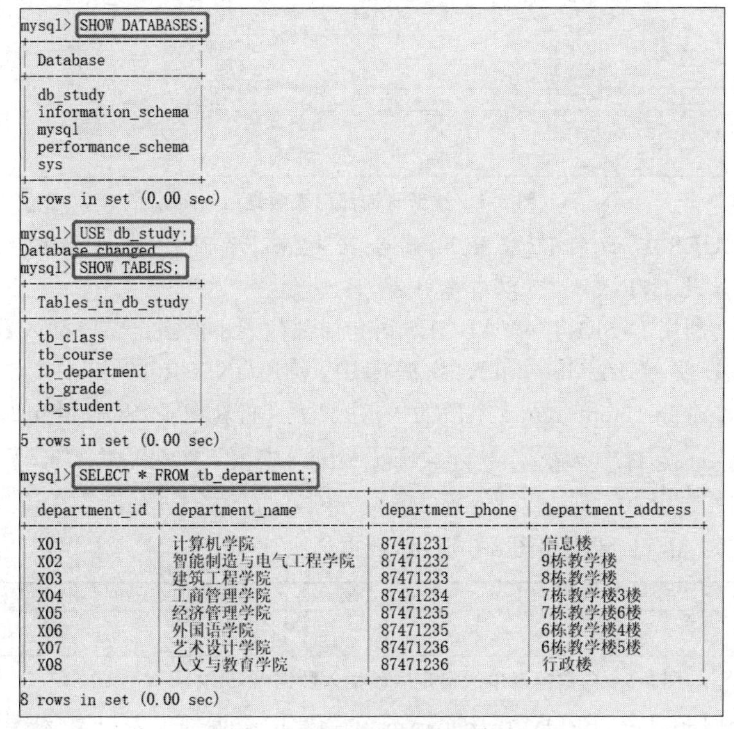

```
mysql> SHOW DATABASES;
+--------------------+
| Database           |
+--------------------+
| db_study           |
| information_schema |
| mysql              |
| performance_schema |
| sys                |
+--------------------+
5 rows in set (0.00 sec)

mysql> USE db_study;
Database changed
mysql> SHOW TABLES;
+--------------------+
| Tables_in_db_study |
+--------------------+
| tb_class           |
| tb_course          |
| tb_department      |
| tb_grade           |
| tb_student         |
+--------------------+
5 rows in set (0.00 sec)

mysql> SELECT * FROM tb_department;
+---------------+------------------------+------------------+--------------------+
| department_id | department_name        | department_phone | department_address |
+---------------+------------------------+------------------+--------------------+
| X01           | 计算机学院             | 87471231         | 信息楼             |
| X02           | 智能制造与电气工程学院 | 87471232         | 9栋教学楼          |
| X03           | 建筑工程学院           | 87471233         | 8栋教学楼          |
| X04           | 工商管理学院           | 87471234         | 7栋教学楼3楼       |
| X05           | 经济管理学院           | 87471235         | 7栋教学楼6楼       |
| X06           | 外国语学院             | 87471235         | 6栋教学楼4楼       |
| X07           | 艺术设计学院           | 87471236         | 6栋教学楼5楼       |
| X08           | 人文与教育学院         | 87471236         | 行政楼             |
+---------------+------------------------+------------------+--------------------+
8 rows in set (0.00 sec)
```

图 8-1　数据插入前的原始记录

【案例 8-1】 向部门表中的所有字段插入数据。

由图 8-1 可知,部门表(tb_department)中有 4 个字段,利用 INSERT…VALUES 语句分别插入 4 个字段的值成为一行新记录,SQL 语句如下。

```
INSERT INTO tb_department VALUES ('X09','环境科学与工程学院','87471239','工程楼');
```

或

```
INSERT INTO tb_department (department_id,department_name,department_phone,department_address)
VALUES ('X09','环境科学与工程学院','87471239','工程楼');
```

执行上述 SQL 语句,结果分别如图 8-2 和图 8-3 所示,数据插入成功。

```
mysql> INSERT INTO tb_department VALUES ('X09','环境科学与工程学院','87471239','工程楼');
Query OK, 1 row affected (0.01 sec)

mysql>
```

图 8-2 向数据表中的所有字段插入数据(1)

```
mysql> INSERT INTO tb_department (department_id,department_name,department_phone,department_address) VALUES ('X09','环境
科学与工程学院','87471239','工程楼');
Query OK, 1 row affected (0.00 sec)

mysql>
```

图 8-3 向数据表中的所有字段插入数据(2)

重新执行"SELECT * FROM tb_department;"语句查询部门表记录,结果如图 8-4 所示,可以看到已经成功添加了一条记录。

```
mysql> SELECT * FROM tb_department;
+---------------+--------------------------+------------------+--------------------+
| department_id | department_name          | department_phone | department_address |
+---------------+--------------------------+------------------+--------------------+
| X01           | 计算机学院               | 87471231         | 信息楼             |
| X02           | 智能制造与电气工程学院   | 87471232         | 9栋教学楼          |
| X03           | 建筑工程学院             | 87471233         | 8栋教学楼          |
| X04           | 工商管理学院             | 87471234         | 7栋教学楼3楼       |
| X05           | 经济管理学院             | 87471235         | 7栋教学楼6楼       |
| X06           | 外国语学院               | 87471235         | 6栋教学楼4楼       |
| X07           | 艺术设计学院             | 87471236         | 6栋教学楼5楼       |
| X08           | 人文与教育学院           | 87471236         | 行政楼             |
| X09           | 环境科学与工程学院       | 87471239         | 工程楼             |
+---------------+--------------------------+------------------+--------------------+
9 rows in set (0.00 sec)

mysql>
```

图 8-4 重新查询部门表数据(1)

说明:VALUES 后面的值需要用引号括起来,原因是对应字段的数值类型是 VARCHAR,如果是 INT 类型,可以省略引号。

【案例 8-2】 利用 INSERT…VALUES 语句向部门表中的指定字段插入数据。

登录 MySQL 终端,在 db_study 数据库中,利用 INSERT…VALUES 语句分别为 department_id 和 department_name 字段插入值,成为一行新记录,SQL 语句如下。

```
INSERT INTO tb_department (department_id,department_name)
VALUES ('X10','医学院');
```

执行上述 SQL 语句,结果如图 8-5 所示,数据插入成功。

```
mysql> INSERT INTO tb_department(department_id,department_name)  VALUES ('X10','医学院');
Query OK, 1 row affected (0.02 sec)

mysql>
```

图 8-5 向数据表中的指定字段插入数据(INSERT…VALUES)

重新执行"SELECT * FROM tb_department;"语句,查询部门表记录,结果如图 8-6 所示,

可以看到成功添加了一条新记录，该记录只有两个字段有数据，另外两个字段为默认值 NULL。

```
mysql> SELECT * FROM tb_department;
+---------------+--------------------+------------------+--------------------+
| department_id | department_name    | department_phone | department_address |
+---------------+--------------------+------------------+--------------------+
| X01           | 计算机学院          | 87471231         | 信息楼              |
| X02           | 智能制造与电气工程学院 | 87471232         | 9栋教学楼            |
| X03           | 建筑工程学院         | 87471233         | 8栋教学楼            |
| X04           | 工商管理学院         | 87471234         | 7栋教学楼3楼          |
| X05           | 经济管理学院         | 87471235         | 7栋教学楼6楼          |
| X06           | 外国语学院          | 87471235         | 6栋教学楼4楼          |
| X07           | 艺术设计学院         | 87471236         | 6栋教学楼5楼          |
| X08           | 人文与教育学院       | 87471236         | 行政楼              |
| X10           | 医学院             | NULL             | NULL               |
+---------------+--------------------+------------------+--------------------+
```

图 8-6　重新查询部门表数据(2)

说明：

(1) 一定要注意插入数据的过程中，在对应字段中插入对应的值。

(2) 插入数据的过程中，字段顺序不一定需要按照数据表所示的顺序。

(3) 未插入数据的字段一定是允许为空的，未插入数据的字段将显示默认值。

8.1.2　通过 INSERT…SET 语句插入数据

在 MySQL 中，除了 INSERT…VALUES 语句可以对指定字段插入数据以外，还可以利用 INSERT…SET 语句向数据表中插入数据，基本语法格式如下。

```
INSERT INTO 数据表 SET 字段 1 = 值 1,字段 2 = 值 2,...
```

【案例 8-3】 利用 INSERT…SET 语句向部门表中的指定字段插入数据。

登录 MySQL 终端，在 db_study 数据库中，利用 INSERT…SET 语句分别为 department_id 和 department_name 字段插入值，成为一行新记录，SQL 语句如下。

```
INSERT INTO tb_department
SET department_id = 'X10',department_name = '医学院';
```

执行上述 SQL 语句，结果如图 8-7 所示，数据插入成功。

```
mysql> INSERT INTO tb_department SET department_id='X10',department_name='医学院';
Query OK, 1 row affected (0.01 sec)

mysql>
```

图 8-7　向数据表中的指定字段插入数据(INSERT...SET)

重新执行“SELECT * FROM tb_department;”语句查询部门表记录，结果如图 8-8 所示，可以看到已经成功插入一条编号为 X10，部门名称为“医学院”的新记录。

```
mysql> SELECT * FROM tb_department;
+---------------+--------------------+------------------+--------------------+
| department_id | department_name    | department_phone | department_address |
+---------------+--------------------+------------------+--------------------+
| X01           | 计算机学院          | 87471231         | 信息楼              |
| X02           | 智能制造与电气工程学院 | 87471232         | 9栋教学楼            |
| X03           | 建筑工程学院         | 87471233         | 8栋教学楼            |
| X04           | 工商管理学院         | 87471234         | 7栋教学楼3楼          |
| X05           | 经济管理学院         | 87471235         | 7栋教学楼6楼          |
| X06           | 外国语学院          | 87471235         | 6栋教学楼4楼          |
| X07           | 艺术设计学院         | 87471236         | 6栋教学楼5楼          |
| X08           | 人文与教育学院       | 87471236         | 行政楼              |
| X10           | 医学院             | NULL             | NULL               |
+---------------+--------------------+------------------+--------------------+
```

图 8-8　重新查询部门表数据(3)

【案例 8-4】 向部门表插入两行记录。

登录 MySQL 终端，在 db_study 数据库中，利用 INSERT…SET 和 INSERT…VALUES 语句分别向部门表插入两行新记录，SQL 语句如下。

```
INSERT INTO tb_department SET department_id = 'X09',department_name = '环境科学与工程学院',
department_phone = '87471239',department_address = '工程楼';
```

```
INSERT INTO tb_department SET department_id = 'X10',department_name = '医学院',department_phone =
'87471240',department_address = '生物综合楼';
```

或

```
INSERT INTO tb_department VALUES ('X09','环境科学与工程学院','87471239','工程楼'),('X10','医学院',
'87471240','生物综合楼');
```

执行上述 SQL 语句,结果分别如图 8-9 和图 8-10 所示,数据插入成功。

```
mysql> INSERT INTO tb_department SET department_id='X09',department_name='环境科学与工程学院',
department_phone='87471239',department_address='工程楼';
Query OK, 1 row affected (0.01 sec)

mysql> INSERT INTO tb_department SET department_id='X10',department_name='医学院',department_p
hone='87471240',department_address='生物综合楼';
Query OK, 1 row affected (0.00 sec)
```

图 8-9 插入两行记录(1)

```
mysql> INSERT INTO tb_department VALUES ('X09','环境科学与工程学院','87471239','工程楼'),
('X10','医学院','87471240','生物综合楼');
Query OK, 2 rows affected (0.00 sec)
Records: 2  Duplicates: 0  Warnings: 0

mysql>
```

图 8-10 插入两行记录(2)

重新执行"SELECT * FROM tb_department;"语句查询部门表记录,结果如图 8-11 所示,可以看到已经成功插入了两行记录。

```
mysql> SELECT * FROM tb_department;
+---------------+--------------------+------------------+--------------------+
| department_id | department_name    | department_phone | department_address |
+---------------+--------------------+------------------+--------------------+
| X01           | 计算机学院         | 87471231         | 信息楼             |
| X02           | 智能制造与电气工程学院 | 87471232     | 9栋教学楼          |
| X03           | 建筑工程学院       | 87471233         | 8栋教学楼          |
| X04           | 工商管理学院       | 87471234         | 7栋教学楼3楼       |
| X05           | 经济管理学院       | 87471235         | 7栋教学楼6楼       |
| X06           | 外国语学院         | 87471235         | 6栋教学楼4楼       |
| X07           | 艺术设计学院       | 87471236         | 6栋教学楼5楼       |
| X08           | 人文与教育学院     | 87471236         | 行政楼             |
| X09           | 环境科学与工程学院 | 87471239         | 工程楼             |
| X10           | 医学院             | 87471240         | 生物综合楼         |
+---------------+--------------------+------------------+--------------------+
10 rows in set (0.00 sec)

mysql>
```

图 8-11 重新查询部门表数据(4)

8.1.3 通过 INSERT…SELECT 语句插入查询结果

在 MySQL 中,支持将查询结果插入指定的数据表中,可以通过 INSERT…SELECT 语句来实现,语法格式如下。

```
INSERT [INTO] 数据表 [(字段 1,字段 2,…)] SELECT…
```

说明:

(1) [INTO]数据表用于指定被操作的数据表,其中,[INTO]为可选项。

(2) [(字段 1,字段 2,…)]为可选项,当不指定该选项时,表示要向数据表中所有字段插入数据,否则表示向数据表的指定字段插入数据。

(3) SELECT 子句用于快速地从一个或多个数据表中获取数据,并将这些数据作为行数据插入目标数据表中。需要注意的是,SELECT 子句返回的结果集中的字段数、字段类型必须与目标数据表完全一致。

【案例 8-5】 将部门表中的所有数据插入测试表中。

登录 MySQL 终端，在 db_study 数据库中，执行“SHOW TABLES;”语句查看数据库中的数据表，并执行“DESC tb_department;”语句查看部门表(tb_department)的结构，如图 8-12 所示。

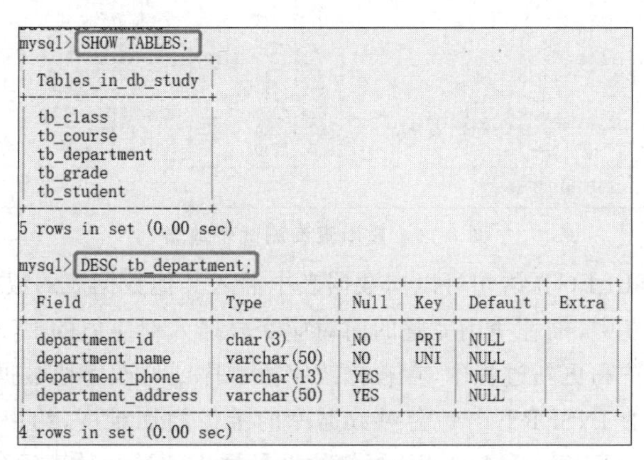

```
mysql> SHOW TABLES;
+------------------+
| Tables_in_db_study |
+------------------+
| tb_class         |
| tb_course        |
| tb_department    |
| tb_grade         |
| tb_student       |
+------------------+
5 rows in set (0.00 sec)

mysql> DESC tb_department;
+--------------------+-------------+------+-----+---------+-------+
| Field              | Type        | Null | Key | Default | Extra |
+--------------------+-------------+------+-----+---------+-------+
| department_id      | char(3)     | NO   | PRI | NULL    |       |
| department_name    | varchar(50) | NO   | UNI | NULL    |       |
| department_phone   | varchar(13) | YES  |     | NULL    |       |
| department_address | varchar(50) | YES  |     | NULL    |       |
+--------------------+-------------+------+-----+---------+-------+
4 rows in set (0.00 sec)
```

图 8-12　部门表结构

创建一个与部门表结构相同的新的数据表(测试表)，并将其命名为 tb_test，SQL 语句如下。

```
CREATE TABLE tb_test LIKE tb_department;
```

执行上述 SQL 语句，结果如图 8-13 所示。

执行“DESC tb_test;”语句查看测试表结构，结果如图 8-14 所示，可以看到测试表与部门表结构相同。

```
mysql> CREATE TABLE tb_test LIKE tb_department;
Query OK, 0 rows affected (0.03 sec)
```

图 8-13　创建测试表

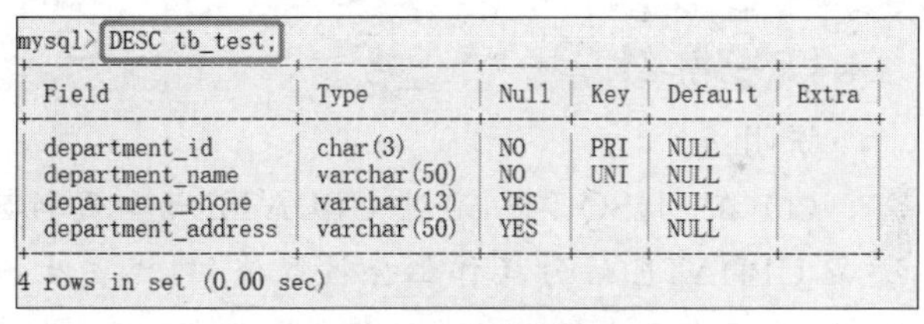

```
mysql> DESC tb_test;
+--------------------+-------------+------+-----+---------+-------+
| Field              | Type        | Null | Key | Default | Extra |
+--------------------+-------------+------+-----+---------+-------+
| department_id      | char(3)     | NO   | PRI | NULL    |       |
| department_name    | varchar(50) | NO   | UNI | NULL    |       |
| department_phone   | varchar(13) | YES  |     | NULL    |       |
| department_address | varchar(50) | YES  |     | NULL    |       |
+--------------------+-------------+------+-----+---------+-------+
4 rows in set (0.00 sec)
```

图 8-14　测试表结构

确认 tb_test 和 tb_department 数据表结构相同后，利用 INSERT…SELECT 语句向 tb_test 数据表插入 tb_department 数据表中的所有记录，SQL 语句如下。

```
INSERT INTO tb_test (department_id,department_name,department_phone,department_address)
SELECT * FROM tb_department;
```

执行上述 SQL 语句，结果如图 8-15 所示。

```
mysql> INSERT INTO tb_test
    -> (department_id, department_name, department_phone, department_address)
    -> SELECT * FROM tb_department;
Query OK, 10 rows affected (0.00 sec)
Records: 10  Duplicates: 0  Warnings: 0
```

图 8-15　向测试表插入部门表中的所有记录

执行“SELECT * FROM tb_test;”语句查询测试表中的记录，结果如图 8-16 所示，可以看到部门表的数据已经成功插入测试表中。

由以上案例得知，使用 INSERT…VALUES 语句可以向数据表中插入一行数据，也可以插入多行数据；使用 INSERT…SET 语句可以指定插入行中每列的值，也可以指定部分列的

```
mysql> SELECT * FROM tb_test;
```

department_id	department_name	department_phone	department_address
X01	计算机学院	87471231	信息楼
X02	智能制造与电气工程学院	87471232	9栋教学楼
X03	建筑工程学院	87471233	8栋教学楼
X04	工商管理学院	87471234	7栋教学楼3楼
X05	经济管理学院	87471235	7栋教学楼6楼
X06	外国语学院	87471235	6栋教学楼4楼
X07	艺术设计学院	87471236	6栋教学楼5楼
X08	人文与教育学院	87471236	行政楼
X09	环境科学与工程学院	87471239	工程楼
X10	医学院	87471240	生物综合楼

10 rows in set (0.00 sec)

图 8-16　重新查询测试表数据

值；使用 INSERT…SELECT 语句可以向数据表中插入其他数据表的数据。

在实际数据库开发中，推荐使用完整的向对应字段插入对应值的 INSERT…VALUES 语句。因为在数据库维护和更新过程中，存在修改字段顺序或修改字段数据类型的情况，如果是使用按字段顺序插入的 INSERT 语句会对数据库的维护增加难度，约束了数据库的拓展性。在插入多条记录时，INSERT…VALUES 语句的批量插入的运行效率远高于其他语句。

8.2　更新数据

在 MySQL 中，使用 UPDATE 语句可以更新数据表中的记录，语法格式如下。

```
UPDATE [IGNORE] 数据表
  SET 字段 1 = 值 1[,字段 2 = 值 2, … ]
  [WHERE 条件表达式]
  [ORDER BY … ]
[LIMIT 行数]
```

说明：

(1) 在 MySQL 中，通过 UPDATE 语句更新数据表中的多行数据时，如果出现错误，那么整条 UPDATE 语句操作都会被取消，错误发生前更新的所有行将被恢复到它们原来的值。因此，为了在发生错误时也继续进行更新，可以在 UPDATE 语句中使用[IGNORE]关键字。

(2) SET 子句为必选项，用于指定数据表中要修改的字段名及其字段值。其中的值可以是表达式，也可以是该字段所对应的默认值。如果要指定默认值，可使用 DEFAULT 关键字。

(3) WHERE 子句为可选项，用于限定数据表中要修改的行，如果不指定该子句，那么 UPDATE 语句会更新数据表中的所有行。

(4) ORDER BY 子句为可选项，用于限定数据表中的行被修改的顺序。

(5) LIMIT 子句为可选项，用于限定被修改的行数。

【案例 8-6】 更新部门表中的记录。

执行更新操作前部门表(tb_department)中的数据如图 8-17 所示。

利用 UPDATE 语句修改部门表中的第 10 行记录，SQL 语句如下。

```
UPDATE tb_department
SET department_name = '马克思主义学院',department_address = '思政楼'
WHERE department_id = 'X10';
```

执行上述 SQL 语句，结果如图 8-18 所示。

执行“SELECT * FROM tb_department;”语句查看部门表中的记录，如图 8-19 所示，第

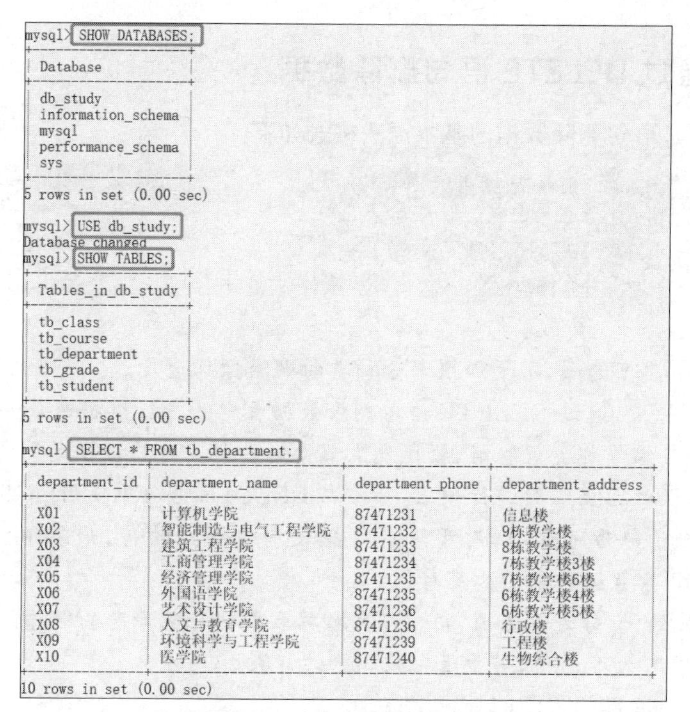

```
mysql> SHOW DATABASES;
+--------------------+
| Database           |
+--------------------+
| db_study           |
| information_schema |
| mysql              |
| performance_schema |
| sys                |
+--------------------+
5 rows in set (0.00 sec)

mysql> USE db_study;
Database changed
mysql> SHOW TABLES;
+--------------------+
| Tables_in_db_study |
+--------------------+
| tb_class           |
| tb_course          |
| tb_department      |
| tb_grade           |
| tb_student         |
+--------------------+
5 rows in set (0.00 sec)

mysql> SELECT * FROM tb_department;
+---------------+----------------------+------------------+--------------------+
| department_id | department_name      | department_phone | department_address |
+---------------+----------------------+------------------+--------------------+
| X01           | 计算机学院           | 87471231         | 信息楼             |
| X02           | 智能制造与电气工程学院 | 87471232       | 9栋教学楼          |
| X03           | 建筑工程学院         | 87471233         | 8栋教学楼          |
| X04           | 工商管理学院         | 87471234         | 7栋教学楼3楼       |
| X05           | 经济管理学院         | 87471235         | 7栋教学楼6楼       |
| X06           | 外国语学院           | 87471235         | 6栋教学楼4楼       |
| X07           | 艺术设计学院         | 87471236         | 6栋教学楼5楼       |
| X08           | 人文与教育学院       | 87471236         | 行政楼             |
| X09           | 环境科学与工程学院   | 87471239         | 工程楼             |
| X10           | 医学院               | 87471240         | 生物综合楼         |
+---------------+----------------------+------------------+--------------------+
10 rows in set (0.00 sec)
```

图 8-17　部门表更新前数据

```
mysql> UPDATE tb_department
    -> SET department_name='马克思主义学院',department_address='思政楼'
    -> WHERE department_id='X10';
Query OK, 1 row affected (0.01 sec)
Rows matched: 1  Changed: 1  Warnings: 0
```

图 8-18　更新第 10 行记录

10 行记录中 department_name 字段的值由“医学院”修改为“马克思主义学院”，department-address 字段的值由“生物综合楼”修改为“思政楼”。

```
mysql> SELECT * FROM tb_department;
+---------------+----------------------+------------------+--------------------+
| department_id | department_name      | department_phone | department_address |
+---------------+----------------------+------------------+--------------------+
| X01           | 计算机学院           | 87471231         | 信息楼             |
| X02           | 智能制造与电气工程学院 | 87471232       | 9栋教学楼          |
| X03           | 建筑工程学院         | 87471233         | 8栋教学楼          |
| X04           | 工商管理学院         | 87471234         | 7栋教学楼3楼       |
| X05           | 经济管理学院         | 87471235         | 7栋教学楼6楼       |
| X06           | 外国语学院           | 87471235         | 6栋教学楼4楼       |
| X07           | 艺术设计学院         | 87471236         | 6栋教学楼5楼       |
| X08           | 人文与教育学院       | 87471236         | 行政楼             |
| X09           | 环境科学与工程学院   | 87471239         | 工程楼             |
| X10           | 马克思主义学院       | 87471240         | 思政楼             |
+---------------+----------------------+------------------+--------------------+
10 rows in set (0.00 sec)
```

图 8-19　重新查询部门表数据(5)

说明：

(1) 通过 WHERE 子句指定被更新的记录所需要满足的条件，如果忽略 WHERE 子句，MySQL 将更新数据表中所有行。

(2) 更新时一定要保证 WHERE 子句的正确性，一旦出错，将破坏所有改变的数据。

8.3　删除数据

在数据库中，有些数据已经失去意义或发生错误，此时需要将它们删除。在 MySQL 中，可以使用 DELETE 或 TRUNCATE TABLE 语句删除数据表中的一行或多行数据。

8.3.1 通过 DELETE 语句删除数据

通过 DELETE 语句删除数据的基本语法格式如下。

```
DELETE [QUICK] [IGNORE] FROM 数据表
  [WHERE 条件表达式]
  [ORDER BY...]
[LIMIT 行数]
```

说明:

(1) [QUICK]为可选项,用于加快部分种类的删除操作速度。

(2) 在 MySQL 中,通过 DELETE 语句删除数据表中的多行数据时,如果出现错误,那么整条 DELETE 语句操作都会被取消,错误发生前更新的所有行将被恢复到它们原来的值。因此,为了在发生错误时也要继续进行删除,可以在 DELETE 语句中使用[IGNORE]关键字。

(3) WHERE 子句为可选项,用于限定数据表中要删除的行,如果不指定该子句,那么 DELETE 语句会删除数据表中的所有行。

(4) ORDER BY 子句为可选项,用于限定数据表中的行被删除的顺序。

(5) LIMIT 子句为可选项,用于限定被删除的行数。

【案例 8-7】 删除部门表中的一行记录。

登录 MySQL 终端,在 db_study 数据库中,执行"SELECT * FROM tb_department;"语句查询执行删除操作前部门表(tb_department)的数据,如图 8-20 所示。

mysql> SELECT * FROM tb_department;

department_id	department_name	department_phone	department_address
X01	计算机学院	87471231	信息楼
X02	智能制造与电气工程学院	87471232	9栋教学楼
X03	建筑工程学院	87471233	8栋教学楼
X04	工商管理学院	87471234	7栋教学楼3楼
X05	经济管理学院	87471235	7栋教学楼6楼
X06	外国语学院	87471235	6栋教学楼4楼
X07	艺术设计学院	87471236	6栋教学楼5楼
X08	人文与教育学院	87471236	行政楼
X09	环境科学与工程学院	87471239	工程楼
X10	马克思主义学院	87471240	思政楼

10 rows in set (0.00 sec)

图 8-20 执行删除操作前的部门表数据

利用 DELETE 语句删除部门表中的第 10 行记录,SQL 语句如下。

```
DELETE FROM tb_department
WHERE department_id = 'X10';
```

```
mysql> DELETE FROM tb_department
    -> WHERE department_id='X10';
Query OK, 1 row affected (0.01 sec)
```

图 8-21 删除第 10 行记录

执行上述 SQL 语句,结果如图 8-21 所示。

执行"SELECT * FROM tb_department;"语句查询部门表中的记录,如图 8-22 所示,第 10 行记录已经删除成功。

mysql> SELECT * FROM tb_department;

department_id	department_name	department_phone	department_address
X01	计算机学院	87471231	信息楼
X02	智能制造与电气工程学院	87471232	9栋教学楼
X03	建筑工程学院	87471233	8栋教学楼
X04	工商管理学院	87471234	7栋教学楼3楼
X05	经济管理学院	87471235	7栋教学楼6楼
X06	外国语学院	87471235	6栋教学楼4楼
X07	艺术设计学院	87471236	6栋教学楼5楼
X08	人文与教育学院	87471236	行政楼
X09	环境科学与工程学院	87471239	工程楼

9 rows in set (0.00 sec)

图 8-22 重新查询部门表数据(6)

说明：在实际应用中，执行删除的条件一般为数据的序号(id)，而不是具体某个字段值，这样可以避免一些错误发生。

8.3.2　通过 TRUNCATE TABLE 语句删除数据

如果要删除数据表中所有行，可以通过 TRUNCATE TABLE 语句实现，基本语法格式如下。

```
TRUNCATE [TABLE] 数据表名
```

说明：数据表名表示删除的数据表名称，也可以使用“数据库名.数据表名”指定该数据表隶属于哪个数据库。

【案例 8-8】 清空部门表数据。

登录 MySQL 终端，使用 TRUNCATE TABLE 语句清空部门表(tb_department)数据，SQL 语句如下。

```
TRUNCATE TABLE db_study.tb_department;
```

执行上述 SQL 语句，结果如图 8-23 所示。

执行“SELECT * FROM tb_department;”语句查询部门表中的数据，如图 8-24 所示，可以看到部门表中已经没有任何数据。

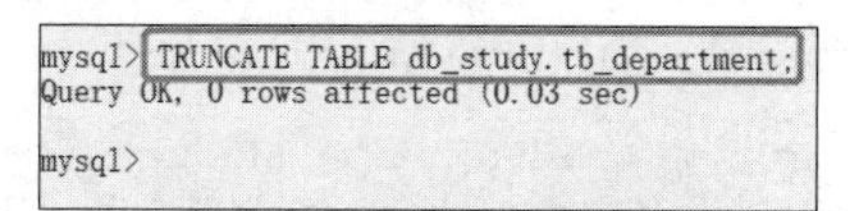

图 8-23　清空部门表数据

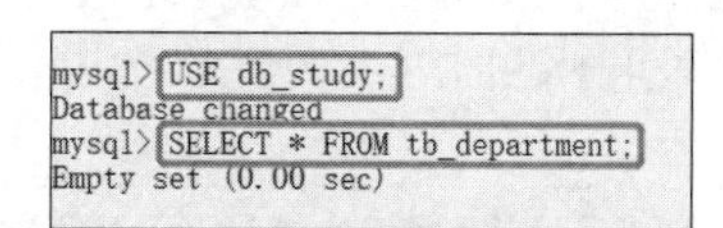

图 8-24　重新查询部门表数据(7)

8.3.3　DELETE、TRUNCATE TABLE 和 DROP 语句的区别

1. 数据表和索引所占空间

当数据表被 TRUNCATE TABLE 语句删除后，该表和索引所占用的空间会恢复到初始大小；DELETE 语句操作不会减少数据表或索引所占用的空间；DROP 语句将数据表所占用的空间全部释放。

2. 应用范围

(1) TRUNCATE TABLE 语句只对数据表有效。

(2) DELETE 语句对数据表和视图有效。

3. 执行速度

DROP 语句最快；TRUNCATE TABLE 语句次之；DELETE 语句最慢。

课业任务

鉴于课程表(tb_course)中数据量大，不便于在 SQL 终端查看，可以选择数据库图形化管理工具 Navicat Premium 查看操作前课程表的数据。

启动 Navicat Premiun 16，登录成功后，在左侧列表展开 db_study→“表”→tb_course，可以在主窗口中查看课程表数据，如图 8-25 所示。

图 8-25 课程表(tb_course)初始数据

扫一扫

视频讲解

*课业任务 8-1 向课程表插入一行记录

【能力测试点】

使用 INSERT 语句插入一行记录。

【任务实现步骤】

(1) 登录 MySQL 终端,首先执行“USE db_study;”语句选择 db_study 作为当前使用数据库,再利用 INSERT…VALUES 语句插入一行新记录,SQL 语句如下。

```
INSERT INTO tb_course VALUES ('K6001','MySQL 应用与实践','专业基础课','4','MySQL 是一种关联数据库管理系统,关联数据库将数据保存在不同的表中,而不是将所有数据放在一个大仓库内,这样就增加了速度并提高了灵活性。MySQL 所使用的 SQL 是用于访问数据库的最常用标准化语言');
```

或

```
INSERT INTO tb_course (course_id,course_name,course_type,course_credit,course_describe)
VALUES ('K6001','MySQL 应用与实践','专业基础课','4','MySQL 是一种关联数据库管理系统,关联数据库将数据保存在不同的表中,而不是将所有数据放在一个大仓库内,这样就增加了速度并提高了灵活性。MySQL 所使用的 SQL 是用于访问数据库的最常用标准化语言');
```

执行上述 SQL 语句,结果分别如图 8-26 和图 8-27 所示。

图 8-26 向课程表插入一行记录(1)

图 8-27 向课程表插入一行记录(2)

(2) 在 Navicat Premium 工具中查看课程表数据,结果如图 8-28 所示,可以看到已经成功插入了一条新记录。

说明: 也可以直接在 Navicat Premium 中输入数据,输入成功后单击任意空白位置确认生效。

course_id	course_name	course_type	course_credit	course_describe
K2006	电子技术综合设计	集中实践课	1	《电子技术综合设计》是大
K2007	考研类课程	拓展课	3	考研考四门课程,包括两门公
K3001	大学计算机基础	公共必修课	3	计算机基础知识 主要知识点
K3002	创新创业	公共选修课	3	《创新创业》课程是面向全
K3003	工程力学	专业基础课	4	该课程共包括课程概论、静
K3004	建筑结构	专业基础课	4	建筑结构是建设工程管理学
K3005	建设项目评估	专业选修课	2	《建设项目评估》是"工程
K4001	汤致远	专业选修课	3	The reason why a great m
K4002	统计学	公共选修课	3	《统计学》是高等学校经济
K4003	物流信息管理	专业基础课	4	《物流信息管理》课程讲当
K4004	大数据供应链	专业选修课	3	本课程详细介绍了供应链管
K4005	企业生产实习	集中实践课	1	生产实习是本专业的重要实
K4006	计算机等级考试	拓展课	1	全国计算机等级考试 (Natic
K5001	国家安全教育	公共必修课	3	本课程主要内容包括总体国
K5002	劳动教育	公共选修课	2	围绕劳动主题,从历史到未来
K5003	财务管理	专业基础课	4	财务管理学是研究如何通过
K5004	审计学	专业选修课	3	审计学》是会计学专业的专
K5005	公司治理	拓展课	2	本课程通过介绍公司治理的
K6001	MySQL应用与实践	专业基础课	4	MySQL是一种关联数据库管

图 8-28　重新查询课程表数据(1)

课业任务 8-2　向课程表同时插入多行记录

扫一扫

视频讲解

【能力测试点】

使用 INSERT 语句插入多行记录。

【任务实现步骤】

(1) 登录 MySQL 终端,首先执行"USE db_study;"语句选择 db_study 作为当前使用数据库,再利用 INSERT…VALUES 语句插入多行新记录,SQL 语句如下。

```
INSERT INTO tb_course(course_id,course_name)
VALUES ('K6002','MYSQL课程设计'),('K6003','MySQL企业开发');
```

执行上述 SQL 语句,结果如图 8-29 所示。

```
mysql> USE db_study;
Database changed
mysql> INSERT INTO tb_course(course_id,course_name)
    -> VALUES ('K6002','MYSQL课程设计'),('K6003','MySQL企业开发');
Query OK, 2 rows affected (0.00 sec)
Records: 2  Duplicates: 0  Warnings: 0
```

图 8-29　向课程表同时插入多行记录

(2) 在 Navicat Premium 工具中查看课程表数据,结果如图 8-30 所示,可以看到已经成功插入了两行记录。

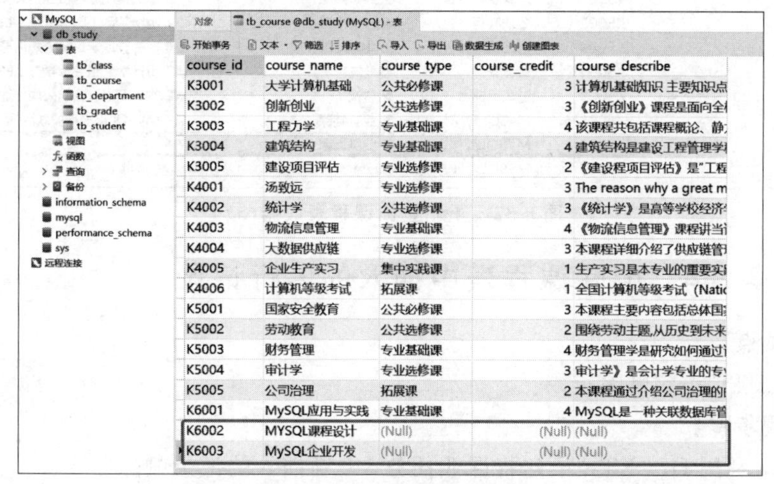

course_id	course_name	course_type	course_credit	course_describe
K3001	大学计算机基础	公共必修课	3	计算机基础知识 主要知识点
K3002	创新创业	公共选修课	3	《创新创业》课程是面向全
K3003	工程力学	专业基础课	4	该课程共包括课程概论、静
K3004	建筑结构	专业基础课	4	建筑结构是建设工程管理学
K3005	建设项目评估	专业选修课	2	《建设项目评估》是"工程
K4001	汤致远	专业选修课	3	The reason why a great m
K4002	统计学	公共选修课	3	《统计学》是高等学校经济
K4003	物流信息管理	专业基础课	4	《物流信息管理》课程讲当
K4004	大数据供应链	专业选修课	3	本课程详细介绍了供应链管
K4005	企业生产实习	集中实践课	1	生产实习是本专业的重要实
K4006	计算机等级考试	拓展课	1	全国计算机等级考试 (Natic
K5001	国家安全教育	公共必修课	3	本课程主要内容包括总体国
K5002	劳动教育	公共选修课	2	围绕劳动主题,从历史到未来
K5003	财务管理	专业基础课	4	财务管理学是研究如何通过
K5004	审计学	专业选修课	3	审计学》是会计学专业的专
K5005	公司治理	拓展课	2	本课程通过介绍公司治理的
K6001	MySQL应用与实践	专业基础课	4	MySQL是一种关联数据库管
K6002	MYSQL课程设计	(Null)	(Null)	(Null)
K6003	MySQL企业开发	(Null)	(Null)	(Null)

图 8-30　重新查询课程表数据(2)

*课业任务 8-3　更新课程表中的字段内容

【能力测试点】

使用 UPDATE 语句更新记录。

【任务实现步骤】

任务需求：利用 UPDATE 语句将课业任务 8-2 新插入的记录补充完整。

(1) 首先执行“USE db_study;”语句选择 db_study 作为当前使用数据库，再利用 UPDATE 语句执行更新操作，SQL 语句如下。

```
UPDATE tb_course
SET course_type = '专业基础课',course_credit = '4'
WHERE course_id = 'K6002';
```

执行上述 SQL 语句，结果如图 8-31 所示。

```
mysql> USE db_study;
Database changed
mysql> UPDATE tb_course
    -> SET course_type='专业基础课',course_credit='4'
    -> WHERE course_id='K6002';
Query OK, 1 row affected (0.00 sec)
Rows matched: 1  Changed: 1  Warnings: 0
```

图 8-31　更新记录

(2) 在 Navicat Premium 工具中查看课程表数据，结果如图 8-32 所示，可以看到已经将课程号为 K6002 的课程类型修改为“专业基础课”，学分修改为 4。

course_id	course_name	course_type	course_credit	course_describe
K3001	大学计算机基础	公共必修课	3	计算机基础知识 主要知识点
K3002	创新创业	公共选修课	3	《创新创业》课程是面向全
K3003	工程力学	专业基础课	4	该课程共包括课程概论、静
K3004	建筑结构	专业基础课	4	建筑结构是建设工程管理学
K3005	建设项目评估	专业选修课	2	《建设程项目评估》是“工程
K4001	汤致远	专业选修课	3	The reason why a great m
K4002	统计学	公共选修课	3	《统计学》是高等学校经济
K4003	物流信息管理	专业基础课	4	《物流信息管理》课程讲当
K4004	大数据供应链	专业选修课	3	本课程详细介绍了供应链管
K4005	企业生产实习	集中实践课	1	生产实习是本专业的重要实
K4006	计算机等级考试	拓展课	1	全国计算机等级考试（Natic
K5001	国家安全教育	公共必修课	3	本课程主要内容包括总体国
K5002	劳动教育	公共选修课	2	围绕劳动主题,从历史到未来
K5003	财务管理	专业基础课	4	财务管理学是研究如何通过
K5004	审计学	专业选修课	3	审计学》是会计学专业的专
K5005	公司治理	拓展课	2	本课程通过介绍公司治理的
K6001	MySQL应用与实践	专业基础课	4	MySQL是一种关联数据库管
K6002	MYSQL课程设计	专业基础课	4	(Null)
K6003	MySQL企业开发	(Null)	(Null)	(Null)

图 8-32　重新查询课程表数据(3)

*课业任务 8-4　删除课程表中插入的多行记录

【能力测试点】

使用 DELETE 语句删除记录。

【任务实现步骤】

任务需求：利用 DELETE 语句将课业任务 8-2 新插入的记录删除。

(1) 首先执行“USE db_study;”语句选择 db_study 作为当前使用数据库,再利用 DELETE 语句执行删除操作,SQL 语句如下。

```
DELETE FROM tb_course
WHERE course_id LIKE '%K600%';
```

执行上述 SQL 语句,结果如图 8-33 所示。

(2) 在 Navicat Premium 工具中查看课程表数据,结果如图 8-34 所示,可以看到课程号包含 K600 的两行记录已经删除。

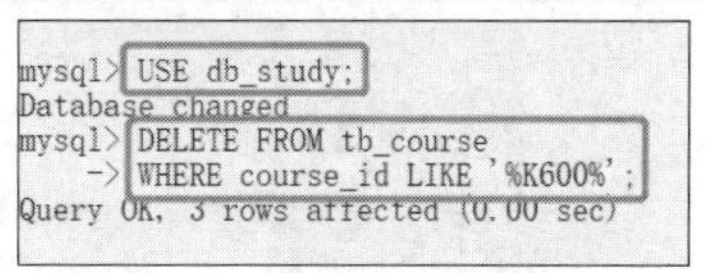

图 8-33 删除新插入的记录

course_id	course_name	course_type	course_credit	course_describe
K2005	高频电子线路	公共选修课	3	高频电子线路课程包括高频
K2006	电子技术综合设计	集中实践课	1	《电子技术综合设计》是大
K2007	考研类课程	拓展课	3	考研考四门课程,包括两门公
K3001	大学计算机基础	公共必修课	3	计算机基础知识 主要知识点
K3002	创新创业	公共选修课	3	《创新创业》课程是面向全
K3003	工程力学	专业基础课	4	该课程共包括课程概论、静
K3004	建筑结构	专业基础课	4	建筑结构是建设工程管理学
K3005	建设项目评估	专业选修课	2	《建设项目评估》是"工程
K4001	汤致远	专业选修课	3	The reason why a great m
K4002	统计学	公共选修课	3	《统计学》是高等学校经济
K4003	物流信息管理	专业基础课	4	《物流信息管理》课程讲当
K4004	大数据供应链	专业选修课	3	本课程详细介绍了供应链管
K4005	企业生产实习	集中实践课	1	生产实习是本专业的重要实
K4006	计算机等级考试	拓展课	1	全国计算机等级考试 (Natic
K5001	国家安全教育	公共必修课	3	本课程主要内容包括总体国
K5002	劳动教育	公共选修课	2	围绕劳动主题,从历史到未来
K5003	财务管理	专业基础课	4	财务管理学是研究如何通过
K5004	审计学	专业选修课	3	审计学》是会计学专业的专
K5005	公司治理	拓展课	2	本课程通过介绍公司治理的

图 8-34 重新查询课程表数据(4)

课业任务 8-5 使用 MySQL Workbench 工具删除课程表中的记录

扫一扫

视频讲解

【能力测试点】

使用数据库图形化管理工具 MySQL Workbench 删除数据库学习系统的 db_study 数据库的课程表中的记录。

【任务实现步骤】

任务需求:使用数据库图形化管理工具 MySQL Workbench 删除课程表中的记录。

(1) 启动 MySQL Workbench,登录成功后,在界面左侧的数据库对象窗口中展开 db_study→Tables。右击 tb_course 数据表,在弹出的快捷菜单中选择 Select Rows-Limit 1000(选择 1000 行)命令,弹出 tb_course 窗口并自动运行“SELECT * FROM db_study. tb_course;”语句,且在下方显示查询结果,如图 8-35 所示。

(2) 右击数据表中的最后一行记录,在弹出的快捷菜单中选择 Delete Row(s)(删除所有行)命令进行删除操作,操作完成后自动刷新查询。如图 8-36 所示,已经成功删除了最后一行数据。

(3) 单击 Apply 按钮,弹出 Apply SQL Script to Database(应用 SQL 语句到数据库)对话框,如图 8-37 所示。在 Review SQL Script(查看 SQL 语句)步骤中会显示该操作对应的 SQL 语句,可自行检查是否需要修改语句,确认无误后再次单击 Apply 按钮,进入 Apply SQL Script 步骤,单击 Finish 按钮即可完成该操作。

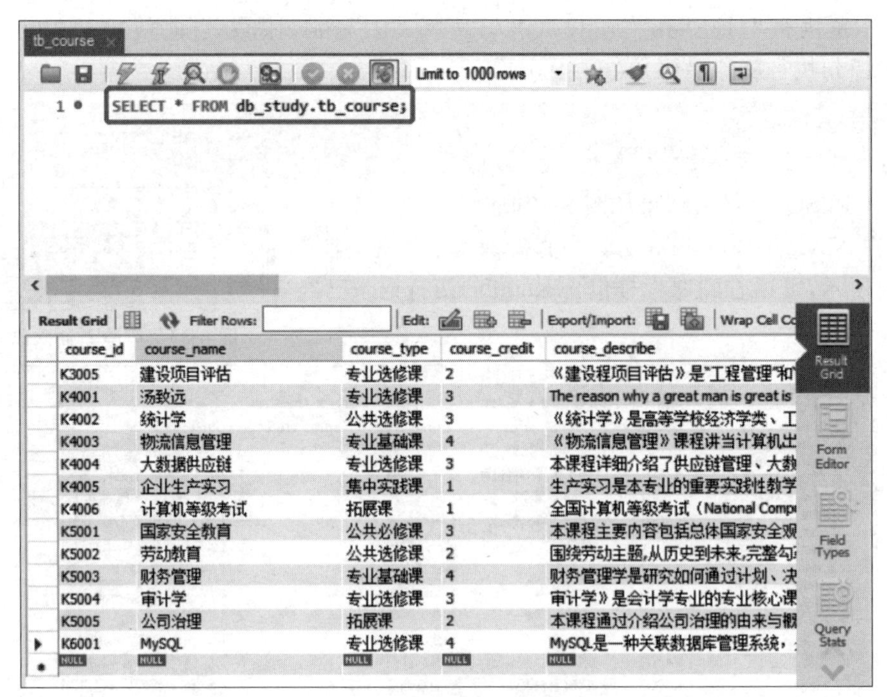

图 8-35 自动执行查询操作

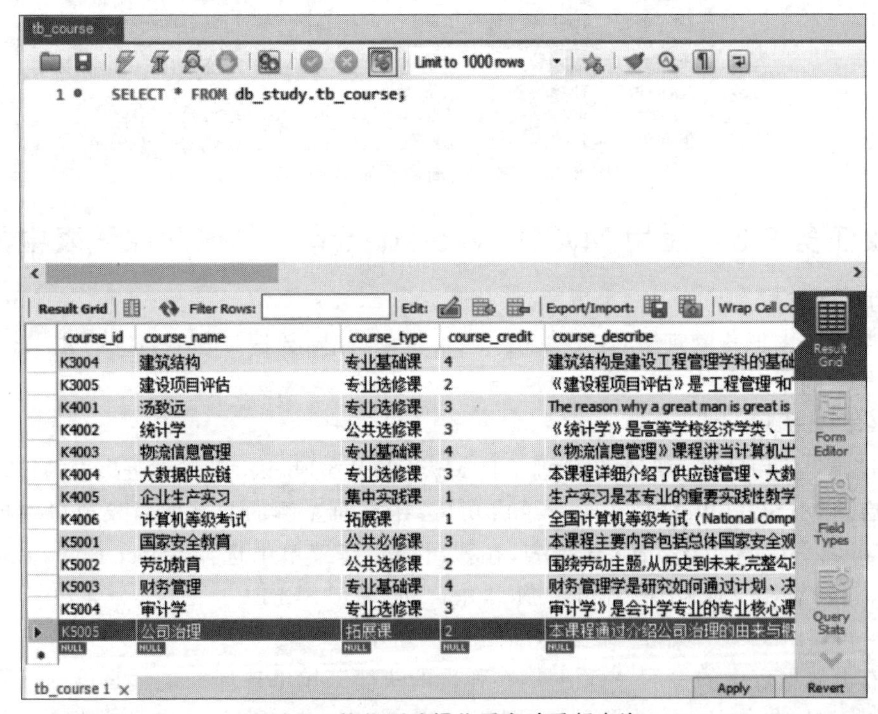

图 8-36 执行删除操作后自动重新查询

扫一扫

视频讲解

课业任务 8-6 使用 Navicat Premium 工具更新课程表中的记录

【能力测试点】

灵活使用数据库图形化管理工具 Navicat Premium 对数据库学习系统的 db_study 数据库中的课程表进行数据更新。

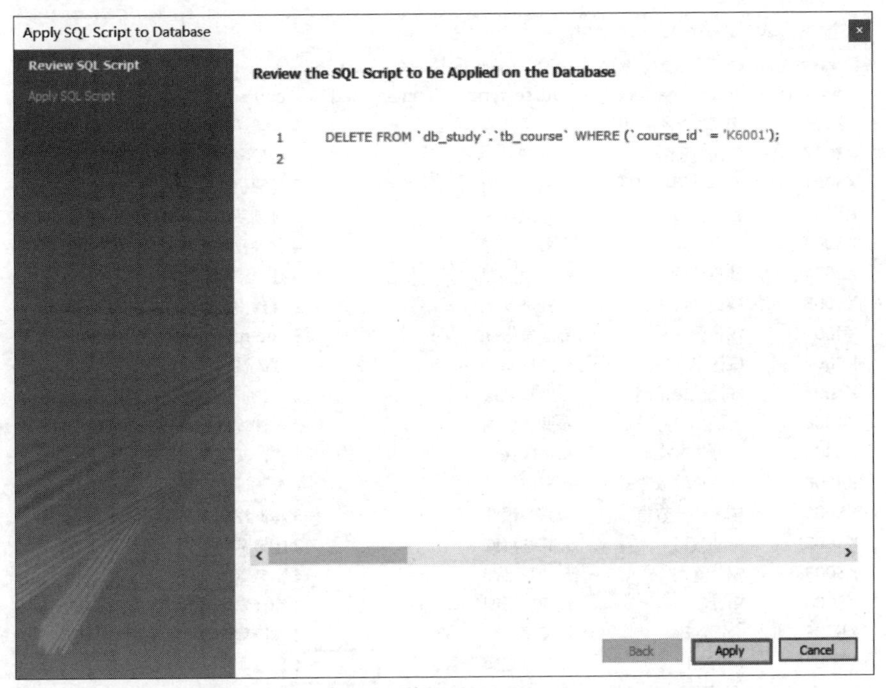

图 8-37　Apply SQL Script to Database 对话框

【任务实现步骤】

任务需求：灵活使用图形化管理工具 Navicat Premium 进行数据表的更新。

（1）启动 Navicat Premium 16，登录成功后，在界面左侧列表展开 db_study→“表”→tb_course，可以在运行窗口中查看课程表数据，如图 8-38 所示。

course_id	course_name	course_type	course_credit	course_describe
K2006	电子技术综合设计	集中实践课	1	《电子技术综合设计》是大
K2007	考研类课程	拓展课	3	考研考四门课程,包括两门公
K3001	大学计算机基础	公共必修课	3	计算机基础知识 主要知识点
K3002	创新创业	公共选修课	3	《创新创业》课程是面向全
K3003	工程力学	专业基础课	4	该课程共包括课程概论、静
K3004	建筑结构	专业基础课	4	建筑结构是建设工程管理学
K3005	建设项目评估	专业选修课	2	《建设程项目评估》是"工程
K4001	汤致远	专业选修课	3	The reason why a great m
K4002	统计学	公共选修课	3	《统计学》是高等学校经济
K4003	物流信息管理	专业基础课	4	《物流信息管理》课程讲当
K4004	大数据供应链	专业选修课	3	本课程详细介绍了供应链管
K4005	企业生产实习	集中实践课	1	生产实习是本专业的重要实
K4006	计算机等级考试	拓展课	1	全国计算机等级考试（Natic
K5001	国家安全教育	公共必修课	3	本课程主要内容包括总体国
K5002	劳动教育	公共选修课	2	围绕劳动主题,从历史到未来
K5003	财务管理	专业基础课	4	财务管理学是研究如何通过
K5004	审计学	专业选修课	3	审计学》是会计学专业的专
K5005	公司治理	拓展课	2	本课程通过介绍公司治理的
K6001	MySQL	专业基础课	(Null)	(Null)

图 8-38　使用 Navicat Premium 工具查看课程表数据

（2）找到 course_id 字段值为 K6001 的记录后，单击该行记录的 course_credit 字段中的单元格，输入 4，确认无误后按 Ctrl+S 快捷键保存修改记录即可，如图 8-39 所示。

说明：在 Navicat Premium 工具中，更新数据表时也要参照数据库的更新规则，如要输入相符合的数值类型等。

对象　tb_course @db_study (MySQL) - 表

开始事务　文本 · 筛选　排序　导入　导出　数据生成　创建图表

course_id	course_name	course_type	course_credit	course_describe
K2006	电子技术综合设计	集中实践课	1	《电子技术综合设计》是大
K2007	考研类课程	拓展课	3	考研考四门课程,包括两门公
K3001	大学计算机基础	公共必修课	3	计算机基础知识 主要知识点
K3002	创新创业	公共选修课	3	《创新创业》课程是面向全
K3003	工程力学	专业基础课	4	该课程共包括课程概论、静
K3004	建筑结构	专业基础课	4	建筑结构是建设工程管理学
K3005	建设项目评估	专业选修课	2	《建设项目评估》是"工程
K4001	汤致远	专业选修课	3	The reason why a great m
K4002	统计学	公共选修课	3	《统计学》是高等学校经济
K4003	物流信息管理	专业基础课	4	《物流信息管理》课程讲当
K4004	大数据供应链	专业选修课	3	本课程详细介绍了供应链管
K4005	企业生产实习	集中实践课	1	生产实习是本专业的重要实
K4006	计算机等级考试	拓展课	1	全国计算机等级考试 (Natio
K5001	国家安全教育	公共必修课	3	本课程主要内容包括总体国
K5002	劳动教育	公共选修课	2	围绕劳动主题,从历史到未来
K5003	财务管理	专业基础课	4	财务管理学是研究如何通过
K5004	审计学	专业选修课	3	审计学》是会计学专业的专
K5005	公司治理	拓展课	2	本课程通过介绍公司治理的
K6001	MySQL	专业基础课	4	(Null)

图 8-39　更新记录成功

常见错误及解决方案

错误 8-1　向课程表插入一行数据失败

【问题描述】

在执行插入数据操作时,出现错误提示,如图 8-40 所示。

```
mysql> INSERT INTO tb_course VALUES ('K60001','MySQL应用与实践','专业基础课','4','MySQL是一种关联数据库管理系统, 关联数据库将数据保存在不同的表中, 而不是将所有数据放在一个大仓库内, 这样就增加了速度并提高了灵活性。MySQL所使用的SQL语言是用于访问数据库的最常用标准化语言');
ERROR 1406 (22001): Data too long for column 'course_id' at row 1
mysql>
```

图 8-40　插入数据失败

【解决方案】

由于数据表结构严谨,输入值超过了该字段定义的字符长度,所以导致 MySQL 对其截断。找到错误提示的对应字段 course_id,执行"DESC tb_course;"语句查看课程表中 course_id 字段的字符长度,如图 8-41 所示。

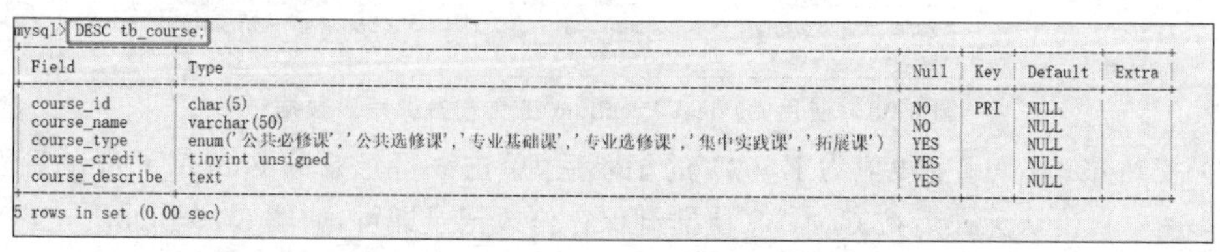

mysql> DESC tb_course;

Field	Type	Null	Key	Default	Extra
course_id	char(5)	NO	PRI	NULL	
course_name	varchar(50)	NO		NULL	
course_type	enum('公共必修课','公共选修课','专业基础课','专业选修课','集中实践课','拓展课')	YES		NULL	
course_credit	tinyint unsigned	YES		NULL	
course_describe	text	YES		NULL	

5 rows in set (0.00 sec)

图 8-41　查看 course_id 字段字符长度

将插入值的字符长度减少至 course_id 字段定义的字符长度 5 以内,如修改为 K6001 重新进行插入操作,如图 8-42 所示,插入成功。

```
mysql> INSERT INTO tb_course VALUES ('K6001','MySQL应用与实践','专业基础课','4','MySQL是一种关联数据库管理系统，关联数据库将数据保存在不同的表中，而不是将所有数据放在一个大仓库内，这样就增加了速度并提高了灵活性。MySQL所使用的SQL语言是用于访问数据库的最常用标准化语言');
Query OK, 1 row affected (0.00 sec)
```

图 8-42　重新插入成功

错误 8-2　TRUNCATE TABLE 语句清空数据表失败

【问题描述】

在执行清空数据表操作时，出现错误提示，如图 8-43 所示。

```
mysql> TRUNCATE TABLE db_study.tb_department;
ERROR 1701 (42000): Cannot truncate a table referenced in a foreign key constraint (`db_study`.`tb_class`, CONSTRAINT `fk_department_id1`)
mysql>
```

图 8-43　清空数据表失败

【解决方案】

由于数据表结构严谨，表与表之间有着各种约束，所以导致删除失败。在 MySQL 中执行"SET FOREIGN_KEY_CHECKS = 0;"语句，使数据库忽略外键约束，然后再执行"TRUNCATE TABLE db_study. tb_department;"语句，如图 8-44 所示，表示操作成功。

为保证数据库严谨性，需要执行"SET FOREIGN_KEY_CHECKS=1;"语句将约束再次打开，如图 8-45 所示。

```
mysql> SET FOREIGN_KEY_CHECKS=0;
Query OK, 0 rows affected (0.00 sec)

mysql> TRUNCATE TABLE db_study.tb_department;
Query OK, 0 rows affected (0.03 sec)
```

图 8-44　删除成功

```
mysql> SET FOREIGN_KEY_CHECKS=1;
Query OK, 0 rows affected (0.00 sec)

mysql>
```

图 8-45　再次打开约束

扫一扫

自测题

习题

1. 选择题

(1) 下列关键字中表示插入数据的是(　　)。

A. INSERT　　B. UPDATE　　C. DELETE　　D. TRUNCATE

(2) 下列可选项关键字中使用正确的是(　　)。

A. INSERT INTO　　B. UPDATE FROM

C. DELETE TABLE　　D. DROP RROM

(3) 下列选项中不是删除表格数据的关键字的是(　　)。

A. DROP　　B. DELETE

C. TRUNCATE TABLE　　D. 以上都不是

(4) 删除数据操作失败的原因可能是(　　)。

A. 外键　　B. 数值类型　　C. 索引　　D. 以上说法都正确

(5) 用一条语句插入多条记录时，需要用(　　)符号隔开。

A. ，　　B. ：　　C. ；　　D. 以上都不正确

2. 填空题

(1) 数据表的几大处理方式分别是________。

(2) 插入数据操作失败的可能原因是________。

（3）更新数据操作失败的可能原因是________。

（4）效率最高的插入数据的语法为________。

（5）删除数据的 3 个关键字的执行速度从小到大为________。

3. 判断题

（1）INSERT 语句可以省略 INTO 关键字。（　）

（2）可以不采用增、删、改操作，直接重建数据库进行更新维护。（　）

（3）数据库的增、删、改、查是使用数据库最基本的操作。（　）

（4）对数据表的增、删、改、查也可以用在索引和视图中。（　）

4. 操作题

（1）使用 MySQL 终端向 db_study 数据库中的学生表插入两行记录。

（2）使用 MySQL 终端对 db_study 数据库中的学生表修改两行记录。

（3）使用 MySQL 终端从 db_study 数据库的学生表中删除两行记录。

（4）使用 MySQL Workbench 工具对部门表删除一行记录。

（5）使用 Navicat Premiun 工具向部门表插入两行记录。

（6）使用 Navicat Premiun 工具从部门表删除两行记录。

第 9 章

存储过程与游标

CHAPTER 9

“事以简为上，言以简为当。”存储过程（Stored Procedure）是一种在数据库中存储复杂程序的方式，允许用户通过指定存储过程的名称并给定参数在需要时调用执行。本章将通过丰富的案例介绍存储过程的创建、调用、查看修改与删除，以及游标的使用和 SQL 编程相关的流程控制。此外，通过 5 个综合课业任务演示如何创建存储过程，以及如何查看、修改和删除存储过程。

【教学目标】

- 了解存储过程的特点；
- 掌握存储过程的创建、调用、查看、修改和删除；
- 了解变量的类型和使用；
- 掌握基本的流程控制语句；
- 通过不同的工具熟悉存储过程管理。

【课业任务】

王小明想使用 MySQL+Java 开发一个数据库学习系统。在本章中，他将学习存储过程的使用，将处理数据的 SQL 语句存储起来，以提高数据处理效率。现通过 5 个课业任务来完成。

课业任务 9-1 使用 WHILE 语句求 1+2+…+100

课业任务 9-2 使用 LOOP 语句、ITERATE 语句和 LEAVE 语句求 1+2+…+100

*__课业任务 9-3__ 创建存储过程查询某同学的成绩

课业任务 9-4 使用 MySQL Workbench 工具求 1+2+…+100

课业任务 9-5 使用 Navicat Premium 工具求某系的人数

9.1 存储过程概述

存储过程是一组经过预先编译的 SQL 语句的封装,它由声明式的 SQL 语句(如 DDL 语句和 DML 语句)以及过程式的 SQL 语句(如分支语句和循环语句)组成。在实际操作中,经常需要多条 SQL 语句处理多个数据表才能完成一个完整的操作。如果在客户端和服务器端频繁地传输多条 SQL 语句,那么将会极大地降低命令的执行效率。存储过程预先将多条 SQL 语句组合成一个程序并存储在 MySQL 服务器上,当需要执行时,客户端只需要向服务器端发出调用存储过程的命令,服务器端就可以把预先存储好的这一系列 SQL 语句全部执行,从而大大提高了数据处理速度。

存储过程具有以下优点。

(1) 操作简易性:简化操作,提高了 SQL 语句的重用性,减小开发程序员的压力。

(2) 便利性:减少网络传输量(客户端不需要把所有 SQL 语句通过网络发送给服务器)。

(3) 高效性:减少操作过程中的失误,提高效率。

(4) 安全性:降低 SQL 语句在网络中暴露的风险,也提高了数据查询的安全性。

存储过程具有以下缺点。

(1) 存储过程往往被定制于特定的数据库上,因为其支持的编程语言不同。如果需要切换到其他厂商的数据库系统,那么就需要重新编写原有的存储过程。

(2) 存储过程的性能调优与撰写受到各种数据库系统的限制。

9.2 存储过程的创建、调用与查看

在 MySQL 中,存储程序是用 CREATE PROCEDURE 语句创建的。使用 CALL 语句调用存储过程,且只能使用输出变量传回值。存储过程也可以调用其他存储过程。

9.2.1 创建存储过程

在 MySQL 中,可以使用 CREATE PROCEDURE 语句创建存储过程,语法格式如下。

```
CREATE PROCEDURE 存储过程名 ([参数[,…]])
[特性 …]
存储过程语句块
```

对语句中各部分的说明如下。

(1) 存储过程名是该存储过程的名称。

(2) 参数是指定存储过程的参数列表,存储过程中也可以不带任何参数。参数由 3 部分组成,具体的语法格式如下。

```
[ IN | OUT | INOUT ] 参数名 类型
```

其中,IN 表示输入参数;OUT 表示输出参数;INOUT 表示该参数既可以作为输入参数,也可以作为输出参数;参数名表示参数名称;类型表示参数类型,在 MySQL 中,这个类型可以是数据库中任意一种类型。

(3) 存储过程的特性有以下 5 种取值。

① LANGUAGE SQL：指明使用 SQL 语句组成 routine_body 部分，当前系统仅支持 SQL。

② [NOT] DETERMINISTIC：指明存储过程执行的结果是否是“确定的”。DETERMINISTIC 表示结果是确定的，即每次执行存储过程时，对于相同的输入参数产生相同的结果；NOT DETERMINISTIC 表示结果是不确定的，即每次执行存储过程时，对于相同的输入参数产生不同的结果。系统默认指定为 NOT DETERMINISTIC。

③ { CONTAINS SQL | NO SQL | READS SQL DATA | MODIFIES SQL DATA }：指定使用 SQL 语句时的限制。CONTAINS SQL 表示包含 SQL 语句，但是这些语句中不包括读写数据的语句；NO SQL 表示不包含 SQL 语句；READS SQL DATA 表示包含读数据的 SQL 语句，但不包含写入数据的 SQL 语句；MODIFIES SQL DATA 表示包括写入数据的 SQL 语句。系统默认指定为 CONTAINS SQL。

④ SQL SECURITY { DEFINER | INVOKER }：指明谁有权限执行该存储过程。DEFINER 表示只有存储过程的创建者才可以执行；INVOKER 表示拥有权限的调用者才可以执行。系统默认指定为 DEFINER。

⑤ SCOMMENT 'string'：提供存储过程的注释或描述信息。

(4) 存储过程语句块表示 SQL 代码的内容，也是存储过程的主体，通常使用 BEGIN 和 END 标识 SQL 代码的开始和结束。

【案例 9-1】　创建一个存储过程。

创建一个名为 s_procedure 的存储过程，其作用是查询 tb_student 数据表中的所有信息，SQL 语句如下。

```
DELIMITER //
CREATE PROCEDURE s_procedure()
BEGIN
SELECT * FROM tb_student;
END//
DELIMITER;
```

说明：

(1) DELIMITER //语句的作用是将 MySQL 的结束符设置为//，因为默认的 SQL 结束标记是分号(;)，而存储过程中可能会出现多条 SQL 语句，这些 SQL 语句又以分号(;)结尾，为了防止语句冲突，需要使用 DELIMITER 关键字自定义结束符。存储过程创建完成之后，再通过 DELIMITER; 语句恢复默认结束符。也可使用其他符号，如 DELIMITER $ $。

(2) 存储过程执行的语句块可以是单条 SQL 语句，也可以是由 BEGIN…END 结构组成的复合语句块。在这个例子中，使用了 BEGIN 和 END 标识存储过程执行的代码段。

(3) 创建存储过程之前必须指定该存储过程所在的数据库，可以通过“USE 数据库名称;”语句指定。

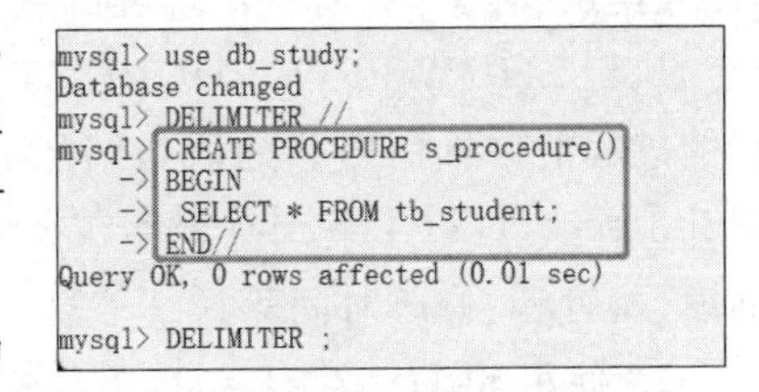

图 9-1　创建存储过程

执行上述 SQL 语句，结果如图 9-1 所示。

9.2.2　调用存储过程

存储过程创建完成后，必须使用 CALL 语句才能调用，具体的语法格式如下。

```
CALL 存储过程名([参数[,…]])
```

存储过程名表示调用的存储过程的名称,如果要调用其他数据库中的存储过程,需要使用“CALL 数据库名.存储过程名”的格式。

参数表示调用该存储过程使用的参数列表。该参数列表需要与当前调用的存储过程定义时的参数列表保持一致。如果没有参数时,则可以省略括号。

【案例 9-2】 调用存储过程。

执行 CALL s_procedure 语句可以调用案例 9-1 中创建的 s_procedure 存储过程。如图 9-2 所示,调用结果显示了 tb_student 数据表的所有信息,等同于执行 SELECT * FROM tb_student 语句。

```
mysql> CALL s_procedure;
```

student_id	student_name	student_gender	student_height	student_birthday	class_id	student_phone
20220101001	曹杰宏	男	158	2005-09-26 07:03:48	B4009	141-5402-7823
20220101002	何宇宁	女	176	2004-09-19 02:53:39	B4001	769-842-5951
20220101003	潘嘉伦	女	173	2005-11-10 13:54:47	B1015	175-4460-0936
20220101004	谭睿	女	153	2002-02-21 10:57:13	B1001	28-7282-6419
20220101005	陆岚	男	174	2005-02-15 23:25:25	B3003	176-3255-2591
20220101006	朱子异	女	165	2003-02-20 14:32:34	B5007	163-7226-6158
20220101007	曹秀英	女	179	2005-07-29 15:55:41	B5002	137-6365-4834
20220101008	萧子韬	女	165	2004-03-10 19:25:23	B4007	28-0662-5680
20220101009	龚晓明	男	179	2004-07-22 12:19:03	B4009	177-8511-7488
20220101010	许云熙	男	179	2003-12-14 13:19:13	B4008	769-577-3239
20220101011	马子异	男	146	2005-08-24 19:52:46	B4007	132-7319-4472

图 9-2 调用存储过程

9.2.3 查看存储过程

1. 使用 SHOW STATUS 语句查看存储过程

在 MySQL 中可以使用 SHOW STATUS 语句查看存储过程的状态,具体的语法格式如下。

```
SHOW PROCEDURE STATUS [LIKE '存储过程名']
```

该语句是一个 MySQL 的扩展,它可以返回存储过程的特征,如数据库名称、类型、创建者、创建日期和修改日期等。其中,PROCEDURE 表示查看的是存储过程;[LIKE '存储过程名']表示需要匹配的存储过程名称。如果省略存储过程名,则会返回所有存储过程的状态信息,否则只会返回与指定名称匹配的存储过程的状态信息。

说明: 需要注意的是,SHOW STATUS 语句只能用于查询当前连接的存储过程信息,如果需要查询其他数据库中的存储过程信息,则需要先使用 USE 语句切换到相应的数据库。

【案例 9-3】 查看存储过程的状态。

执行 SHOW PROCEDURE STATUS LIKE 's_p%'\G 语句可以查看名称以 s_p 开头的存储过程的详细信息。在语句结尾后添加\G 标记,可以让显示的信息更加有条理。结果如图 9-3 所示,可以了解到是否存在名为 s_procedure 的存储过程,并列出该存储过程所在的数据库、所有者、修改时间等详细信息。

2. 使用 SHOW CREATE 语句查看存储过程或存储函数

在 MySQL 中,除了 SHOW STATUS 语句之外,还可以使用 SHOW CREATE 语句查看存储过程的状态,具体的语法格式如下。

```
SHOW CREATE PROCEDURE 存储过程名
```

该语句同样是一个 MySQL 的扩展,它可以返回存储过程的定义、字符集等信息。其中,

```
mysql> SHOW PROCEDURE STATUS LIKE 's_p%' \G
*************************** 1. row ***************************
                  Db: db_study
                Name: s_procedure
                Type: PROCEDURE
             Definer: root@localhost
            Modified: 2023-02-06 14:16:54
             Created: 2023-02-06 14:16:54
       Security_type: DEFINER
             Comment:
character_set_client: utf8mb4
collation_connection: utf8mb4_0900_ai_ci
  Database Collation: utf8mb4_0900_ai_ci
1 row in set (0.00 sec)

mysql>
```

图 9-3　查看存储过程的状态

存储过程名表示存储过程的名称。

【案例 9-4】 查看存储过程的定义信息。

执行 SHOW CREATE PROCEDURE s_procedure\G 语句，查看 s_procedure 存储过程的定义信息。在语句结尾处添加\G 标记，可以让显示的信息更加有条理。结果如图 9-4 所示，可以得到存储过程名称、存储的具体 SQL 语句、字符集等详细信息。这个结果对于理解存储过程是如何定义和实现的非常有帮助，也可以使用这个语句将存储过程的定义作为备份或迁移的一部分。

```
mysql> SHOW CREATE PROCEDURE s_procedure \G
*************************** 1. row ***************************
           Procedure: s_procedure
            sql_mode: ONLY_FULL_GROUP_BY,STRICT_TRANS_TABLES,NO_ZERO_IN_DATE,NO_ZERO_DATE,
ERROR_FOR_DIVISION_BY_ZERO,NO_ENGINE_SUBSTITUTION
    Create Procedure: CREATE DEFINER=`root`@`localhost` PROCEDURE `s_procedure`()
BEGIN
        SELECT * FROM tb_student;
END
character_set_client: utf8mb4
collation_connection: utf8mb4_0900_ai_ci
  Database Collation: utf8mb4_0900_ai_ci
1 row in set (0.01 sec)

mysql>
```

图 9-4　查看存储过程的定义信息

3. 通过 routines 数据表查询存储过程或存储函数

在 MySQL 中，存储过程和存储函数的信息都存储在 information_schema 数据库的 routines 数据表中。可以通过查询该表中的记录获取存储过程或存储函数的信息，具体的语法格式如下。

```
SELECT * FROM information_schema.routines
WHERE ROUTINE_NAME = 存储过程名 AND ROUTINE_TYPE = 'PROCEDURE';
```

其中，ROUTINE_NAME 表示所要查询的存储过程名称；ROUTINE_TYPE 表示查询的是存储过程还是存储函数。如果存储过程和存储函数名称相同，则需要在 WHERE 子句中指定 ROUTINE_TYPE 的值。

【案例 9-5】 通过 routines 数据表查询存储过程。

通过查询系统 information_schema 数据库的 routines 数据表获取存储过程的详细信息。例如，查询名称为 s_procedure 的存储过程的信息，在 SQL 语句结尾后加上\G 标记，让显示的信息更有条理。SQL 语句如下。

```
SELECT * FROM information_schema.routines
WHERE ROUTINE_NAME = 's_procedure' AND ROUTINE_TYPE = 'PROCEDURE'\G
```

执行上述 SQL 语句,结果如图 9-5 所示,其中包含了 s_procedure 存储过程的名称、类型、所属数据库、创建时间、修改时间等详细信息,这些信息对存储过程的设计和维护非常有帮助。

```
mysql> SELECT * FROM information_schema.routines
    -> WHERE ROUTINE_NAME='s_procedure' AND ROUTINE_TYPE='PROCEDURE' \G
*************************** 1. row ***************************
           SPECIFIC_NAME: s_procedure
         ROUTINE_CATALOG: def
          ROUTINE_SCHEMA: db_study
            ROUTINE_NAME: s_procedure
            ROUTINE_TYPE: PROCEDURE
               DATA_TYPE:
CHARACTER_MAXIMUM_LENGTH: NULL
  CHARACTER_OCTET_LENGTH: NULL
       NUMERIC_PRECISION: NULL
           NUMERIC_SCALE: NULL
      DATETIME_PRECISION: NULL
      CHARACTER_SET_NAME: NULL
          COLLATION_NAME: NULL
          DTD_IDENTIFIER: NULL
            ROUTINE_BODY: SQL
      ROUTINE_DEFINITION: BEGIN
  SELECT * FROM tb_student;
END
           EXTERNAL_NAME: NULL
       EXTERNAL_LANGUAGE: SQL
```

图 9-5　通过 routines 数据表查询存储过程

9.3　游标的使用

在 MySQL 中,查询语句常常返回多行数据。如果数据量很大,则不能逐行处理数据。因此,在存储过程或存储函数中,可以使用游标逐个读取查询结果。通过控制游标的移动,用户可以按需要查看和操作这些数据,但不能跳过任何记录。

注意:MySQL 中游标只能在存储过程或存储函数中使用。

1. 声明游标

在 MySQL 中,可以使用 DECLARE 语句声明游标,具体的语法格式如下。

```
DECLARE 游标名称 CURSOR FOR 查询条件语句
```

其中,游标名称表示需要定义的游标名称;查询条件语句表示 SELECT 语句,可以是简单查询,也可以是复杂查询,但不能包含 INTO 语句。

游标的声明必须在变量和条件声明语句之后,在声明处理程序之前。

2. 打开游标

使用 OPEN 关键字打开先前声明的游标,具体的语法格式如下。

```
OPEN 游标名称
```

这条语句会将游标与相应的查询结果集关联起来,以便对查询结果集中每条记录进行处理。如果游标未被先前声明,则 OPEN 语句会报错。

3. 使用游标

使用游标的具体的语法格式如下。

```
FETCH 游标名称 INTO 参数 1 [, 参数 2] …
```

参数 1 [, 参数 2]…表示 FETCH 语句从结果集中获取一行数据,并将此数据存储到参数 1、参数 2 等定义的变量中。

FETCH 语句每执行一次,游标指针就会后移一行,通常需要与循环语句配合。如果所有结果行都已被检索,再次执行该 FETCH 语句会报错。

4. 关闭游标

使用 CLOSE 关键字关闭先前声明的游标，具体的语法格式如下。

```
CLOSE 游标名称
```

如果游标未打开，则执行该语句会报错。需要注意的是，如果游标未被明确地关闭，则该游标将在它声明的复合语句的末尾自动关闭。

【案例 9-6】 游标的应用。

根据给定的课程名称，利用游标遍历查询该门课程的学生学号和成绩的结果集。

(1) 创建 cursor_grade 存储过程，该存储过程中有 3 个参数：IN 模式的 c_name 参数，用于接收具体的课程名；以及两个 OUT 模式的参数 s_id 和 g_score，分别用于获取查询结果中的学生学号和成绩。

(2) 在变量声明语句之后，声明 cur_score 游标，再从 tb_grade 数据表中根据 course_id 字段查询 student_id 和 grade_score 字段的值。

(3) 在 WHILE 循环中，使用 FETCH 关键字逐行获取 SELECT 语句中的数据。

(4) 当 WHILE 循环结束时，必须显式地关闭游标。

具体的 SQL 语句如下。

```
CREATE PROCEDURE 'cursor_grade'(IN c_name VARCHAR(50), OUT s_id BIGINT, OUT g_score TINYINT)
BEGIN
    DECLARE flag BOOLEAN DEFAULT(TRUE);
    DECLARE cur_score CURSOR FOR
        SELECT student_id, grade_score FROM tb_grade
        WHERE course_id = (SELECT course_id FROM tb_course WHERE course_name = c_name);
    DECLARE EXIT HANDLER FOR NOT FOUND SET flag = FALSE;
    /* 定义一个错误异常，当有 SQLEXCEPTION 异常，SQLWARNING 警告，NOT FOUND 这 3 种错误时，退出执行，并将局部变量 flag 的值修改为 FALSE */
    OPEN cur_score;
    /* 当 flag 的值为 TRUE 时，执行 WHILE 循环；否则退出循环 */
    WHILE flag DO
        FETCH cur_score INTO s_id, g_score;
        SELECT s_id, g_score;
    END WHILE;
END
```

执行上述 SQL 语句，结果如图 9-6 所示，在存储过程中声明游标成功。

```
mysql> DELIMITER //
mysql> CREATE PROCEDURE cursor_grade(IN c_name VARCHAR(50), OUT s_id BIGINT, OUT g_score TINYINT)
    -> BEGIN
    ->  DECLARE flag BOOLEAN DEFAULT(TRUE);
    ->  DECLARE cur_score CURSOR FOR SELECT student_id, grade_score FROM tb_grade
    ->          WHERE course_id = (SELECT course_id FROM tb_course WHERE course_name = c_name);
    ->  DECLARE EXIT HANDLER FOR NOT FOUND SET flag = FALSE;
    ->  OPEN cur_score;
    ->  WHILE flag DO
    ->          FETCH cur_score INTO s_id, g_score;
    ->          SELECT s_id, g_score;
    ->  END WHILE;
    -> END//
Query OK, 0 rows affected (0.00 sec)

mysql> DELIMITER ;
```

图 9-6　创建 cursor_grade 存储过程并声明游标

执行“CALL cursor_grade('面向对象程序设计',@student_id,@grade_score);”语句，调用 cursor_grade 存储过程，结果如图 9-7 所示。该存储过程使用游标从 tb_grade 数据表中查

询和遍历该课程中所有学生的成绩和学号,并将每个学生的学号和成绩分别逐行输出。

```
mysql> CALL cursor_grade('面向对象程序设计',@student_id,@grade_score);
+-------------+---------+
| s_id        | g_score |
+-------------+---------+
| 20220101145 |      70 |
+-------------+---------+
1 row in set (0.00 sec)

+-------------+---------+
| s_id        | g_score |
+-------------+---------+
| 20220101155 |      90 |
+-------------+---------+
1 row in set (0.00 sec)

+-------------+---------+
| s_id        | g_score |
+-------------+---------+
| 20220101179 |      91 |
+-------------+---------+
1 row in set (0.01 sec)
```

图 9-7 调用 cursor_grade 存储过程

9.4 存储过程的修改

在 MySQL 中,可以通过 ALTER 关键字修改已经创建的存储过程的特性,但是无法修改存储过程中的参数和过程体定义语句。具体的语法格式如下。

```
ALTER PROCEDURE 存储过程名 [特性...]
```

其中,特性表示存储过程的特性,详见 9.2.1 节的说明。

【案例 9-7】 修改存储过程。

修改案例 9-1 创建的 s_procedure 存储过程,将其读写权限修改为 READS SQL DATA 并指明调用者可以执行,SQL 语句如下。

```
ALTER PROCEDURE s_procedure
READS SQL DATA
SQL SECURITY INVOKER;
```

```
mysql> ALTER PROCEDURE s_procedure
    -> READS SQL DATA
    -> SQL SECURITY INVOKER;
Query OK, 0 rows affected (0.02 sec)
```

图 9-8 修改 s_procedure 存储过程

执行上述 SQL 语句,结果如图 9-8 所示。

修改前执行 SELECT * FROM information_schema. routines WHERE ROUTINE_NAME='s_procedure' AND ROUTINE_TYPE='PROCEDURE' \G 语句查看 s_procedure 存储过程的详细信息,结果如图 9-9 所示。可以看到存储过程的 SQL_DATE_ACCESS 属性为 CONTAINS SQL,表示该存储过程具有执行 SQL 语句的权限; SECURITY_TYPE 属性为 DEFINER,表示只有存储过程的创建者才能够调用和执行存储过程,并获得执行权限。

```
        EXTERNAL_NAME: NULL
    EXTERNAL_LANGUAGE: SQL
      PARAMETER_STYLE: SQL
     IS_DETERMINISTIC: NO
      SQL_DATA_ACCESS: CONTAINS SQL
             SQL_PATH: NULL
        SECURITY_TYPE: DEFINER
              CREATED: 2023-03-10 17:37:20
         LAST_ALTERED: 2023-03-10 17:37:20
             SQL_MODE: ONLY_FULL_GROUP_BY,STRICT_TRANS_TABLES,
,NO_ENGINE_SUBSTITUTION
```

图 9-9 修改前的 s_procedure 存储过程

修改后再次执行 SELECT * FROM information_schema. routines WHERE ROUTINE_

NAME='s_procedure' AND ROUTINE_TYPE='PROCEDURE'\G 语句查看 s_procedure 存储过程的详细信息，结果如图 9-10 所示，可以看到已经按照案例 9-7 的要求修改成功。

```
        EXTERNAL_NAME: NULL
    EXTERNAL_LANGUAGE: SQL
      PARAMETER_STYLE: SQL
     IS_DETERMINISTIC: NO
      SQL_DATA_ACCESS: READS SQL DATA
             SQL_PATH: NULL
        SECURITY_TYPE: INVOKER
              CREATED: 2023-03-10 17:37:20
         LAST_ALTERED: 2023-03-10 17:49:24
             SQL_MODE: ONLY_FULL_GROUP_BY,STRICT_TRANS_TABLES,
,NO_ENGINE_SUBSTITUTION
```

图 9-10　修改后的 s_procedure 存储过程

9.5　存储过程的删除

在 MySQL 中，可以通过 DROP 关键字删除存储过程，具体的语法格式如下。

```
DROP PROCEDURE [IF EXISTS] 存储过程名称
```

IF EXISTS 子句是一个可选项，它可以判断存储过程是否存在。若存在，则执行删除操作；若不存在，则不进行任何操作，同时产生一条可以使用 SHOW WARNINGS 查看的警告。

【案例 9-8】　删除存储过程。

执行 DROP PROCEDURE s_procedure 语句，可以删除 s_procedure 存储过程，如图 9-11 所示。

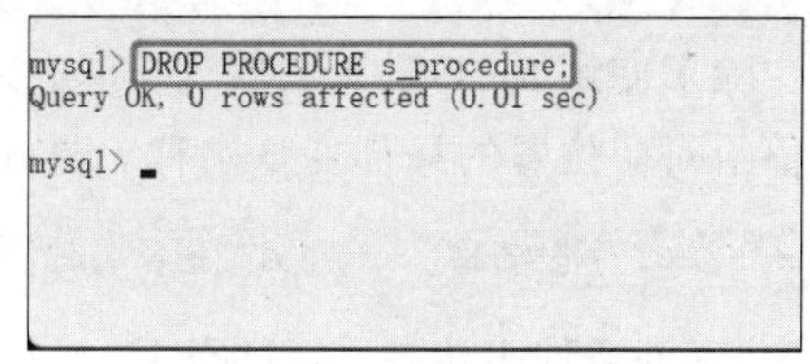

图 9-11　删除存储过程

9.6　变量类型

在 MySQL 中，可以定义并使用 4 种不同类型的变量。其中，局部变量是在 SQL 语句块的 BEGIN…END 中定义的，并且作用域仅限于该语句块；用户变量是以@符号开头定义的，作用范围为当前会话（连接）中的所有 SQL 语句；会话变量和全局变量由 mysqld 服务器维护，其作用范围分别为当前会话和整个服务器。

说明：全局变量的修改将影响服务器的整体操作，而会话变量的修改只会影响当前连接的具体操作。因此，在使用全局变量和会话变量时需要特别谨慎。

9.6.1　局部变量

1. 定义变量

在 MySQL 中，局部变量一般定义在 SQL 语句块的 BEGIN…END 中，其作用域仅限于该语句块，在该语句块执行完毕后，局部变量就会消失。通过使用 DECLARE 语句定义局部变量，具体的语法格式如下。

```
DECLARE 变量名称 1[,变量名称 2]… 数据类型 [DEFAULT 默认值];
```

其中，变量名称为局部变量的名称；DEFAULT 为局部变量提供默认值，如果没有 DEFAULT 语句，则局部变量的初始值为 NULL。在使用局部变量时应该确保变量名称的唯一性，否则可能会出现命名冲突的问题。

【案例 9-9】　定义局部变量。

使用 DECLARE 语句定义名为 var 的局部变量,类型为 INT,默认值为 66,SQL 语句如下。

```
DECLARE var INT DEFAULT 66;
```

2. 为变量赋值

定义局部变量之后,可以使用 SET 语句为局部变量赋值,具体的语法格式如下。

```
SET 变量名称 1 = 参数 1[,变量名称 2 = 参数 2] ...;
```

BEGIN…END 语句块中的 SET 语句赋值的变量可以是系统变量或用户变量。

【案例 9-10】 使用 SET 语句为局部变量 var 赋值。

使用 DECLARE 语句定义一个名为 var 的整型局部变量,并将其默认值设置为 66。然后使用 SET 语句将变量 var 的值修改为 1。最后,使用 SELECT 语句查询该代码块内局部变量 var 的值,SQL 语句如下。

```
DECLARE var INT DEFAULT 66;
SET var = 1;
SELECT var;
```

除了使用 SET 语句赋值外,还可以通过 SELECT…INTO…语句将选定的字段名称分别赋值给对应位置的局部变量名称。具体的语法格式如下。

```
SELECT 字段名称[,…] INTO 变量名称[,…] 查询条件表达式 [WHERE… ];
```

其中,查询条件表达式［WHERE…］表示需要进行查询的 SQL 语句,同时包括了 WHERE 关键字以及表名称。

【案例 9-11】 使用 SELECT…INTO…语句为局部变量赋值。

使用 DECLARE 语句声明局部变量 cla_name 和 dep_id,通过 SELECT…INTO…语句从 tb_class 数据表中查询 class_id 为 B0001 的记录,并将查询结果中的 class_name 和 department_id 字段的值分别赋值给局部变量 cla_name 和 dep_id,SQL 语句如下。

```
DECLARE cla_name VARCHAR(50);
DECLARE dep_id VARCHAR(20);
SELECT class_name,department_id INTO cla_name,dep_id
    FROM tb_class WHERE class_id = 'B0001';
```

9.6.2 用户变量

用户变量是基于会话变量实现的,可以起到暂存值、传递值的作用。同时,一个客户端定义的变量不能被其他客户端看到或使用。当数据库实例连接或断开时,用户变量就会消失。

MySQL 中的用户变量不用事前声明,但变量名必须以@开头,其形式为“@变量名称”。

1. 使用 SET 语句为用户变量赋值

在 MySQL 中,可以使用 SET 语句分配和赋值用户变量。SET 语句支持使用＝或∶＝作为分配符。分配给每个用户变量的参数可以为整数、实数、字符串或 NULL 值,具体的语法格式如下。

```
SET @变量名称 1 = 参数 1 [, @变量名称 2 = 参数 2] ...
```

或

```
SET @变量名称 1 := 参数 1 [,@变量名称 2 := 参数 2] ...
```

在 MySQL 中，声明一个用户变量并为其赋值时，是不严格限制数据类型的。用户变量的数据类型由用户赋给它的值的类型决定，因此变量在运行时可以持有各种类型(如数字、字符串、日期和 NULL 值等)。相比之下，在 SQL Server 中，使用 DECLARE 语句声明变量时必须严格指定其数据类型。

【案例 9-12】 声明 3 个用户变量并进行简单运算。

使用 SET 语句声明 3 个用户变量 var1、var2 和 var3，并将它们的值赋值为 0，SQL 语句如下。

```
SET @var1 = 0,@var2 = 0,@var3 = 0;
```

使用 SELECT 语句查询@var1 :=(@var2 :=1)+@var3 :=4 以及其他 3 个用户变量的值，SQL 语句如下。

```
SELECT @var1: = (@var2: = 1) + @var3: = 4,@var1,@var2,@var3;
```

执行上述 SQL 语句，结果如图 9-12 所示。

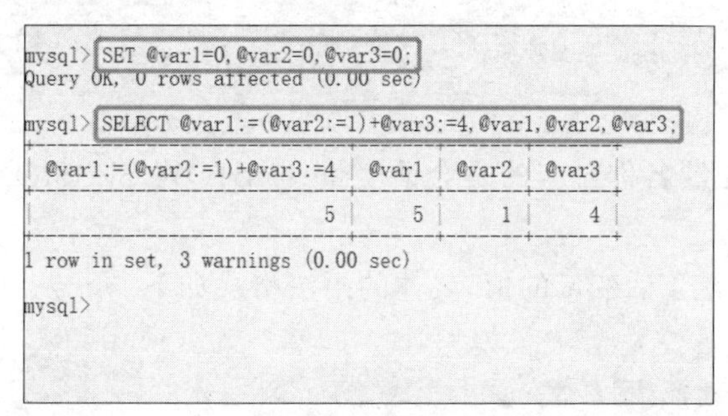
```
mysql> SET @var1=0,@var2=0,@var3=0;
Query OK, 0 rows affected (0.00 sec)

mysql> SELECT @var1:=(@var2:=1)+@var3:=4,@var1,@var2,@var3;
+----------------------------+-------+-------+-------+
| @var1:=(@var2:=1)+@var3:=4 | @var1 | @var2 | @var3 |
+----------------------------+-------+-------+-------+
|                          5 |     5 |     1 |     4 |
+----------------------------+-------+-------+-------+
1 row in set, 3 warnings (0.00 sec)

mysql>
```

图 9-12　声明 3 个用户变量并进行简单运算

注意：当为用户变量赋值时，应使用 := 作为赋值操作符。如果使用 = 赋值，在非 SET 语句中，= 则可被视为比较操作符。

2. 使用 SELECT 语句为用户变量赋值

SELECT 语句一般用来输出用户变量，如“SELCECT @变量名称”，用于输出数据源不是表格的数据。而在使用 SELECT 语句为变量赋值时，必须用 := 方式。具体的语法格式如下。

```
SELECT @变量名称 1 := 参数 1 [, @变量名称 2 := 参数 2]…;
```

或

```
SELECT @变量名称 1 := 字段名称 FROM 表名 [WHERE…];
```

【案例 9-13】 使用 SELECT 语句为用户变量赋值。

执行“SELECT @var;”语句，定义一个@var 变量并初始化值为 NULL；再次执行“SELECT @var:=1;”语句，@var 变量的值变为 1，结果如图 9-13 所示。

9.6.3　会话变量

MySQL 服务器为每个连接的客户端维护一系列会话变量。在客户端连接数据库实例时，使用相应全局变量的当前值对客户端的会话变量进行初始化。设置会话变量不需要特殊权限，但客户端只能更改自己的会话变量，而不能更改其他客户端的会话变量。

```
mysql> SELECT @var;
+-----------+
| @var      |
+-----------+
| NULL      |
+-----------+
1 row in set (0.00 sec)

mysql> SELECT @var:=1;
+---------+
| @var:=1 |
+---------+
|       1 |
+---------+
1 row in set, 1 warning (0.00 sec)

mysql> _
```

图 9-13　使用 SELECT 语句为用户变量赋值

会话变量的作用域仅限于当前连接。在该连接断开后,其设置的所有会话变量均失效,而无法再次访问。

查看会话变量的方式有 4 种,具体的语法格式如下。

```
SET SESSION 变量名称;
SET @@SESSION.变量名称;
SHOW SESSION VARIABLES like '变量名称';
SHOW SESSION VARIABLES;
```

其中,前 3 种方式中的变量名称对应的是会话变量;“SHOW SESSION VARIABLES;”语句查看的是所有会话变量。

有 3 种方式可以设置会话变量的值,具体的语法格式如下。

```
SET SESSION 变量名称 = 参数;
SET @@SESSION.变量名称 = 参数;
SET 变量名称 = 参数;
```

对于“SET 变量名称=参数;”语句,尽管没有指定 SESSION 关键字,但在 MySQL 中默认使用 SESSION。

说明:查看或设置会话变量的值时,也可以使用 LOCAL 关键字替代。因为在 MySQL 中 LOCAL 是 SESSION 的同义词,均用于控制变量的作用域。

9.6.4　全局变量

全局变量影响服务器整体操作。在服务器启动时,它会将所有全局变量初始化为默认值。这些默认值可以在选项文件或在命令行指定的选项中进行更改。要想更改全局变量,必须具有 SUPER 权限。全局变量作用于 SERVER 的整个生命周期,但是当服务器重启后,所有变量的设置都将恢复为默认值。要想让全局变量重启后继续生效,需要更改相应的配置文件(my.ini)。

查看全局变量的方式有 3 种,具体的语法格式如下。

```
SHOW GLOBAL VARIABLES;
SET @@GLOBAL.变量名称;
SHOW GLOBAL VARIABLES like '变量名称';
```

其中,“SHOW GLOBAL VARIABLES;”语句查看的是所有全局变量;变量名称对应的是全局变量名称。

有两种方式可以设置全局变量的值，具体的语法格式如下。

```
SET GLOBAL 变量名称 = 参数;
SET @@GLOBAL.变量名称 = 参数;
```

注意：此处的 GLOBAL 不能省略。如果设置变量时不指定 GLOBAL、SESSION 或 LOCAL，MySQL 默认使用 SESSION。

9.7　流程控制

流程控制语句用来根据不同的条件控制语句的执行。在 MySQL 中用来构造控制流程的有 IF 语句、CASE 语句、LOOP 语句、WHERE 语句、LEAVE 语句、ITERATE 语句以及 REPEAT 语句。其中，IF 语句和 CASE 语句用于条件判断；LOOP 语句用于循环控制；LEAVE 语句用于中断当前循环并退出；ITERATE 语句用于中断当前循环并开始下一轮循环；REPEAT 语句用于重复执行一段语句。

每个流程中可能包含一个单独的语句，或者是使用 BRGIN…END 构造的复合语句。使用 BEGIN…END 构造复合语句时，可以进行嵌套。如果需要执行循环操作，可以使用 WHILE 语句和 REPEAT 语句实现类似的功能。需要注意的是，MySQL 语句中不支持标准的 FOR 循环。

注意：以下示例代码全部在存储过程中使用。

9.7.1　分支结构

1. IF 语句

IF 语句是流程控制语句中最常用的条件判断语句之一。根据是否满足一个或多个条件，IF 语句执行不同的代码块，以完成相应的任务，具体的语法格式如下。

```
IF 条件表达式 1 THEN SQL 语句 1
    [ELSEIF 条件表达式 2 THEN SQL 语句 2] ...
    [ELSE SQL 语句 3]
END IF
```

如果条件表达式的值为 TRUE，则 THEN 后面相应的 SQL 语句会被执行；如果条件表达式的值为 FALSE，则执行 ELSE 后的 SQL 语句。

注意：MySQL 中的 IF()函数不同于这里的 IF 语句。IF()函数通常用于查询中的条件表达式。IF 语句用于在存储过程或函数中构建条件判断语句。它们的语法、使用方法和使用场景都不同。

【案例 9-14】 IF 语句的使用。

使用 IF 语句判断 val 值是否大于 0，如果 val 的值大于 0，则输出字符串“val 的值大于 0”；否则输出字符串“val 的值小于或等于 0”，SQL 语句如下。

```
IF val > 0
    THEN SELECT 'val 的值大于 0';
    ELSE SELECT 'val 的值小于或等于 0';
END IF;
```

2. CASE 语句

除 IF 语句之外，CASE 语句也是用来进行条件判断的，它提供了多个条件进行选择，可以实现比 IF 语句更复杂的条件判断。CASE 语句有两种语法格式。

第 1 种语法格式如下。

```
CASE 条件表达式
    WHEN 参数表达式 1 THEN SQL 语句 1
    [WHEN 参数表达式 2 THEN SQL 语句 2] …
    [ELSE SQL 语句 3]
END CASE
```

其中,条件表达式决定了接下来哪条 WHEN 语句会被执行;如果某个参数表达式的取值与条件表达式的值相同,则执行对应的 THEN 关键字后的 SQL 语句;SQL 语句表示对应参数表达式后面的执行内容;CASE 语句都要使用 END CASE 结束。

【案例 9-15】 CASE 语句的使用(1)。

使用 CASE 语句,当 val 值为"男"时,输出字符串"男性";当 val 值为"女"时,输出字符串"女性";否则输出字符串"输入有误"。SQL 语句如下。

```
CASE val
    WHEN '男' THEN '男性';
    WHEN '女' THEN '女性';
    ELSE SELECT '输入有误';
END CASE;
```

第 2 种语法格式如下。

```
CASE
    WHEN 参数表达式 1 THEN SQL 语句 1
    [WHEN 参数表达式 2 THEN SQL 语句 2] …
    [ELSE SQL 语句 3]
END CASE
```

与第 1 种语法格式不同的是,CASE 语句将逐个评估每条 WHEN 子句,直到找到第 1 条匹配条件的子句为止。如果找到匹配条件的子句,则会执行 THEN 子句中的 SQL 语句。如果没有找到匹配条件的子句,则会执行 ELSE 子句中的 SQL 语句。

注意:在存储过程中,当使用 CASE 语句时,必须使用 END CASE 终止语句。此外,不能在 CASE 语句内部使用 ELSE NULL 语句,因为它会使结果集中的全部值都变为 NULL 值,导致存储过程的性质不再满足。

【案例 9-16】 CASE 语句的使用(2)。

使用 CASE 语句,当 val 值为 0 时,输出字符串"val 的值为 0";当 val 值大于 0 时,输出字符串"val 的值大于 0";当 val 值小于 0 时,输出字符串"val 的值小于 0";否则输出字符串"输入有误"。SQL 语句如下。

```
CASE
    WHENE val = 0 THEN SELECT 'val 的值为 0';
    WHENE val > 0 THEN SELECT 'val 的值大于 0';
    WHENE val < 0 THEN SELECT 'val 的值小于 0';
    ELSE SELECT '输入有误';
END CASE;
```

IF 语句和 CASE 语句的区别如下。

(1) IF 语句仅对单条件进行判断,返回值为 TRUE 或 FALSE 两种情况。

(2) CASE 语句可以根据多个条件进行判断,并且返回一个或多个不同的值。

9.7.2　循环结构

1. LOOP 语句

LOOP 语句可以使某些特定的语句重复执行,实现简单的循环功能。与 IF 和 CASE 语句不同,LOOP 语句不进行条件判断。另外,LOOP 语句本身没有停止循环的语句,必须使用 LEAVE 语句等停止循环并跳出循环过程。具体的语法格式如下。

```
[标注名称:] LOOP
    SQL 语句
END LOOP [标注名称]
```

其中,标注名称标记 LOOP 循环的开始和结束,同时前后两个参数必须相同,但可以省略;SQL 语句为循环需要执行的内容。

【案例 9-17】　LOOP 语句的使用。

使用 LOOP 语句进行循环,执行 var 值加 1 的操作,当 val 值小于 10 时,循环重复执行;当 var 值大于或等于 10 时,使用 LEAVE 语句退出循环。SQL 语句如下。

```
DECLARE var INT DEFAULT 1;
num:                    # 标注循环开始
LOOP
    SELECT var;
    IF var >= 10
    THEN LEAVE num;
    END IF;
    SET var = var + 1;
END LOOP
num;                    # 标注循环结束
```

说明:num 是 LOOP 语句的标注名称,可省略。LOOP 循环都以 END LOOP 结束。

2. WHILE 语句

与 LOOP 语句一样,WHILE 语句可以实现简单的循环功能,但它需要一个带条件的循环过程。每次语句执行前,会对条件表达式进行判断,如果表达式返回值为 TRUE,则执行循环中的语句,否则退出循环。具体的语法格式如下。

```
[标注名称:] WHILE 条件表达式 DO
    SQL 语句
END WHILE [标注名称]
```

其中,标注名称标记 WHILE 循环的开始和结束,同时前后两个参数必须相同,但可以省略;只有满足条件表达式时循环才可执行;SQL 语句为循环的执行内容;WHILE 循环需要使用 END WHILE 结束。

【案例 9-18】　WHILE 语句的使用。

使用 WHILE 语句,当 num 的值小于或等于 10 时,会重复执行 1～10 的累加计算;当 num 的值大于 10 时,终止并跳出循环。SQL 语句如下。

```
# 声明局部变量
DECLARE sum INT;
```

```
DECLARE num INT;
SET sum = 0;
SET num = 1;
WHILE num <= 10 DO      # 判断 num 的值是否满足循环开始条件
    SET sum = sum + num;
    SET num = num + 1;
END WHILE;              # 结束循环
SELECT sum;             # 查询当前代码块内 sum 的值
```

3. REPEAT 语句

REPEAT 语句也是带有条件控制的循环语句。与 WHILE 语句不同的是,REPEAT 语句是创建一个带条件判断的循环过程,当每次语句执行完毕后,会对条件表达式进行判断,如果表达式返回值为 TRUE,则循环结束,否则重复执行循环中的语句。具体的语法格式如下。

```
[标注名称:] REPEAT
    SQL 语句
UNTIL 条件表达式
END REPEAT [标注名称]
```

其中,标注名称标记 REPEAT 循环的开始和结束,同时前后两个参数必须相同,但可以省略;SQL 语句为循环的执行内容;执行完循环内容后,会判断 UNTIL 关键字后条件表达式的值,如果条件表达式的值为 TRUE,则再次执行循环,否则跳出循环;REPEAT 循环都要使用 END REPEAT 结束。

【案例 9-19】 REPEAT 语句的使用。

使用 REPEAT 语句,当 num 的值小于或等于 10 时,将重复执行 1~10 的累加计算,SQL 语句如下。

```
DECLARE sum INT;
DECLARE num INT;
SET sum = 0;
SET num = 1;
REPEAT
    SET sum = sum + num;
    SET num = num + 1;
UNTIL num > 10 END REPEAT; # 判断 num 的值是否满足循环继续条件
SELECT sum;
```

LOOP 语句和 WHILE/REPEAT 语句的区别如下。

(1) LOOP 语句是一种非条件控制的循环结构,因此需要使用跳转语句结束循环。

(2) WHILE/REPEAT 语句是条件控制的循环结构,无须使用跳转语句结束循环。

WHILE 语句和 REPEAT 语句的区别如下。

(1) WHILE 语句是当满足条件的情况下执行循环内的语句,否则退出循环。

(2) REPEAT 语句则需要执行完循环中的语句后才对条件表达式进行判断。如果表达式返回值为 TRUE,则循环结束,否则继续执行循环中的语句。

9.7.3 跳转语句

1. LEAVE 语句

LEAVE 语句主要用于跳出所有被标注的流程控制构造。具体的语法格式如下。

```
LEAVE 标注名称
```

标注名称是循环的标志，LEAVE 语句可以用在循环语句内，或者以 BEGIN 和 END 包裹起来的程序体内。

【案例 9-20】 LEAVE 语句的使用。

使用 LEAVE 语句，循环执行 var 值加 1 的操作，当 val 值小于 10 时，循环重复执行；当 var 值大于或等于 10 时，使用 LEAVE 语句跳出循环，SQL 语句如下。

```
DECLARE var INT DEFAULT 1;
num:
LOOP
    SELECT var;
    IF var >= 10
      THEN LEAVE num; # 满足条件时退出循环
    END IF;
    SET var = var + 1;
END LOOP
num;
```

2. ITERATE 语句

ITERATE 是重新开始循环的意思，它只能用在 LOOP、REPEAT 和 WHILE 语句内，用于跳过循环中余下的语句并将执行顺序转到语句段开头处，重新开始下一次循环。具体的语法格式如下。

```
ITERATE 标注名称
```

【案例 9-21】 ITERATE 语句的使用。

使用 ITERATE 语句，初始化 count 为 0，当 count 的值小于 10 时，重复执行 count 加 1 的操作；当 count 的值大于 10 且小于 15 时，打印出当前 count 的值；当 count 的值大于 15 时，退出循环，SQL 语句如下。

```
CREATE PROCEDURE myProc()
BEGIN
  DECLARE count INT;
  SET count = 0;
  increment: LOOP
    SET count = count + 1;          # 对 count 的值进行累加
    IF count < 10 THEN
      ITERATE increment;            # 跳转到下一次循环
    END IF;
    IF count > 15 THEN
      LEAVE increment;              # 跳出循环
    END IF;
    SELECT count;
  END LOOP increment;
END
```

LEAVE 语句和 ITERATE 语句的区别如下。

(1) LEAVE 语句用于终止循环并跳出循环语句块。

(2) ITERATE 语句用于跳过循环中余下的语句并开始下一次循环。因此，当不满足某些条件需要跳出循环时，一般需要在 ITERATE 语句后使用 LEAVE 语句结束循环。

扫一扫

视频讲解

课业任务

课业任务 9-1　使用 WHILE 语句求 1＋2＋…＋100

【能力测试点】

掌握 WHILE 语句的用法。

【任务实现步骤】

(1) 创建一个存储过程,命名为 s_while,在其 BEGIN…END 语句块中是接下来要输入的存储过程内容,SQL 语句如下。

```
CAAREATE PROCEDURE s_while()
BEGIN
END
```

(2) 在 BEGIN…END 语句块中声明变量 sum(用来存放累加和)和 num,它们的数据类型为 INT,并分别赋值为 0 和 1,SQL 语句如下。

```
CAAREATE PROCEDURE s_while()
BEGIN
    DECLARE sum INT;
    DECLARE num INT;
    SET sum = 0;
    SET num = 1;
END
```

(3) 通过 WHILE 循环,将 1～100 的所有整数累加到 sum 变量中。循环会在 num 的值增加到 101 时停止。SQL 语句如下。

```
CREATE PROCEDURE s_while()
BEGIN
    # 声明局部变量
    DECLARE sum INT;
    DECLARE num INT;
    # 为局部变量赋值
    SET sum = 0;
    SET num = 1;
    WHILE num <= 100 DO             # 判断 num 的值是否满足循环开始条件
        SET sum = sum + num;
        SET num = num + 1;
    END while;                      # 结束循环
SELECT sum;                         # 查询当前代码块内 sum 的值
END
```

(4) 执行上述 SQL 语句,结果如图 9-14 所示,存储过程创建成功。

(5) 执行"CALL s_while;"语句调用 s_while 存储过程,结果如图 9-15 所示,将 1＋2＋…＋100 的值存放在 sum 变量中并输出,结果为 5050。

扫一扫

视频讲解

课业任务 9-2　使用 LOOP 语句、ITERATE 语句和 LEAVE 语句求 1＋2＋…＋100

【能力测试点】

掌握 LOOP 语句、ITERATE 语句和 LEAVE 语句的用法。

```
mysql> DELIMITER //
mysql> CREATE PROCEDURE s_while()
    -> BEGIN
    ->  DECLARE sum INT;
    ->  DECLARE num INT;
    ->  SET sum = 0;
    ->  SET num = 1;
    ->  WHILE num <= 100 DO
    ->          SET sum = sum + num;
    ->          SET num = num + 1;
    ->  END WHILE;
    ->  SELECT sum;
    -> END//
```

图 9-14　创建 s_while 存储过程

```
mysql> DELIMITER ;
mysql> CALL s_while;
+------+
| sum  |
+------+
| 5050 |
+------+
1 row in set (0.00 sec)

Query OK, 0 rows affected (0.01 sec)

mysql>
```

图 9-15　调用 s_while 存储过程

【任务实现步骤】

(1) 创建一个存储过程,命名为 num_loop,在 BEGIN…END 语句块中是接下来要输入的存储过程内容,SQL 语句如下。

```
CREATE PROCEDURE num_loop()
BEGIN
END
```

(2) 在 BEGIN…END 语句块中声明变量 sum(用来存放累加和)和 num,它们的数据类型为 INT,并分别赋值为 0 和 1,SQL 语句如下。

```
CREATE PROCEDURE sum_loop()
BEGIN
    DECLARE sum INT;
    DECLARE num INT;
    SET sum = 0;
    SET num = 1;
END
```

(3) 使用 LOOP 语句、ITERATE 语句和 LEAVE 语句计算 1～100 所有整数的累加和。每次循环将 num 加 1,如果 num≤100,则使用 ITERATE 语句跳过本次循环;如果 num>100,则使用 LEAVE 语句退出循环。最后,使用 SELECT 语句输出变量 sum 的最终值。

```
CREATE PROCEDURE sum_loop()
BEGIN
    # 声明局部变量
    DECLARE sum INT;
    DECLARE num INT;
    SET sum = 0;
    SET num = 1;
    add_loop: LOOP
        SET sum  =  sum  +  num;       # 对结果值 sum 进行累加
        SET num  =  num  +  1;         # 每循环一次,num 值加 1
        # 使用 IF 语句对 num 值进行条件判断
        IF num <= 100 THEN
            ITERATE add_loop;          # 跳转到下一次循环
        END IF;
        IF sum > 0 THEN
            LEAVE add_loop;            # 退出循环
        END IF;
END LOOP add_loop;
    SELECT sum;                        # 输出 sum 的值
END
```

(4) 执行上述 SQL 语句,结果如图 9-16 所示,存储过程创建成功。

(5) 执行“CALL sum_loop;”语句调用 sum_loop 存储过程,结果如图 9-17 所示,将 1+2+…+100 的值存放在 sum 变量中并输出,结果为 5050。

```
mysql> DELIMITER //
mysql> CREATE PROCEDURE sum_loop()
    -> BEGIN
    ->  DECLARE sum INT;
    ->  DECLARE num INT;
    ->  SET sum = 0;
    ->  SET num = 1;
    ->  add_loop:LOOP
    ->          SET sum = sum + num;
    ->          SET num = num + 1;
    ->          IF num <= 100 THEN
    ->                  ITERATE add_loop;
    ->          END IF;
    ->          IF sum > 0 THEN
    ->                  LEAVE add_loop;
    ->          END IF;
    ->  END LOOP add_loop;
    ->  SELECT sum;
    -> END//
Query OK, 0 rows affected (0.01 sec)

mysql> DELIMITER ;
```

图 9-16 创建 sum_loop 存储过程

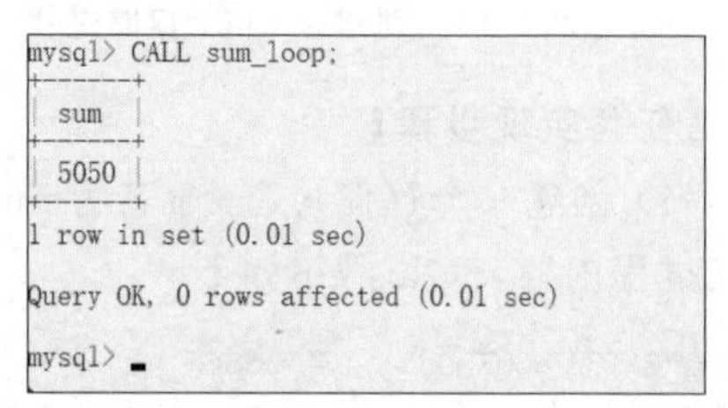

```
mysql> CALL sum_loop;
+------+
| sum  |
+------+
| 5050 |
+------+
1 row in set (0.01 sec)

Query OK, 0 rows affected (0.01 sec)

mysql>
```

图 9-17 调用 sum_loop 存储过程

扫一扫

视频讲解

*课业任务 9-3 创建存储过程查询某同学的成绩

【能力测试点】

掌握存储过程的创建和使用。

【任务实现步骤】

(1) 创建一个存储过程,命名为 student_grade,该存储过程有一个 IN 模式的 s_name 参数,数据类型为 VARCHAR。BEGIN…END 语句块中是存储的内容,SQL 语句如下。

```
CREATE PROCEDURE student_grade(IN s_name VARCHAR(20))
BEGIN
END
```

(2) 在 BEGIN…END 语句块中,使用 SELECT 语句根据 s_name 参数查询 tb_student 数据表和 tb_grade 数据表,输出学生的课程号以及课程分数。SQL 语句如下。

```
CREATE PROCEDURE student_grade(IN s_name VARCHAR(20))
BEGIN
  SELECT course_id,grade_score FROM tb_grade
  JOIN tb_student ON tb_grade.student_id = tb_student.student_id
  WHERE student_name = s_name;
END
```

(3) 执行上述 SQL 语句,结果如图 9-18 所示,存储过程创建成功。

```
mysql> use db_study;
Database changed
mysql> DELIMITER //
mysql> CREATE PROCEDURE student_grade(IN s_name VARCHAR(20))
    -> BEGIN
    ->  SELECT course_id,grade_score FROM tb_grade
    ->  JOIN tb_student ON tb_grade.student_id = tb_student.student_id
    ->  WHERE student_name = s_name;
    -> END//
Query OK, 0 rows affected (0.01 sec)

mysql> DELIMITER ;
```

图 9-18 创建 student_grade 存储过程

(4) 执行“CALL student_grade;”语句调用 student_grade 存储过程,结果如图 9-19 所示。传递一个参数“曹杰宏”给 s_name 变量,输出该学生的课程号以及课程分数。

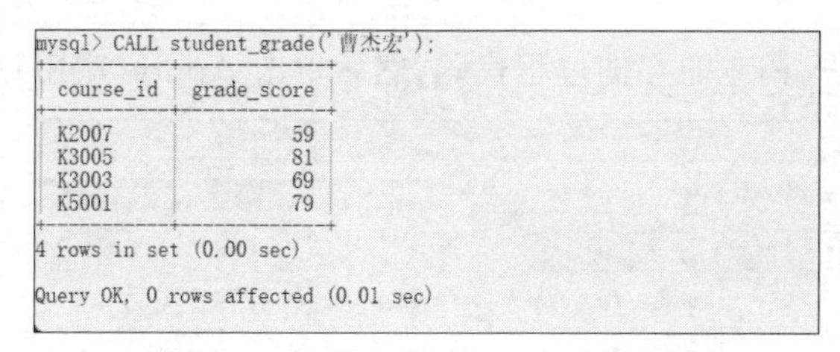

```
mysql> CALL student_grade('曹杰宏');
+-----------+-------------+
| course_id | grade_score |
+-----------+-------------+
| K2007     |          59 |
| K3005     |          81 |
| K3003     |          69 |
| K5001     |          79 |
+-----------+-------------+
4 rows in set (0.00 sec)

Query OK, 0 rows affected (0.01 sec)
```

图 9-19　调用 student_grade 存储过程

扫一扫

视频讲解

课业任务 9-4　使用 MySQL Workbench 工具求 1＋2＋…＋100

【能力测试点】

使用数据库图形化管理工具 MySQL Workbench 创建和使用存储过程。

【任务实现步骤】

任务需求：使用数据库图形化管理工具 MySQL Workbench 创建和使用存储过程，求 1＋2＋…＋100。

(1) 启动 MySQL Workbench，登录成功后，在界面左侧的数据库对象窗口中展开 db_study→Stored Procedures(存储过程)选项，如图 9-20 所示。

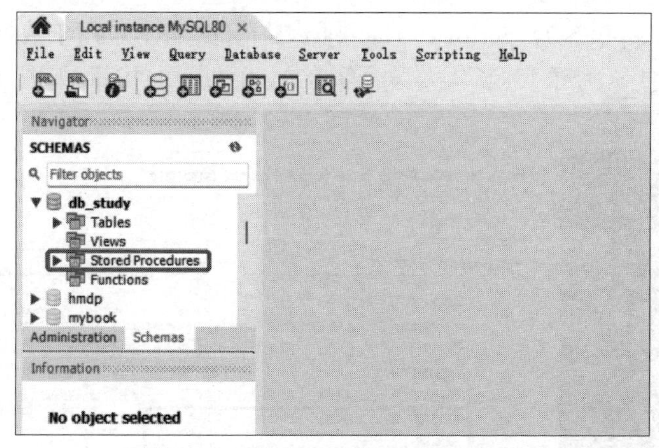

图 9-20　展开 Stored Procedures 选项

(2) 右击 Stored Procedures(存储过程)，在弹出的快捷菜单中选择 Create Stored Procedures(创建存储过程)命令，打开创建存储过程的窗口，如图 9-21 所示。

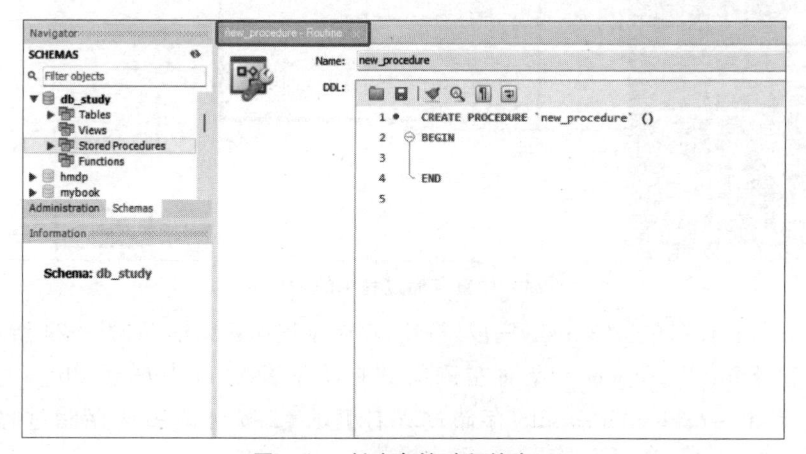

图 9-21　创建存储过程的窗口

(3) 在当前窗口输入相应的存储过程代码,然后单击 Apply(应用)按钮,如图 9-22 所示。

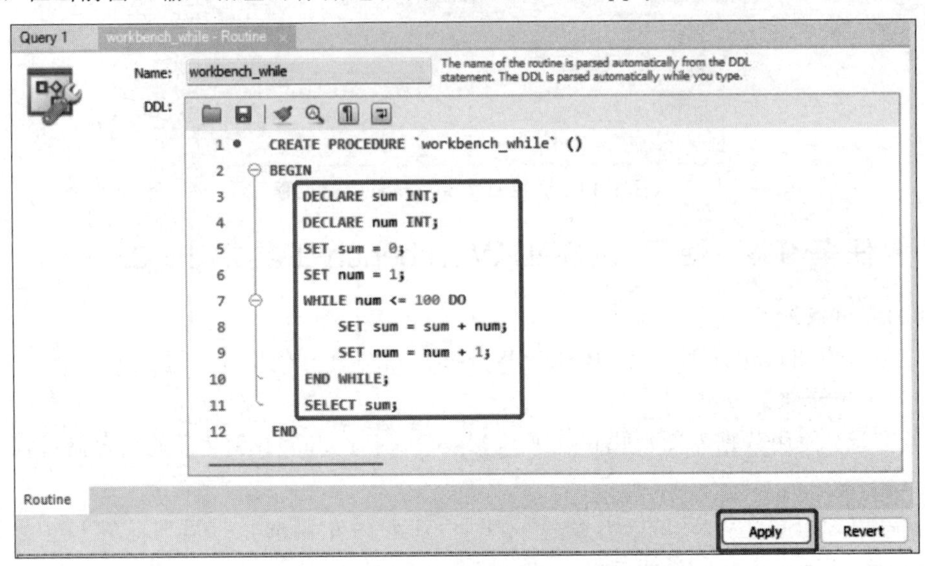

图 9-22　创建 workbench_while 存储过程

(4) 在弹出的 Apply SQL Script to Database(将 SQL 脚本应用于数据库)对话框中可以查看创建存储过程的 SQL 语句,确认无误后单击 Apply(应用)按钮,如图 9-23 所示。

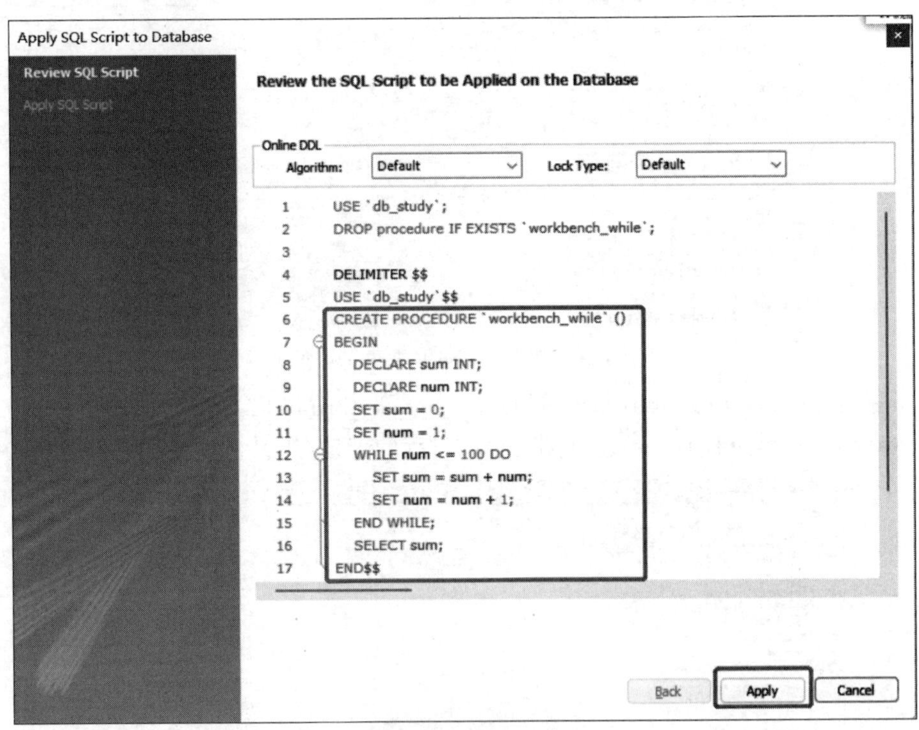

图 9-23　检查存储过程中的 SQL 语句

(5) 对话框刷新后,单击 Finish(完成)按钮,存储过程创建完毕,如图 9-24 所示。

(6) 在 MySQL Workbench 界面左侧的数据库对象窗口中展开 db_study→Stored Procedures。单击 workbench_while 存储过程右侧的 按钮调用该存储过程,如图 9-25 所示。

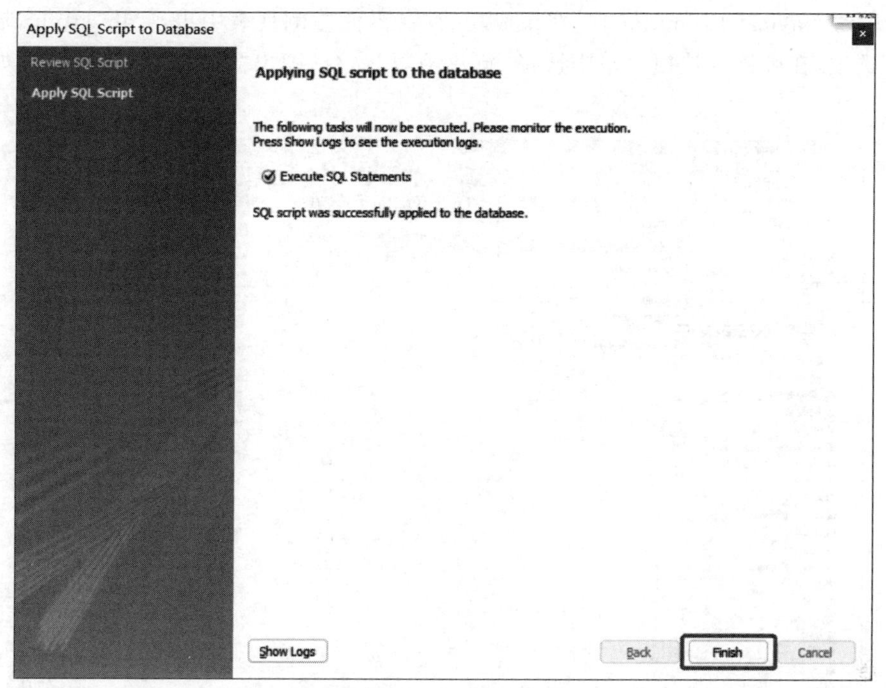

图 9-24　存储过程创建完毕

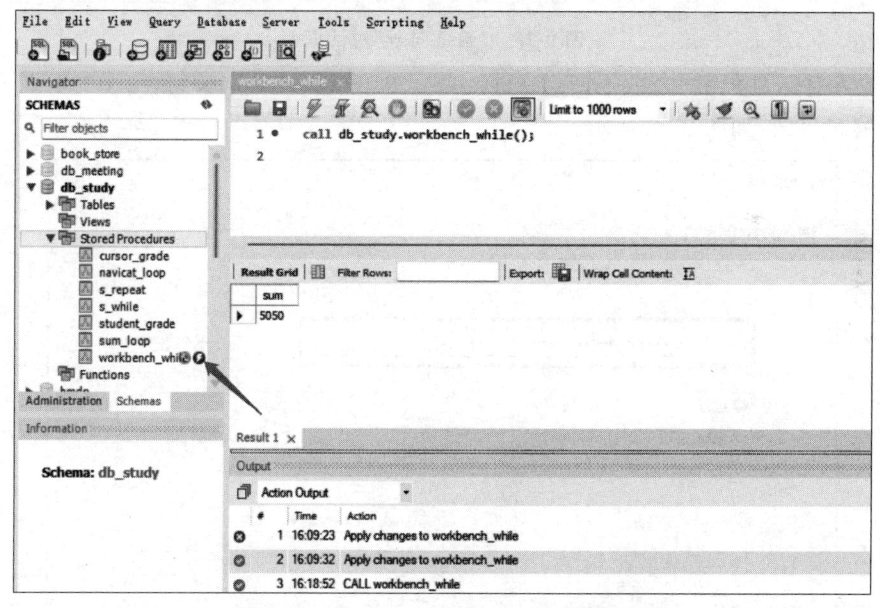

图 9-25　调用 workbench_while 存储过程

扫一扫

视频讲解

课业任务 9-5　使用 Navicat Premium 工具求某系的人数

【能力测试点】

使用数据库图形化管理工具 Navicat Premium 创建和使用存储过程。

【任务实现步骤】

任务需求：使用数据库图形化管理工具 Navicat Premium 创建和使用存储过程，求某系的人数。

(1) 启动 Navicat Premium 16,登录成功后,在界面左侧列表中单击 db_study,展开并右击“函数”选项,在弹出的快捷菜单中选择“新建函数”命令,弹出“函数向导”对话框,如图 9-26 所示。

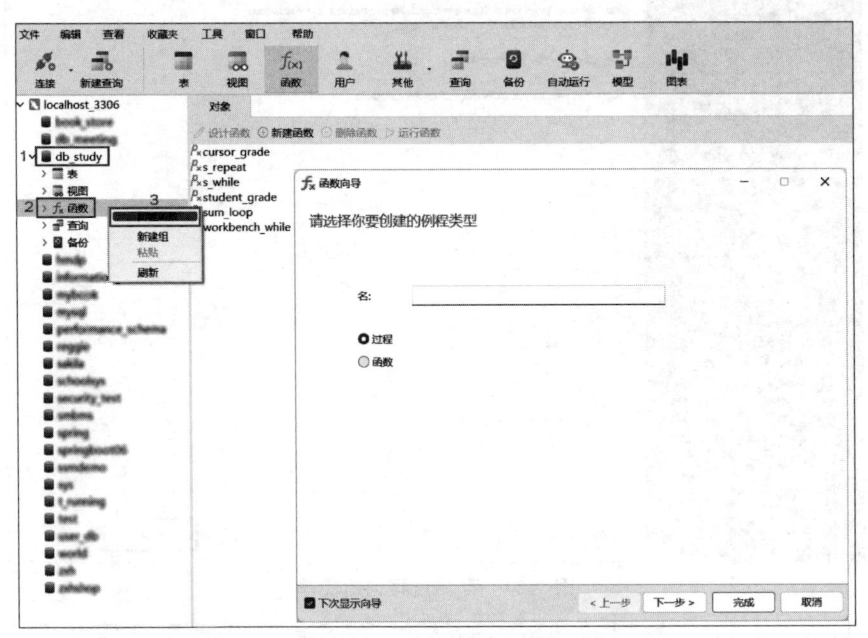

图 9-26 “函数向导”对话框

(2) 输入存储过程名称为 count_department,单击“过程”单选按钮,单击“完成”按钮进入存储过程编辑界面,如图 9-27 所示。

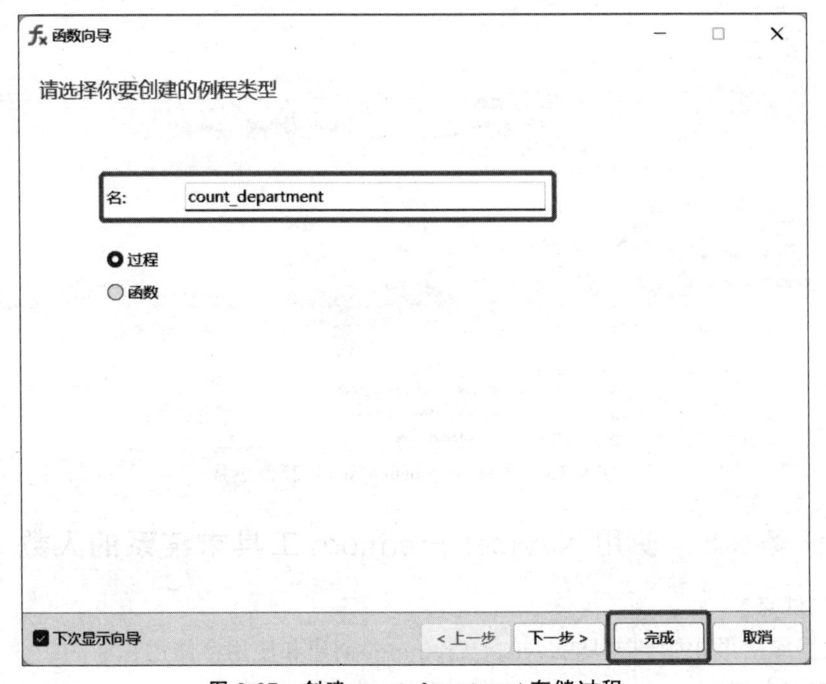

图 9-27 创建 count_department 存储过程

(3) 在编辑界面中输入相应的存储过程代码,然后单击左上角的“保存”按钮,如图 9-28 所示。

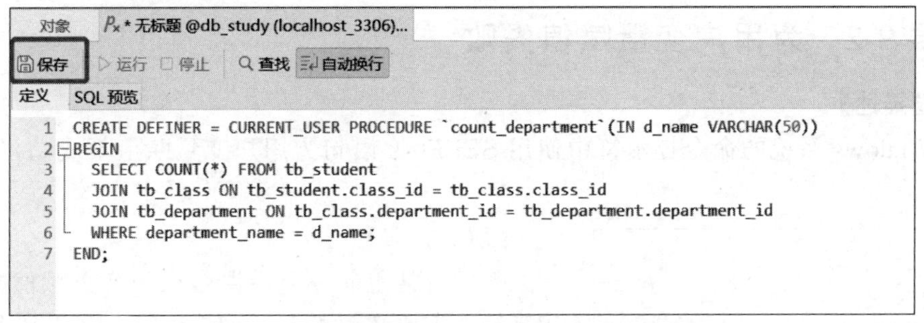

图 9-28　完善并保存 count_department 存储过程

（4）保存完成后，单击“运行”按钮，在弹出的“输入参数”对话框的 d_name 文本框中输入“计算机学院”，然后单击“确定”按钮，如图 9-29 所示。

（5）调用 workbench_while 存储过程，结果如图 9-30 所示。

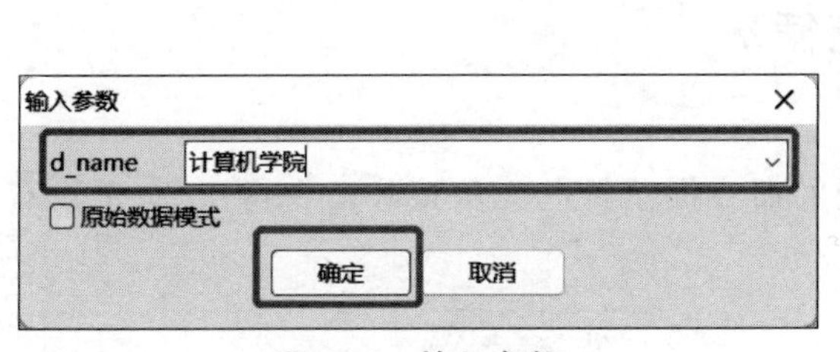

图 9-29　输入参数

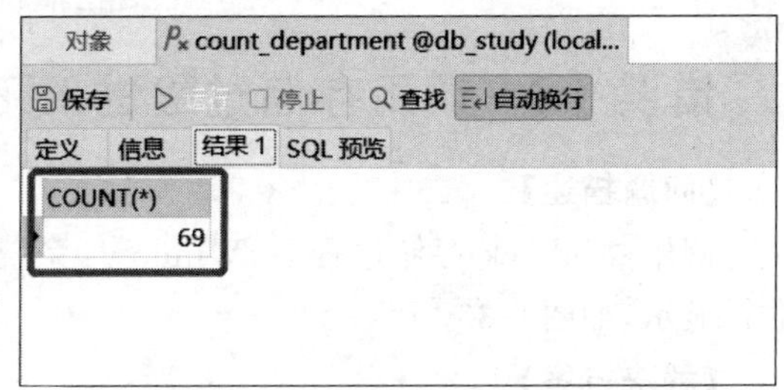

图 9-30　调用 workbench_while 存储过程

常见错误及解决方案

错误 9-1　创建存储过程失败

【问题描述】

在 Windows 系统的命令提示符中使用 SQL 命令行创建存储过程，出现错误提示，如图 9-31 所示。

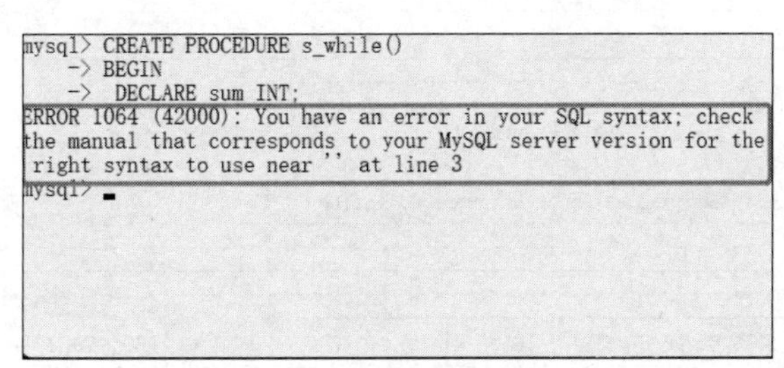

图 9-31　存储过程提示失败

【解决方案】

默认情况下，MySQL 的结束符是分号(;)。在 Windows 系统的命令提示符中，如果有一行命令以分号结束，那么按 Enter 键后，MySQL 将会执行该命令。但有时不希望 MySQL 这么做。在可能输入较多的语句且语句中包含有分号的情况下，就需要先使用 DELIMITER 关键字将结束符改为其他符号，如//或＄＄，使用完毕后再更换回分号。具体的语法格式如下。

```
DELIMITER //
```

错误 9-2　为用户变量赋值失败

【问题描述】

在 Windows 系统的命令提示符中使用 SELECT 语句为用户变量赋值不成功,如图 9-32 所示。

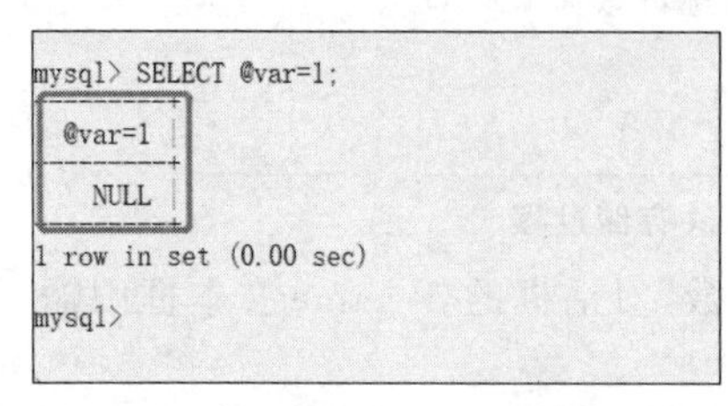

图 9-32　为用户变量赋值失败

【解决方案】

初学者常犯的一个错误是在为变量赋值时使用=运算符。需要注意的是,当使用 SELECT 语句为用户变量赋值时,必须使用:=运算符。使用=运算符进行赋值时,MySQL 将其解析为比较运算符,会导致代码出现语法错误。因此,为了正确地赋值和使用用户变量,应该使用:=赋值运算符。

错误 9-3　调用存储过程进入死循环

【问题描述】

调用 deadlock 存储过程后,Windows 系统的命令提示符既无法接收命令行指令,也没有数据显示,如图 9-33 所示。

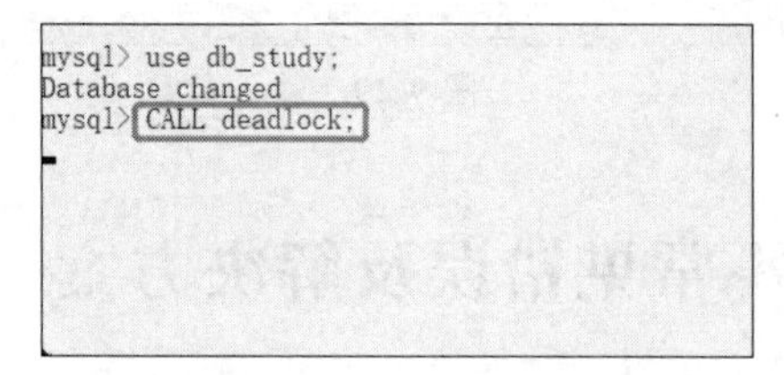

图 9-33　调用存储过程进入死循环

【解决方案】

可以通过使用 SHOW CREATE 语句查看 deadlock 存储过程的定义。从图 9-34 中可以看出,在代码②中,局部变量定义时没有设置默认值。在代码③中,IF 语句的执行过程中,由于程序不断返回到 LOOP 语句的开头,导致程序陷入死循环状态。因此,在调用 deadlock 存储过程时,Windows 命令提示符工具既无法接收任何命令行指令,也无法显示数据。为了解决这个问题,可以修改 deadlock 存储过程的逻辑代码。

```
mysql> SHOW CREATE PROCEDURE db_study.deadlock; ①
| Procedure | sql_mode
                    | Create Procedure
                                                                        | chara
cter_set_client | collation_connection | Database Collation |
| deadlock | ONLY_FULL_GROUP_BY,STRICT_TRANS_TABLES,NO_ZERO_IN_DATE,NO_ZERO_DATE,ERROR_FOR_DIVISION_BY
_ZERO,NO_ENGINE_SUBSTITUTION | CREATE DEFINER=`root`@`localhost` PROCEDURE `deadlock`()
BEGIN
DECLARE sum INT;
DECLARE num INT;   ②
add_loop:LOOP
SET sum = sum + num;
SET num = num + 1;
IF num <= 100 THEN
ITERATE add_loop;  ③
END IF;
IF sum > 0 THEN
LEAVE add_loop;
END IF;
END LOOP add_loop;
SELECT sum;
END | utf8mb4         | utf8mb4_0900_ai_ci | utf8mb4_0900_ai_ci |
```

图 9-34　deadlock 存储过程的定义

扫一扫

自测题

习题

1. 选择题

(1) 创建存储过程的 SQL 语句是(　　)。

A. CREATE PROCEDURE　　B. CREATE FUNCTION

C. CREATE VIEW　　D. CREATE TRIGGER

(2) 下列存储函数的特性中,表示子程序中不包含 SQL 语句的是(　　)。

A. CONTAINS SQL　　B. NO SQL

C. DEFINER　　D. MODIFIES SQL DATA

(3) 局部变量的作用域是(　　)。

A. SQL 语句块　　B. 整个系统运行期间

C. 当前会话　　D. 上一会话

(4) LOOP 语句的作用是(　　)。

A. 进行条件判断　　B. 进行简单循环

C. 进行有条件控制的循环　　D. 跳出循环结构

(5) 下列选项中属于 MySQL 流程控制分支结构的语句是(　　)。

A. IF　　B. WHILE　　C. LOOP　　D. LEAVE

(6) 在流程控制中表示条件判断语句的是(　　)。

A. IF　　B. WHILE　　C. SELECT　　D. SWITCH

(7) 使用(　　)命令可以查看所有会话变量。

A. SHOW VIEW　　B. SHOW GLOBAL VARIABLES

C. SHOW SESSION VARIABLES　　D. SET SESSION var_name

2. 操作题

(1) 创建存储过程,根据给定的学生姓名,判断其成绩等级:大于 90 分为 A;80～90 分为 B;70～80 分为 C;60～70 分为 D;60 分以下为 E。调用该存储过程并显示结果。

(2) 创建存储过程,查询指定学院的学生学号和姓名。调用该存储过程并显示结果。

第 10 章

函数

CHAPTER 10

“进学致和,行方思远。”函数是 MySQL 中的一种重要的功能,包括存储函数和系统函数。存储函数是一些定义了一系列 SQL 语句的函数,类似于存储过程。系统函数则是 MySQL 提供的许多具备不同功能的函数。熟练地使用这些函数,可以显著提高对数据库的管理效率。本章将通过丰富的案例和 4 个综合课业任务介绍存储函数和系统函数的应用。

【教学目标】

- 掌握存储函数的创建、调用、查看、修改与删除;
- 了解各种系统函数的用法。

【课业任务】

王小明想利用 MySQL+Java 开发一个数据库学习系统。在掌握了存储过程的基础知识后,他决定进一步学习 MySQL 函数的知识,为后续开发数据库学习系统打下坚实的基础。现通过 4 个课业任务来完成。

课业任务 10-1 创建存储函数求某班级的总人数

课业任务 10-2 统计学生的姓氏数量

***课业任务 10-3** 使用 MySQL Workbench 工具创建存储函数求某学生的成绩总分

课业任务 10-4 使用 Navicat Premium 工具计算当前日期是一年中的第几周

10.1　存储函数的创建、调用与查看

存储函数和存储过程统称为存储程序。它们都是由声明式 SQL 语句和过程式 SQL 语句组成的，并且可以被应用程序和 SQL 语句调用。尽管它们有许多相似之处，但是也存在以下 4 种区别。

(1) 存储函数的运用范围相对具体，单一函数可以完成一种特定的功能；相比之下，存储过程可以实现更复杂的业务逻辑，包含多个操作，且可以被重复调用。

(2) 存储函数的参数类型只能是 IN 模式的；存储过程的参数类型有 3 种：IN 模式、OUT 模式以及 INOUT 模式。

(3) 存储函数使用 RETURN 语句返回一个且仅有一个结果值；存储过程可以返回一个或多个结果值，或者只完成某个功能而没有返回结果，但不允许使用 RETURN 语句。

(4) 存储函数无法使用 CALL 语句调用，一般作为内置函数被 SELECT 语句调用；存储过程作为一个独立的部分，被 CALL 语句调用执行。

10.1.1　创建存储函数

在 MySQL 中可以使用 CREATE FUNCTION 语句创建存储函数。创建存储函数的语法格式与创建存储过程相似，具体如下。

```
CREATE FUNCTION 存储函数名 ([参数[,...]])
RETURNS 数据类型
[特性 ...] 存储函数语句块
```

其中，存储函数名表示创建的存储函数的名称；参数为存储函数的参数列表，只需要给定参数名称与类型即可，因为存储函数的参数默认为 IN 模式；RETURNS 指定存储函数返回值的数据类型；特性指定存储函数的特性，取值与 9.2.1 节“创建存储过程”中的特性取值完全相同；存储函数语句块指定 SQL 代码的内容，也是存储函数主体的核心部分。使用 BEGIN 和 END 将存储函数块封闭，并使用 RETURN 语句定义存储函数的返回值。

【案例 10-1】 创建一个存储函数。

创建一个名为 fun_find 的存储函数，根据给定的学生 ID 查找并返回该学生的姓名，如果没有找到学生信息，则返回“查无此人”字符串信息，SQL 语句如下。

```
CREATE FUNCTION fun_find(s_id BIGINT)
RETURNS VARCHAR(20) # 指定返回的数据类型
BEGIN
  DECLARE s_name VARCHAR(20);
  SELECT student_name INTO s_name FROM tb_student WHERE student_id = s_id;
  # 使用 IF 语句对 s_name 进行条件判断
  IF s_name IS NULL THEN
    RETURN '查无此人';
  ELSE
    RETURN s_name;
  END IF;
END
```

执行上述 SQL 语句，结果如图 10-1 所示。

```
mysql> USE db_study;
Database changed
mysql> DELIMITER //
mysql> CREATE FUNCTION fun_find(s_id BIGINT)
    -> RETURNS VARCHAR(20)
    -> BEGIN
    ->  DECLARE s_name VARCHAR(20);
    ->  SELECT student_name INTO s_name FROM tb_student WHERE student_id = s_id;
    ->  IF s_name IS NULL THEN
    ->          RETURN '查无此人';
    ->   ELSE
    ->          RETURN s_name;
    ->  END IF;
    -> END
    -> //
Query OK, 0 rows affected (0.01 sec)

mysql> DELIMITER ;
mysql>
```

图 10-1　创建存储函数

10.1.2　调用存储函数

存储函数创建完成后,可以使用 SELECT 语句调用,调用方法和使用系统函数类似,具体的语法格式如下。

```
SELECT 存储函数名([参数[,…]])
```

其中,存储函数名表示调用的存储函数的名称,如果要调用其他数据库中的存储函数,需要按照"数据库名.存储函数名"的格式调用;参数表示调用该存储函数时传递的参数列表,该参数列表需要与存储函数定义时的参数列表保持一致。

【案例 10-2】 调用存储函数。

调用 fun_find 存储函数查询学生 ID 为 20220101001 的学生姓名,SQL 语句如下。

```
SELECT fun_find('20220101001');
```

调用 fun_find 存储函数查询学生 ID 为 2022 的学生姓名,SQL 语句如下。

```
SELECT fun_find('2022');
```

执行上述 SQL 语句,结果如图 10-2 所示,执行第 1 条 SQL 语句时,显示了学生 ID 为 20220101001 的学生姓名"曹杰宏";执行第 2 条 SQL 语句时,因为查询不到学生 ID 为 2022 的学生信息,所以返回"查无此人"字符串信息。

```
mysql> DELIMITER ;
mysql> SELECT fun_find('20220101001');
+-------------------------+
| fun_find('20220101001') |
+-------------------------+
| 曹杰宏                  |
+-------------------------+
1 row in set (0.00 sec)

mysql> SELECT fun_find('2022');
+------------------+
| fun_find('2022') |
+------------------+
| 查无此人         |
+------------------+
1 row in set (0.00 sec)

mysql> _
```

图 10-2　调用存储函数

10.1.3　查看存储函数

1. 使用 SHOW STATUS 语句查看存储函数

在 MySQL 中可以使用 SHOW STATUS 语句查看存储函数的状态,具体的语法格式如下。

```
SHOW FUNCTION STATUS [LIKE '存储函数名']
```

该语句是一个 MySQL 的扩展，它可以返回存储函数的特征，如数据库、存储函数名称、类型、创建者及创建和修改日期等信息。其中，FUNCTION 表示查看的是存储函数；LIKE '存储函数名'表示需要匹配的存储函数名称。

【案例 10-3】 查看存储函数的状态。

执行 SHOW FUNCTION STATUS LIKE 'fun%'\G 语句可以查看名称以 fun 开头的存储函数的详细信息。在语句结尾后添加\G 标记，可以让显示的信息更加有条理。结果如图 10-3 所示，可以看到存在名为 fun_find 的存储函数，并列出该存储函数所在的数据库、所有者、修改时间等详细信息。

```
mysql> SHOW FUNCTION STATUS LIKE 'fun%' \G
*************************** 1. row ***************************
                  Db: db_study
                Name: fun_find
                Type: FUNCTION
             Definer: root@localhost
            Modified: 2023-02-15 11:52:09
             Created: 2023-02-15 11:52:09
       Security_type: DEFINER
             Comment:
character_set_client: utf8mb4
collation_connection: utf8mb4_0900_ai_ci
  Database Collation: utf8mb4_0900_ai_ci
1 row in set (0.01 sec)

mysql>
```

图 10-3　查看存储函数的状态

2. 使用 SHOW CREATE 语句查看存储函数

在 MySQL 中，除了可以使用 SHOW STATUS 语句之外，还可以使用 SHOW CREATE 语句查看存储函数的定义信息，具体的语法格式如下。

```
SHOW CREATE FUNCTION 存储函数名
```

该语句同样是一个 MySQL 的扩展，它可以返回存储函数的定义、字符集等信息。

【案例 10-4】 查看存储函数的定义信息。

执行 SHOW CREATE FUNCTION fun_find \G 语句，查看 fun_find 存储函数的定义信息，在语句结尾后添加\G 标记，可以使显示的信息更加有条理。结果如图 10-4 所示，可以得到存储函数的名称、具体的 SQL 语句、字符集等详细信息。

```
mysql> SHOW CREATE FUNCTION fun_find \G
*************************** 1. row ***************************
            Function: fun_find
            sql_mode: ONLY_FULL_GROUP_BY,STRICT_TRANS_TABLES,NO_ZERO_IN_DATE,
NO_ZERO_DATE,ERROR_FOR_DIVISION_BY_ZERO,NO_ENGINE_SUBSTITUTION
     Create Function: CREATE DEFINER=`root`@`localhost` FUNCTION `fun_find`(s
_id BIGINT) RETURNS varchar(20) CHARSET utf8mb4
BEGIN
        DECLARE s_name VARCHAR(20);
        SELECT student_name INTO s_name FROM tb_student WHERE student_id = s_
id;
        IF s_name IS NULL THEN
                RETURN '查无此人';
         ELSE
                RETURN s_name;
        END IF;
END
character_set_client: utf8mb4
collation_connection: utf8mb4_0900_ai_ci
  Database Collation: utf8mb4_0900_ai_ci
1 row in set (0.00 sec)
```

图 10-4　查看存储函数的定义信息

3. 通过 routines 数据表查询存储函数

在 MySQL 中,存储过程和存储函数的信息都存储在 information_schema 数据库的 routines 数据表中。因此,可以通过查询该数据表中的记录获取存储函数的信息,具体的语法格式如下。

```
SELECT * FROM information_schema.routines
WHERE ROUTINE_NAME = 存储函数名 AND ROUTINE_TYPE = 'FUNCTION';
```

其中,ROUTINE_NAME 表示所要查询的存储函数名称;ROUTINE_TYPE 表示查询的是存储函数。如果存储过程和存储函数名称相同,则需要在 WHERE 子句中指定 ROUTINE_TYPE 的值。

【案例 10-5】 通过 routines 数据表查询存储函数。

通过系统 information_schema 数据库的 routines 数据表查询 fun_find 存储函数的详细信息,在 SQL 语句结尾加上\G 标记,使显示的信息更有条理。SQL 语句如下。

```
SELECT * FROM information_schema.routines
WHERE ROUTINE_NAME = 'fun_find' AND ROUTINE_TYPE = 'FUNCTION' \G
```

执行上述 SQL 语句,结果如图 10-5 所示,可以得到 fun_find 存储函数的名称、所属数据库、数据类型、创建时间以及最后修改时间等详细信息。

```
mysql> SELECT * FROM information_schema.routines
    -> WHERE ROUTINE_NAME='fun_find' AND ROUTINE_TYPE='FUNCTION' \G
*************************** 1. row ***************************
           SPECIFIC_NAME: fun_find
         ROUTINE_CATALOG: def
          ROUTINE_SCHEMA: db_study
            ROUTINE_NAME: fun_find
            ROUTINE_TYPE: FUNCTION
               DATA_TYPE: varchar
CHARACTER_MAXIMUM_LENGTH: 20
  CHARACTER_OCTET_LENGTH: 80
       NUMERIC_PRECISION: NULL
           NUMERIC_SCALE: NULL
      DATETIME_PRECISION: NULL
      CHARACTER_SET_NAME: utf8mb4
          COLLATION_NAME: utf8mb4_0900_ai_ci
          DTD_IDENTIFIER: varchar(20)
            ROUTINE_BODY: SQL
      ROUTINE_DEFINITION: BEGIN
    DECLARE s_name VARCHAR(20);
```

图 10-5 通过 routines 数据表查询存储函数

10.2 修改存储函数

在 MySQL 中,可以通过 ALTER 关键字修改存储函数的属性,但是无法修改存储函数中的参数和过程体定义语句,因为这将导致存储函数的结构或执行逻辑发生变化。具体的语法格式如下。

```
ALTER FUNCTION 存储函数名 [特性 … ]
```

【案例 10-6】 修改存储函数。

修改案例 10-1 创建的 fun_find 存储函数,将读写权限修改为 READS SQL DATA,并指明调用者可以执行。SQL 语句如下。

```
ALTER FUNCTION fun_find
READS SQL DATA
SQL SECURITY INVOKER;
```

执行上述 SQL 语句，结果如图 10-6 所示。

```
mysql> ALTER FUNCTION fun_find
    -> READS SQL DATA
    -> SQL SECURITY INVOKER;
Query OK, 0 rows affected (0.01 sec)

mysql> _
```

图 10-6　修改 fun_find 存储函数

修改前执行 SELECT * FROM information_schema.routines WHERE ROUTINE_NAME='fun_find' AND ROUTINE_TYPE='FUNCTION' \G 语句查看 fun_find 存储函数的详细信息，包括存储函数的名称、数据类型、所属数据库、创建时间、最后修改时间、注释、SQL 数据访问权限等，如图 10-7 所示。可以看到 SQL_DATE_ACCESS 为 CONTAINS SQL，表示当前存储的读写权限含 SQL 语句，但是这些语句中不包含读写数据的语句；SECURITY_TYPE 为 DEFINER，表示只有存储过程的定义者才有执行权限。

```
           EXTERNAL_NAME: NULL
       EXTERNAL_LANGUAGE: SQL
         PARAMETER_STYLE: SQL
        IS_DETERMINISTIC: NO
         SQL_DATA_ACCESS: CONTAINS SQL
                SQL_PATH: NULL
           SECURITY_TYPE: DEFINER
                 CREATED: 2023-03-09 17:09:53
            LAST_ALTERED: 2023-03-09 17:09:53
                SQL_MODE: ONLY_FULL_GROUP_BY,STRICT_TRANS_TABLES,NO_ZERO_IN_D
ATE,NO_ZERO_DATE,ERROR_FOR_DIVISION_BY_ZERO,NO_ENGINE_SUBSTITUTION
         ROUTINE_COMMENT:
                 DEFINER: root@localhost
    CHARACTER_SET_CLIENT: utf8mb4
    COLLATION_CONNECTION: utf8mb4_0900_ai_ci
      DATABASE_COLLATION: utf8mb4_0900_ai_ci
1 row in set (0.00 sec)
```

图 10-7　修改前的 fun_find 存储函数

修改后执行 SELECT * FROM information_schema.routines WHERE ROUTINE_NAME='fun_find' AND ROUTINE_TYPE='FUNCTION' \G 语句查看 fun_find 存储函数的详细信息，如图 10-8 所示。可以看到已经按照案例 10-6 的需求修改成功。

```
           EXTERNAL_NAME: NULL
       EXTERNAL_LANGUAGE: SQL
         PARAMETER_STYLE: SQL
        IS_DETERMINISTIC: NO
         SQL_DATA_ACCESS: READS SQL DATA
                SQL_PATH: NULL
           SECURITY_TYPE: INVOKER
                 CREATED: 2023-03-09 17:09:53
            LAST_ALTERED: 2023-03-09 19:41:40
                SQL_MODE: ONLY_FULL_GROUP_BY,STRICT_TRANS_TABLES,NO_ZERO_IN_D
ATE,NO_ZERO_DATE,ERROR_FOR_DIVISION_BY_ZERO,NO_ENGINE_SUBSTITUTION
         ROUTINE_COMMENT:
                 DEFINER: root@localhost
    CHARACTER_SET_CLIENT: utf8mb4
    COLLATION_CONNECTION: utf8mb4_0900_ai_ci
      DATABASE_COLLATION: utf8mb4_0900_ai_ci
1 row in set (0.00 sec)
```

图 10-8　修改后的 fun_find 存储函数

10.3　删除存储函数

在 MySQL 中，可以通过 DROP 关键字删除存储函数，具体的语法格式如下。

```
DROP FUNCTION [IF EXISTS] 存储函数名
```

IF EXISTS 子句是一个可选项，可以判断被删除的存储函数是否存在。若存在，则执行删除操作；若不存在，则不进行任何操作，同时产生一条可以使用 SHOW WARNINGS 查看的警告。

【案例 10-7】 删除存储函数。

执行"DROP FUNCTION fun_find;"语句，可以删除名为 fun_find 的存储函数，如图 10-9 所示。

```
mysql> DROP FUNCTION fun_find;
Query OK, 0 rows affected (0.01 sec)

mysql> _
```

图 10-9　删除存储函数

10.4 MySQL 系统函数

MySQL 中包含大量的系统函数,这些函数被称为内置函数或系统函数。它们是一种预定义的操作,可以在 SQL 语句中直接调用,并且提供了丰富的功能和广泛的支持。这些函数可以用来操作字符串、数字、日期和时间、统计数据等,还包括一些流程控制函数,可以帮助用户控制 SQL 语句的执行流程。使用这些内置函数可以显著提高用户管理数据库的效率,同时也能够简化 SQL 语句的编写过程,使其更易于理解和维护。

10.4.1 字符串函数

字符串函数主要用来处理文本类型数据,是 MySQL 中最常用的一类函数。常用的字符串函数如表 10-1 所示。

表 10-1 常用的字符串函数

函数名称	函数功能	应用举例	注意事项
ASCII(参数)	返回参数中第 1 个字符所对应的 ASCII 码	SELECT ASCII('MySQL');语句返回字符 M 对应的 ASCII 码 77	如果参数为空字符串,则返回值为 0。如果参数为 NULL,则返回值为 NULL。该函数常用于 ASCII 码值为 0~255 的字符
CHAR_LENGTH(参数)	返回字符串参数所包含的字符个数	"SELECT CHAR_LENGTH('MySQL');"语句返回字符串 MySQL 所包含的字符个数 5	一个多字节字符算作一个单字符
CHARACTER_LENGTH(参数)	返回字符串参数所包含的字符个数	"SELECT CHARACTER_LENGTH('MySQL');"语句返回字符串 MySQL 所包含的字符个数 5	CHARACTER_LENGTH()函数是 CHAR_LENGTH()函数的同义词
CONCAT(参数 1,参数 2,…,参数 n)	将所有参数连接成一个字符串并返回该字符串	"SELECT CONCAT('I','Like','MySQL');"语句将 3 个参数 I、Like 和 MySQL 组合成一个字符串 ILikeMySQL	如果有任意一个参数为 NULL,则返回值为 NULL;如果参数中含有任意一个二进制字符串,则结果为一个二进制字符串
CONCAT_WS(分隔符,参数 1,参数 2,…)	第 1 个参数是其他参数的分隔符。分隔符放在要连接的两个字符串之间	"SELECT CONCAT_WS('+','I','like',NULL,'MySQL');"语句使用+作为分隔符连接 3 个字符串,返回的结果为 I+like+MySQL	如果分隔符为 NULL,则返回结果也为 NULL。CONCAT_WS()函数会忽略任何分隔符参数后的 NULL 值
ELT(N,参数 1,参数 2,参数 3,…)	若 N 为 1,则返回值为参数 1;若 N 为 2,则返回值为参数 2;以此类推	"SELECT ELT(2,'a','b','c');"语句返回第 2 个参数 b	若 N 小于 1 或大于参数的数量,则返回 NULL
FIELD(参数 1,参数 2,参数 3,…)	返回参数 1 在(参数 2,参数 3,…)中的位置	"SELECT FIELD('d','a','b','c','d','e');"语句在字符串列表中查找第 1 个参数 d 的位置,返回的结果为 4	在字符串列表中找不到参数 1 或参数 1 为 NULL 时,返回值为 0

续表

函数名称	函数功能	应用举例	注意事项
FIND_IN_SET(参数 1,参数 2)	返回在参数 2 中与参数 1 匹配的字符串的位置	“SELECT FIND_IN_SET('My','MySQL,Like,You,My');”语句返回结果为 4	如果参数 1 不在参数 2 中或参数 2 为空字符串,则返回值为 0;若任意一个参数为 NULL,则返回值为 NULL。该函数在第 1 个参数包含一个逗号时将无法正常执行
FORMAT(数字,N)	将数字设置为“#,###,###.##”的格式,以四舍五入的方式保留到小数点后 N 位	“SELECT FORMAT('314159.265354',2);”语句将数字 314159.265354 按照“#,###,###.##”的格式保留两位小数,返回结果为 314,159.27	FORMAT()函数返回的结果为字符串类型
INSERT(参数 1,N,len,参数 2)	将参数 1 中从指定字符位置为 N 开始且长度为 len 的子字符串替换为参数 2,组成新字符串并返回	“SELECT INSERT('MABCD',2,4,'ySQL');”语句将字符串 MABCD 中从第 2 个字符开始且长度为 4 的子字符串替换为字符串 ySQL,返回结果为 MySQL	如果 N 超过参数 1 的长度,则返回原始参数 1。若任意一个参数为 NULL,则返回结果为 NULL
INSTR(参数 1,参数 2)	返回参数 2 在参数 1 中的开始位置	“SELECT INSTR('MySQL','SQL');”语句返回结果为 3	该函数支持多字节字元,并且只有当至少有一个参数是二进制字符串时区分大小写
POSITION(参数 2 IN 参数 1)	返回参数 2 在参数 1 中的开始位置	“SELECT POSITION('SQL' IN 'MySQL');”语句返回结果为 3	POSITION()函数是 LOCATE()函数的同义词
LCASE(参数)	将参数中的字母字符全部转换为小写	“SELECT LCASE('FIRST');”语句将所有字母转换为小写,返回结果为 first	
LOWER(参数)	将参数中的字母字符全部转换为小写	“SELECT LOWER('Second');”语句将所有字母转换为小写,返回结果为 second	LOWER()函数是 LCASE()函数的同义词
LEFT(参数,N)	返回参数最左边的 N 个字符	“SELECT LEFT('MySQL',2);”语句返回左边两个字符 My	
RIGHT(参数,N)	返回参数最右边的 N 个字符	“SELECT RIGHT('MySQL',3);”语句返回右边 3 个字符 SQL	
LPAD(参数 1,len,参数 2)	返回参数 1,其左边由参数 2 补全至 N 字符长度	“SELECT LPAD('football',13,'=>');”语句返回字符串=>=>=football,左侧填充=>并使长度达到 13	若参数 1 的长度大于 len,则返回值被缩短至 len 字符长度
RPAD(参数 1,len,参数 2)	返回参数 1,其右边由参数 2 补全至 N 字符长度	“SELECT RPAD('basketball',12,'<=');”语句返回字符串 basketball<=,其右边由<=补全至 N 字符	若参数 1 的长度大于 len,则返回值被缩短至 len 字符长度

续表

函数名称	函数功能	应用举例	注意事项
LTRIM(参数)	返回参数,并将其左侧空格字符删除	“SELECT LTRIM(' water ');”语句删除其左侧所有空格并返回字符串"water"	
RTRIM(参数)	返回参数,并将其右侧空格字符删除	“SELECT RTRIM(' water ');”语句删除其右侧所有空格并返回字符串"water"	
TRIM(参数)	返回参数,并删除参数两侧的空格字符	“SELECT TRIM(' water ');”语句删除其两侧所有空格并返回字符串"water"	
LOCATE(参数 1,参数 2)	返回参数 1 在参数 2 中第 1 次出现的位置	“SELECT LOCATE('ball','football');”语句返回结果为 5	
LOCATE(参数 1,参数 2,N)	返回参数 1 在参数 2 中从第 N 字符开始第 1 次出现的位置	“SELECT LOCATE('ball','football',6);”语句返回结果为 0	若起始位置超过查询的参数所在位置,结果返回 0
MAKE_SET(N,参数 1,参数 2,…,参数 n)	按照 N 的二进制数从参数 1,参数 2,…,参数 n 中获取字符串	“SELECT MAKE_SET(2,'a','b','c');”语句,数字 2 对应的二进制数为 10,所以应选取参数 2,即 b	对于值为 NULL 的参数,其值不会被添加到返回结果中
MID(参数,N,len)	从参数中返回一个长度为 len 的字符串子串,起始位置从第 N 个字符开始	“SELECT MID('watermelon',6,5);”语句返回从第 6 个字符位置开始长度为 5 的子字符串,结果为 melon	MID()函数是 SUBSTRING()函数的同义词
SUBSTRING(参数,N,len)	从参数中返回一个长度为 len 的字符串子串,起始位置从第 N 个字符开始	“SELECT SUBSTRING('watermelon',−5,5);”语句返回从倒数第 5 个字符位置开始,长度为 5 的子字符串,结果为 melon	若 N 的值为负数,则子字符串的位置起始于字符串的倒数第 N 个字符,而从不是字符串的开头位置
REPEAT(参数,N)	返回由 N 个参数组成的字符串	“SELECT REPEAT('MySQL',3);”语句返回由 3 个重复字符串 MySQL 组成的字符串,即 MySQLMySQLMySQL	若 N 小于或等于 0,则返回空字符串。若两个参数中含有 NULL,则返回结果也为 NULL
REPLACE(参数 1,参数 2,参数 3)	使用参数 3 替代参数 1 中包含的所有参数 2	“SELECT REPLACE('MySQL','SQL','self');”语句返回结果为 Myself	
SPACE(N)	返回一个由 N 个空格字符组成的字符串	“SELECT SPACE(6);”语句返回一个由 6 个空格组成的字符串	
STRCMP(参数 1,参数 2)	用来比较两个字符串	“SELECT STRCMP('acb','abc');”语句返回结果为 1	若所有字符串均相同,则返回 0;若参数 1 中某个字符小于参数 2 对应位置的字符,则返回−1;否则返回 1

注:表中函数中若无声明,所有参数均默认为字符串参数。

10.4.2 数学函数

MySQL中的数学函数包含常见的数学运算函数，可以用于数值的计算和处理操作。这些函数可以执行平方根、指数、对数、三角函数、随机数生成等多种数学运算，同时也可以用于统计分析和数据可视化等应用场景中。在执行数学函数时，如果出现数学错误(如除以0而导致结果为无穷大)，则会返回NULL值。常用的数学函数如表10-2所示。

表10-2 常用的数学函数

函数名称	函数功能	应用举例	注意事项
ABS(N)	返回N的绝对值	"SELECT ABS(−6);"语句返回结果为6	
CEIL(N)	返回不小于N的最小整数值	"SELECT CEIL(−6.6);"语句返回结果为−6	返回结果会转换为BIGINT类型
CEILING(N)	返回不小于N的最小整数值	"SELECT CEILING(6.6);"语句返回结果为7	返回结果会转换为BIGINT类型
EXP(N)	返回e的N次乘方	"SELECT EXP(0);"语句返回结果为1	
FLOOR(N)	返回不大于N的最大整数值	"SELECT FLOOR(−6.6);"语句返回结果为−7	返回结果会转换为BIGINT类型
LN(N)	返回N的自然底数	"SELECT LN(6);"语句返回结果为1.791759469228055	N是相对于基数e的对数
LOG(N)	返回N的自然底数	"SELECT LOG(6);"语句返回结果为1.791759469228055	N是相对于基数e的对数
LOG(N1,N2)	返回N2对于任意基数N1的对数	"SELECT LOG(10,100);"语句返回结果为2	
MOD(N1,N2)	返回N1被N2除后的余数	"SELECT MOD(22,6);"语句返回结果为4	该函数对于带有小数部分的数值也起作用，返回除法运算后的精确余数
PI()	返回圆周率的值	"SELECT PI();"语句返回结果为3.141593	返回结果保留7位有效数字
POW(N1,N2)	返回N1的N2次乘方	"SELECT POW(2,2);"语句返回结果为4	
POWER(N1,N2)	返回N1的N2次乘方	"SELECT POWER(2,2);"语句返回结果为4	
RADIANS(N)	将N由角度转换为弧度	"SELECT RADIANS(90);"语句返回结果为1.5707963267948966，即π/2	
DEGREES(N)	将N由弧度转换为角度	"SELECT DEGREES(PI()/2);"语句返回结果为90	
RAND()	返回一个随机浮点数，值为0～1	"SELECT RAND();"语句返回结果为0.011784219194002655	若已指定一个整数参数，则它被用作种子值，用来产生重复序列。即参数相同，则产生相同的随机数

续表

函数名称	函数功能	应用举例	注意事项
ROUND(N)	返回最接近 N 的整数，即对参数进行四舍五入的操作	“SELECT ROUND(6.66);”语句返回结果为 7	
ROUND(N1,N2)	返回 N1 值小数点后的 N2 位	“SELECT ROUND(6.66,1);”语句返回结果为 6.7	若要保留 N1 值小数点左边第 N2 位，则 N2 的值为负数。N2 值为负数时，保留的小数点左边的相应位数的值直接变为 0，而不进行四舍五入的操作
SIGN(N)	返回 N 的符号	“SELECT SIGN(－6);”语句返回结果为－1	N 为 0 时，返回结果为 0；N 为正数时，返回结果为 1；N 为负数时，返回结果为－1
SQRT(N)	返回非负数 N 的二次方根	“SELECT SQRT(9);”语句返回结果为 3	
SIN(N)	返回 N 的正弦值，其中 N 为弧度值	“SELECT SIN(1);”语句返回结果为 0.8414709848078965	
ASIN(N)	返回 N 的反正弦值	“SELECT ASIN(0.8414709848078965);”语句返回结果为 1	若 N 超出－1～1 的范围，则返回 NULL
COS(N)	返回 N 的余弦值，其中 N 为弧度值	“SELECT COS(0);”语句返回结果为 1	
ACOS(N)	返回 N 的反余弦值	“SELECT ACOS(1);”语句返回结果为 0	若 N 超出－1～1 的范围，则返回 NULL
TAN(N)	返回 N 的正切值，其中 N 为弧度值	“SELECT TAN(PI()/4);”语句返回结果为 1	
ATAN(N)	返回 N 的反正切值	“SELECT ATAN (1);”语句返回结果为 0.7853981633974483	
COT(N)	返回 N 的余切值，其中 N 为弧度值	“SELECT COT(PI()/4);”语句返回结果为 1.0000000000000002	
TRUNCATE(N1,N2)	返回将 N1 值舍入为指定小数位数 N2 的值，即截断 N1 值到指定小数位数 N2	“SELECT TRUNCATE(3.1415926,3);”语句返回结果为 3.141	若 N2 为负数，则从小数点左边第 N2 位开始截断。该函数只会对参数进行截断，而不进行四舍五入的操作

注：表中函数中若无声明，所有参数均默认为数字

10.4.3 日期和时间函数

在 MySQL 中，日期和时间函数主要用于处理日期和时间值，日期值的数据类型包括 DATE、DATETIME 和 TIMESTAMP。这些类型的区别在于它们包含的日期精度不同，DATE 类型表示年、月和日，而 DATETIME 和 TIMESTAMP 类型还包括时间信息。另外，时间值的数据类型包括 TIME、YEAR 和 INTERVAL。这些类型之间的转换可以使用内置函数进行。常用的日期和时间函数如表 10-3 所示。

表 10-3　常用的日期和时间函数

函数名称	函数功能	应用举例	注意事项
CURDATE()	将当前系统日期值按照 YYYY-MM-DD 或 YYYYMMDD 的格式返回	“SELECT CURDATE ( );”语句返回系统当前日期，如 2023-03-08	具体格式根据函数用在字符串或是数字语境中而定。即函数一般返回的值为字符串，但在数学计算中函数会返回第 2 种格式
CURRENT_DATE()	将当前系统日期值按照 YYYY-MM-DD 或 YYYYMMDD 的格式返回	“SELECT CURRENT_DATE();”语句返回系统当前日期，如 2023-03-08	
CURTIME()	将当前系统时间值按照 HH:MM:SS 或 HHMMSS 的格式返回	“SELECT CURTIME();”语句返回系统当前时间，如 17:03:19	
CURRENT_TIME()	将当前系统时间值按照 HH:MM:SS 或 HHMMSS 的格式返回	“SELECT CURRENT_TIME();”语句返回系统当前时间，如 17:03:19	
CURRENT_TIMESTAMP()	将当前系统日期和时间值按照 YYYY-MM-DD HH:MM:SS 或 YYYYMMDDHHMMSS 的格式返回	“SELECT CURRENT_TIMESTAMP();”语句返回系统当前日期和时间，如 2023-03-08 17:04:53	具体格式根据函数用在字符串或是数字语境中而定。即函数一般返回的值为字符串，但在数学计算中函数会返回第 2 种格式
LOCALTIME()	将当前系统日期和时间值按照 YYYY-MM-DD HH:MM:SS 或 YYYYMMDDHHMMSS 的格式返回	“SELECT LOCALTIME();”语句返回系统当前日期和时间，如 2023-03-08 17:04:53	
NOW()	将当前系统日期和时间值按照 YYYY-MM-DD HH:MM:SS 或 YYYYMMDDHHMMSS 的格式返回	“SELECT NOW();”语句返回系统当前日期和时间，如 2023-03-08 17:04:53	
SYSDATE()	将当前系统日期和时间值按照 YYYY-MM-DD HH:MM:SS 或 YYYYMMDDHHMMSS 的格式返回	“SELECT SYSDATE();”语句返回系统当前日期和时间，如 2023-03-08 17:04:53	
UNIX_TIMESTAMP()	返回一个 UNIX 时间戳(1970-01-01 00:00:00 GMT 之后的秒数）作为无符号整数	“SELECT UNIX_TIMESTAMP();”语句返回结果为 1678266465	若用参数 date 调用 UNIX_TIMESTAMP()，它会将参数值以 1970-01-01 00:00:00 GMT 后的秒数的形式返回。参数 date 可以是一个 DATE 字符串、一个 DATETIME 字符串、一个 TIMESTAMP 或一个当地时间的 YYMMDD 格式的数字

续表

函数名称	函数功能	应用举例	注意事项
FROM_UNIXTIME(参数)	把 UNIX 时间戳转换为普通格式的时间	"SELECT FROM_UNIXTIME(1678266465);"语句返回结果为 2023-03-08 17:07:45	
UTC_DATE()	将当前 UTC 日期值以 YYYY-MM-DD 或 YYYYMMDD 的格式返回,具体格式根据函数用在字符串或是数字语境中而定	"SELECT UTC_DATE();"语句返回当前 UTC 日期值,如 2023-03-08	
UTC_TIME()	将当前 UTC 时间值以 HH:MM:SS 或 HHMMSS 的格式返回,具体格式根据函数用在字符串或是数字语境中而定	"SELECT UTC_TIME();"语句返回当前 UTC 日期值,如 09:10:25	
YEAR(参数)	返回参数对应的年份	"SELECT YEAR('23-03-04');"语句返回对应的年份值 2023	参数范围为 1970～2069
QUARTER(参数)	返回参数对应的一年中的季度值	"SELECT QUARTER('23-03-04');"语句返回结果为 1	参数范围为 1～4
MONTH(参数)	返回参数对应的月份	"SELECT MONTH('23-03-04');"语句返回结果为 3	参数范围为 1～12
HOUR(参数)	返回参数对应的小时值	"SELECT HOUR('18:12:04');"语句返回结果为 18	无参数范围
MINUTE(参数)	返回参数对应的分钟值	"SELECT MINUTE('18:12:04');"语句返回结果为 12	参数范围为 0～59
SECOND(参数)	返回参数对应的秒数值	"SELECT SECOND('18:12:04');"语句返回结果为 4	参数范围为 0～59
MONTHNAME(参数)	返回参数中对应月份的英文名称	"SELECT MONTHNAME('2023-03-04');"语句返回结果为 March	
DAYNAME(参数)	返回参数中对应日期在一周中的英文名称	"SELECT DAYNAME('2023-03-04');"语句返回结果为 Saturday	
WEEKDAY(参数)	返回参数对应的星期索引:0 表示星期一,1 表示星期二,2 表示星期三,…,6 表示星期日	"SELECT WEEKDAY('2023-03-03');返回结果为 4	
WEEK(参数)	返回参数对应一年中的第几周的值	"SELECT WEEK('2023-03-04');"语句返回结果为 9	WEEK()函数默认星期天为每周的第 1 天

续表

函数名称	函数功能	应用举例	注意事项
WEEKOFYEAR(参数)	返回参数对应一年中的第几周的值	“SELECT WEEKOFYEAR('2023-03-04');”语句返回结果为 9	WEEKOFYEAR()函数默认星期一为每周的第1天
DAYOFYEAR(参数)	返回参数对应一年中的第几天	“SELECT DAYOFYEAR('2023-03-03');”语句返回结果为 62	参数范围为 1～366
DAYOFMONTH(参数)	返回参数对应月份中的第几天	“SELECT DAYOFMONTH('2023-03-03');”语句返回结果为 3	参数范围为 1～31
DAYOFWEEK(参数)	返回参数对应的一周的索引	“SELECT DAYOFWEEK('2023-03-03');”返回结果为 6	参数范围为 1～7。其中,1 代表星期日,2 代表星期一,…,7 代表星期六
EXTRACT(type FROM 参数)	将参数按照 type 的取值提取日期或时间值	“SELECT EXTRACT(YEAR FROM '2023-03-03');”语句根据参数 type 的取值(YEAR),返回结果为年份值 2023	
TIME_TO_SEC(参数)	将时间值转换为对应的秒数值	“SELECT TIME_TO_SEC('12:20:01');”语句返回结果为 44401	
SEC_TO_TIME(参数)	将秒数值按照 HH:MM:SS 或 HHMMSS 的格式返回	“SELECT SEC_TO_TIME(44401);”语句返回结果为 12:20:01	具体格式根据函数用在字符串或是数学语境中而定
DATE_ADD(参数 1,INTERVAL 参数 2 type)	执行参数日期的加法运算	“SELECT DATE_ADD('2022-12-31 23:59:59', INTERVAL 1 SECOND);”语句返回结果为 2023-01-01 00:00:00	
ADDDATE(参数 1,INTERVAL 参数 2 type)	执行参数日期的加法运算	“SELECT ADDDATE('2022-12-31 23:59:59', INTERVAL 1 MONTH);”语句返回结果为 2023-01-31 23:59:59	
ADDTIME(参数 1,参数 2)	将参数 2 的值添加到参数 1 对应的日期值中,并返回计算后的日期	“SELECT ADDTIME('2023-01-01 00:00:00','01:01:01');”语句返回结果为 2023-01-01 01:01:01	
SUBTIME(参数 1,参数 2)	将参数 1 对应的日期值减去参数 2,并返回计算后的日期	“SELECT SUBTIME('2022-01-01 00:00:00','12:23:34');”语句返回结果为 2021-12-31 11:36:26	

续表

函数名称	函数功能	应用举例	注意事项
DATEDIFF(参数 1,参数 2)	返回参数 1 与参数 2 之间的间隔天数	“SELECT DATEDIFF('2023-01-01 00:00:00','2023-03-04');”语句返回参数 1 减去参数 2 后的值,即−62	DATEDIFF()函数中参数的日期格式允许不同,计算时只取这些值的日期部分
DATE_FORMAT(参数 1,format)	根据表达式 format 指定的格式返回参数值	“SELECT DATE_FORMAT('2023-01-01 12:34:56','%W %M %Y');”语句返回结果为 Sunday January 2023	
TIME_FORMAT(参数 1,format)	根据表达式 format 指定的格式返回参数对应的时间值	“SELECT TIME_FORMAT('2023-01-01 12:34:56','%H %k %h %I %l');”语句返回结果为 12 12 12 12 12	
GET_FORMAT(参数 1,参数 2)	返回日期时间字符串的显示格式,参数 1 表示日期数据类型;参数 2 表示格式化显示数据	“SELECT GET_FORMAT(DATE,'USA');”语句返回结果为%m. %d. %Y	

1. 日期和时间的格式

MySQL 中提供了许多函数和方法对日期和时间进行格式化处理。在这些函数中,常常需要使用到日期和时间格式,这些格式通常由一个字符串常量和一个或多个参数组成。

日期和时间的格式如表 10-4 所示,其中 TYPE 表示需要使用的格式类型。

表 10-4 日期和时间的格式

TYPE 值	预期的参数格式
MICROSECOND	MICROSECONDS
SECOND	SECONDS
MINUTE	MINUTES
HOUR	HOURS
DAY	DAYS
WEEK	WEEKS
MONTH	MONTHS
QUARTER	QUARTERS
YEAR	YEARS
SECOND_MICROSECOND	'SECONDS. MICROSECONDS'
MINUTE_MICROSECOND	'MINUTES. MICROSECONDS'
MINUTE_SECOND	'MINUTES. SECONDS'
HOUR_MICROSECOND	'HOURS. MICROSECONDS'
HOUR_SECOND	'HOURS. MINUTES. SECONDS'
HOUE_MINUTE	'HOUES. MINUTES'
DAY_MICROSECOND	'DAYS. MICROSECONDS'
DAY_SECOND	'DAYS HOURS. MINUTES. SECONDS'
DAY_MINUTE	'DAYS HOURS. MINUTES'
DAY_HOUE	'DAYS HOURS'
YEAR_MONTH	'YEARS-MONTHS'

2. format 日期时间格式

format 日期时间格式使用的是标识符，标识符可用来表示日期和时间的不同部分，如月份、日期、小时、分钟、秒等。MySQL 中常见的 format 时间日期格式如表 10-5 所示，它们可以在 FORMAT()函数中表示不同的日期和时间部分。

表 10-5　format 日期时间格式

标　识　符	含　　义
%a	工作日的缩写(Sun,…,Sat)
%b	月份的缩写(Jan,…,Dec)
%c	月份，以数字 0～12 表示
%D	该月日期，带后缀(1st,2nd,…)
%d	该月日期，以数字 00～31 表示
%e	该月日期，以数字 0～31 表示
%f	微秒(000000～999999)
%H	以两位数表示 24 小时(00～23)
%h,%I	以两位数表示 12 小时(01～12)
%i	分钟(00～59)
%j	一年中的天数(001～365)
%k	以 24 小时表示时间(0～23)
%l	以 12 小时表示时间(1～12)
%M	月份英文名称(January,…,December)
%m	月份，数字形式(00,…,12)
%p	上午(AM)或下午(PM)
%r	时间，12 小时制(HH:MM:SS AM/PM)
%S,%s	以两位数的形式表示秒(0～59)
%T	时间，24 小时制(HH:MM:SS)
%U	周(00～53)，以星期日作为每周的第 1 天
%u	周(00～53)，以星期一作为每周的第 1 天
%V	周(01～53)，以星期日作为每周的第 1 天；和%X 同时使用
%v	周(01～53)，以星期一作为每周的第 1 天；和%x 同时使用
%W	工作日名称(星期日,…,星期六)
%w	一周中的每日(0=周日,…,6=周六)
%X	该周的年份，以周日为每周的第 1 天；数字形式，4 位数
%x	该周的年份，以周一为每周的第 1 天；数字形式，4 位数
%Y	年份，使用 4 位数形式表示
%y	年份，使用两位数形式表示
%%	标识符%

3. GET_FORMAT()函数返回的日期格式

GET_FORMAT()函数用于返回一个指定日期和时间格式的字符串。该函数接受两个参数，第 1 个参数是数据类型，指定要格式化的日期或时间类型，第 2 个参数是格式类型，指定所需的日期或时间格式。

表 10-6 列出了 GET_FORMAT()函数对于不同的日期和时间数据类型所返回的可用日期格式。

表 10-6 GET_FORMAT()函数返回的日期格式

数据类型	含义格式类型	显示类型
DATE	EUR	%d.%m.%Y
DATE	INTERVAL	%Y%m%d
DATE	ISO	%Y-%m-%d
DATE	JIS	%Y-%m-%d
DATE	USA	%m.%d.%Y
TIME	EUR	%H.%i.%s
TIME	INTERVAL	%H%i%s
TIME	ISO	%H:%i:%s
TIME	JIS	%H:%i:%s
TIME	USA	%H:%i:%s %p
DATETIME	EUR	%Y-%m-%d %H.%i.%s
DATETIME	INTERVAL	%Y%m%d%H%i%s
DATETIME	ISO	%Y-%m-%d %H:%i:%s
DATETIME	JIS	%Y-%m-%d %H:%i:%s
DATETIME	USA	%Y-%m-%d %H.%i.%s

10.4.4 统计函数

统计函数用来计算数据表中字段(或列)的特定值,如求和、计数、平均值、最大值和最小值等。常用的统计函数如表 10-7 所示。

表 10-7 常用的统计函数

函数名称	函数功能	注意事项
AVG(参数)	返回参数的平均值	若找不到匹配的记录,则返回 NULL
COUNT(参数)	返回 SELECT 语句检索到的记录中非 NULL 值的数目	若找不到匹配的记录,则返回 0
MAX(参数)	返回参数中的最大值	若是字符串参数,则返回最大字符串
MIN(参数)	返回参数中的最小值	若是字符串参数,则返回最小字符串
SUM(参数)	返回参数的总数	若找不到匹配的记录,则返回 NULL

10.4.5 流程控制函数

流程控制函数又称为条件判断函数,可以根据不同的条件执行不同的流程控制命令。常见的流程控制函数有 IF()、CASE、IFNULL()和 NULLIF()等。

1. IF(参数 1,参数 2,参数 3)

如果参数 1 的值为 TRUE,则 IF()函数的返回值为参数 2;否则返回值为参数 3。IF()函数的返回值可以是数值或字符串,具体情况视其所在语境而定。

【案例 10-8】 使用 IF()函数进行条件判断。SQL 语句如下。

```
SELECT IF(1 > 2,'YES','NO'),IF(1 < 2,'YES','NO');
```

执行上述 SQL 语句,结果如图 10-10 所示。在 IF(1>2,'YES','NO')中,因为表达式 1>2 的结果为 FALSE,所以 IF()函数的返回值是第 2 个表达式的值,即 NO;在 IF(1<2,'YES','NO')中,又因为表达式 1<2 的结果为 TRUE,所以 IF()函数的返回值是第 1 个表达式的值,

即 YES。

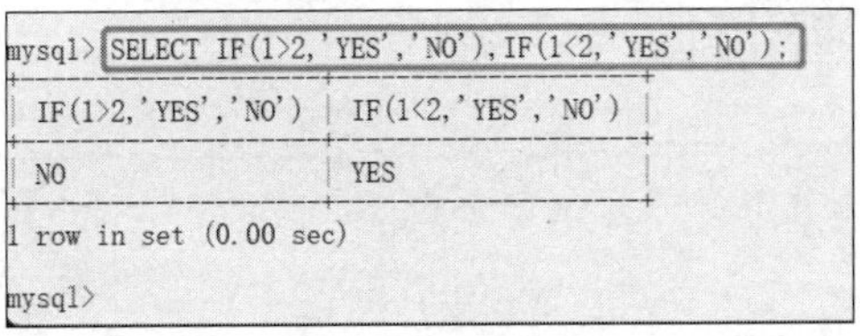

```
mysql> SELECT IF(1>2,'YES','NO'),IF(1<2,'YES','NO');
+--------------------+--------------------+
| IF(1>2,'YES','NO') | IF(1<2,'YES','NO') |
+--------------------+--------------------+
| NO                 | YES                |
+--------------------+--------------------+
1 row in set (0.00 sec)

mysql>
```

图 10-10　使用 IF()函数进行条件判断

2. CASE 条件表达式 WHEN [参数表达式 1] THEN 结果 1 [WHEN [参数表达式 2] THEN 结果 2 …] [ELSE 结果 3] END

如果条件表达式与某个参数表达式对应，则返回对应的 THEN 后面的结果；如果与所有值都不相等，则返回 ELSE 后面的结果。

【案例 10-9】 使用 CASE 函数的分支操作(1)。SQL 语句如下。

```
SELECT CASE '男'
WHEN '男' THEN 'BOY'
WHEN '女' THEN 'GIRL'
END;
```

执行上述 SQL 语句，结果如图 10-11 所示。当 CASE 函数的条件表达式为“男”时，进行条件匹配，第 1 个匹配条件为“男”，因此函数返回 BOY。

```
mysql> SELECT CASE '男'
    -> WHEN '男' THEN 'BOY'
    -> WHEN '女' THEN 'GIRL'
    -> ELSE '输入有误'
    -> END;
+--------------------------------------------------------+
| CASE '男'
WHEN '男' THEN 'BOY'
WHEN '女' THEN 'GIRL'
ELSE '输入有误'
END |
+--------------------------------------------------------+
| BOY                                                    |
+--------------------------------------------------------+
1 row in set (0.01 sec)

mysql>
```

图 10-11　CASE 函数的第 1 种用法

3. CASE WHEN [参数表达式 1] THEN 结果 1[WHEN [参数表达式 2] THEN 结果 …] [ELSE 结果 3] END

如果参数表达式的值为 TRUE，则返回对应的 THEN 后面的结果；如果所有参数表达式都不为 TRUE，则返回 ELSE 后面的结果。

【案例 10-10】 使用 CASE 函数的分支操作(2)。SQL 语句如下。

```
SELECT CASE
WHEN 1 < 0 THEN '1 小于 0'
WHEN 1 > 0 THEN '1 大于 0'
ELSE 'ERROR'
END;
```

执行上述 SQL 语句，结果如图 10-12 所示，首先测试第 1 个条件表达式，即 1<0，如果该条件表达式的值为 TRUE，则返回字符串“1 小于 0”，否则继续测试下一个条件表达式，即 1>0。1>0 这个表达式的值为 TRUE，因此 CASE 函数返回字符串“1 大于 0”。

```
mysql> SELECT CASE
    -> WHEN 1 < 0 THEN '1小于0'
    -> WHEN 1 > 0 THEN '1大于0'
    -> ELSE 'ERROR'
    -> END;
+-----------------------------------------------------------+
| CASE
WHEN 1 < 0 THEN '1小于0'
WHEN 1 > 0 THEN '1大于0'
ELSE 'ERROR'
END      |
+-----------------------------------------------------------+
| 1大于0                                                    |
+-----------------------------------------------------------+
1 row in set (0.00 sec)

mysql>
```

图 10-12　CASE 函数的第 2 种用法

4. IFNULL(参数 1,参数 2)

若参数 1 的值不为 NULL,则 IFNULL()函数的返回值为参数 1;否则返回参数 2。IFNULL()函数的返回值是数值或字符串,具体情况视其所在语境而定。

【案例 10-11】 使用 IFNULL()函数进行条件判断。SQL 语句如下。

```
SELECT IFNULL(1,2),IFNULL(0,1),IFNULL(1/0,'The divisor cannot be zero'),IFNULL(NULL,'TRUE');
```

执行上述 SQL 语句,结果如图 10-13 所示。因为 1 和 0 都不为 NULL,所以 IFNULL(1,2)和 IFNULL(0,1)都返回其第 1 个参数值;因为 1/0 的结果为 NULL,所以 IFNULL(1/0,'The divisor cannot be zero')的返回结果为第 2 个参数值,即 The divisor cannot be zero;IFNULL(NULL,'TRUE')中第 1 个参数为 NULL,所以返回结果为第 2 个参数值 TRUE。

```
mysql> SELECT IFNULL(1,2),IFNULL(0,1),IFNULL(1/0,'The divisor cannot be zero'),IFNULL(NULL,'TRUE');
+-------------+-------------+------------------------------------------+---------------------+
| IFNULL(1,2) | IFNULL(0,1) | IFNULL(1/0,'The divisor cannot be zero') | IFNULL(NULL,'TRUE') |
+-------------+-------------+------------------------------------------+---------------------+
|           1 |           0 | The divisor cannot be zero               | TRUE                |
+-------------+-------------+------------------------------------------+---------------------+
1 row in set, 1 warning (0.00 sec)

mysql>
```

图 10-13　使用 IFNULL()函数进行条件判断

5. NULLIF(参数 1,参数 2)

若参数 1 与参数 2 取值相同,则 NULLIF()函数的返回值为 NULL;否则返回参数 1。

【案例 10-12】 使用 NULLIF()函数进行条件判断。SQL 语句如下。

```
SELECT NULLIF(1,1),NULLIF(2,1);
```

执行上述 SQL 语句,结果如图 10-14 所示,因为在 NULLIF(1,1)中,第 1 个和第 2 个参数值相同,所以返回结果为 NULL;在 NULLIF(2,1)中,因为两个参数的取值不同,所以返回结果为第 1 个参数值 2。

```
mysql> SELECT NULLIF(1,1),NULLIF(2,1);
+-------------+-------------+
| NULLIF(1,1) | NULLIF(2,1) |
+-------------+-------------+
|        NULL |           2 |
+-------------+-------------+
1 row in set (0.00 sec)
```

图 10-14　使用 NULLIF()函数进行条件判断

课业任务

扫一扫

视频讲解

课业任务 10-1　创建存储函数求某班级的总人数

【能力测试点】

掌握存储函数的创建和使用。

【任务实现步骤】

(1) 创建一个存储函数,命名为 class_sum,该存储函数有一个参数 c_name,数据类型为 VARCHAR(20)。指定返回的数据类型为 INTEGER。BEGIN…END 语句块中是函数的内容,SQL 语句如下。

```
CREATE FUNCTION class_sum(c_name VARCHAR(20))
RETURNS INTEGER # 指定返回的数据类型
BEGIN
END
```

(2) 在 BEGIN…END 语句块中使用 SELECT 语句根据 c_name 参数查询 tb_class 和 tb_student 数据表,输出指定班级所对应的学生总人数。SQL 语句如下。

```
CREATE FUNCTION class_sum(c_name VARCHAR(20))
RETURNS INTEGER                          # 指定返回的数据类型
BEGIN
DECLARE c_sum INTEGER;                   # 声明变量 c_sum,用来接收查询到的结果
SELECT COUNT(class_name) INTO c_sum      # 将查询到的数据使用 INTO 关键字赋值给 c_sum
FROM tb_class JOIN tb_student ON tb_class.class_id = tb_student.class_id
WHERE class_name = c_name;
RETURN c_sum;                            # 返回查询到的班级人数 c_sum
END
```

(3) 运行上述 SQL 语句,结果如图 10-15 所示。

(4) 执行"SELECT class_sum;"语句调用 class_sum 存储函数,结果如图 10-16 所示,传递一个参数"20 计科 2 班"给 c_name 变量,输出结果为 0,说明 20 计科 2 班的学生总人数为 0;传递一个参数"22 软件 4 班"给 c_name 变量,输出结果为 6,表明 22 软件 4 班的学生总人数为 6。

```
mysql> CREATE FUNCTION class_sum(c_name VARCHAR(20))
    -> RETURNS INTEGER
    -> BEGIN
    -> DECLARE c_sum INTEGER;
    -> SELECT COUNT(class_name) INTO c_sum
    -> FROM tb_class JOIN tb_student ON tb_class.class_id = tb_student.class_id
    -> WHERE class_name=c_name;
    -> RETURN c_sum;
    -> END//
Query OK, 0 rows affected (0.01 sec)
```

图 10-15　创建 class_sum 存储函数

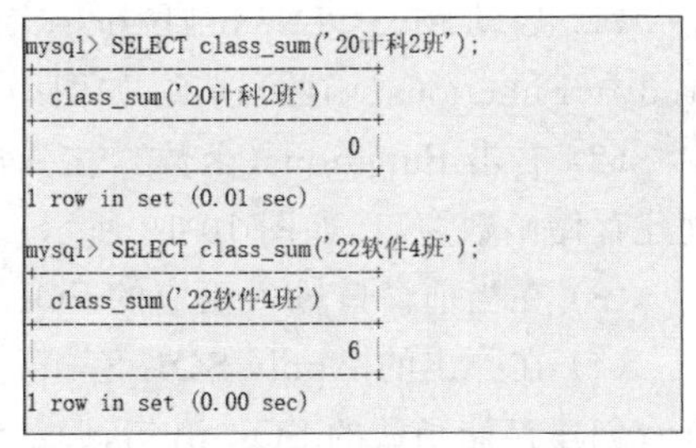

```
mysql> SELECT class_sum('20计科2班');
+----------------------+
| class_sum('20计科2班') |
+----------------------+
|                    0 |
+----------------------+
1 row in set (0.01 sec)

mysql> SELECT class_sum('22软件4班');
+----------------------+
| class_sum('22软件4班') |
+----------------------+
|                    6 |
+----------------------+
1 row in set (0.00 sec)
```

图 10-16　调用 class_sum 存储函数

扫一扫

视频讲解

课业任务 10-2　统计学生的姓氏数量

【能力测试点】

掌握基本的字符串函数与 COUNT()函数。

【任务实现步骤】

(1) 使用 SELECT 语句查询 tb_student 数据表,截取并输出学生的姓氏,SQL 语句如下。

```
SELECT LEFT(student_name,1)
FROM tb_student;
```

(2) 使用 COUNT()函数统计学生的姓氏,SQL 语句如下。

```
SELECT LEFT(student_name,1),COUNT(LEFT(student_name,1))
FROM tb_student;
```

(3) 上述 SQL 语句未使用 GROUP BY 关键字对学生的姓氏进行分组,运行将会报错,修改后的 SQL 语句如下。

```
SELECT LEFT(student_name,1),COUNT(LEFT(student_name,1)) AS surname_sum
FROM tb_student
GROUP BY LEFT(student_name,1);
```

(4) 执行上述 SQL 语句,结果如图 10-17 所示。

```
mysql> SELECT LEFT(student_name,1),COUNT(LEFT(student_name,1)) AS surname_sum
    -> FROM tb_student
    -> GROUP BY LEFT(student_name,1);
+----------------------+-------------+
| LEFT(student_name,1) | surname_sum |
+----------------------+-------------+
| 曹                   |           5 |
| 何                   |           7 |
| 潘                   |           3 |
| 谭                   |           1 |
| 陆                   |           1 |
| 朱                   |           4 |
```

图 10-17 统计学生的姓氏数量

扫一扫

视频讲解

*课业任务 10-3 使用 MySQL Workbench 工具创建存储函数求某学生的成绩总分

【能力测试点】

使用数据库图形化管理工具 MySQL Workbench 创建和调用存储函数。

【任务实现步骤】

任务需求:使用数据库图形化管理工具 MySQL Workbench 创建和调用存储函数,实现输入学生的姓名,输出学生的成绩总分。

(1) 启动 MySQL Workbench,登录成功后,在界面左侧的数据库对象窗口中展开 db_study→Functions(函数)选项,如图 10-18 所示。

(2) 右击 Functions(函数),在弹出的快捷菜单中选择 Create Function(创建函数),进入创建存储函数窗口,如图 10-19 所示。

(3) 在当前窗口输入相应的 SQL 代码,然后单击 Apply(应用)按钮,如图 10-20 所示。

(4) 在弹出的 Apply SQL Script to Database(将 SQL 脚本应用于数据库)对话框中可以查看创建存储函数的 SQL 语句,确认无误后选择 Apply(应用)按钮,如图 10-21 所示。

(5) 对话框刷新后,单击 Finish(完成)按钮,存储函数创建完毕。

(6) 在 MySQL Workbench 界面左侧的数据库对象窗口中展开 db_study→db_study 展开 Functions 选项。单击 workbench_func 存储函数右侧的 按钮,在弹出的 Call stored function db_study. workbench_func(调用存储函数 db_study. workbench_func)对话框中为 s_name 参数赋值为"常云熙",赋值完成后单击 Execute(执行)按钮,如图 10-22 所示。

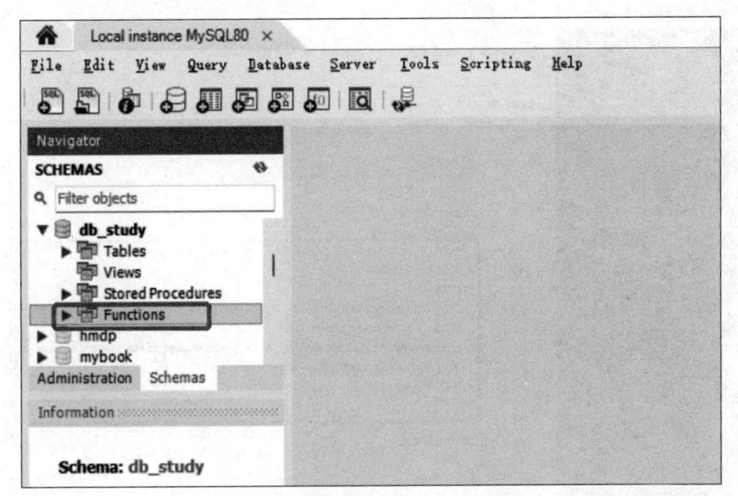

图 10-18　展开 Functions 选项

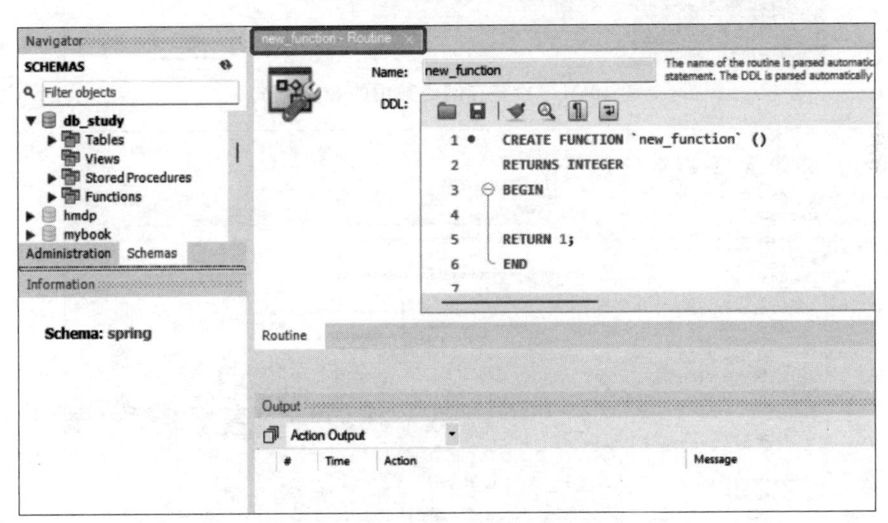

图 10-19　创建存储函数窗口

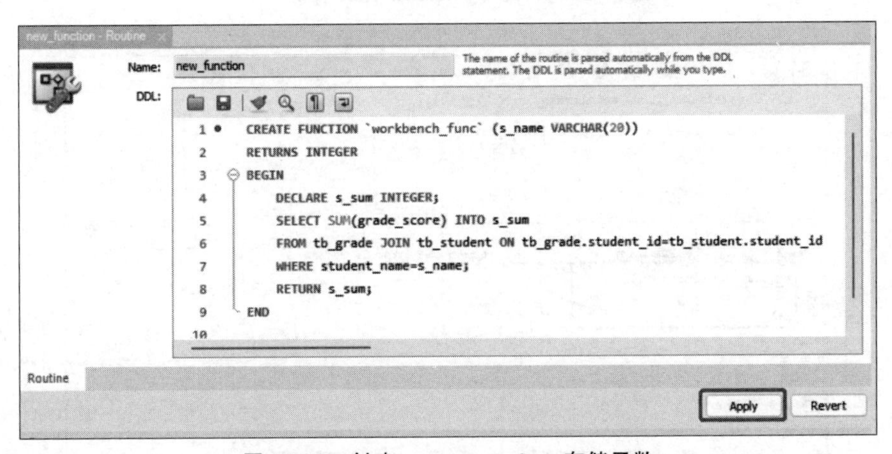

图 10-20　创建 workbench_func 存储函数

（7）调用 workbench_func 存储函数，结果如图 10-23 所示。可得常云熙同学的总成绩为 142。

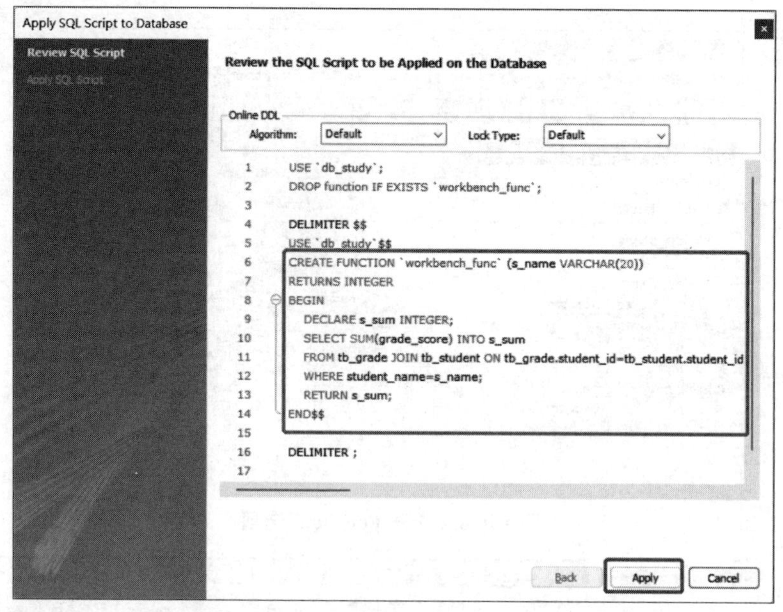

图 10-21 检查存储函数中的 SQL 语句

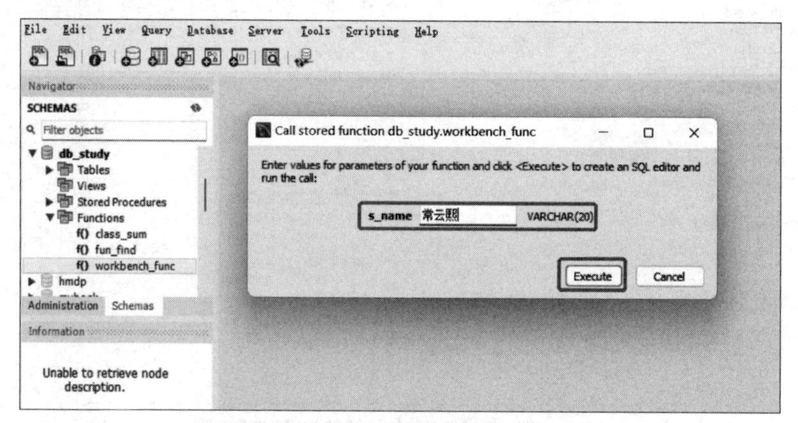

图 10-22 调用 workbench_func 存储函数

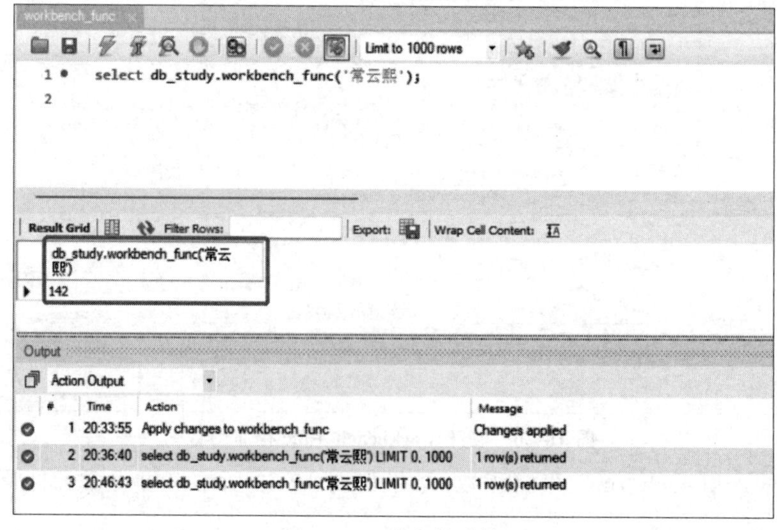

图 10-23 输出总成绩

课业任务 10-4　使用 Navicat Premium 工具计算当前日期是一年中的第几周

【能力测试点】

使用数据库图形化管理工具 Navicat Premium 创建和调用存储函数，并掌握基本的日期函数。

【任务实现步骤】

任务需求：使用数据库图形化管理工具 Navicat Premium 创建和调用存储函数，求当前日期是一年中的第几周。

(1) 启动 Navicat Premium 16，登录成功后，在操作界面左侧的列表中展开 db_study→“函数”选项，在弹出的快捷菜单中选择“新建函数”，弹出“函数向导”对话框，单击“函数”单选按钮，如图 10-24 所示。

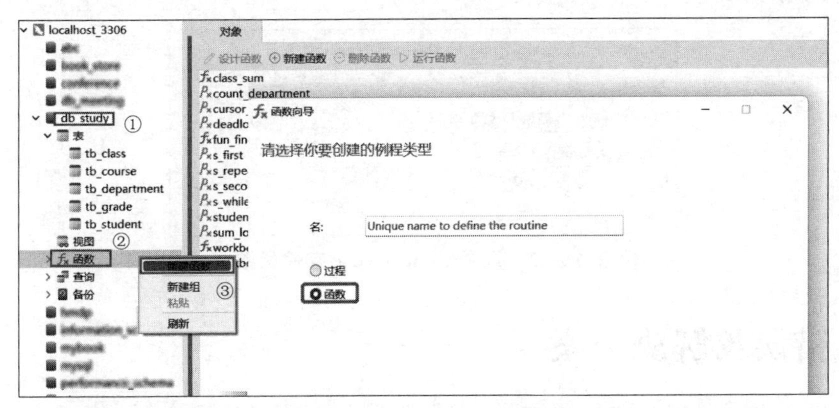

图 10-24　“函数向导”对话框

(2) 将存储函数命名为 navicat_func，单击“完成”按钮，如图 10-25 所示。

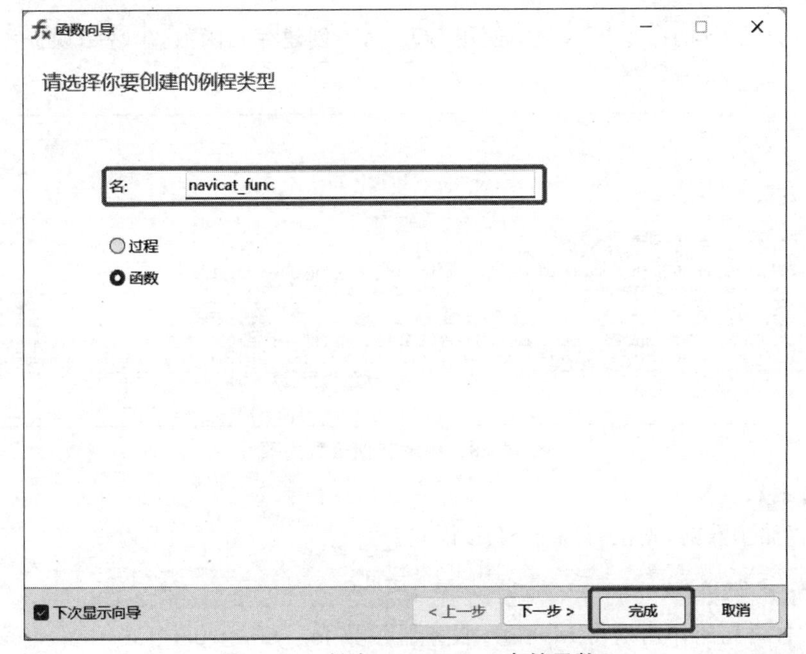

图 10-25　创建 navicat_func 存储函数

(3) 在新建的存储函数编辑窗口中输入相应的 SQL 语句,然后单击“保存”按钮,如图 10-26 所示。

对象
* 无标题 @db_study (localhost_3306)...
保存
运行
停止
查找
自动换行
定义
SQL 预览
CREATE DEFINER = CURRENT_USER FUNCTION `navicat_func`()
RETURNS integer
BEGIN
DECLARE now_week INTEGER;
SELECT WEEK(CURDATE()) INTO now_week;
RETURN now_week;
END;

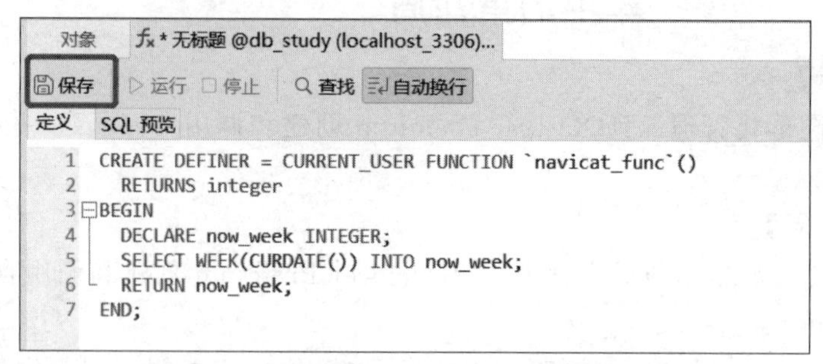

图 10-26 完善并保存 navicat_func 存储函数

(4) 单击“运行”按钮,调用 navicat_func 存储函数,结果如图 10-27 所示,可以看到当前日期是一年中的第 10 周。

对象
navicat_func @db_study (localhost_3...
保存
运行
停止
查找
自动换行
定义
信息
结果 1
SQL 预览
`navicat_func`()
10

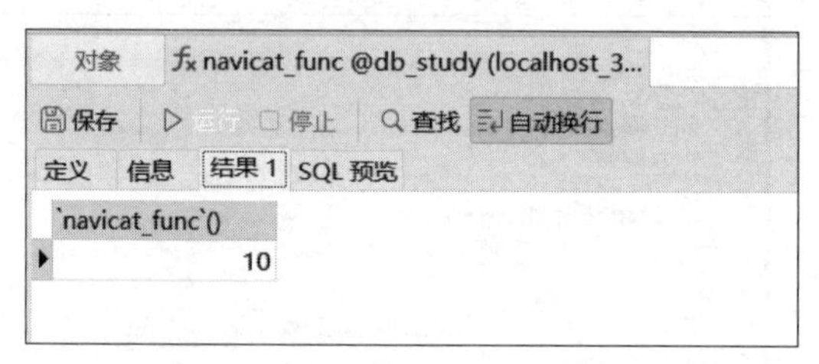

图 10-27 调用 navicat_func 存储函数

常见错误及解决方案

错误 10-1 创建存储函数失败

【问题描述】

在 Windows 系统的命令提示符中使用 SQL 命令创建存储函数,出现错误提示,如图 10-28 所示。

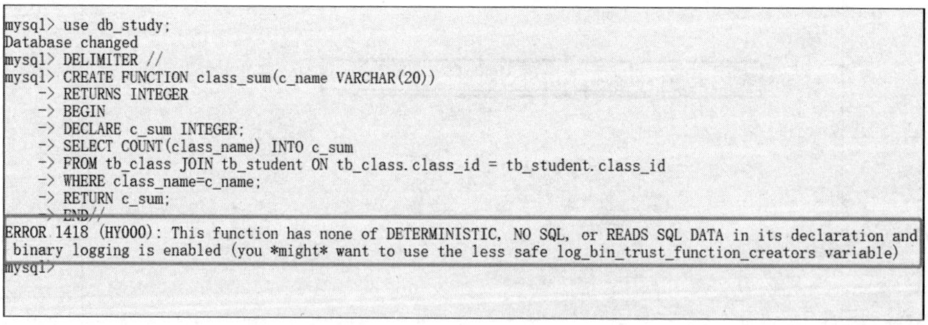

mysql> use db_study;
Database changed
mysql> DELIMITER //
mysql> CREATE FUNCTION class_sum(c_name VARCHAR(20))
-> RETURNS INTEGER
-> BEGIN
-> DECLARE c_sum INTEGER;
-> SELECT COUNT(class_name) INTO c_sum
-> FROM tb_class JOIN tb_student ON tb_class.class_id = tb_student.class_id
-> WHERE class_name=c_name;
-> RETURN c_sum;
-> END//
ERROR 1418 (HY000): This function has none of DETERMINISTIC, NO SQL, or READS SQL DATA in its declaration and
binary logging is enabled (you *might* want to use the less safe log_bin_trust_function_creators variable)
mysql>

图 10-28 创建存储函数失败

【解决方案】

在创建存储函数前,先执行以下 SQL 语句。

```
SET GLOBAL log_bin_trust_function_creators = TRUE;
```

这个 SQL 语句的作用是将 MySQL 服务器参数 log_bin_trust_function_creators 设置为 TRUE,以允许创建和更改存储函数及其他用户定义的函数。默认情况下,MySQL 可能会阻止非管理员用户创建或修改这些函数，因为这些函数可能会对 MySQL 服务器的安全性和可靠性造成风险。

错误 10-2　调用系统函数失败

【问题描述】

在 Windows 系统的命令提示符中调用 SUM() 函数对学生成绩进行累加时提示错误，如图 10-29 所示。

```
mysql> use db_study;
Database changed
mysql> SELECT student_id,SUM(grade_score) AS sum_score FROM tb_grade;
ERROR 1140 (42000): In aggregated query without GROUP BY, expression #1 of SELECT list contains nonaggregated
 column 'db_study.tb_grade.student_id'; this is incompatible with sql_mode=only_full_group_by
mysql>
```

图 10-29　调用系统函数失败

【解决方案】

该问题常见于初学者，在对记录进行统计前没有进行分组，即没有使用 GROUP BY 子句对记录进行分组统计。对于这种错误，只需要在 SQL 语句末加上 GROUP BY 子句对记录进行分组即可。如图 10-30 所示，使用 GROUP BY 子句对学生 ID 进行分组，即可使用 SUM() 函数求出学生成绩分数的总和。

```
mysql> SELECT student_id,SUM(grade_score) AS sum_score FROM tb_grade GROUP BY student_id;
+-------------+-----------+
| student_id  | sum_score |
+-------------+-----------+
| 20220101001 |       140 |
| 20220101002 |        90 |
| 20220101003 |        69 |
| 20220101004 |        63 |
| 20220101007 |       190 |
| 20220101008 |        90 |
| 20220101009 |       170 |
| 20220101013 |       142 |
| 20220101015 |        77 |
```

图 10-30　调用系统函数成功

错误 10-3　调用数学函数得到的结果与实际结果不同

【问题描述】

在现实中，ACOS(COS(1)) 的结果应该为 1；COT(PI()/4) 的结果应该为 1，但为什么在 MySQL 中调用这两个函数后的结果与实际不符呢？错误结果如图 10-31 所示。

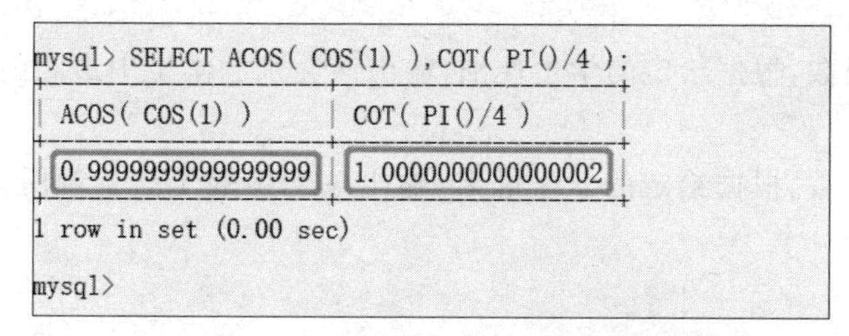

```
mysql> SELECT ACOS( COS(1) ),COT( PI()/4 );
+--------------------+--------------------+
| ACOS( COS(1) )     | COT( PI()/4 )      |
+--------------------+--------------------+
| 0.9999999999999999 | 1.0000000000000002 |
+--------------------+--------------------+
1 row in set (0.00 sec)

mysql>
```

图 10-31　调用系统函数结果与实际不符

【解决方案】

MySQL 中的数学函数是使用浮点数计算的，而浮点数的精度有限，因此在计算 ACOS (COS(1)) 以及 COT(PI()/4) 时，结果可能会有一些误差。在 MySQL 中，可以通过使用

DECIMAL 进行高精度的计算并避免浮点误差,也可以使用 ROUND()函数将浮点数四舍五入到指定的精度。

另外,在 MySQL 5.7.5 及更高版本中,可以使用 Math 函数库中的函数进行高精度计算,这将提供更加准确的结果。例如,可以使用 Math 库中的 DEGREES()函数(将弧度转换为角度)、RADIANS()函数(将角度转换为弧度)、TRUNCATE()函数(将浮点数截断到指定的位数)等确保数学计算的准确性。

扫一扫

自测题

习题

1. 选择题

(1) 创建存储函数的 SQL 语句是(　　)。

A. CREATE PROCEDURE　　B. CREATE FUNCTION

C. CREATE VIEW　　D. CREATE TRIGGER

(2) 下列聚合函数中求数据总和的是(　　)。

A. MAX()　　B. SUM()　　C. COUNT()　　D. AVG()

(3) 下列语句中正确的是(　　)。

A. CONCAT('I',NULL,'Like','MySQL');

B. SELECT CONCAT('I',NULL,'Like','MySQL');

C. SELECT POSITION('SQL','MySQL');

D. SELECT INSTR('MySQL','SQL');

(4) 下列语句中错误的是(　　)。

A. SELECT RAND(6);

B. SELECT DATE_FORMAT('2023-01-01 12:34:56','%W %M %Z');

C. SELECT TIME_FORMAT('2023-01-01 12:34:56','%H %k %h %I %l');

D. SELECT GET_FORMAT(DATE,'USA');

(5) 下列描述中正确的是(　　)。

A. 存储函数的输入参数的类型只能是 IN 模式

B. 存储函数的 RETURN 语句可以省略

C. 存储过程可以使用 RETURN 返回一个或多个结果值

D. 存储函数既可以使用 SELECT 语句调用,也可以使用 CALL 语句调用

2. 操作题

(1) 创建存储函数,根据给定的学生性别,输出该性别的学生中最高的身高值。调用该存储函数,并显示结果。

(2) 创建存储函数,根据给定的学生姓名,输出该学生的年龄。调用该存储函数,并显示结果。

第 11 章

触发器

CHAPTER 11

“知其所以然，才能知其然。”为了保障数据的完整性和一致性，可以通过创建触发器，在对数据表进行添加、删除和更新操作时自动触发执行相应的一段操作。本章将通过丰富的案例介绍什么是触发器、触发器的作用、触发器的优缺点以及如何创建、查看和删除触发器，同时通过 4 个综合课业任务演示触发器在不同场景下的应用。

【教学目标】

- 了解触发器的定义、作用和优缺点；
- 熟悉掌握触发器的创建；
- 掌握触发器的查看和删除；
- 掌握通过数据库图形化管理工具创建并管理触发器。

【课业任务】

王小明想利用 MySQL＋Java 开发一个数据库学习系统，在熟悉了数据的增、删、查、改和存储过程的应用后，需要创建触发器对一些操作进行限制，以提高数据的可用性，现通过 4 个课业任务来完成。

课业任务 11-1 保护部门表中人文与教育学院的地址信息不被更改

课业任务 11-2 保护成绩表中某学号的信息不被删除

*__课业任务 11-3__ 使用 Navicat Premium 工具创建触发器记录班级表操作日志

课业任务 11-4 使用 MySQL Workbench 工具管理触发器

11.1 MySQL 触发器概述

11.1.1 什么是触发器

MySQL 从 5.0.2 版本开始支持触发器(Trigger)。MySQL 的触发器和存储过程一样,都是嵌入 MySQL 服务器的一段程序。

触发器是由事件触发某个操作,包括 INSERT、UPDATE、DELETE 事件。所谓事件,是指用户的动作或触发某项行为。如果定义了触发程序,当数据库执行这些语句时,就相当于该事件发生了,会自动激发触发器执行相应的操作。

当对数据表中的数据执行插入、更新和删除操作时,需要自动执行一些数据库逻辑,可以使用触发器来实现。

11.1.2 触发器的作用

触发器是一种特殊的存储过程,它在插入、删除或修改特定数据表中的数据时触发执行,比数据库本身标准的功能有更精细和更复杂的数据控制能力,其作用总结如下。

1. 安全性

能够基于数据库的值使用户具有操作数据库的某种权利;能够基于时间限制用户的操作;能够基于数据库中的数据限制用户的操作。

2. 审计

能够跟踪用户对数据库的操作。审计用户操作数据库的语句,把用户对数据库的更新写入审计表。

3. 实现复杂的数据完整性规则

实现非标准的数据完整性检查和约束。触发器可产生比规则更复杂的限制,与规则不同的是触发器能够引用列或数据库对象。

4. 实现复杂的级联操作

尽管利用外键可以实现相关的级联操作,但是利用触发器可以实现更加复杂的级联操作。

11.1.3 触发器的优缺点

1. 优点

(1) 触发器可以确保数据的完整性。触发器可以保证存储在数据库中的所有数据值保持正确的状态,从而保证了数据的完整性。

(2) 触发器可以记录操作日志。利用触发器可以具体记录什么时间发生了什么事情。记录修改会员储值金额的触发器就是一个很好的例子,这对操作人员还原操作执行时的具体场景、更好地定位问题原因很有帮助。

(3) 触发器还可以用在操作数据前,对数据进行合法性检查。超市进货时,需要录入进货价格。但是,人为操作很容易犯错误,如在录入金额时看错了行,录入的价格远超售价,导致账面上的亏损,这些都可以通过触发器在实际插入或更新操作之前对相应的数据进行检查,及时提示错误,防止错误数据进入系统。

2. 缺点

(1) 触发器可读性差。触发器存储在数据库中,并且由事件驱动,这就意味着触发器有可能不受应用层的控制，这对系统维护是非常有挑战的。

(2) 数据表结构的变更会导致触发器出错，进而影响数据操作的正常运行。

(3) 操作频繁的数据表上不建议创建触发器。在添加、删除和修改操作相对频繁的数据表上不建议创建触发器，因为它会对数据表中受影响的每行执行一次触发器，使触发器消耗资源较大。

11.1.4　NEW 变量和 OLD 变量

行级触发器中有两个过渡变量，用于识别值的状态，分别是 NEW 变量和 OLD 变量，这两个变量只在 DML 触发表中的字段时才有效，只能在触发器内部使用。对于 INSERT 语句，只有 NEW 变量是合法的；对于 DELETE 语句，只有 OLD 变量是合法的；而对于 UPDATE 语句，可以同时使用 OLD 变量和 NEW 变量。

OLD 变量是指操作之前，用来记录变量，使用形式为 old. 字段名。

NEW 变量是指操作之后，用来记录变量，使用形式为 new. 字段名。

11.2　创建触发器

触发器是一个特殊的存储过程，存储过程要使用 CALL 语句来调用，而触发器的执行不需要使用 CALL 语句来调用，也不需要手工启动，只要一个预定义的事件发生，触发器就会被 MySQL 自动调用。

创建触发器的语法格式如下。

```
CREATE TRIGGER 触发器名称
{BEFORE|AFTER} {INSERT|UPDATE|DELETE} ON 表名
FOR EACH ROW
触发器执行的语句块;
```

说明：

(1) 触发器名称必须符合标识符的命名规则，同一个数据库不允许存在同名的触发器。

(2) 表名表示触发器监控的对象。

(3) BEFORE|AFTER 表示触发的时间。BEFORE 表示在事件之前触发；AFTER 表示在事件之后触发。

(4) INSERT|UPDATE|DELETE 表示触发的事件。INSERT 表示插入记录时触发；UPDATE 表示更新记录时触发；DELETE 表示删除记录时触发。

(5) FOR EACH ROW 通知触发器每隔一行执行一次动作，而不是对整个数据表执行一次，又叫作行级触发器。

(6) 触发器执行的语句块可以是单条 SQL 语句，也可以是由 BEGIN…END 结构组成的复合语句块。

【案例 11-1】 记录部门表添加数据的日志信息。

当向数据库学习系统 db_study 数据库的部门表(tb_department)中添加数据时需要记录日志信息，利用 SQL 语句创建一个触发器实现这个功能。

首先，创建一个名为 tb_department_logs(部门日志表)的数据表，用于存放 tb_department 数据表日志信息的 SQL 语句如下。

```
CREATE TABLE tb_department_logs(
    id INT PRIMARY KEY AUTO_INCREMENT,
    date DATE,
    log_ text VARCHAR(255)
);
```

说明:

(1) id 字段为 INT 类型,添加主键约束并且设置为自增长。

(2) date 字段为 DATE 类型,用于记录日期值。

(3) log_text 字段为 VARCHAR 类型,用于记录相关信息。

(4) 创建数据表的前提是一定要通过"USE 数据库名称;"语句指定创建的数据表在哪个数据库中。

执行上述 SQL 语句,结果如图 11-1 所示。

```
mysql> USE db_study;
Database changed
mysql> CREATE TABLE tb_department_logs(
    -> id INT PRIMARY KEY AUTO_INCREMENT,
    -> date DATE,
    -> log_text VARCHAR(255)
    -> );
Query OK, 0 rows affected (0.06 sec)
```

图 11-1　创建 tb_department_logs 数据表

其次,创建一个名为 after_insert_department 的触发器,向 tb_department 数据表插入数据之后,向 tb_department_logs 数据表中插入日志信息的 SQL 语句如下。

```
DELIMITER $ $
CREATE TRIGGER after_insert_department
AFTER INSERT ON tb_department
FOR EACH ROW
BEGIN
INSERT INTO tb_department_logs (date,log_text)
VALUES(CURDATE(),CONCAT('添加了新的部门信息'));
END $ $
DELIMITER;
```

说明:

(1) 存储过程体中表示当 tb_department 数据表插入数据后,tb_department_logs 数据表中会记录当时的时间以及记录"添加了新的部门信息"。

(2) DELIMITER $ $ 语句的作用是将 MySQL 的结束符设置为 $ $,并以 $ $ 结束存储过程。存储过程定义完毕后,再使用 DELIMITER;语句恢复默认结束符,DELIMITER 关键字也可以指定其他符号作为结束符。

(3) CURDATE()函数的作用是 MySQL 数据库服务器中以 YYYY-MM-DD 格式返回系统当前日期和时间。

(4) CONCAT()函数用于连接给定的参数,可传入一个或多个参数。如果所有参数都是非二进制字符串,则结果是非二进制字符串;如果参数包含任何二进制字符串,则结果为二进制字符串。如果给定了一个数字参数,那么它将被转换为等效的非二进制字符串形式。

执行上述 SQL 语句,结果如图 11-2 所示,触发器创建成功。

向 tb_department 数据表中插入数据,SQL 语句如下。

```
mysql> DELIMITER $$
mysql> CREATE TRIGGER after_insert_department
    -> AFTER INSERT ON tb_department
    -> FOR EACH ROW
    -> BEGIN
    -> INSERT INTO tb_department_logs (date, log_text)
    -> VALUES(CURDATE(),CONCAT('添加了新的部门信息'));
    -> END $$
Query OK, 0 rows affected (0.01 sec)
```

图 11-2　创建 after_insert_department 触发器

```
INSERT INTO tb_department
VALUES ('X09','人工智能学院','87471266','13 栋教学楼');
```

说明：向 tb_department 数据表中添加一条记录，其中 department_id(学院编号)字段的值是 X09；department_name(学院名称)的值是“人工智能学院”；department_phone(学院联系方式)字段的值是为 87471266；department_address(学院地址)字段的值是“13 栋教学楼”。

执行上述 SQL 语句，结果如图 11-3 所示。

```
mysql> INSERT INTO tb_department
    -> VALUES ('X09','人工智能学院','87471266','13栋教学楼');
Query OK, 1 row affected (0.00 sec)
```

图 11-3　向 tb_department 数据表中插入数据

执行“SELECT * FROM tb_department;”语句查看 tb_department 数据表，如图 11-4 所示。可以看到在 tb_department 数据表中已经插入了一条相应的记录，说明添加数据成功。

```
mysql> SELECT * FROM tb_department;
+---------------+------------------------+------------------+--------------------+
| department_id | department_name        | department_phone | department_address |
+---------------+------------------------+------------------+--------------------+
| X01           | 计算机学院             | 87471231         | 信息楼             |
| X02           | 智能制造与电气工程学院 | 87471232         | 9栋教学楼          |
| X03           | 建筑工程学院           | 87471233         | 8栋教学楼          |
| X04           | 工商管理学院           | 87471234         | 7栋教学楼3楼       |
| X05           | 经济管理学院           | 87471235         | 7栋教学楼6楼       |
| X06           | 外国语学院             | 87471235         | 6栋教学楼4楼       |
| X07           | 艺术设计学院           | 87471236         | 6栋教学楼5楼       |
| X08           | 人文与教育学院         | 87471236         | 行政楼             |
| X09           | 人工智能学院           | 87471266         | 13栋教学楼         |
+---------------+------------------------+------------------+--------------------+
9 rows in set (0.00 sec)
```

图 11-4　查看 tb_department 数据表

执行“SELECT * FROM tb_department_logs;”语句查看 tb_department_logs 数据表，如图 11-5 所示。可以看到 INSERT 操作触发了触发器，并在 tb_department_logs 数据表中记录了相应信息。

```
mysql> SELECT * FROM tb_department_logs;
+----+------------+--------------------+
| id | date       | log_text           |
+----+------------+--------------------+
|  1 | 2023-02-09 | 添加了新的部门信息 |
+----+------------+--------------------+
1 row in set (0.00 sec)
```

图 11-5　查看 tb_department_logs 数据表

11.3　查看触发器

查看触发器是指查看数据库中已经存在的触发器的定义、状态和语法信息等。可以查看当前数据库中的所有触发器、查看当前数据库的某个触发器和查看 TRIGGERS 数据表中的触发器信息。

11.3.1 查看当前数据库的所有触发器

查看当前数据库的所有触发器的 SQL 语句如下。

```
SHOW TRIGGERS\G
```

说明:

(1) 执行 SHOW TRIGGERS 语句即可查看选择数据库中的所有触发器。但是,该语句存在一定弊端,即只能查询所有触发器的内容,并不能指定查看某个触发器的信息。这样一来,就会给用户查找指定触发器信息带来极大不便。因此,推荐只在触发器数量较少的情况下应用 SHOW TRIGGERS 语句查看触发器基本信息。

(2) 在命令的后面添加\G,让显示的信息更有条理。

在 Windows 系统的命令提示符中登录 MySQL 服务器,选择 db_study 数据库作为当前使用的数据库,执行 SHOW TRIGGERS\G 语句查看当前数据库中存在的触发器,结果如图 11-6 所示。可以看到,当前数据库中只存在一个名为 after_insert_department 的触发器,并且可以查看到该触发器的作用数据表是 tb_department,触发条件是执行了 INSERT 操作,以及创建时间等详细信息。

```
mysql> SHOW TRIGGERS\G
*************************** 1. row ***************************
             Trigger: after_insert_department
               Event: INSERT
               Table: tb_department
           Statement: BEGIN
INSERT INTO tb_department_logs (date,log_text)
VALUES(CURDATE(),CONCAT('添加了新的部门信息'));
END
              Timing: AFTER
             Created: 2023-02-09 15:46:49.23
            sql_mode: ONLY_FULL_GROUP_BY,STRICT_TRANS_TABLES,NO_ZERO_IN_DATE,NO_Z
ERO_DATE,ERROR_FOR_DIVISION_BY_ZERO,NO_ENGINE_SUBSTITUTION
             Definer: root@localhost
character_set_client: utf8mb4
collation_connection: utf8mb4_0900_ai_ci
  Database Collation: utf8mb4_general_ci
1 row in set (0.00 sec)
```

图 11-6 查看当前数据库的所有触发器

11.3.2 查看当前数据库的某个触发器

查看当前数据库的某个触发器的 SQL 语句如下。

```
SHOW CREATE TRIGGER 触发器名\G
```

在 Windows 系统的命令提示符中登录 MySQL 服务器,选择 db_study 数据库作为当前使用的数据库,执行 SHOW CREATE TRIGGER after_insert_department\G 语句查看当前数据库中的 after_insert_department 触发器,结果如图 11-7 所示。可以得到 after_insert_department 触发器作用的数据表、触发条件、创建时间等详细信息。

11.3.3 查看 TRIGGERS 数据表中的触发器信息

在 Windows 系统的命令提示符中登录 MySQL 服务器,所有触发器的定义都存储在该数据库的 TRIGGERS 数据表中。可以通过 TRIGGERS 数据表查看数据库中所有触发器的详细信息,SQL 语句如下。

```
SELECT * FROM information_schema.TRIGGERS\G
```

说明:information_schema 是 MySQL 中默认存在的数据库,而 TRIGGERS 是数据库中

```
mysql> SHOW CREATE TRIGGER after_insert_department\G
*************************** 1. row ***************************
               Trigger: after_insert_department
              sql_mode: ONLY_FULL_GROUP_BY,STRICT_TRANS_TABLES,NO_ZERO_IN_DATE,NO
_ZERO_DATE,ERROR_FOR_DIVISION_BY_ZERO,NO_ENGINE_SUBSTITUTION
SQL Original Statement: CREATE DEFINER=`root`@`localhost` TRIGGER `after_insert_d
epartment` AFTER INSERT ON `tb_department` FOR EACH ROW BEGIN
INSERT INTO tb_department_logs (date,log_text)
VALUES(CURDATE(),CONCAT('添加了新的部门信息'));
END
  character_set_client: utf8mb4
  collation_connection: utf8mb4_0900_ai_ci
    Database Collation: utf8mb4_general_ci
               Created: 2023-02-09 15:46:49.23
1 row in set (0.00 sec)
```

图 11-7 查看当前数据库的某个触发器

用于记录触发器信息的数据表，通过 SELECT 语句查看触发器信息。

执行上述 SQL 语句，结果如图 11-8 所示。

```
*************************** 9. row ***************************
           TRIGGER_CATALOG: def
            TRIGGER_SCHEMA: db_study
              TRIGGER_NAME: after_insert_department
        EVENT_MANIPULATION: INSERT
      EVENT_OBJECT_CATALOG: def
       EVENT_OBJECT_SCHEMA: db_study
        EVENT_OBJECT_TABLE: tb_department
              ACTION_ORDER: 1
          ACTION_CONDITION: NULL
          ACTION_STATEMENT: BEGIN
INSERT INTO tb_department_logs (date,log_text)
VALUES(CURDATE(),CONCAT('添加了新的部门信息'));
END
        ACTION_ORIENTATION: ROW
             ACTION_TIMING: AFTER
ACTION_REFERENCE_OLD_TABLE: NULL
ACTION_REFERENCE_NEW_TABLE: NULL
  ACTION_REFERENCE_OLD_ROW: OLD
  ACTION_REFERENCE_NEW_ROW: NEW
                   CREATED: 2023-02-09 15:46:49.23
                  SQL_MODE: ONLY_FULL_GROUP_BY,STRICT_TRANS_TABLES,NO_ZERO_IN_DATE,NO_ZERO_DATE
,ERROR_FOR_DIVISION_BY_ZERO,NO_ENGINE_SUBSTITUTION
                   DEFINER: root@localhost
      CHARACTER_SET_CLIENT: utf8mb4
      COLLATION_CONNECTION: utf8mb4_0900_ai_ci
        DATABASE_COLLATION: utf8mb4_general_ci
9 rows in set (0.00 sec)
```

图 11-8 查看 TRIGGERS 数据表中的触发器信息

11.4 删除触发器

触发器也是数据库对象，可以通过 DROP 语句删除触发器，语法格式如下。

```
DROP TRIGGER IF EXISTS 触发器名称;
```

说明：IF EXISTS 的含义为如果当前数据库中存在相应的触发器，则删除触发器；如果当前数据库中不存在相应的触发器，则忽略删除语句，不再继续执行删除触发器的操作。

【案例 11-2】 删除 after_insert_department 触发器。

删除 after_insert_department 触发器的 SQL 语句如下。

```
DROP TRIGGER IF EXISTS after_insert_department;
```

执行上述 SQL 语句，结果如图 11-9 所示。

```
mysql> DROP TRIGGER IF EXISTS after_insert_department;
Query OK, 0 rows affected (0.01 sec)
```

图 11-9 删除 after_insert_department 触发器

执行 SHOW TRIGGERS\G 语句，结果如图 11-10 所示。可以看出触发器已经删除成功，当前不存在任何触发器了。

```
mysql> SHOW TRIGGERS\G
Empty set (0.00 sec)

mysql> _
```

图 11-10　查看当前数据库中的触发器情况

视频讲解

课业任务

课业任务 11-1　保护部门表中人文与教育学院的地址信息不被更改

【能力测试点】

创建触发器,保护部门表中人文与教育学院的地址信息不被更改。

【任务实现步骤】

任务需求:在 db_study 数据库中创建名为 before_noupdate_department 的触发器,使部门表(tb_department)中人文与教育学院的地址信息不被更改。

(1) 未创建触发器之前,使用 UPDATE 语句对人文与教育学院的地址信息进行更改,将其地址(department_address 字段)改为"5 栋教学楼",具体的 SQL 语句如下。

```
UPDATE tb_department
SET department_address = "5 栋教学楼"
WHERE department_name = "人文与教育学院";
```

(2) 执行上述 SQL 语句,完成更新操作。

(3) 查看更改后人文与教育学院的地址信息,如图 11-11 所示。可以看到地址信息已经修改为"5 栋教学楼"。

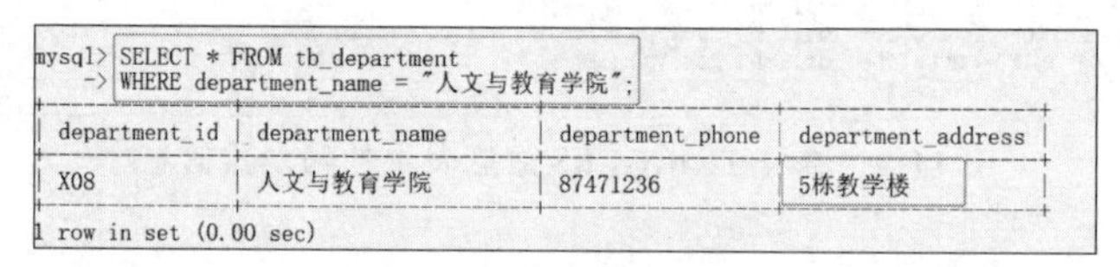

```
mysql> SELECT * FROM tb_department
    -> WHERE department_name = "人文与教育学院";
```

department_id	department_name	department_phone	department_address
X08	人文与教育学院	87471236	5栋教学楼

1 row in set (0.00 sec)

图 11-11　修改地址信息

(4) 创建名为 before_noupdate_department 的触发器,使部门表(tb_department)中"人文与教育学院"的地址信息不被更改,具体的 SQL 语句如下。

```
DELIMITER $$
CREATE TRIGGER before_noupdate_department
BEFORE UPDATE ON tb_department
FOR EACH ROW
BEGIN
IF department_name = "人文与教育学院" THEN
SET NEW.department_address = OLD.department_address;
END IF;
END $$
```

说明:

① 存储过程体中表示当修改部门表(tb_department)中"人文与教育学院"的地址信息时,该触发器起作用。

② 触发器针对的是数据库中的每行记录,每行数据在操作前后都会有一个对应的状态,触发器将没有操作之前的状态保存到 OLD 变量中,将操作后的状态保存到 NEW 变量中。

NEW.department_address = OLD.department_address 表示将操作前的数据赋值给操作后的数据,从而达到不能修改的目的。

(5) 执行上述 SQL 语句,结果如图 11-12 所示,创建触发器成功。

```
mysql> DELIMITER $$
mysql> CREATE TRIGGER before_noupdate_department
    -> BEFORE UPDATE ON tb_department
    -> FOR EACH ROW
    -> BEGIN
    -> IF department_name = "人文与教育学院" THEN
    -> SET NEW.department_address = OLD.department_address;
    -> END IF;
    -> END $$
Query OK, 0 rows affected (0.05 sec)
```

图 11-12　创建 before_noupdate_department 触发器

(6) 再次更改部门表中"人文与教育学院"的地址信息,将其改为"4 栋教学楼",结果如图 11-13 所示。因为修改语句中部门名称(department_name 字段)为"人文与教育学院",则将操作前的数据赋值给操作后的数据,从而达到不能修改的目的,并提示 Unknown column 'department_name' in 'field list'的错误。

```
mysql> UPDATE tb_department
    -> SET department_address = "4栋教学楼"
    -> WHERE department_name = "人文与教育学院";
ERROR 1054 (42S22): Unknown column 'department_name' in 'field list'
mysql> _
```

图 11-13　再次修改地址信息

(7) 再次查询部门表中人文与教育学院的地址信息,结果如图 11-14 所示。可以看到触发器保护部门表中人文与教育学院的地址信息未被更改。

```
mysql> SELECT * FROM tb_department
    -> WHERE department_name = "人文与教育学院";
+---------------+----------------+------------------+--------------------+
| department_id | department_name | department_phone | department_address |
+---------------+----------------+------------------+--------------------+
| X08           | 人文与教育学院   | 87471236         | 5栋教学楼           |
+---------------+----------------+------------------+--------------------+
1 row in set (0.00 sec)
```

图 11-14　触发器保护地址信息不被更改

课业任务 11-2　保护成绩表中某学号的信息不被删除

【能力测试点】

创建触发器,保护成绩表中学号信息不被删除。

【任务实现步骤】

任务需求:在 db_study 数据库中创建名为 after_nodelete_grade 的触发器,使成绩表(tb_grade)中 20220101003 学号(student_id)的信息不被删除。

(1) 在未创建触发器之前,使用 SELECT 语句对成绩表中的信息进行查看,结果如图 11-15 所示。

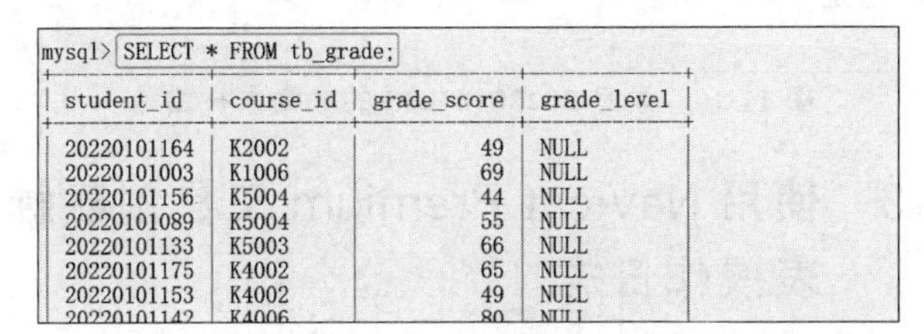

mysql> SELECT * FROM tb_grade;

student_id	course_id	grade_score	grade_level
20220101164	K2002	49	NULL
20220101003	K1006	69	NULL
20220101156	K5004	44	NULL
20220101089	K5004	55	NULL
20220101133	K5003	66	NULL
20220101175	K4002	65	NULL
20220101153	K4002	49	NULL
20220101142	K4006	80	NULL

图 11-15　查看成绩表

(2) 删除成绩表中的学号为 20220101164 的数据,执行删除操作后,查询成绩表中该学号的相应数据,提示 Empty set,即代表删除操作成功,如图 11-16 所示。

```
mysql> DELETE FROM tb_grade WHERE student_id = '20220101164';
Query OK, 1 row affected (0.01 sec)

mysql> SELECT * FROM tb_grade
    -> WHERE student_id = '20220101164';
Empty set (0.00 sec)
```

图 11-16　删除学号 20220101164 的数据

(3) 创建名为 after_nodelete_grade 的触发器,使成绩表(tb_grade)中的学号信息不被删除,具体的 SQL 语句如下。

```
DELIMITER $$
CREATE TRIGGER after_nodelete_grade
AFTER DELETE ON tb_grade
FOR EACH ROW
BEGIN
IF student_id THEN
CALL ROLLBACK;
END IF;
END $$
```

说明: ROLLBACK 为回滚事务,即要回退之前的操作; 当检测到所要删除的数据为成绩表中的学号时,执行数据库中的 ROLLBACK 存储过程,将操作回退到删除数据前。

(4) 执行上述 SQL 语句,结果如图 11-17 所示。

```
mysql> DELIMITER $$
mysql> CREATE TRIGGER after_nodelete_grade
    -> AFTER DELETE ON tb_grade
    -> FOR EACH ROW
    -> BEGIN
    -> IF student_id THEN
    -> CALL ROLLBACK;
    -> END IF;
    -> END $$
Query OK, 0 rows affected (0.01 sec)
```

图 11-17　创建 after_nodelete_grade 触发器

(5) 尝试删除成绩表中学号为 20220101003 的数据,结果如图 11-18 所示,提示 Unknown column 'student_id' in 'where clause'的错误。

```
mysql> DELETE FROM tb_grade WHERE student_id = '20220101003';
ERROR 1054 (42S22): Unknown column 'student_id' in 'where clause'
mysql> _
```

图 11-18　删除学号为 20220101003 的数据

(6) 再次查询成绩表中的学号为 20220101003 的数据,结果如图 11-19 所示。可以看到触发器保护成绩表中该学号的信息不被删除。

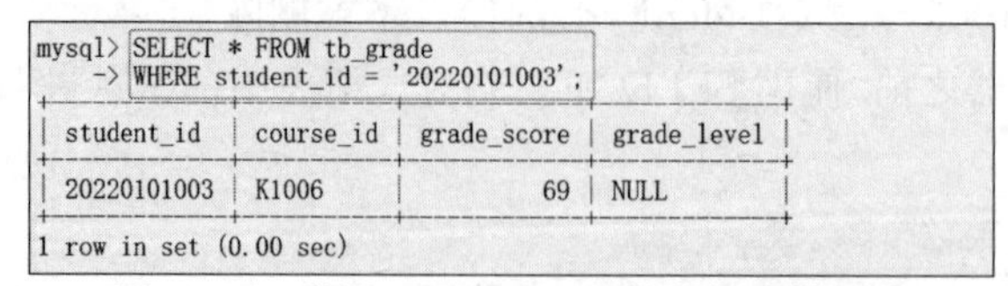

```
mysql> SELECT * FROM tb_grade
    -> WHERE student_id = '20220101003';
+-------------+-----------+-------------+-------------+
| student_id  | course_id | grade_score | grade_level |
+-------------+-----------+-------------+-------------+
| 20220101003 | K1006     |          69 | NULL        |
+-------------+-----------+-------------+-------------+
1 row in set (0.00 sec)
```

图 11-19　学号 20220101003 的数据未被删除

扫一扫

视频讲解

*课业任务 11-3　使用 Navicat Premium 工具创建触发器记录班级表操作日志

【能力测试点】

使用数据库图形化管理工具 Navicat Premium 创建触发器。

【任务实现步骤】

任务需求：使用数据库图形化管理工具 Navicat Premium 创建触发器，当向班级表中添加数据时，在班级表操作日志中记录相应信息。

(1) 启动 Navicat Premium 16，登录成功后，右击 tb_class 数据表，在弹出的快捷菜单中选择“设计表”命令，如图 11-20 所示。

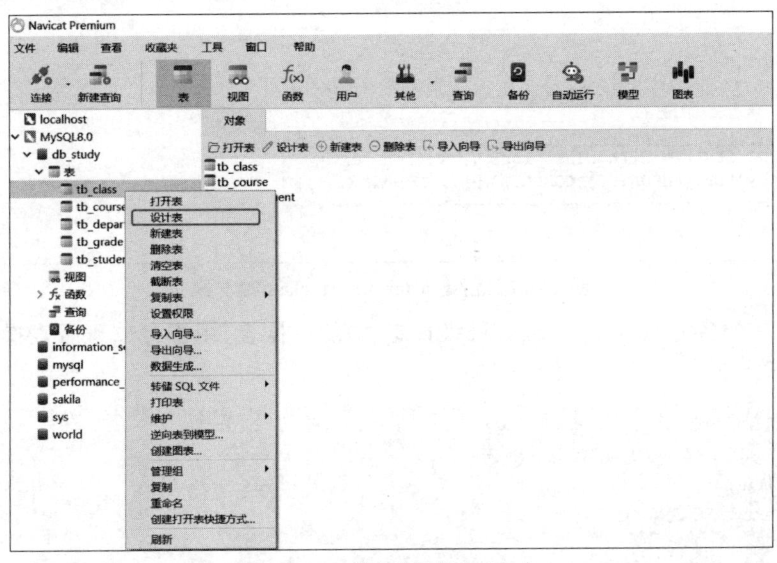

图 11-20　选择“设计表”命令

(2) 在打开的窗口中切换到“触发器”选项卡，可对选定的数据表进行创建触发器操作，如图 11-21 所示。

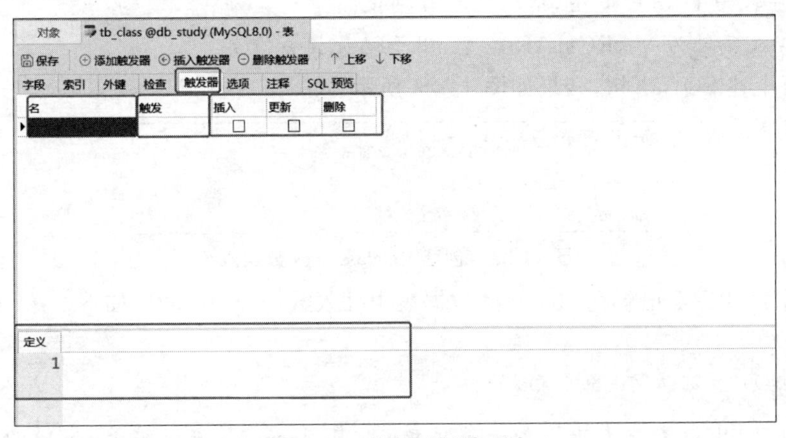

图 11-21　“触发器”选项卡

说明：

① 触发器可以任意命名。

② 触发时间可以是事件之前，也可以是事件之后。

③ 触发事件分别在“插入”“更新”“删除”等操作后触发。

④ “定义”栏中书写需要执行的 SQL 语句。

(3) 创建一个名为 after_insert_class 的触发器，创建完成后单击“保持”按钮，如图 11-22 所示。

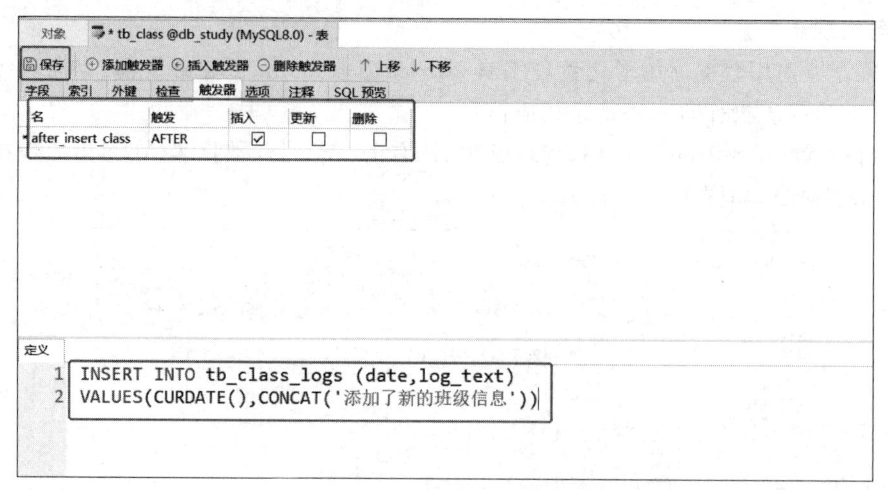

图 11-22　创建 after_insert_class 触发器

(4) 创建一个名为 tb_class_logs(班级日志表)的数据表,用于存放班级表操作日志信息,SQL 语句如下。

```
CREATE TABLE tb_class_logs(
    id INT PRIMARY KEY AUTO_INCREMENT,
    date DATE,
    log_text VARCHAR(255)
);
```

说明:

① id 字段为 INT 类型,添加主键约束并且设置为自增长。

② date 字段为 DATE 类型,用于记录日期值。

③ log_text 字段为 VARCHAR 类型,用于记录相关信息。

(5) 执行上述 SQL 语句,结果如图 11-23 所示。

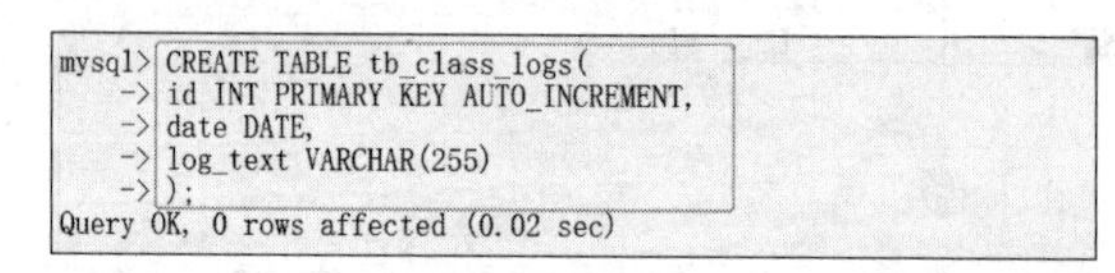

图 11-23　创建 tb_class_logs 数据表

(6) 通过 INSERT 语句向 tb_class 数据表中插入数据,SQL 语句如下。

```
INSERT INTO tb_class
VALUES ('B8001','22 人文 1 班','X08');
```

说明: 向 tb_class 数据表中添加一条记录,其中 class_id(班级编号)字段的值是 B8001;class_name(班级名称)字段的值是“22 人文 1 班”;department_id(学院编号)字段的值是 X08。

(7) 执行上述 SQL 语句,结果如图 11-24 所示。

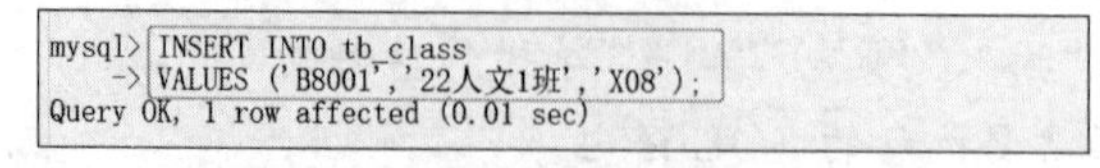

图 11-24　向 tb_class 数据表中插入数据

(8) 执行“SELECT * FROM tb_class WHERE class_id = 'B8001';”语句查看 tb_class

数据表,如图 11-25 所示。可以看到 tb_class 数据表中已经存在相应的记录,数据添加成功。

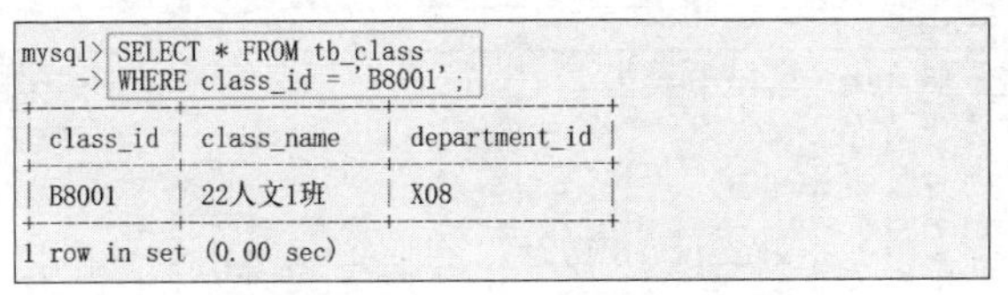

```
mysql> SELECT * FROM tb_class
    -> WHERE class_id = 'B8001';
+----------+------------+---------------+
| class_id | class_name | department_id |
+----------+------------+---------------+
| B8001    | 22人文1班  | X08           |
+----------+------------+---------------+
1 row in set (0.00 sec)
```

图 11-25　查看 tb_class 数据表

(9) 执行“SELECT * FROM tb_class_logs;”语句查看 tb_class_logs 数据表,如图 11-26 所示。可以看到 INSERT 操作已经触发了触发器,并在 tb_class_logs 表中记录了相应信息。

```
mysql> SELECT * FROM tb_class_logs;
+----+------------+------------------------+
| id | date       | log_text               |
+----+------------+------------------------+
|  1 | 2023-02-06 | 添加了新的班级信息     |
+----+------------+------------------------+
1 row in set (0.00 sec)
```

图 11-26　查看 tb_class_logs 数据表

扫一扫

视频讲解

课业任务 11-4　使用 MySQL Workbench 工具管理触发器

【能力测试点】

使用数据库图形化管理工具 MySQL Workbench 查看和删除触发器。

【任务实现步骤】

任务需求:使用数据库图形化管理工具 MySQL Workbench 查看和删除触发器。

(1) 启动 MySQL Workbench,登录成功后,单击工具栏中的“新建查询”按钮,在 SQL 脚本编辑窗口中编写 SQL 语句,单击“运行”按钮或按 Ctrl+Enter 快捷键,即可查看和删除触发器。

(2) 执行“SHOW TRIGGERS;”语句查看当前数据库的所有触发器,如图 11-27 所示。

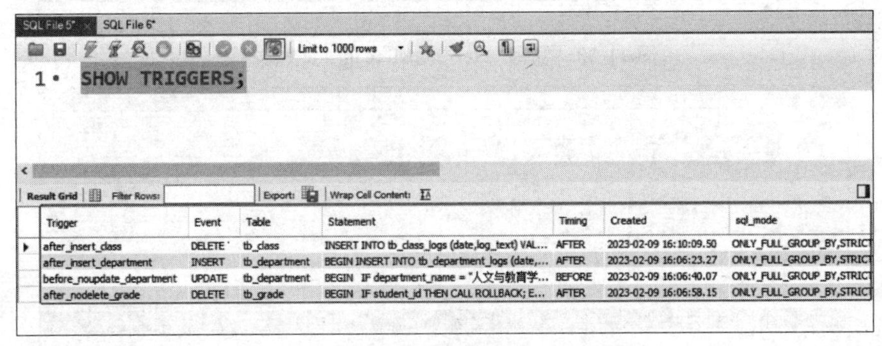

Trigger	Event	Table	Statement	Timing	Created	sql_mode
after_insert_class	DELETE	tb_class	INSERT INTO tb_class_logs (date,log_text) VAL...	AFTER	2023-02-09 16:10:09.50	ONLY_FULL_GROUP_BY,STRICT
after_insert_department	INSERT	tb_department	BEGIN INSERT INTO tb_department_logs (date,...	AFTER	2023-02-09 16:06:23.27	ONLY_FULL_GROUP_BY,STRICT
before_noupdate_department	UPDATE	tb_department	BEGIN IF department_name = "人文与教育学...	BEFORE	2023-02-09 16:06:40.07	ONLY_FULL_GROUP_BY,STRICT
after_nodelete_grade	DELETE	tb_grade	BEGIN IF student_id THEN CALL ROLLBACK; E...	AFTER	2023-02-09 16:06:58.15	ONLY_FULL_GROUP_BY,STRICT

图 11-27　查看当前数据库的所有触发器

(3) 在界面左侧的数据库对象窗口中,单击 db_study 数据库右侧的 按钮,如图 11-28 所示,可以查看当前数据库的相关信息。

(4) 切换至 Triggers 选项卡,也可以查看当前数据库的所有触发器,如图 11-29 所示。

(5) 执行“DROP TRIGGER IF EXISTS after_nodelete_grade;”语句删除 after_nodelete_grade 触发器,如图 11-30 所示。

(6) 执行“SHOW CREATE TRIGGER after_nodelete_grade;”语句查看 after_nodelete_grade 触发器,提示 Trigger does not exist,说明触发器删除成功,如图 11-31 所示。

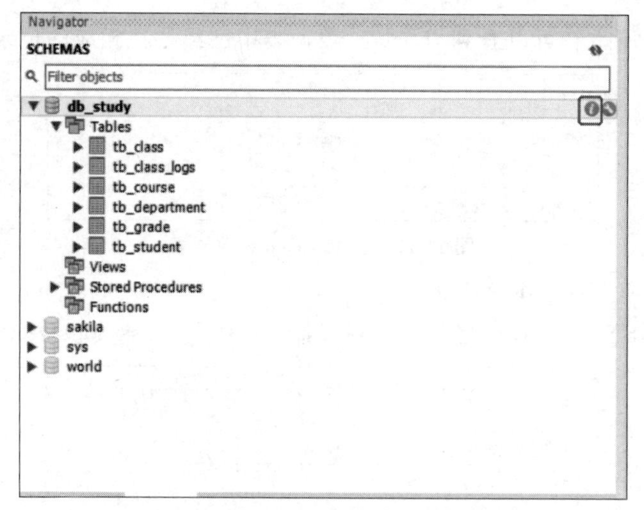

图 11-28　查看当前数据库的相关信息

SQL File 5*　SQL File 6*　db_study

Info　Tables　Columns　Indexes　Triggers　Views　Stored Procedures　Functions　Grants　Events

Name	Event	Table	Timing	Created	SQL Mode	Definer	Client Character...
after_insert_class	DELETE	tb_class	AFTER	2023-02-09 16:1...	ONLY_FULL_GR...	root@localhost	utf8mb4
after_insert_department	INSERT	tb_department	AFTER	2023-02-09 16:0...	ONLY_FULL_GR...	root@localhost	utf8mb4
before_noupdate_department	UPDATE	tb_department	BEFORE	2023-02-09 16:0...	ONLY_FULL_GR...	root@localhost	utf8mb4
after_nodelete_grade	DELETE	tb_grade	AFTER	2023-02-09 16:0...	ONLY_FULL_GR...	root@localhost	utf8mb4

图 11-29　Triggers 选项卡

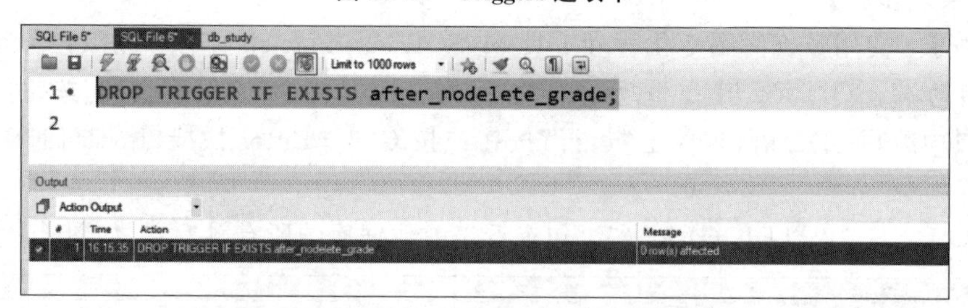

图 11-30　删除 after_nodelete_grade 触发器

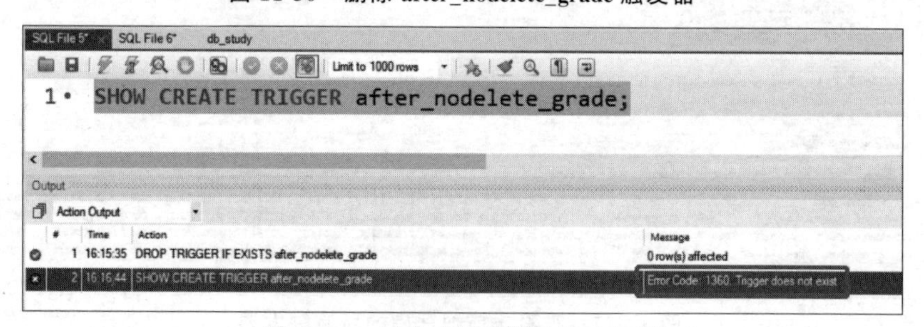

图 11-31　再次查看已删除的触发器

常见错误及解决方案

错误 11-1　语句结束符冲突

【问题描述】

多个 MySQL 默认的语句结束符(;)冲突,如图 11-32 所示。

【解决方案】

使用 DELIMITER \$ \$ 语句将 MySQL 的结束符设置为 \$ \$,并以 \$ \$ 结束,触发器定

```
mysql> CREATE TRIGGER after_insert
    -> BEFORE INSERT ON tb_department
    -> FOR EACH ROW
    -> BEGIN
    -> INSERT INTO tb_department_logs (date,log_text)
    -> VALUES(CURDATE(),CONCAT('添加了新的部门信息'));
ERROR 1064 (42000): You have an error in your SQL syntax; check the manual that corr
esponds to your MySQL server version for the right syntax to use near '' at line 6
```

图 11-32　语句结束符冲突

义完成后再次使用“DELIMITER;”语句将结束符修改为 MySQL 常规语句结束符(;)，如图 11-33 所示。

```
mysql> DELIMITER $$
mysql> CREATE TRIGGER after_insert
    -> BEFORE INSERT ON tb_department
    -> FOR EACH ROW
    -> BEGIN
    -> INSERT INTO tb_department_logs (date,log_text)
    -> VALUES(CURDATE(),CONCAT('添加了新的部门信息'));
    -> END $$
Query OK, 0 rows affected (0.01 sec)
```

图 11-33　设置新的结束符

错误 11-2　切换结束标记符无效

【问题描述】

在 Windows 命令提示符中创建触发器后，使用“DELIMITER;”语句切换结束标记符无效，如图 11-34 所示。

```
mysql> DELIMITER $$
mysql> CREATE TRIGGER after_nodelete_grade
    -> AFTER DELETE ON tb_grade
    -> FOR EACH ROW
    -> BEGIN
    -> IF student_id THEN
    -> CALL ROLLBACK;
    -> END IF;
    -> END $$
Query OK, 0 rows affected (0.01 sec)

mysql> DELIMITER;
    ->
    ->
    ->
    ->
    -> _
```

图 11-34　切换结束标记无效

【解决方案】

需要将 Windows 命令提示符关闭后重启，切换结束标记符才生效。

错误 11-3　创建触发器重复

【问题描述】

在课业任务 11-1 的基础上再创建一个触发器，使部门表中计算机学院的地址信息不被修改，但提示触发器已经存在，如图 11-35 所示。

```
mysql> DELIMITER $$
mysql> CREATE TRIGGER before_noupdate
    -> BEFORE UPDATE ON tb_department
    -> FOR EACH ROW
    -> BEGIN
    -> IF department_name = "计算机学院" THEN
    -> SET NEW.department_address = OLD.department_address;
    -> END IF;
    -> END
    -> $$
ERROR 1359 (HY000): Trigger already exists
mysql>
```

图 11-35　创建触发器重复

【解决方案】

使用触发器时，对于相同的数据表，相同的事件只能创建一个触发器，因此再次创建一个

before_noupdate 触发器,MySQL 将会报错。此时,只可以在数据表上创建其他类型的触发器,或者更改触发器的命名方式。

扫一扫

自测题

习题

1. 选择题

(1) MySQL 从(　　)版本开始支持触发器。

A. 5.0.2　　B. 5.7.2　　C. 7.0.2　　D. 8.0.30

(2) MySQL 触发器不能由(　　)事件触发某个操作。

A. DELETE　　B. INSERT　　C. UPDATE　　D. SELECT

(3) 下列选项中属于触发器的作用的是(　　)。

A. 安全性　　B. 审计

C. 实现复杂的数据完整性规则　　D. 实现复杂的级联操作

(4) 在 MySQL 中查看当前数据库的所有触发器的 SQL 语句是(　　)。

A. SHOW DATABASES;　　B. SHOW TRIGGERS;

C. DESC DATABASES;　　D. SHOW TRIGGERS;

(5) MySQL 删除触发器的 SQL 语句是(　　)。

A. SELECT TRIGGER IF EXISTS 触发器名称;

B. DROP TRIGGER IF EXISTS 触发器名称;

C. DELETE TRIGGER IF EXISTS 触发器名称;

D. UPDATE TRIGGER IF EXISTS 触发器名称;

2. 填空题

(1) 触发器的优点是________。

(2) 触发器的缺点是________。

(3) 触发器作用事件的触发时间是________。

(4) 在 MySQL 中查看当前数据库的所有触发器的 SQL 语句是________。

(5) 在 MySQL 中创建触发器时,使用 DELIMITER $ $ 语句的作用是________。

3. 判断题

(1) MySQL 的触发器和存储过程不一样。(　　)

(2) 触发器可以在插入、删除或修改特定数据表中的数据时触发执行。(　　)

(3) 触发器不具备精细和更复杂的数据控制能力,只能处理简单的操作。(　　)

(4) 数据表结构的变更都可能导致触发器出错。(　　)

(5) BEFORE 和 AFTER 是触发器的两种触发时间。(　　)

4. 操作题

(1) 创建触发器,保护部门表中经济管理学院的地址信息不被更改。

(2) 创建触发器,保护成绩表中课程 ID 信息不被删除。

(3) 删除数据库中的某个触发器。

(4) 使用 Navicat Premium 工具通过图形化的方式创建触发器。

(5) 使用 Navicat Premium 工具通过图形化的方式查看和删除触发器。

第 12 章

事务处理

CHAPTER 12

“有条不紊，运筹帷幄。”在许多大型、关键的应用程序中，计算机每秒钟都在执行大量的任务。更通常的做法不是这些任务本身，而是将这些任务结合在一起完成一个业务要求，称为事务。如果能成功地执行一个任务，但在第 2 个或第 3 个相关的任务中出现错误，将会发生什么？这个错误很可能使系统处于不一致状态。这时事务变得非常重要，它能使系统摆脱这种不一致的状态。本章将通过丰富的案例介绍事务的基本特性、事务的应用场景以及如何通过 SQL 语句设置事务的隔离级别，并通过 4 个综合课业任务演示事务处理的不同操作。

【教学目标】

- 了解存储引擎的相关知识；
- 熟悉事务的基本概念；
- 掌握事务的 ACID 特性和状态；
- 掌握如何使用事务，以及设置事务的隔离级别。

【课业任务】

王小明想利用 MySQL＋Java 开发一个数据库学习系统，在熟悉了触发器后，需要进行事务处理对一些操作进行管理，以此丰富不同的应用场景，现通过 4 个课业任务来完成。

课业任务 12-1 提交与回滚操作

课业任务 12-2 读未提交操作

课业任务 12-3 读已提交操作

课业任务 12-4 可重复读操作

12.1 存储引擎概述

12.1.1 什么是存储引擎

在学习事务处理之前,需要了解 MySQL 中的存储引擎。数据库存储引擎是数据库底层软件组织,数据库管理系统(DBMS)使用存储引擎创建、查询、更新和删除数据。不同的存储引擎提供不同的存储机制、索引技巧、锁定水平等功能。使用不同的存储引擎,还可以获得特定的功能。现在许多不同的数据库管理系统都支持多种不同的存储引擎。在关系数据库中,数据是以表的形式存储的,所以存储引擎也可以称为表类型(Table Type,即存储和操作此数据表的类型)。

12.1.2 MySQL 存储引擎

MySQL 提供了多种不同的存储引擎,包括处理事务安全表的引擎和处理非事务安全表的引擎。在 MySQL 中,不需要在整个服务器中使用同一种存储引擎,针对具体的要求,可以对每个数据表使用不同的存储引擎。使用 SHOW ENGINES\G 语句查看系统所支持的存储引擎类型,如图 12-1 所示(只显示部分)。

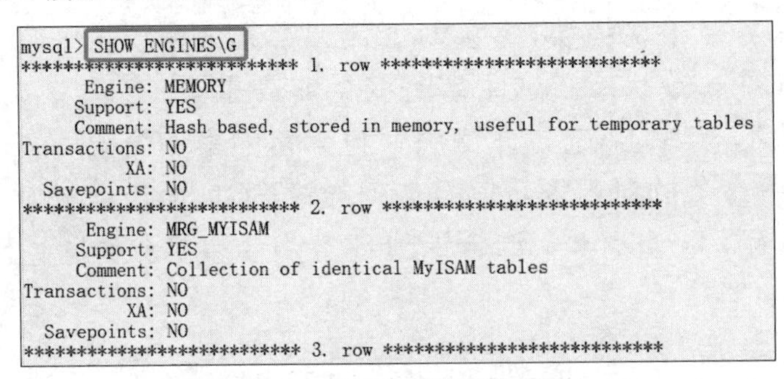

```
mysql> SHOW ENGINES\G
*************************** 1. row ***************************
      Engine: MEMORY
     Support: YES
     Comment: Hash based, stored in memory, useful for temporary tables
Transactions: NO
          XA: NO
  Savepoints: NO
*************************** 2. row ***************************
      Engine: MRG_MYISAM
     Support: YES
     Comment: Collection of identical MyISAM tables
Transactions: NO
          XA: NO
  Savepoints: NO
*************************** 3. row ***************************
```

图 12-1 MySQL 存储引擎(部分)

说明:

(1) 在命令的后面添加\G,让显示的信息更有条理。

(2) 由查询结果可知 MySQL 8.0 支持的存储引擎有 MEMORY、MRG_MYISAM、CSV、FEDERATED、PERFORMANCE_SCHEMA、MyISAM、InnoDB、ndbinfo、BLACKHOLE、ARCHIVE、ndbcluster 等。

存储引擎是相互独立的且允许用户自主进行选择,这是 MySQL 的特征,目前 MySQL 中可以使用的存储引擎主要有以下几种。

1. MEMORY 存储引擎

MEMORY 存储引擎采用的逻辑介质是内存,响应速度很快,但是当守护进程崩溃时数据会丢失。另外,要求存储的数据长度不变,如 BLOB 和 TEXT 类型的数据不可用(长度不固定的)。

2. MRG_MYISAM 存储引擎

MRG_MYISAM 存储引擎在 MySQL 中用来水平分表,要求关联的子表都是 MYISAM 类型。

3. CSV 存储引擎

存储数据时，以逗号分隔各个数据项。CSV 存储引擎可以将普通的 CSV 文件作为 MySQL 的数据表来处理，但不支持索引。其可以作为一种数据交换的机制，存储的数据可以直接在操作系统中用文本编辑器或 Excel 读取，对于数据的快速导入、导出是有明显优势的。

4. FEDERATED 存储引擎

FEDERATED 存储引擎是访问其他 MySQL 服务器的一个代理，尽管该引擎看起来提供了一种很好的跨服务器的灵活性，但也经常出问题，因此默认是禁用的。

5. PERFORMANCE_SCHEMA 存储引擎

performance_schema 数据库中的数据表使用的是 PERFORMANCE_SCHEMA 存储引擎，该数据库主要关注 MySQL 运行过程中性能相关的数据。

6. MyISAM 存储引擎

MySQL 5.5 之前版本默认支持 MyISAM 存储引擎，它提供了大量的特性，包括全文索引、压缩、空间函数等。但 MyISAM 存储引擎不支持事务、行级锁、外键；而且有一个明显的缺陷，就是崩溃后无法安全恢复。

7. InnoDB 存储引擎

MySQL 从 3.23.34a 版本开始支持 InnoDB 存储引擎；5.5 版本之后，默认采用 InnoDB 存储引擎。InnoDB 是 MySQL 的默认事务型引擎，它被设计用于处理大量的短期(Short-Lived)事务，可以确保事务的完整提交(COMMIT)和回滚(ROLLBACK)。除了增加和查询外，还需要更新、删除操作，应优先选择 InnoDB 存储引擎。

8. ndbinfo 存储引擎

ndbinfo 存储引擎是 MySQL 集群专用存储引擎。ndbinfo 是一个数据库，其中包含特定于 NDB 集群(NDB Cluster)的信息，该数据库包含许多个数据表，每个数据表提供有关 NDB 群集节点状态、资源使用情况和操作的不同类型的数据。

9. BLACKHOLE 存储引擎

BLACKHOLE 存储引擎没有任何存储机制，对于插入的数据会直接丢弃，但服务器会记录其日志，可用于复制数据到备用库或简单地记录日志。

10. ARCHIVE 存储引擎

ARCHIVE 存储引擎的应用场景就是其名字的缩影，主要用于归档。ARCHIVE 存储引擎仅支持 SELECT 和 INSERT 操作，最出众的优点是插入快、查询快、占用空间小。

11. ndbcluster 存储引擎

ndbcluster 存储引擎也称为 NDB 存储引擎，主要用于 MySQL Cluster 分布式集群环境，Cluster(集群)是 MySQL 从 5.0 版本才开始提供的新功能。

12.1.3　查看存储引擎

MySQL 5.5 版本之后默认采用 InnoDB 存储引擎，因此本书也使用 InnoDB 存储引擎。使用 SHOW CREATE TABLE tb_grade\G 语句查看 tb_grade 数据表的存储引擎，如图 12-2 所示。可以看到 tb_grade 数据表的存储引擎是 InnoDB。

说明：

(1) 在命令的后面添加\G，让显示的信息更有条理。

(2) 在 MySQL 中，只有 InnoDB 存储引擎支持事务处理操作。

```
mysql> SHOW CREATE TABLE tb_grade\G
*************************** 1. row ***************************
       Table: tb_grade
Create Table: CREATE TABLE `tb_grade` (
  `student_id` bigint NOT NULL,
  `course_id` char(5) CHARACTER SET utf8mb4 COLLATE utf8mb4_0900_ai_ci NOT NU
LL,
  `grade_score` tinyint unsigned DEFAULT NULL,
  `grade_level` enum('优秀','良好','中等','及格','不及格') CHARACTER SET utf8
mb4 COLLATE utf8mb4_0900_ai_ci DEFAULT NULL,
  KEY `fk_student_id1` (`student_id`) USING BTREE,
  KEY `fk_course_id1` (`course_id`) USING BTREE,
  CONSTRAINT `fk_course_id1` FOREIGN KEY (`course_id`) REFERENCES `tb_course`
 (`course_id`) ON DELETE RESTRICT ON UPDATE RESTRICT,
  CONSTRAINT `fk_student_id1` FOREIGN KEY (`student_id`) REFERENCES `tb_stude
nt` (`student_id`) ON DELETE RESTRICT ON UPDATE RESTRICT
) ENGINE=InnoDB DEFAULT CHARSET=utf8mb4 COLLATE=utf8mb4_0900_ai_ci ROW_FORMAT
=DYNAMIC
1 row in set (0.01 sec)
```

图 12-2 查看 tb_grade 数据表的存储引擎

12.2 事务的基本概念

事务是一组逻辑操作单元,使数据从一种状态变换到另一种状态。所有事务都作为一个工作单元来执行,即使出现了故障,也不能改变这种执行方式。当在一个事务中执行多个操作时,要么所有事务都被提交(COMMIT),那么这些修改就永久地保存下来;要么数据库管理系统将放弃所有修改,整个事务回滚(ROLLBACK)到最初状态。

12.2.1 事务的 ACID 特性

数据库理论对事务有更严格的定义,指明事务具有 4 个基本特性,称为 ACID 特性。

1. 原子性(Atomicity)

原子性是指事务是一个不可分割的工作单位,要么全部提交,要么全部失败回滚。

2. 一致性(Consistency)

一致性是指事务执行前后,数据从一个合法性状态变换到另外一个合法性状态。这种状态是语义上的,而不是语法上的,与具体的业务有关。满足预定的约束的状态就叫作合法的状态。通俗一点,这个状态是由自己来定义的。满足这个状态,数据就是一致的;不满足这个状态,数据就是不一致的。如果事务中的某个操作失败了,系统就会自动撤销当前正在执行的事务,返回到事务操作之前的状态。

3. 隔离性(Isolation)

隔离性是指一个事务的执行不能被其他事务干扰,即一个事务内部的操作及使用的数据对并发的其他事务是隔离的,并发执行的各个事务之间不能互相干扰。

4. 持久性(Durability)

持久性是指一个事务一旦被提交,它对数据库中数据的改变就是永久性的,接下来的其他操作和数据库故障不应该对其有任何影响。持久性是通过事务日志保证的,包括重做日志和回滚日志。当通过事务对数据进行修改时,首先会将数据库的变化信息记录到重做日志中,然后再对数据库中对应的行进行修改。这样做的好处是即使数据库系统崩溃,数据库重启后也能找到没有更新到数据库系统中的重做日志重新执行,从而使事务具有持久性。

12.2.2 事务的状态

事务是一个抽象的概念,它其实对应着一个或多个数据库操作。MySQL 根据这些操作所执行的不同阶段,把事务大致划分为几种状态。

1. 活动的(Active)

事务对应的数据库操作正在执行过程中时,即为该事务处于活动的状态。

2. 部分提交的(Partially Committed)

事务中的最后一个操作执行完成,但由于操作都在内存中执行,所造成的影响并没有刷新到磁盘时,即为该事务处于部分提交的状态。

3. 失败的(Failed)

当事务处在活动的或部分提交的状态时,可能遇到了某些错误(数据库自身的错误、操作系统错误或直接断电等)而无法继续执行,或者人为地停止当前事务的执行,即为该事务处于失败的状态。

4. 中止的(Aborted)

如果事务执行了一部分而变为失败的状态,那么就需要把已经修改的事务中的操作还原到事务执行前的状态。换句话说,就是要撤销失败事务对当前数据库造成的影响。这个撤销的过程称为回滚。当回滚操作执行完毕时,也就是数据库恢复到了执行事务之前的状态,即为该事务处于中止的状态。

5. 提交的(Committed)

一个处于部分提交的状态的事务将修改过的数据都同步到磁盘之后,即为该事务处于提交的状态。

事务状态的基本转换关系如图 12-3 所示。

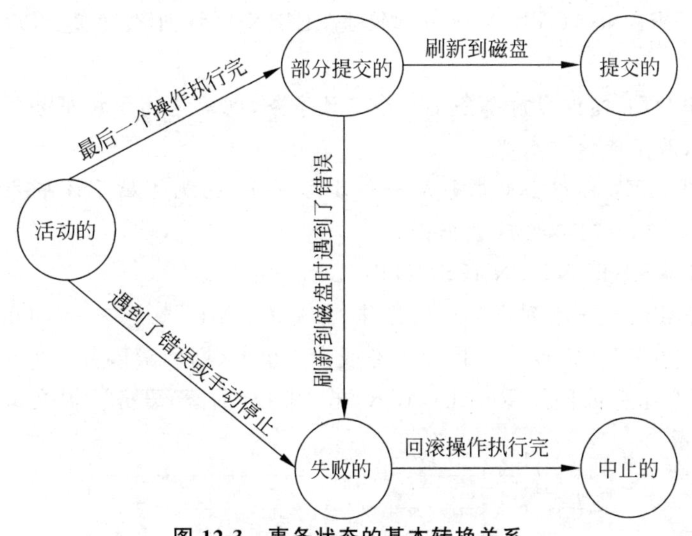

图 12-3　事务状态的基本转换关系

12.3　使用事务

使用事务有两种方式,分别为显式事务和隐式事务。MySQL 中有一个系统变量 autocommit,执行“SHOW VARIABLES LIKE 'autocommit';”语句可以查看详细信息,如图 12-4 所示。可以看到此时数据库的 autocommit 系统变量值为 ON。

说明:

(1) autocommit 变量值为 ON 代表当前处于开启自动提交事务的状态。

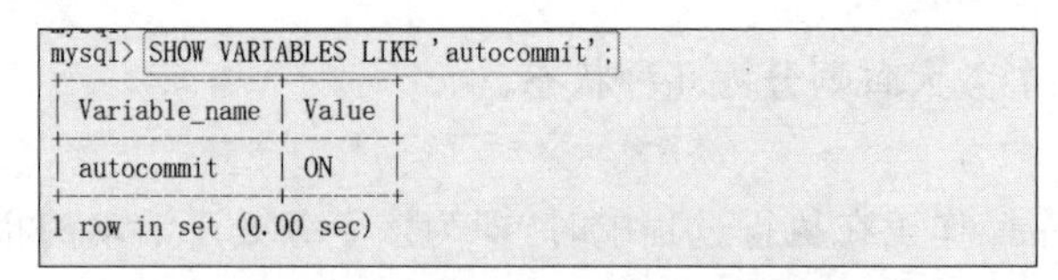

```
mysql> SHOW VARIABLES LIKE 'autocommit';
+---------------+-------+
| Variable_name | Value |
+---------------+-------+
| autocommit    | ON    |
+---------------+-------+
1 row in set (0.00 sec)
```

图 12-4　查看 autocommit 系统变量

(2) autocommit 变量值为 OFF 代表当前未处于开启自动提交事务的状态,即关闭了自动提交的功能。

(3) 使用显式事务的前提是先关闭自动提交事务的功能。可以使用 START TRANSACTION 或 BEGIN 语句开启一个事务,这样在本次事务提交或回滚前会暂时关闭自动提交的功能;也可以使用"SET autocommit=OFF;"语句修改 autocommit 系统变量。

12.3.1 显式事务

【案例 12-1】 开启一个显式事务。

显式事务具有明显的开启和结束标记,执行 START TRANSACTION 或 BEGIN 语句,作用是开启一个显式事务,如图 12-5 所示。

```
mysql> BEGIN;
Query OK, 0 rows affected (0.00 sec)

mysql> START TRANSACTION;
Query OK, 0 rows affected (0.00 sec)
```

图 12-5　开启一个显式事务

说明:

(1) START TRANSACTION 语句相较于 BEGIN 的特别之处在于,后边能跟随以下几个修饰符:

- READ ONLY:标识当前事务是一个只读事务,也就是属于该事务的数据库操作只能读取数据,而不能修改数据;
- READ WRITE:标识当前事务是一个读写事务,也就是属于该事务的数据库操作既可以读取数据,也可以修改数据;
- WITH CONSISTENT SNAPSHOT:启动一致性读。

(2) 开启事务后进行一系列事务中的操作,主要是 DML 操作,不含 DDL 操作。

当操作完一次事务后,需要进行提交事务或中止事务(即回滚事务),如图 12-6 所示,使用 COMMIT 语句提交事务或使用 ROLLBACK 语句中止(回滚)事务。提交事务和中止事务的关系如图 12-7 所示。

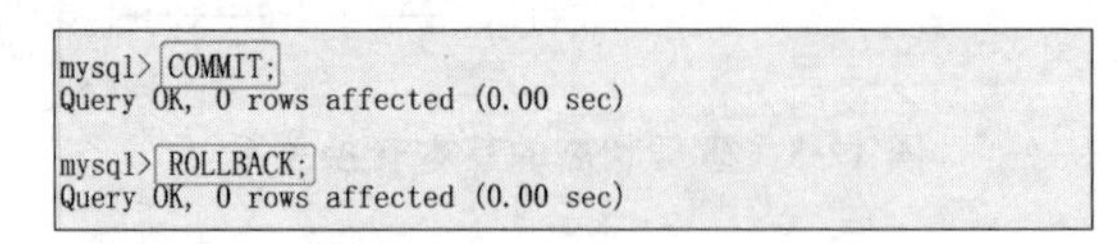

```
mysql> COMMIT;
Query OK, 0 rows affected (0.00 sec)

mysql> ROLLBACK;
Query OK, 0 rows affected (0.00 sec)
```

图 12-6　提交事务或中止事务

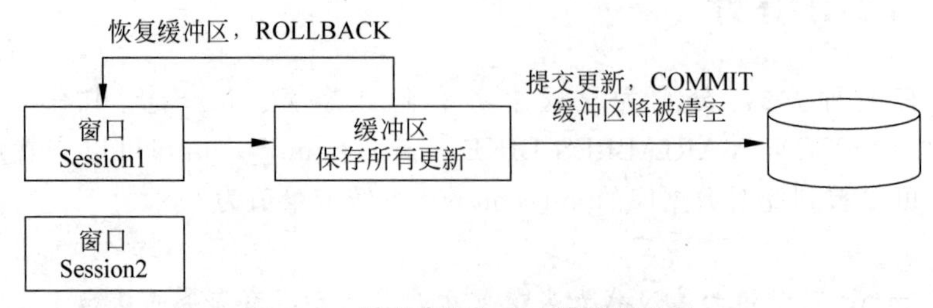

图 12-7　提交事务和中止事务的关系

说明：

(1) COMMIT 为提交事务。提交事务后，对数据库的修改是永久性的。

(2) ROLLBACK 为回滚事务，即撤销正在进行的所有没有提交的修改。

12.3.2 隐式事务

隐式事务没有明显的开启和结束标记，都具有自动提交事务的功能。隐式事务提交数据包括以下几种情况：

(1) MySQL 中的数据定义语言(DDL)；

(2) 隐式使用或修改 MySQL 数据库中的表；

(3) 事务控制或关于锁定的语句；

(4) 加载数据的语句；

(5) 关于 MySQL 复制的一些语句。

12.4 事务隔离级别

MySQL 是一个客户端或服务器架构的软件，对于同一个服务器，可以有若干个客户端与之连接，每个客户端与服务器连接上之后，就可以称为一个会话(Session)。每个客户端都可以在自己的会话中向服务器发出请求，一个请求语句可能是某个事务的一部分，也就是说，服务器可能同时处理多个事务。事务有隔离性的特性，理论上在某个事务对某个数据进行访问时，其他事务应该进行排队，该事务提交后，其他事务才可以继续访问这个数据。但是，这样对系统性能影响太大，如果既想保持事务的隔离性，又想让服务器在处理访问同一数据的多个事务时性能尽量高些，就要对二者进行权衡取舍。

12.4.1 数据并发问题

针对事务的隔离性和并发性，如何取舍呢？先看一下访问相同数据的事务在不保证串行执行(也就是执行完一个再执行另一个)的情况下可能会出现的问题。

1. 脏写(Dirty Write)

对于两个会话 A 和 B，如果会话 A 修改了另一个未提交会话 B 修改过的数据，那就意味着发生了脏写。

2. 脏读(Dirty Read)

对于两个会话 A 和 B，会话 A 读取了已经被会话 B 更新但还没有提交的字段。之后若会话 B 回滚，会话 A 读取的内容就是临时且无效的，这种现象称为脏读。

3. 不可重复读(Non-repeatable Read)

对于两个会话 A 和 B，会话 A 读取了一个字段，然后会话 B 更新了该字段。随后会话 A 再次读取同一个字段，值就不同了，意味着发生了不可重复读。

4. 幻读(Phantom)

对于两个会话 A 和 B，会话 A 从一个数据表中读取了一个字段，然后会话 B 在该会话表中插入了一些新的行。如果会话 A 再次读取同一个数据表，就会多出几行，意味着发生了幻读。

以上介绍了几种并发事务执行过程中可能遇到的一些问题，这些问题有轻重缓急之分，为这些问题按照严重性排序：脏写 > 脏读 > 不可重复读 > 幻读。

12.4.2 SQL 中的 4 种隔离级别

为了避免以上出现的各种并发问题，需要采取一些手段。因此，SQL 标准中设立了 4 种隔离级别，用来隔离并发运行各个事务，使它们相互不受影响，这就是数据库事务的隔离性。其作用价值是舍弃一部分隔离性换取一部分性能，并且隔离级别越低，并发问题发生得就越多。

1. READ UNCOMMITTED(读未提交)

允许事务读取未被其他事务提交的变更。脏读、不可重复读和幻读的问题都会出现。

2. READ COMMITTED(读已提交)

只允许事务读取已经被其他事务提交的变更。可以避免脏读，但不可重复读和幻读的问题仍然可能出现。

3. REPEATABLE READ(可重复读)

确保事务可以多次从一个字段中读取相同的值，在这个事务持续期间，禁止其他事务对这个字段进行更新。可以避免脏读和不可重复读，但幻读问题仍然存在。

4. SERIALIZABLE(可串行化)

确保事务可以从一个数据表中读取相同的行，在这个事务持续期间，禁止其他事务对该数据表执行插入、更新和删除操作，所有并发问题都可避免，但性能十分低下。

SQL 标准中规定，针对不同的隔离级别，并发事务可以发生不同严重程度的问题，具体情况如表 12-1 所示。

表 12-1 SQL 中的 4 种隔离级别

隔离级别	脏读可能性	不可重复读可能性	幻读可能性	加锁读
READ UNCONMITED	YES	YES	YES	NO
READ COMMITTED	NO	YES	YES	NO
REPEATABLE READ	NO	NO	YES	NO
SERIALIZABLE	NO	NO	NO	YES

12.4.3 MySQL 默认支持的隔离级别

【案例 12-2】 查看当前事务的隔离级别。

MySQL 的默认隔离级别为 REPEATABLE READ，可以手动修改事务的隔离级别。MySQL 5.7.20 版本之后，引入 transaction_isolation 系统变量，通过查看该系统变量的值可以得到当前事务的隔离级别。执行“SHOW VARIABLES LIKE 'transaction_isolation';”语句查看隔离级别，如图 12-8 所示。可以看到当前事务的隔离级别为 REPEATABLE READ。

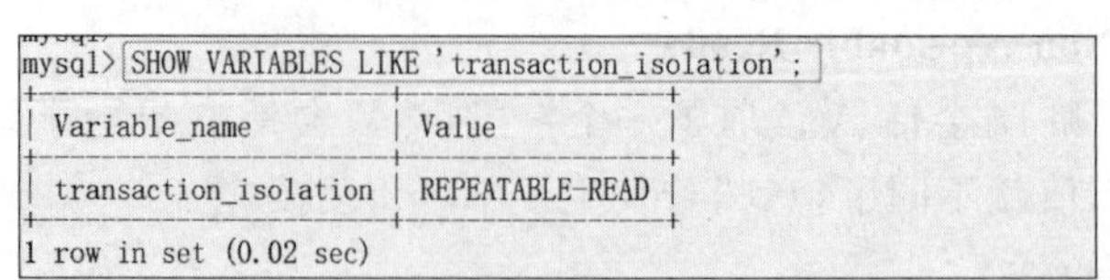

```
mysql> SHOW VARIABLES LIKE 'transaction_isolation';
+-----------------------+-----------------+
| Variable_name         | Value           |
+-----------------------+-----------------+
| transaction_isolation | REPEATABLE-READ |
+-----------------------+-----------------+
1 row in set (0.02 sec)
```

图 12-8 查看当前事务的隔离级别

12.4.4 设置事务的隔离级别

设置事务的隔离级别的语法格式如下。

```
SET [GLOBAL|SESSION] TRANSACTION ISOLATION LEVEL 隔离级别;
```

或

```
SET [GLOBAL|SESSION] TRANSACTION_ISOLATION = '隔离级别';
```

说明:

(1) 隔离级别可取值为 READ UNCOMMITTED、READ COMMITTED、REPEATABLE READ、SERIALIZABLE。

(2) 使用 GLOBAL 关键字,表示在全局范围影响。

(3) 使用 SESSION 关键字,表示在会话范围影响。

课业任务

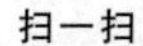

视频讲解

课业任务 12-1　提交与回滚操作

【能力测试点】

事务处理的提交与回滚操作。

【任务实现步骤】

1. 提交操作

任务需求:向 tb_department 数据表中插入一行数据,进行提交(COMMIT)操作;继续向数据表中插入一行数据,进行回滚(ROLLBACK)操作。

(1) 首先,使用 db_study 数据库,执行"BEGIN;"语句开启一个事务。向 tb_department 数据表中插入一行数据,最后执行"COMMIT;"语句进行提交操作,具体的 SQL 语句如下。

```
USE db_study;
BEGIN;
INSERT INTO tb_department
VALUES ('X09', '人工智能学院', 87471238, '1 栋教学楼');
COMMIT;
```

说明:

① "USE db_study;"语句为使用指定的数据库学习系统数据库。

② 向 tb_department 数据表中添加一条记录,其中 department_id(学院编号)字段的值是 X09;department_name(学院名称)字段的值是"人工智能学院";department_phone(学院联系方式)字段的值是为 87471238;department_address(学院地址)字段的值是"1 栋教学楼"。

(2) 执行上述 SQL 语句,结果如图 12-9 所示,已向 tb_department 数据表中插入数据并进行了提交(COMMIT)操作。

```
mysql> USE db_study;
Database changed
mysql> BEGIN;
Query OK, 0 rows affected (0.00 sec)

mysql> INSERT INTO tb_department
    -> VALUES ('X09', '人工智能学院', 87471238, '1栋教学楼');
Query OK, 1 row affected (0.00 sec)

mysql> COMMIT;
Query OK, 0 rows affected (0.00 sec)
```

图 12-9　插入数据并进行提交操作

(3) 执行"SELECT * FROM tb_department;"语句查看 tb_department 数据表,如图 12-10

所示。可以看到 tb_department 数据表中已经有一条相应的记录,说明插入数据成功,提交(COMMIT)操作成功。

```
mysql> SELECT * FROM tb_department;
+---------------+------------------------+------------------+--------------------+
| department_id | department_name        | department_phone | department_address |
+---------------+------------------------+------------------+--------------------+
| X01           | 计算机学院             | 87471231         | 信息楼             |
| X02           | 智能制造与电气工程学院 | 87471232         | 9栋教学楼          |
| X03           | 建筑工程学院           | 87471233         | 8栋教学楼          |
| X04           | 工商管理学院           | 87471234         | 7栋教学楼3楼       |
| X05           | 经济管理学院           | 87471235         | 7栋教学楼6楼       |
| X06           | 外国语学院             | 87471235         | 6栋教学楼4楼       |
| X07           | 艺术设计学院           | 87471236         | 6栋教学楼5楼       |
| X08           | 人文与教育学院         | 87471236         | 行政楼             |
| X09           | 人工智能学院           | 87471238         | 1栋教学楼          |
+---------------+------------------------+------------------+--------------------+
9 rows in set (0.00 sec)
```

图 12-10　向 tb_department 数据表插入数据成功

2. 回滚操作

(1) 执行“BEGIN;”语句开启一个事务。向 tb_department 数据表中插入一行数据,然后执行 ROLLBACK; 语句进行回滚操作,具体的 SQL 语句如下。

```
BEGIN;
INSERT INTO tb_department
VALUES ('X10', '马克思学院', 87471239, '13 栋教学楼');
ROLLBACK;
```

(2) 执行上述 SQL 语句,结果如图 12-11 所示。

```
mysql> BEGIN;
Query OK, 0 rows affected (0.00 sec)

mysql> INSERT INTO tb_department
    -> VALUES ('X10', '马克思学院', 87471239, '13栋教学楼');
Query OK, 1 row affected (0.00 sec)

mysql> ROLLBACK;
Query OK, 0 rows affected (0.00 sec)
```

图 12-11　插入数据并进行回滚操作

(3) 执行“SELECT * FROM tb_department;”语句查看 tb_department 数据表,如图 12-12 所示。可以看到 tb_department 数据表中没有添加相应的记录,可知回滚(ROLLBACK)操作成功。

```
mysql> ROLLBACK;
Query OK, 0 rows affected (0.00 sec)

mysql> SELECT * FROM tb_department;
+---------------+------------------------+------------------+--------------------+
| department_id | department_name        | department_phone | department_address |
+---------------+------------------------+------------------+--------------------+
| X01           | 计算机学院             | 87471231         | 信息楼             |
| X02           | 智能制造与电气工程学院 | 87471232         | 9栋教学楼          |
| X03           | 建筑工程学院           | 87471233         | 8栋教学楼          |
| X04           | 工商管理学院           | 87471234         | 7栋教学楼3楼       |
| X05           | 经济管理学院           | 87471235         | 7栋教学楼6楼       |
| X06           | 外国语学院             | 87471235         | 6栋教学楼4楼       |
| X07           | 艺术设计学院           | 87471236         | 6栋教学楼5楼       |
| X08           | 人文与教育学院         | 87471236         | 行政楼             |
| X09           | 人工智能学院           | 87471238         | 1栋教学楼          |
+---------------+------------------------+------------------+--------------------+
9 rows in set (0.00 sec)
```

图 12-12　回滚操作成功

扫一扫

视频讲解

课业任务 12-2　读未提交操作

【能力测试点】

MySQL 隔离级别之读未提交操作。

【任务实现步骤】

任务需求:将两个会话 A 和 B 的隔离级别设置为读未提交(READ UNCOMMITTED),

并在两个会话中开启事务。首先在会话 A 中将 tb_department 数据表中计算机学院的地址修改为“5 栋教学楼”，并且不进行提交(COMMIT)操作，此时在会话 B 中可以查看到已修改的数据。

(1) 将两个会话 A 和 B 的隔离级别设置为读未提交(READ UNCOMMITTED)，SQL 语句如下。

```
SET SESSION TRANSACTION ISOLATION LEVEL READ UNCOMMITTED;
```

(2) 在会话 A 中使用 db_study 数据库，执行“START TRANSACTION;”语句开启一个事务。将 tb_department 数据表中计算机学院的地址修改为“5 栋教学楼”，并且不进行提交(COMMIT)操作，具体的 SQL 语句如下。

```
USE db_study;
START TRANSACTION;
UPDATE tb_department
SET department_address = '5 栋教学楼'
WHERE department_name = '计算机学院';
```

(3) 执行上述 SQL 语句，结果如图 12-13 所示，在会话 A 中修改数据成功。

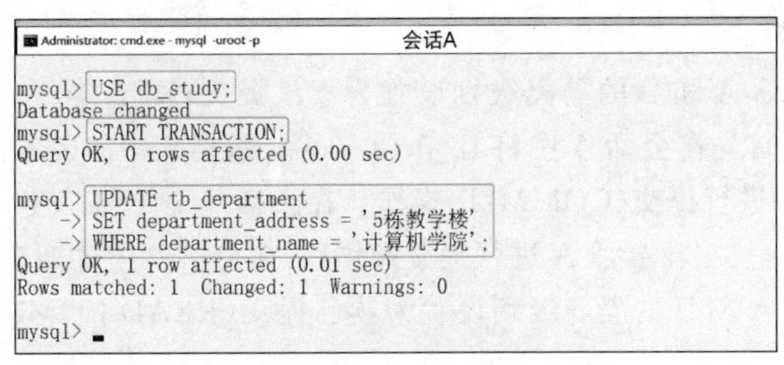

图 12-13　在会话 A 中修改数据

(4) 在会话 A 中执行“SELECT * FROM tb_department;”语句查看 tb_department 数据表，如图 12-14 所示。可以看到 tb_department 数据表中相应的记录发生改变，说明修改数据成功。

Administrator: cmd.exe - mysql -uroot -p　会话A

mysql> SELECT * FROM tb_department;

department_id	department_name	department_phone	department_address
X01	计算机学院	87471231	5栋教学楼
X02	智能制造与电气工程学院	87471232	9栋教学楼
X03	建筑工程学院	87471233	8栋教学楼
X04	工商管理学院	87471234	7栋教学楼3楼
X05	经济管理学院	87471235	7栋教学楼6楼
X06	外国语学院	87471235	6栋教学楼4楼
X07	艺术设计学院	87471236	6栋教学楼5楼
X08	人文与教育学院	87471236	行政楼
X09	人工智能学院	87471238	1栋教学楼

9 rows in set (0.00 sec)

图 12-14　会话 A 修改数据成功

(5) 在会话 B 中使用 db_study 数据库，执行“START TRANSACTION;”语句开启一个事务，执行“SELECT * FROM tb_department;”语句查看 tb_department 数据表，如图 12-15 所示。可以看到会话 B 中的 tb_department 数据表中相应的记录也发生了改变。由此可得会话 A 改变了 tb_department 数据表的数据，在会话 B 中也能查看，这就是读未提交(READ UNCOMMITTED)隔离级别的特点。

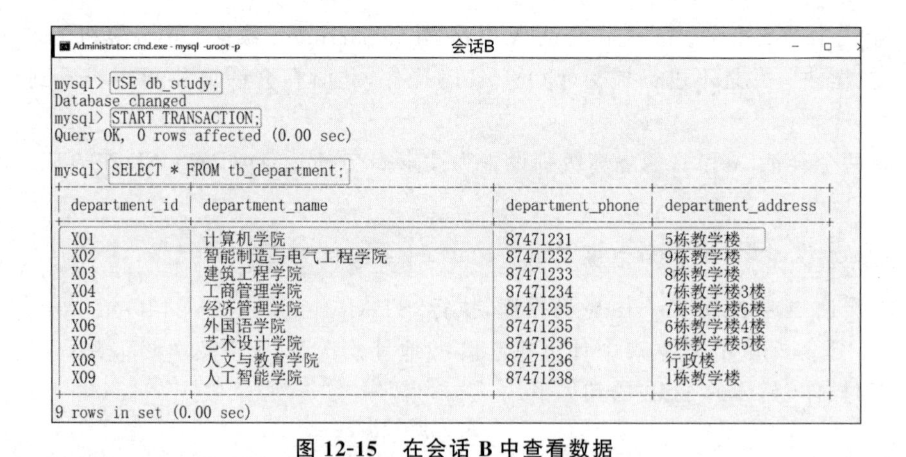

```
mysql> USE db_study;
Database changed
mysql> START TRANSACTION;
Query OK, 0 rows affected (0.00 sec)

mysql> SELECT * FROM tb_department;
```

department_id	department_name	department_phone	department_address
X01	计算机学院	87471231	5栋教学楼
X02	智能制造与电气工程学院	87471232	9栋教学楼
X03	建筑工程学院	87471233	8栋教学楼
X04	工商管理学院	87471234	7栋教学楼3楼
X05	经济管理学院	87471235	7栋教学楼6楼
X06	外国语学院	87471235	6栋教学楼4楼
X07	艺术设计学院	87471236	6栋教学楼5楼
X08	人文与教育学院	87471236	行政楼
X09	人工智能学院	87471238	1栋教学楼

```
9 rows in set (0.00 sec)
```

图 12-15 在会话 B 中查看数据

扫一扫

视频讲解

课业任务 12-3 读已提交操作

【能力测试点】

MySQL 隔离级别之读已提交操作。

【任务实现步骤】

任务需求：将会话 A 和 B 的隔离级别设置为读已提交(READ COMMITTED)，并在两个会话中开启事务。首先在会话 A 中将 tb_department 数据表中的艺术设计学院地址修改为“6 栋教学楼 6 楼”，并进行提交(COMMIT)操作。在会话 A 进行提交操作前，会话 B 中不能查看到已修改的数据，只有在会话 A 进行提交操作后，在会话 B 中才能查看到已修改的数据。

(1) 将两个会话 A 和 B 的隔离级别设置为读已提交(READ COMMITTED)，SQL 语句如下。

```
SET SESSION TRANSACTION ISOLATION LEVEL READ COMMITTED;
```

(2) 首先在会话 A 中使用 db_study 数据库，执行“START TRANSACTION;”语句开启一个事务。将 tb_department 数据表中艺术设计学院的地址修改为“6 栋教学楼 6 楼”，暂时不进行提交操作。操作完后查看修改后的信息，具体的 SQL 语句如下。

```
USE db_study;
START TRANSACTION;
UPDATE tb_department
SET department_address = '6 栋教学楼 6 楼'
WHERE department_name = '艺术设计学院';
SELECT * FROM tb_department;
```

(3) 执行上述 SQL 语句，结果如图 12-16 所示。可以看到会话 A 中 tb_department 数据表中的相应记录已经改变，说明修改数据成功。

(4) 在会话 B 中使用 db_study 数据库，执行“START TRANSACTION;”语句开启一个事务，执行“SELECT * FROM tb_department;”语句查看 tb_department 数据表，如图 12-17 所示。可以看到会话 B 中的 tb_department 数据表的相应记录未发生改变。

(5) 在会话 A 中执行“COMMIT;”语句进行事务提交，如图 12-18 所示。

(6) 再次在会话 B 中执行“SELECT * FROM tb_department;”语句查看 tb_department 数据表，如图 12-19 所示。可以看到会话 B 中的 tb_department 数据表的相应记录已经发生

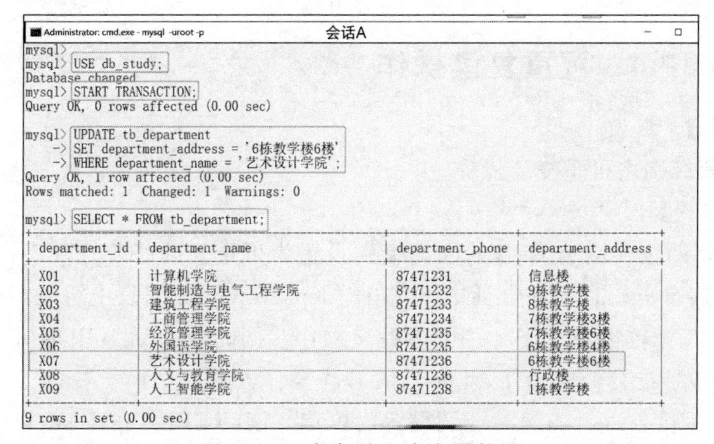

```
Administrator: cmd.exe - mysql -uroot -p                会话A
mysql>
mysql> USE db_study;
Database changed
mysql> START TRANSACTION;
Query OK, 0 rows affected (0.00 sec)

mysql> UPDATE tb_department
    -> SET department_address = '6栋教学楼6楼'
    -> WHERE department_name = '艺术设计学院';
Query OK, 1 row affected (0.00 sec)
Rows matched: 1  Changed: 1  Warnings: 0

mysql> SELECT * FROM tb_department;
+---------------+----------------------+------------------+--------------------+
| department_id | department_name      | department_phone | department_address |
+---------------+----------------------+------------------+--------------------+
| X01           | 计算机学院           | 87471231         | 信息楼             |
| X02           | 智能制造与电气工程学院 | 87471232       | 9栋教学楼          |
| X03           | 建筑工程学院         | 87471233         | 8栋教学楼          |
| X04           | 工商管理学院         | 87471234         | 7栋教学楼3楼       |
| X05           | 经济管理学院         | 87471235         | 7栋教学楼6楼       |
| X06           | 外国语学院           | 87471235         | 6栋教学楼4楼       |
| X07           | 艺术设计学院         | 87471236         | 6栋教学楼6楼       |
| X08           | 人文与教育学院       | 87471236         | 行政楼             |
| X09           | 人工智能学院         | 87471238         | 1栋教学楼          |
+---------------+----------------------+------------------+--------------------+
9 rows in set (0.00 sec)
```

图 12-16　在会话 A 中查看数据

```
Administrator: cmd.exe - mysql -uroot -p                会话B
mysql> USE db_study;
Database changed
mysql> START TRANSACTION;
Query OK, 0 rows affected (0.00 sec)

mysql> SELECT * FROM tb_department;
+---------------+----------------------+------------------+--------------------+
| department_id | department_name      | department_phone | department_address |
+---------------+----------------------+------------------+--------------------+
| X01           | 计算机学院           | 87471231         | 信息楼             |
| X02           | 智能制造与电气工程学院 | 87471232       | 9栋教学楼          |
| X03           | 建筑工程学院         | 87471233         | 8栋教学楼          |
| X04           | 工商管理学院         | 87471234         | 7栋教学楼3楼       |
| X05           | 经济管理学院         | 87471235         | 7栋教学楼6楼       |
| X06           | 外国语学院           | 87471235         | 6栋教学楼4楼       |
| X07           | 艺术设计学院         | 87471236         | 6栋教学楼5楼       |
| X08           | 人文与教育学院       | 87471236         | 行政楼             |
| X09           | 人工智能学院         | 87471238         | 1栋教学楼          |
+---------------+----------------------+------------------+--------------------+
9 rows in set (0.00 sec)
```

图 12-17　在会话 B 中查看数据

```
Administrator: cmd.exe - mysql -uroot -p                会话A
mysql> SELECT * FROM tb_department;
+---------------+----------------------+------------------+--------------------+
| department_id | department_name      | department_phone | department_address |
+---------------+----------------------+------------------+--------------------+
| X01           | 计算机学院           | 87471231         | 信息楼             |
| X02           | 智能制造与电气工程学院 | 87471232       | 9栋教学楼          |
| X03           | 建筑工程学院         | 87471233         | 8栋教学楼          |
| X04           | 工商管理学院         | 87471234         | 7栋教学楼3楼       |
| X05           | 经济管理学院         | 87471235         | 7栋教学楼6楼       |
| X06           | 外国语学院           | 87471235         | 6栋教学楼4楼       |
| X07           | 艺术设计学院         | 87471236         | 6栋教学楼6楼       |
| X08           | 人文与教育学院       | 87471236         | 行政楼             |
| X09           | 人工智能学院         | 87471238         | 1栋教学楼          |
+---------------+----------------------+------------------+--------------------+
9 rows in set (0.00 sec)

mysql> COMMIT;
Query OK, 0 rows affected (0.00 sec)
```

图 12-18　在会话 A 中进行事务提交

改变。由此可得会话 A 改变了 tb_department 数据表的数据，在会话 B 会话中也能查看，这就是读已提交(READ UNCOMMITTED)隔离级别的特点。

```
Administrator: cmd.exe - mysql -uroot -p                会话B
mysql> SELECT * FROM tb_department;
+---------------+----------------------+------------------+--------------------+
| department_id | department_name      | department_phone | department_address |
+---------------+----------------------+------------------+--------------------+
| X01           | 计算机学院           | 87471231         | 信息楼             |
| X02           | 智能制造与电气工程学院 | 87471232       | 9栋教学楼          |
| X03           | 建筑工程学院         | 87471233         | 8栋教学楼          |
| X04           | 工商管理学院         | 87471234         | 7栋教学楼3楼       |
| X05           | 经济管理学院         | 87471235         | 7栋教学楼6楼       |
| X06           | 外国语学院           | 87471235         | 6栋教学楼4楼       |
| X07           | 艺术设计学院         | 87471236         | 6栋教学楼6楼       |
| X08           | 人文与教育学院       | 87471236         | 行政楼             |
| X09           | 人工智能学院         | 87471238         | 1栋教学楼          |
+---------------+----------------------+------------------+--------------------+
9 rows in set (0.00 sec)
```

图 12-19　再次在会话 B 中查看数据

扫一扫

视频讲解

课业任务 12-4 可重复读操作

【能力测试点】

MySQL 隔离级别之可重复读操作。

【任务实现步骤】

任务需求：将两个会话 A 和 B 的隔离级别设置为可重复读(REPEATABLE READ),并在两个会话中开启事务。首先在会话 A 中将 tb_department 数据表中智能制造与电气工程学院的地址修改为“9 栋教学楼 2 楼”,并进行提交操作。同时在会话 B 中也对智能制造与电气工程学院的学院地址进行修改操作,此时会话 B 将操作失败。

(1) 将会话 A 和会话 B 的隔离级别设置为可重复读(REPEATABLE READ),SQL 语句如下。

```
SET SESSION TRANSACTION ISOLATION LEVEL REPEATABLE READ;
```

(2) 首先在会话 A 中使用 db_study 数据库,执行“START TRANSACTION;”语句开启一个事务。修改 tb_department 数据表中智能制造与电气工程学院的地址,具体的 SQL 语句如下。

```
USE db_study;
START TRANSACTION;
UPDATE tb_department
SET department_address = '9 栋教学楼 2 楼'
WHERE department_name = '智能制造与电气工程学院';
```

说明：不进行 COMMIT 提交操作。

(3) 执行上述 SQL 语句,结果如图 12-20 所示。

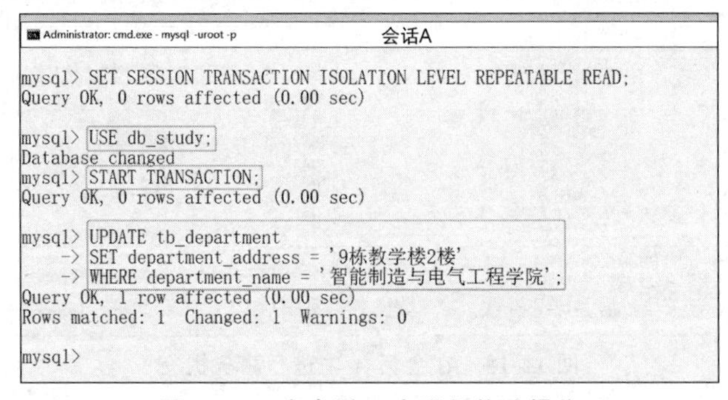

图 12-20 在会话 A 中进行修改操作

(4) 同样,在会话 B 中使用 db_study 数据库,执行“START TRANSACTION;”语句开启一个事务。修改 tb_department 数据表中智能制造与电气工程学院的地址,具体的 SQL 语句如下。

```
USE db_study;
START TRANSACTION;
UPDATE tb_department
SET department_address = '9 栋教学楼 3 楼'
WHERE department_name = '智能制造与电气工程学院';
```

说明：不进行 COMMIT 提交操作。

(5) 执行上述 SQL 语句,结果如图 12-21 所示。因为当前的事务隔离级别为可重复读(REPEATABLE READ)级别,所以在会话 A 中操作 tb_department 数据表时,会话 B 无权对 tb_department 数据表进行任何操作,这是为了保持读取的数据是一致的,如果强行操作,就会发生错误。

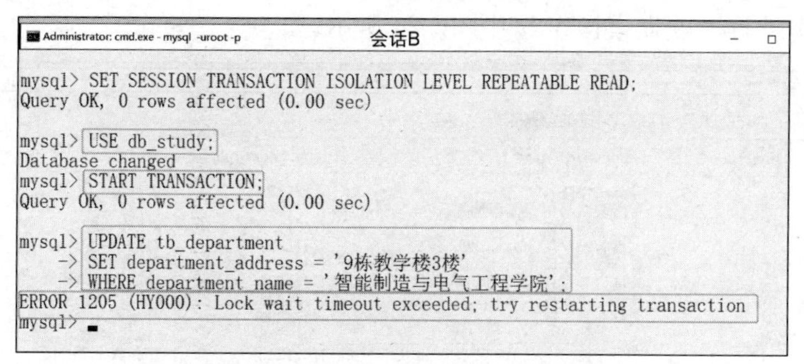

图 12-21　尝试在会话 B 中进行修改操作

常见错误及解决方案

错误 12-1　未进行事务提交（COMMIT）操作

【问题描述】

在会话 A 中向 tb_department 数据表插入一行数据，并且在会话 A 中能查看到插入的数据，如图 12-22 所示；但在会话 B 中则不能查看，如图 12-23 所示。

```
Administrator: cmd.exe - mysql -uroot -p                会话A
mysql> USE db_study;
Database changed
mysql> START TRANSACTION;
Query OK, 0 rows affected (0.00 sec)

mysql> INSERT INTO tb_department
    -> VALUES ('X11', '数学学院', 87471240, '13栋教学楼');
Query OK, 1 row affected (0.00 sec)

mysql> SELECT * FROM tb_department;
+---------------+------------------------+------------------+--------------------+
| department_id | department_name        | department_phone | department_address |
+---------------+------------------------+------------------+--------------------+
| X01           | 计算机学院             | 87471231         | 信息楼             |
| X02           | 智能制造与电气工程学院 | 87471232         | 9栋教学楼          |
| X03           | 建筑工程学院           | 87471233         | 8栋教学楼          |
| X04           | 工商管理学院           | 87471234         | 7栋教学楼3楼       |
| X05           | 经济管理学院           | 87471235         | 7栋教学楼6楼       |
| X06           | 外国语学院             | 87471235         | 6栋教学楼4楼       |
| X07           | 艺术设计学院           | 87471236         | 6栋教学楼6楼       |
| X08           | 人文与教育学院         | 87471236         | 行政楼             |
| X09           | 人工智能学院           | 87471238         | 1栋教学楼          |
| X11           | 数学学院               | 87471240         | 13栋教学楼         |
+---------------+------------------------+------------------+--------------------+
10 rows in set (0.00 sec)
```

图 12-22　会话 A

```
Administrator: cmd.exe - mysql -uroot -p                会话B
mysql> USE db_study;
Database changed
mysql> SELECT * FROM tb_department;
+---------------+------------------------+------------------+--------------------+
| department_id | department_name        | department_phone | department_address |
+---------------+------------------------+------------------+--------------------+
| X01           | 计算机学院             | 87471231         | 信息楼             |
| X02           | 智能制造与电气工程学院 | 87471232         | 9栋教学楼          |
| X03           | 建筑工程学院           | 87471233         | 8栋教学楼          |
| X04           | 工商管理学院           | 87471234         | 7栋教学楼3楼       |
| X05           | 经济管理学院           | 87471235         | 7栋教学楼6楼       |
| X06           | 外国语学院             | 87471235         | 6栋教学楼4楼       |
| X07           | 艺术设计学院           | 87471236         | 6栋教学楼6楼       |
| X08           | 人文与教育学院         | 87471236         | 行政楼             |
| X09           | 人工智能学院           | 87471238         | 1栋教学楼          |
+---------------+------------------------+------------------+--------------------+
9 rows in set (0.00 sec)
```

图 12-23　会话 B

【解决方案】

在会话 A 中进行事务提交操作,如图 12-24 所示。

```
Administrator: cmd.exe - mysql -uroot -p                会话A
mysql> SELECT * FROM tb_department;
+---------------+----------------------+------------------+--------------------+
| department_id | department_name      | department_phone | department_address |
+---------------+----------------------+------------------+--------------------+
| X01           | 计算机学院           | 87471231         | 信息楼             |
| X02           | 智能制造与电气工程学院 | 87471232         | 9栋教学楼          |
| X03           | 建筑工程学院         | 87471233         | 8栋教学楼          |
| X04           | 工商管理学院         | 87471234         | 7栋教学楼3楼       |
| X05           | 经济管理学院         | 87471235         | 7栋教学楼6楼       |
| X06           | 外国语学院           | 87471235         | 6栋教学楼4楼       |
| X07           | 艺术设计学院         | 87471236         | 6栋教学楼6楼       |
| X08           | 人文与教育学院       | 87471236         | 行政楼             |
| X09           | 人工智能学院         | 87471238         | 1栋教学楼          |
| X11           | 数学学院             | 87471240         | 13栋教学楼         |
+---------------+----------------------+------------------+--------------------+
10 rows in set (0.00 sec)

mysql> COMMIT;
Query OK, 0 rows affected (0.01 sec)
```

图 12-24　在会话 A 中进行事务提交操作

错误 12-2　可重复读操作时会话窗口未响应

【问题描述】

在进行可重复读操作时,会话 B 窗口未响应,一直处于正在处理状态,如图 12-25 所示。

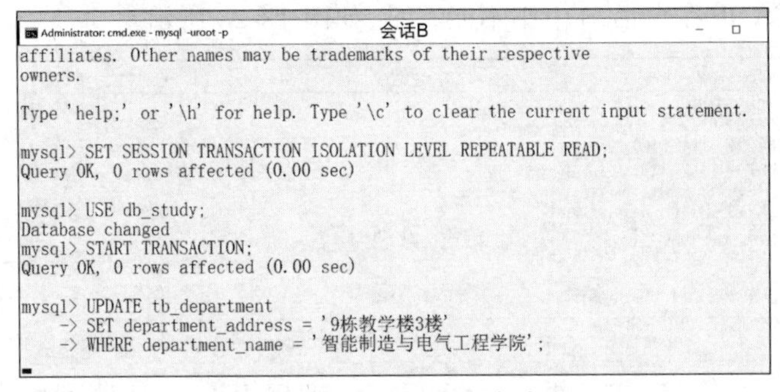

```
Administrator: cmd.exe - mysql -uroot -p                会话B
affiliates. Other names may be trademarks of their respective
owners.

Type 'help;' or '\h' for help. Type '\c' to clear the current input statement.

mysql> SET SESSION TRANSACTION ISOLATION LEVEL REPEATABLE READ;
Query OK, 0 rows affected (0.00 sec)

mysql> USE db_study;
Database changed
mysql> START TRANSACTION;
Query OK, 0 rows affected (0.00 sec)

mysql> UPDATE tb_department
    -> SET department_address = '9栋教学楼3楼'
    -> WHERE department_name = '智能制造与电气工程学院';
```

图 12-25　会话 B 窗口未响应

【解决方案】

由于该操作需要一定的运算时间,并且不同计算机的运算能力不同,所以需要等待一段时间才会有响应。

扫一扫

自测题

习题

1. 选择题

(1) MySQL 8.0 默认支持的存储引擎是(　　)。

A. MEMORY　　B. MRG_MYISAM

C. CSV　　D. InnoDB

(2) 以下属于事务的特性的是(　　)。

A. 原子性　　B. 一致性　　C. 隔离型　　D. 持久性

(3) 以下属于事务的状态的是(　　)。

A. 活动的　　B. 部分提交的　　C. 失败的　　D. 中止的

E. 提交的

(4) 以下不属于数据并发问题的是(　　)。

A. 脏写　　B. 脏读　　C. 幻读　　D. 幻写

(5) 以下属于SQL中的隔离级别的是(　　)。

A. 读未提交　　B. 读已提交　　C. 可重复读　　D. 可串行化

2. 填空题

(1) 数据库管理系统(DBMS)使用数据引擎可以进行的操作有________。

(2) 在MySQL中查看某个数据表的存储引擎的语句为________。

(3) 事务的ACID特性有________。

(4) SQL中的4种隔离级别为________。

(5) MySQL中设置事务的隔离级别的语句为________。

3. 判断题

(1) MySQL的存储引擎是单一的。(　　)

(2) 在MySQL中只有InnoDB存储引擎支持事务处理操作。(　　)

(3) MySQL中的数据定义语言(DDL)是隐式提交的数据。(　　)

(4) READ UNCOMMITTED(读未提交)隔离级别可以避免脏读,但不可重复读和幻读的问题仍然可能出现。(　　)

4. 操作题

(1) 查看tb_class数据表的存储引擎。

(2) 关闭自动提交事务。

(3) 查看transaction_isolation变量的值,得出当前的事务隔离级别。

(4) 演示读未提交操作。

(5) 演示可重复读操作。

第 13 章

数据库安全

CHAPTER 13

“时记数据安全，共享优质资源。”数据库安全是指数据库数据的完整、真实、可靠和可用性。数据库也是一种软件系统，与其他软件系统一样，也需要保护，需要采取一定的技术和一定的安全管理策略，保证数据库中的数据不被泄露、破坏、修改或删除。本章将通过丰富的案例介绍数据库安全及控制、用户管理、权限和角色管理，并通过 6 个综合课业任务演示用户权限管理和安全管理。

【教学目标】

- 了解数据库安全；
- 了解数据库安全控制；
- 掌握用户管理；
- 掌握权限管理；
- 掌握角色管理。

【课业任务】

王小明想利用 MySQL＋Java 开发一个数据库学习系统，在熟悉了事务处理的相关内容后，需要对数据库的用户进行规范化管理，提高数据库的安全性，现通过 6 个课业任务来完成。

*__课业任务 13-1__　创建用户并授予权限

课业任务 13-2　修改用户名并回收权限

课业任务 13-3　创建角色并赋予权限

课业任务 13-4　收回角色的权限并将其删除

课业任务 13-5　使用 MySQL Workbench 工具管理用户

课业任务 13-6　使用 Navicat Premium 工具管理用户

13.1　数据库安全概述

数据库的一大特点是数据共享,数据共享必然带来数据库的安全问题。数据库系统中的数据共享不能是无条件的共享,数据库的不安全因素主要有以下几点。

1. 非授权用户对数据库的恶意存取和破坏

盗取用户名和用户口令,然后假冒合法用户窃取、修改甚至破坏用户数据。

2. 数据库中重要或敏感的数据被泄露

黑客和敌对分子千方百计盗窃数据库中的重要数据,一些机密信息被泄露。

3. 安全环境的脆弱性

数据库安全性与计算机系统安全性(计算机硬件、操作系统、网络等安全性)紧密联系。

非法使用数据库的情况有以下几种。

(1) 编写合法程序绕过数据库管理系统(DBMS)及其授权机制。

(2) 直接或编写应用程序执行非授权操作。

(3) 通过多次合法查询数据库,从中推导出一些保密数据。

13.2　数据库安全控制

13.2.1　计算机系统的安全措施

计算机系统的安全措施如图 13-1 所示,它是一级一级层层设置的,这样对计算机系统的安全起到一定的保障作用。

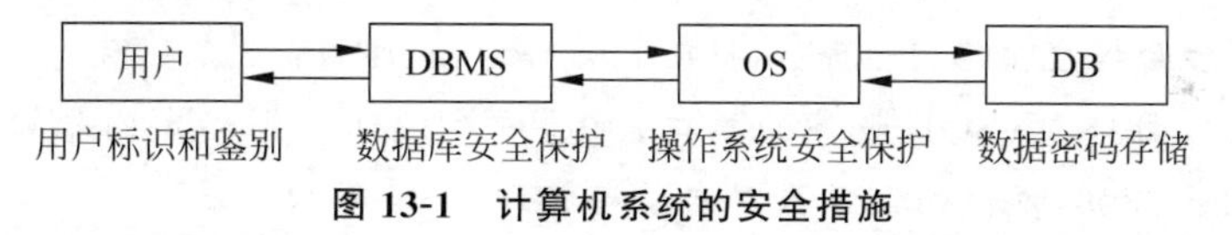

图 13-1　计算机系统的安全措施

(1) 通过用户标识鉴定用户身份,只允许合法用户进入系统。

(2) 数据库管理系统(DBMS)需要进行存取控制,只允许用户执行合法操作。

(3) 操作系统(OS)有自己的保护措施。

(4) 数据以密文形式存储在数据库(DB)中,即使前 3 层被攻破,最后看到的也是以密文形式呈现的数据。

13.2.2　数据库管理系统安全控制

数据库管理系统安全控制是系统提供的最外层安全保护措施。在登录数据库时,数据库要求用户认证身份,常用方式有静态口令鉴别、动态口令鉴别、生物特征鉴别、智能卡鉴别等。

用户定义权限是指数据库管理系统(DBMS)提供适当的语言定义用户权限,存放在数据字典中,称为安全规则或授权规则。合法权限检查是指用户发出存取数据库操作请求,数据库管理系统查找数据字典,进行合法权限检查。用户权限定义和合法权限检查机制一起组成了数据库管理系统的存取控制子系统。

常用的存取控制方法有自主访问控制(Discretionary Access Control,DAC)和强制访问控制(Mandatory Access Control,MAC)。自主访问控制(DAC)是指用户对不同的数据对象有不同的存取权限;不同的用户对同一数据对象也有不同的权限;并且用户可将其拥有的存取权限转授给其他用户。强制访问控制(MAC)是指每个数据对象都被标注一定的密级;每个用户也被授予某个级别的许可证;并且对于任意对象,只有具有合法许可证的用户才可以存取。

在 MySQL 中,GRANT 和 REVOKE 语句用于实现自主访问控制。关系数据库系统中的存取控制对象如表 13-1 所示。

表 13-1 关系数据库系统中的存取控制对象

对象类型	对　　象	具体操作类型
数据库模式	模式	CREATE SCHEMA
	基本表	CREATE TABLE,ALTER TABLE
	视图	CREATE VIEW
	索引	CREATE INDEX
数据	基本表和视图	SELECT,INSERT,UPDATE,DELETEREFERENCES,ALL PRIVILEGES
	属性列	SELECT,INSERT,UPDATE, REFERENCESALL PRIVILEGES

13.3 用户管理

13.3.1 登录 MySQL 服务器

启动本地 MySQL 服务后,通过以下 SQL 语句登录 MySQL 服务器。

```
mysql - h hostname|hostIP - P port - u username - p DatabaseName - e "SQL语句"
```

说明:

(1) -h 参数后面接主机名(hostname)或主机 IP(hostIP)。

(2) -P 参数后面接 MySQL 服务的端口,通过该参数连接到指定的端口(port),MySQL 服务的默认端口是 3306,不使用该参数时自动连接到 3306 端口。

(3) -u 参数后面接用户名(username)。

(4) -p 参数会提示输入密码。

(5) DatabaseName 参数指明登录到哪个数据库。如果没有该参数,就会直接登录到 MySQL 数据库,然后可以使用 USE 命令选择数据库。

(6) -e 参数后面可以直接加 SQL 语句。登录 MySQL 服务器以后即可执行这个 SQL 语句,然后退出 MySQL 服务器。

【案例 13-1】 登录本地 MySQL 服务器并查询数据。

使用 root 用户登录本地 MySQL 服务器,登录后立即查询 db_study 数据库中 tb_department 数据表的所有数据,然后退出 MySQL 服务器,具体的 SQL 语句如下。

```
mysql -uroot -p -hlocalhost -P3306 db_study -e "SELECT * FROM tb_department"
```

执行上述 SQL 语句,结果如图 13-2 所示。可以看到,登录 MySQL 服务器后立即查询 db_study 数据库中 tb_department 数据表的所有数据,查询完后退出 MySQL 服务器。

13.3.2 创建用户

在 MySQL 中创建用户的基本语法格式如下。

```
C:\WINDOWS\system32>mysql -uroot -p -hlocalhost -P3306 db_study -e "SELECT * FROM tb_department"
Enter password: ******
+---------------+------------------------+------------------+--------------------+
| department_id | department_name        | department_phone | department_address |
+---------------+------------------------+------------------+--------------------+
| X01           | 计算机学院             | 87471231         | 信息楼             |
| X02           | 智能制造与电气工程学院 | 87471232         | 9栋教学楼          |
| X03           | 建筑工程学院           | 87471233         | 8栋教学楼          |
| X04           | 工商管理学院           | 87471234         | 7栋教学楼3楼       |
| X05           | 经济管理学院           | 87471235         | 7栋教学楼6楼       |
| X06           | 外国语学院             | 87471235         | 6栋教学楼4楼       |
| X07           | 艺术设计学院           | 87471236         | 6栋教学楼5楼       |
| X08           | 人文与教育学院         | 87471236         | 行政楼             |
+---------------+------------------------+------------------+--------------------+

C:\WINDOWS\system32>
```

图 13-2　登录本地 MySQL 服务器并查询数据

```
CREATE USER 用户名 [IDENTIFIED BY '密码'][,用户名 [IDENTIFIED BY '密码']];
```

说明：

(1) 用户名参数表示新建用户的账户，由用户(User)和 主机名(Host)构成。

(2) [IDENTIFIED BY '密码']和[,用户名 [IDENTIFIED BY '密码']]可选，可以指定用户登录时需要密码验证或直接登录。不指定密码的方式不安全，不推荐使用。如果指定密码，需要使用 IDENTIFIED BY 指定明文密码值。

(3) CREATE USER 语句可以同时创建多个用户。

【案例 13-2】 创建用户。

在本地 MySQL 数据库中创建一个用户，账户名为"王小明"，登录密码为 123321，具体的 SQL 语句如下。

```
CREATE USER 王小明 IDENTIFIED BY '123321';
```

执行上述 SQL 语句，结果如图 13-3 所示。

```
mysql> CREATE USER 王小明 IDENTIFIED BY '123321';
Query OK, 0 rows affected (0.04 sec)

mysql>
```

图 13-3　创建用户

13.3.3　修改用户

1. 修改用户名

在 MySQL 中修改用户名的基本语法格式如下。

```
UPDATE mysql.user SET USER = '用户名 2' WHERE USER = '用户名 1';
```

说明：

(1) mysql. user 表示使用 MySQL 的 user 数据表。user 数据表是 MySQL 中最重要的一个权限表，记录用户账号和权限信息，具体详见 13.5 节。

(2) 用户名 1 为当前数据库中存在的用户名。

(3) 用户名 2 为需要修改成的用户名。

(4) 修改完成后需要执行"FLUSH PRIVILEGES;"语句刷新权限，否则新修改的用户无法登录。

【案例 13-3】 将用户"王小明"的用户名修改为"王明明"，具体的 SQL 语句如下。

```
UPDATE mysql.user SET USER = '王明明' WHERE USER = '王小明';
```

执行上述 SQL 语句，结果如图 13-4 所示。可以看到用户名修改成功，并刷新了权限。

```
mysql> UPDATE mysql.user SET USER='王明明' WHERE USER='王小明';
Query OK, 1 row affected (0.00 sec)
Rows matched: 1  Changed: 1  Warnings: 0

mysql> FLUSH PRIVILEGES;
Query OK, 0 rows affected (0.01 sec)
```

图 13-4 修改用户名

2. 设置当前用户密码

在 MySQL 中设置当前用户密码的基本语法格式如下。

```
ALTER USER USER() IDENTIFIED BY 'new_password';
```

或

```
SET PASSWORD = 'new_password';
```

说明:

(1) USER()函数的作用是返回当前用户名和主机名。

(2) 只能设置当前登录用户的密码。

3. 修改其他用户密码

在 MySQL 中修改普通用户密码的基本语法格式如下。

```
ALTER USER user [IDENTIFIED BY '新密码'][,user[IDENTIFIED BY '新密码']]…;
```

说明:

(1) uesr 为需要修改密码的普通用户的用户名。

(2) 修改其他普通用户密码的前提是当前用户具有 CREATE USER(创建用户)权限。

13.3.4 查看用户

在 MySQL 中查看所有用户的基本语法格式如下。

```
SELECT user FROM mysql.user;
```

说明:

(1) 要执行上面的查询语句,必须以管理员的身份登录。

(2) 当前只查看 user 字段,也可以查看其他字段。

【案例 13-4】 查看 MySQL 数据库中的所有用户。

执行“SELECT user FROM mysql. user;”语句查看当前数据库的所有用户,结果如图 13-5 所示。可以看到 MySQL 数据库中的所有用户,而且有刚才修改的“王明明”用户。

```
mysql> SELECT user FROM mysql.user;
+------------------+
| user             |
+------------------+
| 王明明           |
| mysql.infoschema |
| mysql.session    |
| mysql.sys        |
| root             |
+------------------+
5 rows in set (0.00 sec)
```

图 13-5 查看 MySQL 数据库中的所有用户

13.3.5 删除用户

1. 使用 DROP 语句删除

在 MySQL 中使用 DROP 语句删除用户的基本语法格式如下。

```
DROP USER 用户 1 [ ,用户 2]…;
```

说明：

(1) DROP 语句可用于删除一个或多个用户，并收回其权限。

(2) 必须拥有 MySQL 数据库的 DELETE 权限或全局 CREATE USER 权限。

(3) 在使用该语句时，若没有明确地给出账户的主机名，则该主机名默认为%。

【案例 13-5】 删除用户“王明明”。

在 MySQL 数据库中删除用户“王明明”，并收回其权限，具体的 SQL 语句如下。

```
DROP USER 王明明;
```

执行上述 SQL 语句，结果如图 13-6 所示。

```
Administrator: cmd.exe - mysql -uroot -p123456

mysql> DROP USER 王明明;
Query OK, 0 rows affected (0.01 sec)

mysql>
```

图 13-6　删除用户“王明明”

执行“SELECT user FROM mysql. user;”语句查看当前数据库的所有用户，结果如图 13-7 所示。可以看到已经将用户“王明明”成功删除。

```
mysql> SELECT user FROM mysql.user;
+------------------+
| user             |
+------------------+
| mysql.infoschema |
| mysql.session    |
| mysql.sys        |
| root             |
+------------------+
4 rows in set (0.00 sec)
```

图 13-7　用户“王明明”成功删除

2. 使用 DELETE 语句删除

在 MySQL 数据库中，使用 DELETE 语句直接删除 mysql. user 数据表中相应的用户信息的基本语法格式如下。

```
DELETE FROM mysql.user WHERE Host = '主机名' AND User = '用户名';
```

说明：

(1) 必须拥有 mysql. user 数据表的 DELETE 权限。

(2) Host 和 User 这两个字段都是 mysql. user 数据表的主键。因此，需要两个字段的值才能确定一条记录。

(3) 删除之后需要执行“FLUSH PRIVILEGES;”语句刷新权限使用户生效。

(4) 使用 DELETE 语句删除用户，系统会有残留信息。

13.4　权限管理

权限管理主要是对登录到 MySQL 的用户进行权限验证。所有用户的权限都存储在 MySQL 的权限表中，不合理的权限规划会给 MySQL 服务器带来安全隐患。数据库管理员要对所有用户的权限进行合理规划和管理，以保证 MySQL 数据库的安全性。

13.4.1 权限列表

在 MySQL 数据库中执行 SHOW PRIVILEGES\G 语句,结果如图 13-8 所示(部分),可以查看当前 MySQL 数据库中的所有权限。

```
*************************** 66. row ***************************
Privilege: ROLE_ADMIN
  Context: Server Admin
  Comment:
*************************** 67. row ***************************
Privilege: REPLICATION_SLAVE_ADMIN
  Context: Server Admin
  Comment:
*************************** 68. row ***************************
Privilege: SENSITIVE_VARIABLES_OBSERVER
  Context: Server Admin
  Comment:
68 rows in set (0.00 sec)

mysql>
```

图 13-8　查看当前数据库的所有权限(部分)

影响 MySQL 数据库安全的重要因素是用户的权限,因此如何管理用户的权限对数据库安全影响较大。在 MySQL 数据库中 CRANT(授权)和 REVOKE(收回权限)语句涉及的权限名称如下。

(1) CREATE 和 DROP 权限。创建新的数据库和数据表,或者删除已有的数据库和数据表。若 MySQL 数据库中的 DROP 权限授予某用户,该用户就可以删除 MySQL 访问权限保存的数据库。

(2) INSERT、UPDATE 和 DELETE 权限。允许在一个数据库现有的数据表上进行相关操作。

(3) SELECT 权限。只有在真正从一个数据表中检索行时才被用到。

(4) INDEX 权限。允许创建和删除索引,INDEX 权限适用于已有的数据表。如果具有某个数据表的 CREATE 权限,就可以在 CREATE TABLE 语句中包括索引定义。

(5) ALTER 权限。允许使用 ALTER TABLE 语句更改数据表的结构和重新命名数据表。

(6) CREATE ROUTINE 权限。用于创建保存的程序或函数和程序。

(7) ALTER ROUTINE 权限。用于更改和删除保存的程序。

(8) EXECUTE 权限。用于执行保存的程序。

(9) GRANT 权限。允许授权给其他用户,可用于数据库、表和保存的程序。

(10) FILE 权限。允许用户使用 LOAD DATA INFILE 和 SELECT…INTO OUTFILE 语句读或写服务器上的文件,任何被授予 FILE 权限的用户都能读或写 MySQL 服务器上的任何文件。

13.4.2 授予权限的原则

权限控制主要是出于数据库安全考虑,因此需要遵循以下几个原则。

(1) 只授予能满足需要的最小权限,防止用户误操作。例如,用户只需要查询,那么只授予 SELECT 权限就可以了,不需要授予 UPDATE、INSERT 和 DELETE 权限。

(2) 创建用户时限制用户的登录主机,一般是限制为指定 IP 或内网 IP 段。

(3) 为每个用户设置满足密码复杂度的密码。

(4) 定期清理不需要的用户,并回收权限或删除用户。

13.4.3　授予权限

授权是指给某个用户授予权限,合理的授权能确保数据库的安全。给用户授权的方式有两种,分别是通过把角色赋予用户给用户授权和直接给用户授权。用户是数据库的使用者,可以通过给用户授予访问数据库中资源的权限,控制使用者对数据库的访问,消除安全隐患。

MySQL 中可以授予的权限有以下几组。

(1) 列权限：和数据表中的一个具体列相关。

(2) 表权限：和一个具体数据表中的所有数据相关。

(3) 数据库权限：和一个具体的数据库中的所有数据表相关。

(4) 用户权限：和 MySQL 所有数据库相关。

在 MySQL 中,GRANT 语句中可用于指定权限级别的参数有以下几类格式。

(1) *：表示当前数据库中的所有数据表。

(2) *.*：表示所有数据库中的所有数据表。

(3) db_name.*：表示某个数据库中的所有数据表,db_name 指定数据库名。

(4) db_name.tbl_name：表示某个数据库中的某个数据表或视图,db_name 指定数据库名,tbl_name 指定数据表名或视图名。

(5) db_name.routine_name：表示某个数据库中的某个存储过程或函数,routine_name 指定存储过程名或函数名。

(6) TO 子句：如果权限被授予一个不存在的用户,MySQL 会自动执行一条 CREATE USER 语句创建这个用户,但同时必须为该用户设置密码。

在 MySQL 中为用户授权的基本语法格式如下。

```
GRANT 权限 1,权限 2,…
ON 数据库名称.表名称
TO 用户名 1 [IDENTIFIED BY '密码'][,用户名 2 [IDENTIFIED BY '密码']]…
[WITH with_option [with_option]… ];
```

说明：

(1) 用户名参数表示新建用户的账户,由用户(User)和 主机名(Host)构成。

(2) 可以设置多个权限。

(3) WITH 关键字后面可带有一个或多个 with_option 参数。参数取值如下。

- GRANTOPTION：被授权的用户可以将这些权限赋予别的用户。
- MAX_QUERIES_PER_HOUR count：设置每小时可允许执行 count 次查询。
- MAX_UPDATES_PER_HOUR count：设置每小时可允许执行 count 次更新。
- MAX_CONNECTIONS_PER_HOUR count：设置每小时可建立 count 个连接。
- MAX_USER_CONNECTIONS count：设置单个用户可同时具有 count 个连接。

【案例 13-6】 给用户授权。

在 MySQL 数据库中用本地命令行方式给用户“王小明”授予 db_study 数据库所有数据表的增、删、查、改的权限,具体的 SQL 语句如下。

```
CREATE USER 王小明@localhost IDENTIFIED BY '123321';
GRANT SELECT, INSERT, DELETE, UPDATE
ON db_study. *
TO 王小明@localhost;
```

说明:

(1) 先创建用户"王小明",并规定通过本地 localhost 连接。

(2) db_study. * 表示该数据库的所有数据表。

执行上述 SQL 语句,结果如图 13-9 所示,可以看到用户"王小明"授权成功。

```
mysql> CREATE USER 王小明@localhost IDENTIFIED BY '123321';
Query OK, 0 rows affected (0.02 sec)

mysql> GRANT SELECT, INSERT, DELETE, UPDATE
    -> ON db_study.*
    -> TO 王小明@localhost;
Query OK, 0 rows affected (0.01 sec)
```

图 13-9 用户"王小明"授权成功

13.4.4 查看权限

1. 查看当前用户权限

在 MySQL 中查看当前用户权限的基本语法格式如下。

```
SHOW GRANTS;
```

或

```
SHOW GRANTS FOR CURRENT_USER;
```

或

```
SHOW GRANTS FOR CURRENT_USER();
```

说明:

(1) 在命令的后面添加\G,让显示的信息更有条理。

(2) 可以查看当前用户的所有权限。

2. 查看某用户的全局权限

在 MySQL 中查看某用户的全局权限的基本语法格式如下。

```
SHOW GRANTS FOR 用户名@主机地址;
```

【案例 13-7】 查看用户"王小明"的全局权限。

在 MySQL 数据库中查看用户"王小明"的全局权限,具体的 SQL 语句如下。

```
SHOW GRANTS FOR 王小明@localhost;
```

执行上述 SQL 语句,结果如图 13-10 所示。可以看到用户"王小明"具备对 db_study 数据库中所有数据表进行增、删、查、改的权限。

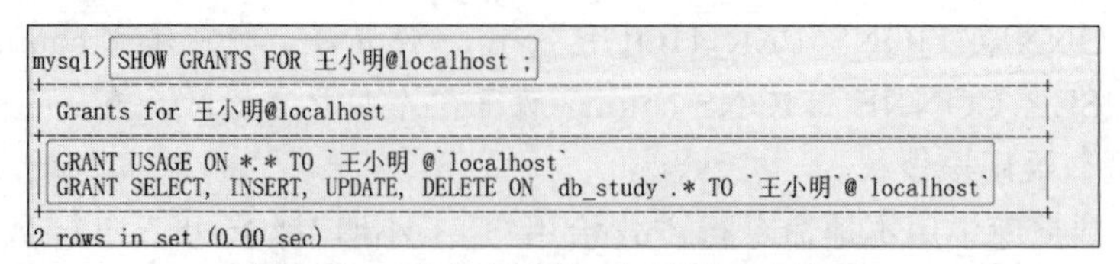

```
mysql> SHOW GRANTS FOR 王小明@localhost ;
+---------------------------------------------------------------------------+
| Grants for 王小明@localhost                                               |
+---------------------------------------------------------------------------+
| GRANT USAGE ON *.* TO `王小明`@`localhost`                                 |
| GRANT SELECT, INSERT, UPDATE, DELETE ON `db_study`.* TO `王小明`@`localhost` |
+---------------------------------------------------------------------------+
2 rows in set (0.00 sec)
```

图 13-10 查看用户"王小明"的全局权限

说明:只要创建了一个用户,系统就会自动授予 USAGE 权限,意为连接登录数据库的权限。

13.4.5　收回权限

收回权限就是取消已经赋予用户的某些权限。通过收回用户不必要的权限,可以在一定程度上保证系统的安全。在 MySQL 中使用 REVOKE(收回权限)语句可以取消用户的某些权限。

1. 收回用户某些特定的权限

在 MySQL 中收回用户特定权限的基本语法格式如下。

```
REVOKE 权限 1,权限 2…
ON 数据库名称.表名称
FROM 用户名 1 [,用户名 2]…;
```

说明:

(1) 可以收回用户的若干项权限。

(2) 用户名参数表示新建用户的账户,由用户(User)和主机名(Host)构成。

2. 收回用户的所有权限

在 MySQL 中收回用户的所有权限的基本语法格式如下。

```
REVOKE ALL PRIVILEGES ON *.* FROM 用户名 1 [,用户名 2]…;
```

说明:

(1) *.*表示收回用户全库的权限。

(2) 用户名参数表示新建用户的账户,由用户(User)和 主机名(Host)构成。

(3) 使用 REVOKE 语句,必须拥有 MySQL 数据库全局 CREATE USER 权限或 UPDATE 权限。

(4) 使用 REVOKE 语句收回权限之后,用户账户的记录将从 db、host、tables_priv 和 columns_priv 数据表中删除,但是用户账户记录仍然在 user 数据表中保存。

13.5　权限表

MySQL 在安装时会自动创建一个名为 mysql 的数据库,mysql 数据库中存储的都是用户权限表。用户登录以后,MySQL 会根据这些权限表的内容为每个用户赋予相应的权限。

在 MySQL 中查看权限表的基本语法格式如下。

```
DESC mysql.权限表名;
```

说明: 权限表名有 user、db、tables_priv、columns_priv、procs_priv。

13.5.1　user 数据表

user 数据表是 MySQL 中最重要的一个权限表,用来记录允许连接到服务器的账号信息。需要注意的是,在 user 数据表中启用的所有权限都是全局级的,适用于所有数据库。user 数据表中的字段大致可以分为 4 类,分别是用户列、权限列、安全列和资源控制列。

1. 用户列

用户列存储的是用户连接 MySQL 数据库时需要输入的信息,user 数据表的用户列如表 13-2 所示。用户登录时,只有表 13-2 中 3 个字段同时匹配,MySQL 数据库系统才会允许其登录。创建新用户时,也是设置这 3 个字段的值。修改用户密码时,实际就是修改 user 数据表的 authentication_string 字段的值。所以,这 3 个字段决定了用户能否登录。

表 13-2 user 数据表的用户列

字段名称	字段类型	默认值	描述
Host	CHAR(60)	—	主机名
User	CHAR(32)	—	用户名
authentication_string	TEXT	—	密码

2. 权限列

权限列的字段决定了用户的权限,用来描述在全局范围内允许对数据和数据库进行的操作。权限可分为两大类,分别是高级管理权限和普通权限。高级管理权限主要对数据库进行管理,如关闭服务的权限或超级权限等;普通权限主要操作数据库,如查询权限或修改权限等。

user 数据表的权限列包括 Select_priv、Insert_ priv 等以 priv 结尾的字段,这些字段的数据类型为 ENUM,可取的值只有 Y 和 N:Y 表示该用户有对应的权限,N 表示该用户没有对应的权限。从安全角度考虑,这些字段的默认值都为 N。user 数据表的权限列(部分)如表 13-3 所示。

表 13-3 user 数据表的权限列(部分)

字段名称	字段类型	默认值	描述
Select_priv	ENUM('N','Y')	N	是否可通过 SELECT 语句查询数据
Insert_ priv	ENUM('N','Y')	N	是否可通过 INSERT 语句插入数据
Update_priv	ENUM('N','Y')	N	是否可通过 UPDATE 语句修改数据
Delete_priv	ENUM('N','Y')	N	是否可通过 DELETE 语句删除数据

3. 安全列

安全列主要用来判断用户是否能够登录成功,user 数据表的安全列(部分)如表 13-4 所示。

表 13-4 user 数据表的安全列(部分)

字段名称	字段类型	默认值	描述
ssl_type	ENUM('','ANY','X509','SPECIFIED')	—	支持 SSL 标准加密安全字段
ssl_cipher	BLOB	—	支持 SSL 标准加密安全字段
x509_issuer	BLOB	—	支持 x509 标准字段
x509_subject	BLOB	—	支持 x509 标准字段
password_expired	ENUM('N','Y')	N	密码是否过期 (N 为未过期,Y 为已过期)
password_last_changed	TIMESTAMP	—	记录密码最近修改的时间
password_lifetime	SMALLINT(5) UNSIGNED	—	设置密码的有效时间,单位为天
account_locked	ENUM('N','Y')	N	用户是否被锁定(Y 为锁定,N 为未锁定)

通常标准的发行版不支持安全套接字层(Secure Socket Layer,SSL)协议,可以使用 SHOW VARIABLES LIKE "have_openssl"语句查看是否具有 SSL 功能。如果 have_openssl 的值为 DISABLED,则不支持 SSL 加密功能。

4. 资源控制列

资源控制列的字段用来限制用户使用的资源,user 数据表的资源控制列如表 13-5 所示。

表 13-5　user 数据表的资源控制列

字 段 名 称	字 段 类 型	默认值	描　　述
max_questions	INT(11) UNSIGNED	0	规定每小时允许执行查询操作的次数
max_updates	INT(11) UNSIGNED	0	规定每小时允许执行更新操作的次数
max_connections	INT(11) UNSIGNED	0	规定每小时允许执行连接操作的次数
max_user_connections	INT(11) UNSIGNED	0	规定允许同时建立的连接次数

以上字段的默认值为 0,表示没有限制。若一小时内用户查询或连接数量超过资源控制限制,用户将被锁定,直到下一小时才可以执行对应的操作。可以使用 GRANT 语句更新这些字段的值。

【案例 13-8】 查询 user 数据表的特定字段。

查询 MySQL 数据库中 user 数据表的 host(主机名)、user(用户名)、authentication_string(密码)字段,SQL 语句如下。

```
SELECT host, user, authentication_string
FROM mysql.user;
```

执行上述 SQL 语句,结果如图 13-11 所示。可以看到 MySQL 数据库中的所有用户的主机名、用户名以及密码等信息。

```
mysql> SELECT host, user, authentication_string
    -> FROM mysql.user;
+-----------+------------------+------------------------------------------------------------------------+
| host      | user             | authentication_string                                                  |
+-----------+------------------+------------------------------------------------------------------------+
| localhost | mysql.infoschema | $A$005$THISISACOMBINATIONOFINVALIDSALTANDPASSWORDTHATMUSTNEVERBRBEUSED |
| localhost | mysql.session    | $A$005$THISISACOMBINATIONOFINVALIDSALTANDPASSWORDTHATMUSTNEVERBRBEUSED |
| localhost | mysql.sys        | $A$005$THISISACOMBINATIONOFINVALIDSALTANDPASSWORDTHATMUSTNEVERBRBEUSED |
| localhost | root             | $A$005$6NWJ }, zFyC,`pE )  Kxptbd77EU8VuZTc3wJpakghiwIUDEKaxS9.ySVv7T9 |
| localhost | 王小明           | $A$005$;?6" p 3[H  {f6KK,cmBpIfw.aSyX6N4fIHaLlMe.njxq0tioilNRNph5z9zg6 |
+-----------+------------------+------------------------------------------------------------------------+
5 rows in set (0.00 sec)
```

图 13-11　user 数据表的特定字段信息

说明:用户的密码是以密文的形式呈现的。

13.5.2　db 数据表

db 数据表比较常用,是 MySQL 数据库中非常重要的权限表,表中存储了用户对某个数据库的操作权限。db 数据表中的字段大致可以分为两类,分别是用户列和权限列。

1. 用户列

db 数据表的用户列有 3 个字段,分别是 Host、Db、User,标识从某个主机连接某个用户对某个数据库的操作权限,这 3 个字段的组合构成了 db 数据表的主键。db 数据表的用户列如表 13-6 所示。

表 13-6　db 数据表的用户列

字 段 名 称	字 段 类 型	默 认 值	描　　述
Host	CHAR(60)	—	主机名
Db	CHAR(64)	—	数据库名
User	CHAR(32)	—	用户名

2. 权限列

db 数据表中的权限列和 user 数据表中的权限列大致相同,区别是 user 数据表中的权限是针对所有数据库的,而 db 数据表中的权限只针对指定的数据库。若希望用户只对某个数据库有操作权限,可以先将 user 数据表中对应的权限设置为 N,再在 db 数据表中设置对应数据库的操作权限。

13.5.3 tables_priv 数据表和 columns_priv 数据表

tables_priv 数据表用于对单个数据表进行权限设置，columns_priv 数据表用来对单个数据列进行权限设置。tables_priv 数据表结构(部分)如表 13-7 所示。

表 13-7　ables_priv 数据表结构(部分)

字段名称	字段类型	默认值	描述
Host	CHAR(60)	—	主机
Db	CHAR(64)	—	数据库名
User	CHAR(64)	—	用户名
Table_name	CHAR(64)	—	数据表名
Grantor	CHAR(64)	—	修改该记录的用户
Timestamp	TIMESTAMP	CURRENT_TIMESTAMP	修改该记录的时间

columns_priv 数据表结构(部分)如表 13-8 所示。

表 13-8　columns_priv 表结构(部分)

字段名称	字段类型	默认值	描述
Host	CHAR(60)	—	主机
Db	CHAR(60)	—	数据库名
User	CHAR(60)	—	用户名
Table_name	CHAR(60)	—	数据表名

13.5.4 procs_priv 数据表

procs_priv 数据表用于对存储过程和存储函数进行权限设置。procs_priv 数据表结构(部分)如表 13-9 所示。

表 13-9　procs_priv 数据表结构(部分)

字段名称	字段类型	默认值	描述
Host	CHAR(60)	—	主机名
Db	CHAR(60)	—	数据库名
User	CHAR(60)	—	用户名
Routine_name	CHAR(60)	—	表示存储过程或函数的名称

13.6 角色管理

在 MySQL 8.0 的数据库中，角色是一些权限的集合。为用户赋予统一的角色，权限的修改直接针对角色进行，无须为每个用户单独授权。

13.6.1 角色的作用

引入角色的目的是便于管理拥有相同权限的用户。设定恰当的角色与权限，可以确保数据的安全性。角色与权限的关系如图 13-12 所示。

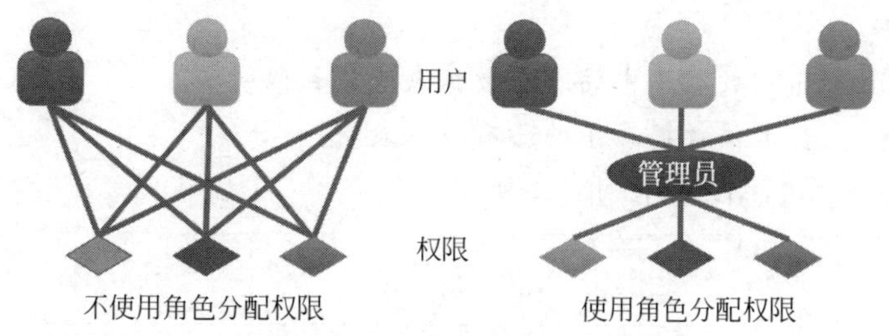

图 13-12　角色与权限的关系

13.6.2　创建角色

在 MySQL 中创建角色的基本语法格式如下。

```
CREATE ROLE 角色名 1[@主机名][,角色名 2[@主机名]]...;
```

说明：

(1) 角色的命名规则和用户名类似。

(2) 角色名不可省略，不可为空。

(3) 主机名可以省略，省略后默认为%。

【案例 13-9】　创建一个班长的角色。

在 MySQL 数据库中创建一个班长的角色，主机名可采用默认的%，具体的 SQL 语句如下。

```
CREATE ROLE 班长;
```

执行上述 SQL 语句，结果如图 13-13 所示。

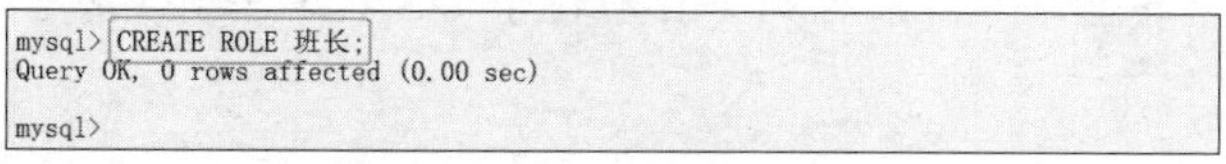

```
mysql> CREATE ROLE 班长;
Query OK, 0 rows affected (0.00 sec)

mysql>
```

图 13-13　创建"班长"角色

13.6.3　给角色授予权限

创建角色之后，默认这个角色是没有任何权限的，根据需要给角色授权。在 MySQL 中给角色授权的基本语法格式如下。

```
GRANT 权限 1,权限 2,…
ON 数据库名称.表名称
TO 角色名[@主机名];
```

说明：

(1) 角色授权操作和用户授权类似。

(2) 可以设置多个权限，具体的权限可以通过执行"SHOW PRIVILEGES;"语句进行查看。

【案例 13-10】　给"班长"角色授权。

在 MySQL 数据库中给"班长"角色授予 db_study 数据库中的所有数据表只读权限，具体的 SQL 语句如下。

```
GRANT SELECT ON db_study.* TO 班长;
```

说明:

(1) 仅授予 db_study 数据库中的所有数据表只读权限。

(2) db_study. * 表示该数据库中的所有数据表。

执行上述 SQL 语句,结果如图 13-14 所示。

```
mysql> GRANT SELECT ON db_study.* TO 班长;
Query OK, 0 rows affected (0.01 sec)

mysql> _
```

图 13-14 给"班长"角色授权

13.6.4 查看角色的权限

在 MySQL 数据库中赋予角色权限之后,查看当前用户权限的基本语法格式如下。

```
SHOW GRANTS FOR 角色名;
```

【案例 13-11】 查看"班长"角色的权限。

查看已经授权过的"班长"角色的权限,具体的 SQL 语句如下。

```
SHOW GRANTS FOR 班长;
```

执行上述 SQL 语句,结果如图 13-15 所示。

```
mysql> SHOW GRANTS FOR 班长;
+----------------------------------------------+
| Grants for 班长@%                             |
+----------------------------------------------+
| GRANT USAGE ON *.* TO `班长`@`%`              |
| GRANT SELECT ON `db_study`.* TO `班长`@`%`    |
+----------------------------------------------+
2 rows in set (0.00 sec)
```

图 13-15 查看"班长"角色的权限

说明:只要创建了一个角色,系统就会自动授予 USAGE 权限,意思是连接登录数据库的权限。

13.6.5 回收角色的权限

角色授权后,若需要撤销角色或角色权限,SQL 语句如下。修改了角色的权限,会影响拥有该角色的账户的权限。

```
REVOKE 权限 1,权限 2...
ON 数据库名称.表名称
FROM 用户名;
```

说明:可以回收用户的若干条权限。

13.6.6 给用户赋予角色

角色创建并授权后,要赋给用户并处于激活状态才能发挥作用。给用户赋予角色的基本语法格式如下。

```
GRANT 角色 1 [,角色 2,...] TO 用户 1 [,用户 2,...];
```

说明:可将多个角色同时赋予多个用户。

【案例 13-12】 给用户"王小明"赋予"班长"角色的权限。

在 MySQL 数据库中给用户"王小明"赋予"班长"角色的权限,具体的 SQL 语句如下。

```
GRANT 班长 TO 王小明@localhost;
```

说明：需要注意用户的连接方式是本地(localhost)还是其他。

执行上述 SQL 语句，结果如图 13-16 所示。

```
mysql> GRANT 班长 TO 王小明@localhost;
Query OK, 0 rows affected (0.01 sec)

mysql>
```

图 13-16　用户“王小明”赋予“班长”角色权限

使用用户“王小明”登录，执行“SELECT CURRENT_ROLE();”语句，查询当前角色，结果如图 13-17 所示。可以看到当前角色还未激活。

```
Administrator: cmd.exe - mysql -u王小明 -p123321

mysql> SELECT CURRENT_ROLE();
+----------------+
| CURRENT_ROLE() |
+----------------+
| NONE           |
+----------------+
1 row in set (0.04 sec)
```

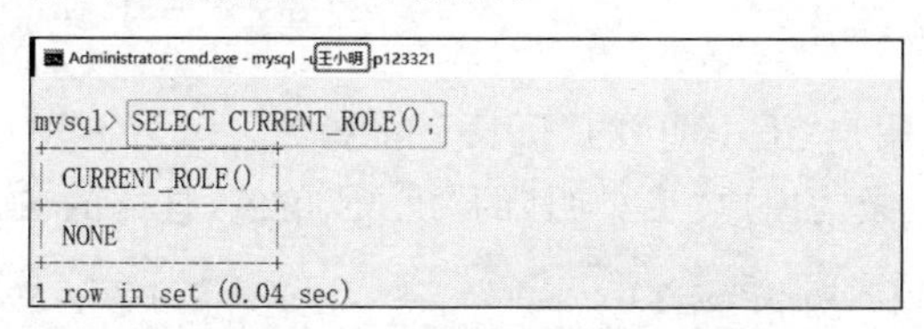

图 13-17　当前角色还未激活

说明：

(1) CURRENT_ROLE()函数返回一个表示当前会话中激活的角色的字符串。

(2) 显示结果为 NONE 表示角色未激活。

13.6.7　激活角色

1. 使用 SET DEFAULT ROLE 语句激活角色

使用 SET DEFAULT ROLE 语句激活角色的基本语法格式如下。

```
SET DEFAULT ROLE ALL TO 用户名@localhost;
```

说明：只能激活指定用户的角色。

2. 将 activate_all_roles_on_login 值设置为 ON

在 MySQL 数据库中，activate_all_roles_on_login 值默认为 OFF，执行“SHOW VARIABLES LIKE 'activate_all_roles_on_login';”语句查看默认值，结果如图 13-18 所示。

```
mysql> SHOW VARIABLES LIKE 'activate_all_roles_on_login';
+-----------------------------+-------+
| Variable_name               | Value |
+-----------------------------+-------+
| activate_all_roles_on_login | OFF   |
+-----------------------------+-------+
1 row in set (0.01 sec)
```

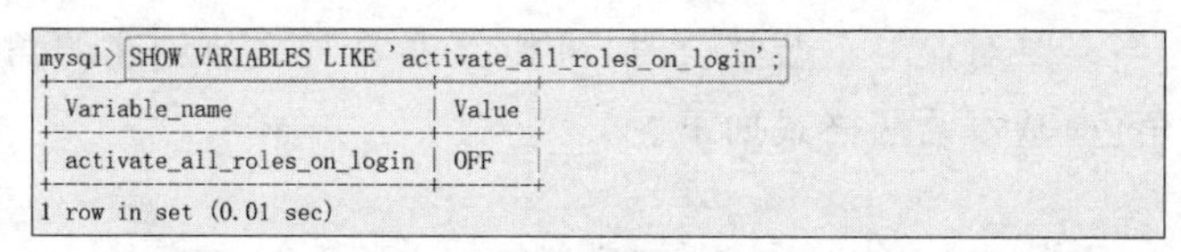

图 13-18　查看 activate_all_roles_on_login 默认值

通过执行“SET GLOBAL activate_all_roles_on_login=ON;”语句将其值修改为 ON，如图 13-19 所示。

```
mysql> SET GLOBAL activate_all_roles_on_login=ON;
Query OK, 0 rows affected (0.00 sec)

mysql> SHOW VARIABLES LIKE 'activate_all_roles_on_login';
+-----------------------------+-------+
| Variable_name               | Value |
+-----------------------------+-------+
| activate_all_roles_on_login | ON    |
+-----------------------------+-------+
1 row in set (0.00 sec)
```

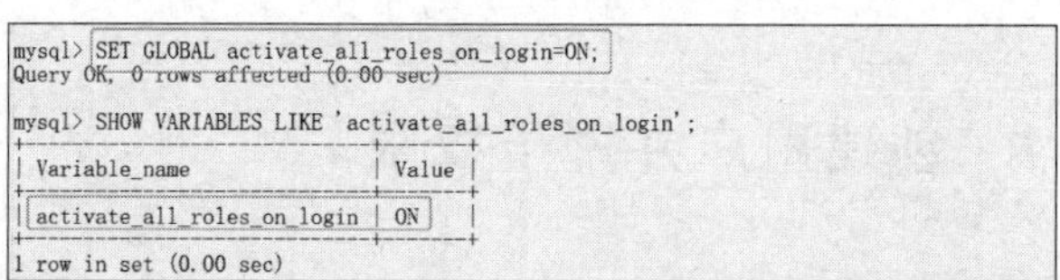

图 13-19　修改 activate_all_roles_on_login 值为 ON

说明：这条 SQL 语句的意思是对所有角色永久激活。运行这条语句之后，用户才真正拥有了赋予角色的所有权限。

重新用用户“王小明”登录 MySQL 数据库，再次执行“SELECT CURRENT_ROLE();”

语句查询当前角色,结果如图 13-20 所示,可知角色已激活。

图 13-20　角色已激活

13.6.8　撤销用户的角色

撤销用户的角色的基本语法格式如下。

```
REVOKE 角色 FROM 用户;
```

【案例 13-13】 撤销用户“王小明”的“班长”角色。

在 MySQL 数据库中撤销用户“王小明”的“班长”角色,具体的 SQL 语句如下。

```
REVOKE 班长 FROM 王小明@localhost;
```

说明: 需要注意用户的连接方式是本地(localhost)还是其他。

执行上述 SQL 语句,结果如图 13-21 所示。

```
mysql> REVOKE 班长 FROM 王小明@localhost;
Query OK, 0 rows affected (0.00 sec)

mysql> _
```

图 13-21　撤销用户“王小明”的“班长”角色

执行“SHOW GRANTS FOR 王小明@localhost;”语句,查看用户“王小明”的角色信息,结果如图 13-22 所示,可以看到“班长”角色已被撤销。

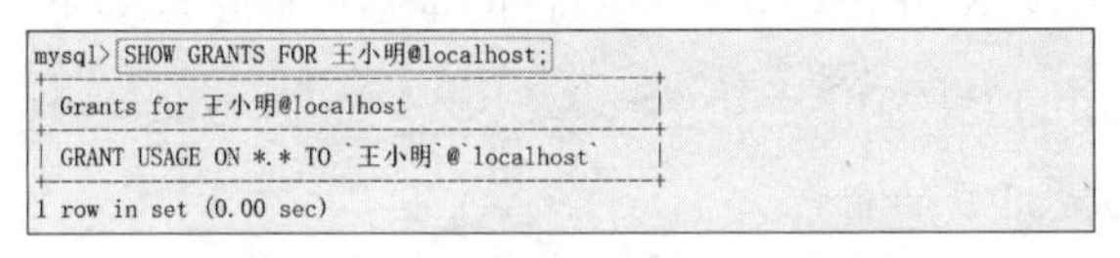

图 13-22　“班长”角色已被撤销

13.6.9　删除角色

在实际生产中,当需要对业务重新整合时,可能就需要对之前创建的角色进行清理,删除一些不会再使用的角色,基本语法格式如下。

```
DROP ROLE 角色 1 [,角色 2]…;
```

说明: 若删除了角色,那么用户也就失去了通过这个角色获得的所有权限。

扫一扫

视频讲解

课业任务

*课业任务 13-1　创建用户并授予权限

【能力测试点】

创建用户以及授权操作。

【任务实现步骤】

任务需求:在本地 MySQL 数据库中创建一个用户,用户名为“王大明”,登录密码为 888888,并授予 db_study 数据库只读权限。

（1）首先使用 root 用户登录 MySQL 数据库，创建用户“王大明”，具体的 SQL 语句如下。

```
CREATE USER 王大明@localhost IDENTIFIED BY '888888';
```

说明：

① 使用 root 用户登录具备创建用户的权限。

② 主机名为 localhost 本地连接。

执行上述 SQL 语句，结果如图 13-23 所示。

```
mysql> CREATE USER 王大明@localhost IDENTIFIED BY '888888';
Query OK, 0 rows affected (0.00 sec)

mysql> _
```

图 13-23　创建用户“王大明”

（2）给用户“王大明”授予 db_study 数据库中所有数据表的只读权限，具体的 SQL 语句如下。

```
GRANT SELECT
ON db_study.*
TO 王大明@localhost;
```

执行上述 SQL 语句，结果如图 13-24 所示。

```
mysql> GRANT SELECT
    -> ON db_study.*
    -> TO 王大明@localhost;
Query OK, 0 rows affected (0.00 sec)

mysql>
```

图 13-24　授权完成

（3）执行“SHOW GRANTS FOR 王大明@localhost;”语句查看当前数据库中的所有用户，结果如图 13-25 所示。可以看到用户“王大明”拥有 db_study 数据库中所有数据表的只读权限。

```
mysql> SHOW GRANTS FOR 王大明@localhost;
+------------------------------------------------------+
| Grants for 王大明@localhost                           |
+------------------------------------------------------+
| GRANT USAGE ON *.* TO `王大明`@`localhost`            |
| GRANT SELECT ON `db_study`.* TO `王大明`@`localhost`  |
+------------------------------------------------------+
2 rows in set (0.00 sec)
```

图 13-25　查看用户“王大明”权限

扫一扫

视频讲解

课业任务 13-2　修改用户名并回收权限

【能力测试点】

修改用户以及回收权限操作。

【任务实现步骤】

任务需求：将用户“王大明”的用户名修改为“王明”，并且回收用户“王明”的全库全表的所有权限。

（1）首先将用户“王大明”的用户名修改为“王明”，具体的 SQL 语句如下。

```
UPDATE mysql.user SET USER = '王明' WHERE USER = '王大明';
FLUSH PRIVILEGES;
```

执行上述 SQL 语句，结果如图 13-26 所示。可以看到修改用户名完成，并刷新了相关权限。

（2）执行“SELECT user FROM mysql.user;”语句查看 MySQL 数据库中的所有用户，

```
mysql> UPDATE mysql.user SET USER='王明' WHERE USER='王大明';
Query OK, 1 row affected (0.01 sec)
Rows matched: 1  Changed: 1  Warnings: 0

mysql> FLUSH PRIVILEGES;
Query OK, 0 rows affected (0.00 sec)
```

图 13-26　修改用户名

结果如图 13-27 所示,可以看到用户"王大明"的用户名已修改为"王明"。

```
mysql> SELECT user FROM mysql.user;
+------------------+
| user             |
+------------------+
| mysql.infoschema |
| mysql.session    |
| mysql.sys        |
| root             |
| 王明             |
+------------------+
5 rows in set (0.00 sec)
```

图 13-27　用户名修改成功

(3) 回收用户"王明"的全库全表的所有权限,具体的 SQL 语句如下。

```
REVOKE ALL PRIVILEGES ON * . * FROM 王明@localhost;
```

执行上述 SQL 语句,结果如图 13-28 所示。

```
mysql> REVOKE ALL PRIVILEGES ON *.* FROM 王明@localhost;
Query OK, 0 rows affected (0.00 sec)

mysql>
```

图 13-28　回收所有权限

(4) 执行"SHOW GRANTS FOR 王明@localhost;"语句查看用户"王明"的全局权限,结果如图 13-29 所示,可以看到用户"王明"的权限已经被回收。

```
mysql> SHOW GRANTS FOR 王明@localhost;
+--------------------------------------+
| Grants for 王明@localhost            |
+--------------------------------------+
| GRANT USAGE ON *.* TO `王明`@`localhost` |
+--------------------------------------+
1 row in set (0.00 sec)
```

图 13-29　用户"王明"的权限已被回收

说明:GRANT USAGE ON * . * TO '王明'@'localhost'并不是说明该用户在全库全表有权限,只是具有连接登录数据库的权限,并且用户重新登录后操作才能生效。

扫一扫

视频讲解

课业任务 13-3　创建角色并赋予权限

【能力测试点】

创建角色以及赋予权限操作。

【任务实现步骤】

任务需求:在 MySQL 数据库中创建一个学委的角色,在 MySQL 数据库中给"学委"角色赋予 db_study 数据库中的 tb_student 数据表只读权限。

(1) 首先使用 root 用户登录 MySQL 数据库,创建一个"学委"角色,主机名采用默认的%,具体的 SQL 语句如下。

```
CREATE ROLE 学委;
```

执行上述 SQL 语句,结果如图 13-30 所示。

(2) 给"学委"角色赋予 db_study 数据库中 tb_student 数据表只读权限,具体的 SQL 语句如下。

```
mysql> CREATE ROLE 学委;
Query OK, 0 rows affected (0.01 sec)
```

图 13-30　创建"学委"角色

```
GRANT SELECT ON db_study.tb_student TO 学委;
```

执行上述 SQL 语句,结果如图 13-31 所示。

```
mysql> GRANT SELECT ON db_study.tb_student TO 学委;
Query OK, 0 rows affected (0.00 sec)

mysql>
```

图 13-31　"学委"角色授权

(3) 执行"SHOW GRANTS FOR 学委;"语句查看当前用户的权限,结果如图 13-32 所示。

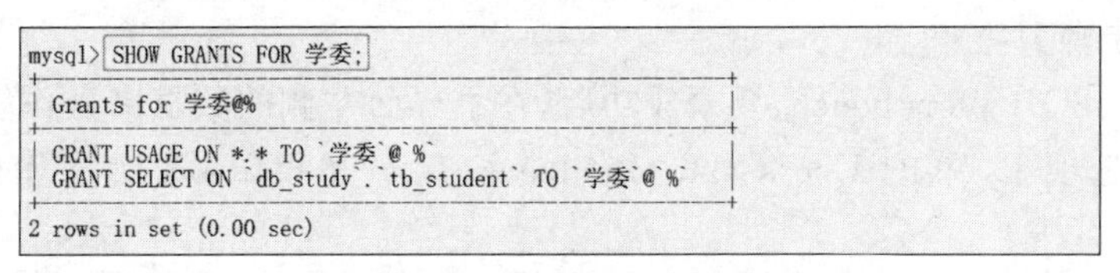

```
mysql> SHOW GRANTS FOR 学委;
+---------------------------------------------------------+
| Grants for 学委@%                                        |
+---------------------------------------------------------+
| GRANT USAGE ON *.* TO `学委`@`%`                          |
| GRANT SELECT ON `db_study`.`tb_student` TO `学委`@`%`     |
+---------------------------------------------------------+
2 rows in set (0.00 sec)
```

图 13-32　查看"学委"权限

课业任务 13-4　回收角色的权限并将其删除

【能力测试点】

回收权限以及删除角色操作。

【任务实现步骤】

任务需求:回收"学委"角色对 db_study 数据库中 tb_student 数据表的只读权限,并将"学委"角色删除。

(1) 首先回收"学委"角色对 db_study 数据库中 tb_student 的数据表只读权限,具体的 SQL 语句如下。

```
REVOKE SELECT ON db_study.tb_student FROM 学委;
```

执行上述 SQL 语句,结果如图 13-33 所示。

```
mysql> REVOKE SELECT ON db_study.tb_student FROM 学委;
Query OK, 0 rows affected (0.02 sec)

mysql>
```

图 13-33　回收"学委"权限

(2) 执行"SHOW GRANTS FOR 学委;"语句,查看当前用户的权限,结果如图 13-34 所示。

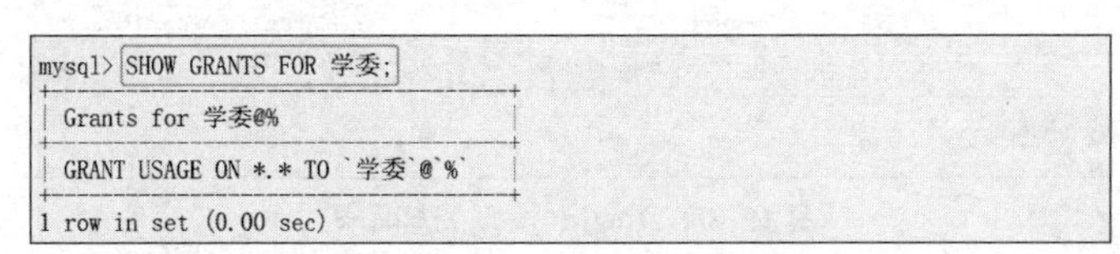

```
mysql> SHOW GRANTS FOR 学委;
+-----------------------------------+
| Grants for 学委@%                  |
+-----------------------------------+
| GRANT USAGE ON *.* TO `学委`@`%`    |
+-----------------------------------+
1 row in set (0.00 sec)
```

图 13-34　"学委"权限已被回收

(3) 执行"DROP ROLE 学委;"语句删除"学委"角色,结果如图 13-35 所示。

(4) 执行"SHOW GRANTS FOR 学委;"语句查看"学委"角色,结果如图 13-36 所示,可知"学委"角色已经被删除。

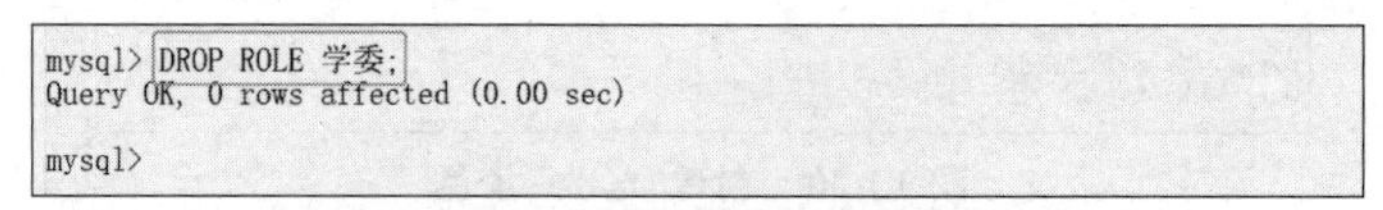

图 13-35　删除"学委"角色

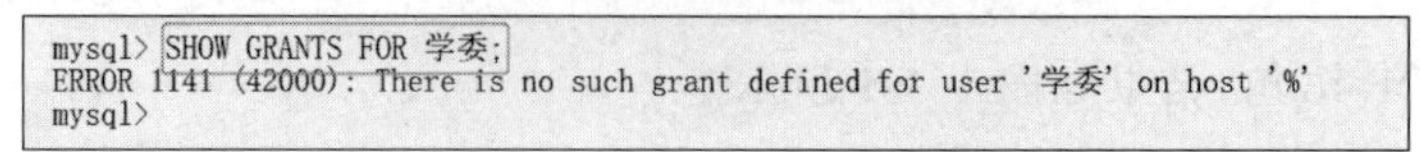

图 13-36　"学委"角色已被删除

扫一扫

视频讲解

课业任务 13-5　使用 MySQL Workbench 工具管理用户

【能力测试点】

使用数据库图形化管理工具 MySQL Workbench 管理用户和权限。

【任务实现步骤】

(1) 启动 MySQL Workbench,登录成功后,在主界面左侧的数据库操作管理界面中单击 Administration 选项卡,单击 Users and Privileges(用户和权限)选项打开相应的窗口,如图 13-37 所示。

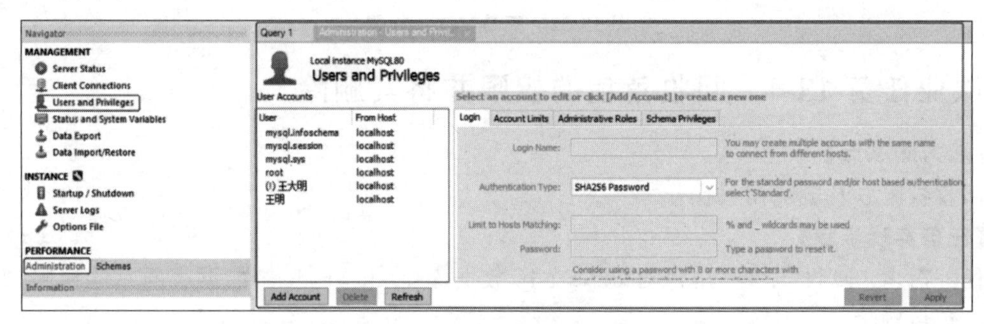

图 13-37　Users and Privileges(用户和权限)窗口

(2) 单击 Add Account(创建用户)按钮进行用户的创建,在 Login(注册)选项卡中填写规定的内容,用户名(Login Name)为"李明",密码(Password)为 111111,如图 13-38 所示。

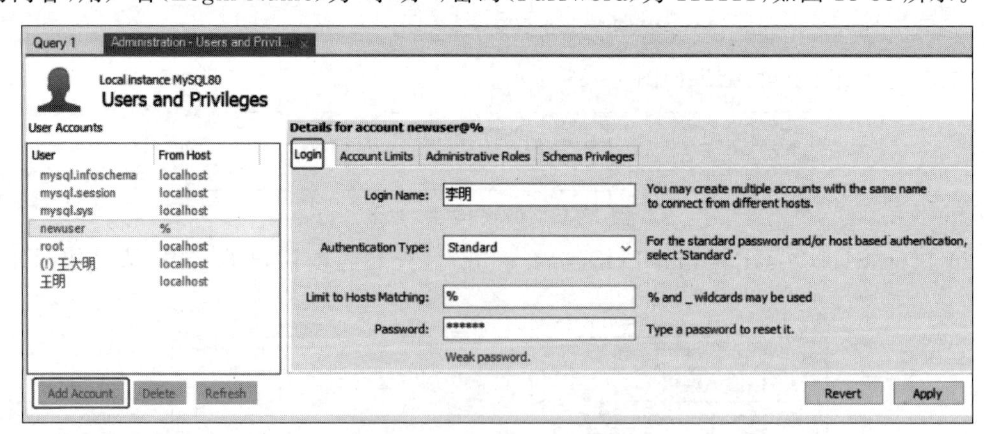

图 13-38　Login(注册)选项卡

(3) 切换至 Administrative Roles(管理角色)选项卡进行用户的管理,为该用户授予全库全表的所有权限,单击 Apply 按钮即可创建完成,如图 13-39 所示。

(4) 用户创建完成后,会在左侧 User Accounts 列表中显示该用户,如图 13-40 所示。

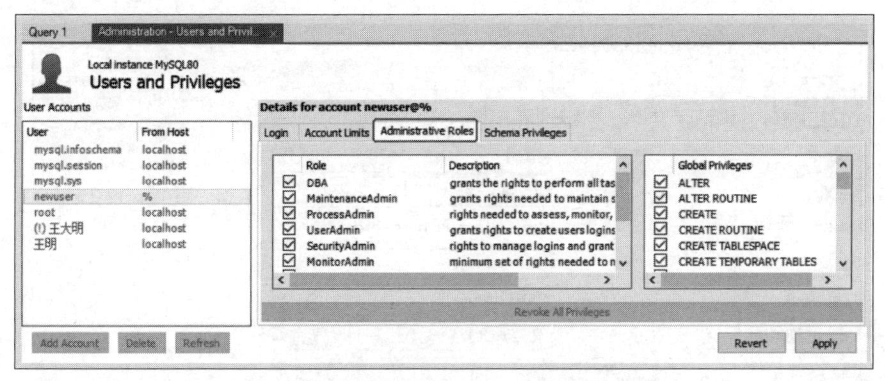

图 13-39　Administrative Roles(管理角色)选项卡

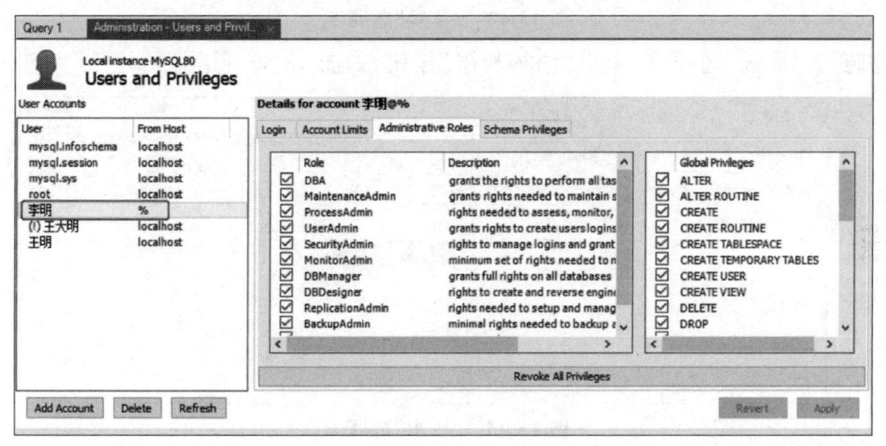

图 13-40　用户创建成功

扫一扫
视频讲解

课业任务 13-6　使用 Navicat Premium 工具管理用户

【能力测试点】

使用数据库图形化管理工具 Navicat Premium 管理用户和授权。

【任务实现步骤】

(1) 启动 Navicat Premium 16,登录成功后,在操作界面左侧列表中单击 db_study 数据库,单击工具栏中的"用户"按钮进行用户管理,如图 13-41 所示。

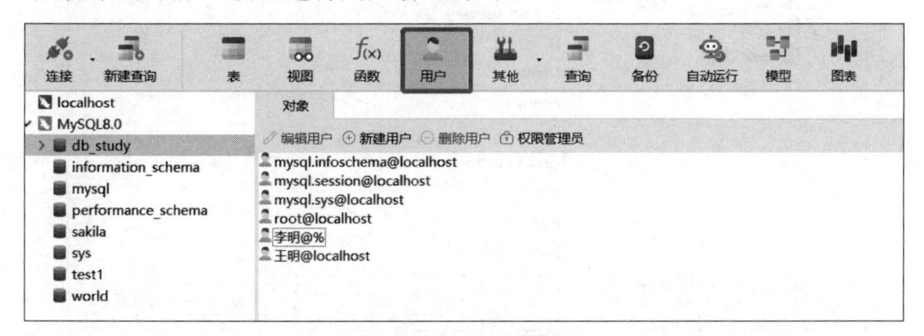

图 13-41　用户管理

(2) 在打开的"用户"窗口中,可以新建用户,也可以对现有用户进行管理。双击"李明@%"选项对用户"李明"进行管理,进入用户管理窗口后,切换至"常规"选项卡,将"主机"的名称修改为 localhost,如图 13-42 所示。

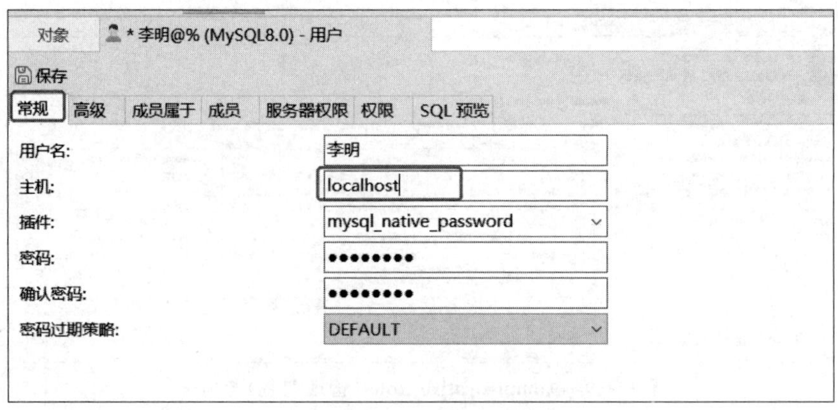

图 13-42 “常规”选项卡

(3) 切换至“权限”选项卡,单击“添加权限”按钮,如图 13-43 所示。

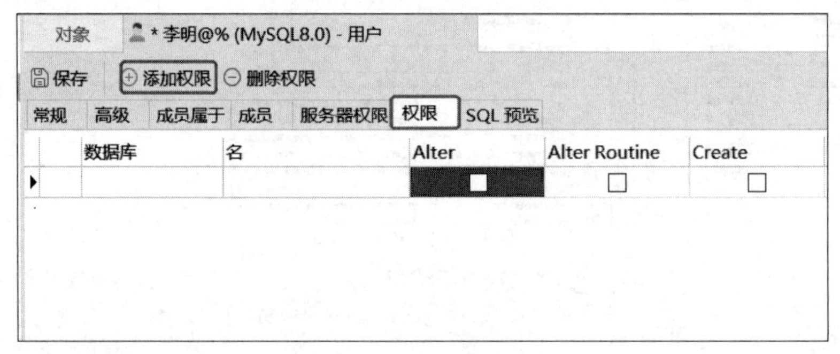

图 13-43 “权限”选项卡

(4) 在弹出的“添加权限”对话框中,在左侧勾选 db_study 复选框,在右侧勾选 Alter(修改)权限的“状态”复选框,单击“确定”按钮,如图 13-44 所示。

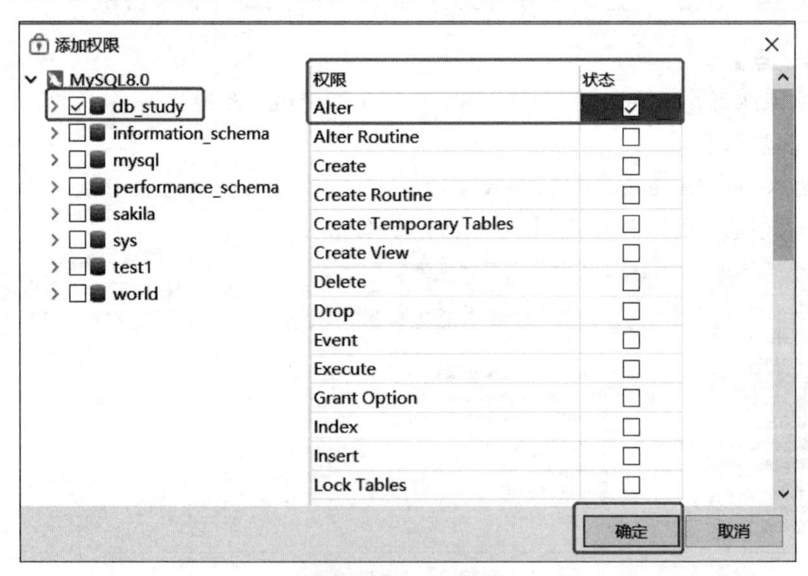

图 13-44 添加权限

(5) 添加完权限后,会在窗口中显示作用的数据库,完成权限管理后单击左上角的“保存”按钮即可完成对用户“李明”的管理操作,如图 13-45 所示。

(6) 上述操作完成后,对用户“李明”的管理操作即为成功,如图 13-46 所示。

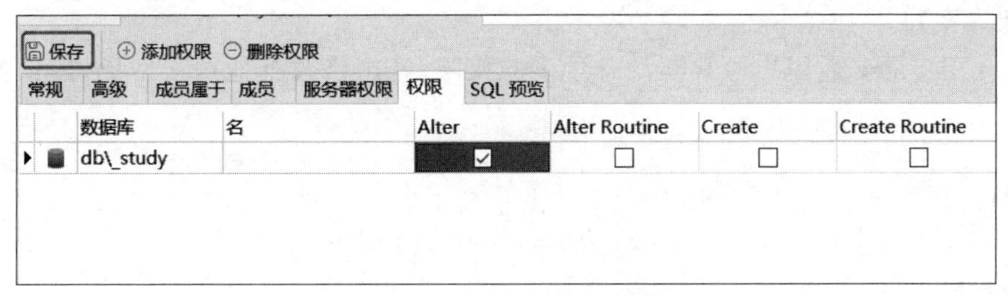

图 13-45　保存权限设置

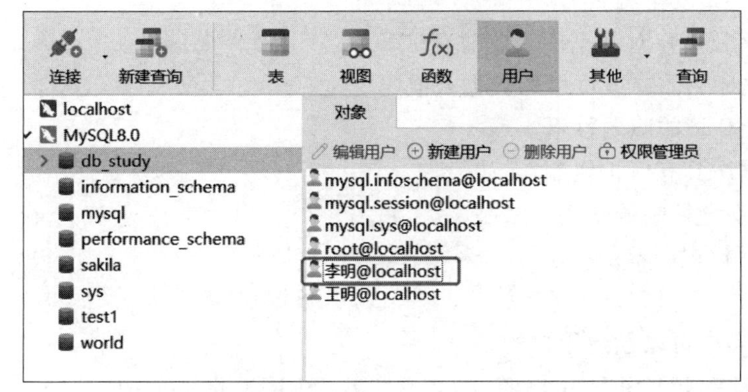

图 13-46　管理用户“李明”成功

常见错误及解决方案

错误 13-1　查看数据库中的所有用户失败

【问题描述】

使用普通用户“王明”登录 MySQL 数据库，查看当前数据库的所有用户时发生了错误，如图 13-47 所示。

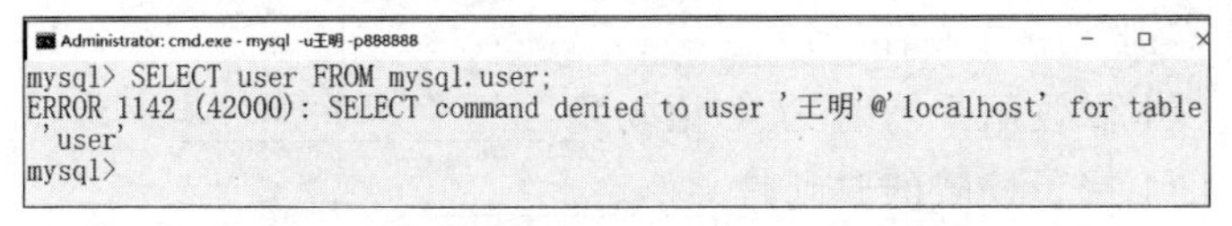

图 13-47　查看数据库中的所有用户失败

【解决方案】

要执行上面的查询语句，必须以 root 管理员的身份登录。

错误 13-2　无法修改普通用户密码

【问题描述】

使用普通用户“王明”登录 MySQL 数据库，修改其他普通用户“王明明”时发生错误，如图 13-48 所示。

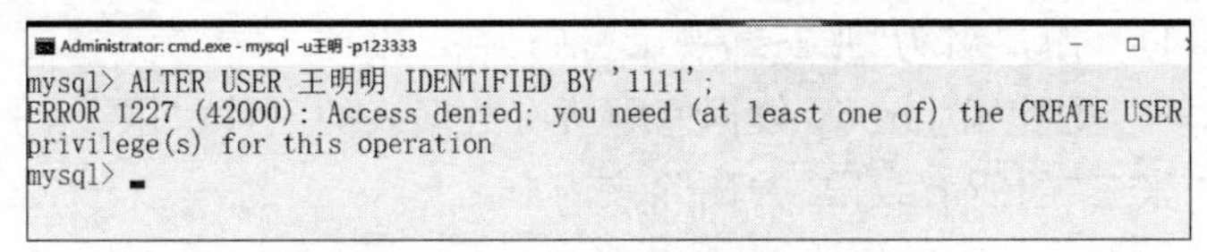

图 13-48　无法修改普通用户密码

【解决方案】

非 root 用户的普通用户通常都没有过多的权限，若想修改其他用户密码，建议换成 root 用户登录。

扫一扫

自测题

习题

1. 选择题

(1) 数据库的不安全因素有(　　)。

A. 非授权用户对数据库的恶意存取和破坏

B. 数据库中重要或敏感的数据被泄露

C. 安全环境的脆弱性

D. 数据库具有保护机制

(2) 数据库安全控制的常用方法是(　　)。

A. 用户标识和鉴定　　B. 存取控制

C. 视图　　D. 数据加密

(3) 下列语句中可以创建用户的是(　　)。

A. CREATE USER 用户名；　　B. SELECT user FROM mysql. user；

C. DROP USER 用户；　　D. CREATE ROLE 角色名；

(4) 下列选项中不属于 MySQL 的权限表的是(　　)。

A. user 数据表　　B. db 数据表

C. procs_priv 数据表　　D. tb_class 数据表

(5) 下列选项中属于回收角色的权限的语句是(　　)。

A. CREATE　　B. GRANT　　C. SHOW　　D. REVOKE

2. 填空题

(1) 数据库的一大特点是________________。

(2) 用户身份鉴别常用方式有________________。

(3) 在 MySQL 中修改用户名的 SQL 语句是________________。

(4) 在 MySQL 中授予权限的原则是________________。

3. 判断题

(1) MySQL 数据库不存在安全问题。　　(　　)

(2) 数据库安全与计算机系统安全紧密联系。　　(　　)

(3) MySQL 中的 GRANT 和 REVOKE 语句可实现自主访问控制。　　(　　)

(4) 普通用户也可以查看数据库中的所有用户信息。　　(　　)

(5) MySQL 数据库相当安全，即使是 root 用户也无法修改普通用户的密码。　　(　　)

4. 操作题

(1) 查询 MySQL 数据库中 user 数据表的 host(主机名)和 user(用户名)字段。

(2) 创建一个用户，用户名为“张三”，登录密码为 999999。

(3) 给用户“张三”授予 db_study 数据库中所有数据表的只读权限。

(4) 回收用户“张三”的所有权限，并删除该用户。

第 14 章

MySQL数据库的备份和恢复

CHAPTER 14

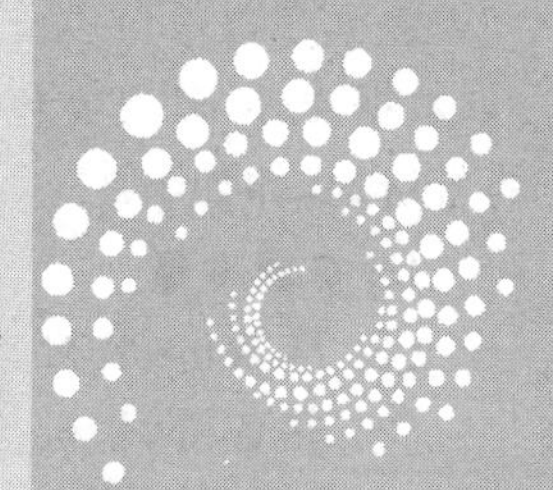

“没有数据就没有一切，数据库备份是一种防患于未然的强力手段。”尽管采取了一些管理措施保证数据库的安全，但是不确定的意外情况总是有可能造成数据的损失。保证数据安全最重要的一个措施是对数据进行定期备份。如果数据库中的数据丢失或出现错误，可以使用备份的数据进行恢复，这样就尽可能地挽救意外原因导致的损失。MySQL 提供了多种方法对数据进行备份和恢复，如 MySQL 自带的备份语句、第三方备份工具或图形化管理工具等。本章将通过 4 个综合课业任务演示数据备份、数据恢复、数据迁移和数据导入导出。

【教学目标】

- 了解数据库备份的意义、类型、策略和备份方法；
- 熟练使用 MySQLdump 工具对数据库进行备份；
- 熟练使用 MySQL 命令对数据进行恢复；
- 熟悉 MySQL 数据库的数据迁移；
- 熟悉 MySQL 数据的导入、导出操作；
- 熟练使用数据库图形化管理工具对数据库进行备份、恢复。

【课业任务】

王小明想利用 MySQL＋Java 开发一个数据库学习系统，在熟悉了 MySQL 数据库安全知识后，需熟悉对 MySQL 数据库的备份和恢复操作，并能够灵活地使用该操作对数据库进行保护，现通过 4 个课业任务来完成。

课业任务 14-1　使用 MySQLdump 工具导出文本文件

课业任务 14-2　使用 MySQL 命令导出文本文件

*__课业任务 14-3__　使用 MySQL Workbench 工具对数据库进行备份

课业任务 14-4　使用 Navicat Premium 工具对数据库进行恢复

14.1 数据库备份的意义

数据备份是数据库管理员非常重要的工作之一。系统意外崩溃和硬件的损坏都可能导致数据的丢失,因此 MySQL 管理员应该定期备份数据库,使得在意外情况发生时尽可能减少损失。

使用数据库备份和还原是数据库崩溃时提供数据恢复最小代价的最优方案,如果让客户重新填报数据,代价就太大了。数据库备份提高了系统的可用性和灾难恢复能力,在数据库系统崩溃时,没有数据库备份就无法找回数据。

14.2 数据库备份的类型

数据库备份可以分为物理冷备和逻辑备份,物理冷备是指对数据库操作系统的物理文件(如数据文件、日志文件等)的备份,逻辑备份是指对数据库逻辑组件(如数据表等数据库对象)的备份,具体如下。

1. 物理冷备

(1) 冷备份(脱机备份):在关闭数据库时进行。

(2) 热备份(联机备份):数据库处于运行状态,依赖于数据库的日志文件。

(3) 温备份:数据库锁定表格(不可写入但可读)的状态下进行备份操作。

2. 逻辑备份

MySQL 中常用的逻辑备份工具为 MySQLdump。逻辑备份就是备份 SQL 语句,在恢复时执行备份的 SQL 语句实现数据库数据的重现。逻辑备份恢复速度慢,但占用空间小,更灵活。对数据库对象利用工具进行导出工作,汇总入备份文件内。

考虑到数据库数据迁移的特殊性,本章所有案例均采用 MySQL 8.0.30 版本进行操作,有需要的读者可自行切换至 MySQL 8.0.31 版本进行操作。

14.3 数据库备份策略

备份策略是指确定需备份的内容、备份时间及备份方式。常见的备份策略有完全备份、差异备份、增量备份 3 种类型。

1. 完全备份

完全备份是对整个数据库、数据库结构和文件结构的备份。完全备份保存的是备份完成时刻的数据库,是增量备份的基础。

2. 差异备份

备份自从上次完全备份之后被修改过的文件。

3. 增量备份

只有在上次完全备份或增量备份后被修改的文件才会被备份。

14.4 数据库备份方法

项目的开发过程中,数据库的备份是非常重要的,因为数据库很容易被人不小心删除,造成不可估计的损失,所以一定要进行数据库的备份,常用的数据库备份方法有以下几种。

1. 物理冷备

物理冷备时数据库处于关闭状态,直接打包数据库文件。物理冷备速度快,恢复时也是最简单的。

2. 使用专用备份工具

(1) MySQLdump 是常用的逻辑备份工具。

(2) MySQLhotcopy 仅拥有备份 MyISAM 和 ARCHIVE 表。

3. 启用二进制日志进行增量备份

MySQL 没有提供直接的增量备份方法,可以通过 MySQL 提供的二进制日志(Binary Logs)间接实现增量备份。进行增量备份需要刷新二进制日志。

4. 第三方工具备份

使用免费的 MySQL 热备份软件 Percona XtraBackup 进行备份。

5. 数据库目录备份

数据库也是以文件形式存储,可以直接找到对应的文件位置,然后复制得到备份。

14.5　使用 MySQLdump 工具进行备份

MySQLdump 是 MySQL 提供的一款非常实用的数据库备份工具。MySQLdump 的工作原理是查询数据表的结构,将其转换为 CREATE 语句,将数据表中的记录转换为 INSERT 语句。MySQLdump 命令执行时可以将数据库备份成一个文本文件,该文件中实际包含了多个 CREATE 和 INSERT 语句,使用这些语句可以重新创建数据表和插入数据。

14.5.1　备份数据库

王小明在不断开发数据库学习系统的过程中,也在不断更新数据库,为保证数据在意外丢失的情况下仍能够恢复,所以需要定期备份数据库。使用 MySQLdump 工具备份数据库的语法格式如下。

```
mysqldump -u用户名称 -p密码 待备份的数据库名称[tbname,[tbname...]] > 备份文件名称.sql
```

【案例 14-1】 将数据库学习系统的 db_study 数据库备份至 D 盘根目录下。

在 MySQL 中备份数据库的 SQL 语句如下。

```
mysqldump -uroot -p db_study > d:\\study.sql
```

执行上述 SQL 语句,结果如图 14-1 所示。

输入密码之后,MySQL 将名为 db_study 的数据库完全备份至 D 盘根目录下,以 study.sql 文件的形式进行保存。在 D 盘根目录下查看备份的文件,如图 14-2 所示。

```
C:\Windows\system32>mysqldump -uroot -p db_study > d:\\study.sql
Enter password: ******

C:\Windows\system32>
```

图 14-1　备份数据库

图 14-2　D 盘根目录下的 study.sql 备份文件

说明：

(1) 在备份数据库时名称一定要与 MySQL 中的名称一致，需要注意符号、数字和字母的区别。

(2) 执行语句时，也可以选择后输入密码。如果直接在命令中输入密码，会失去密码保护措施。

(3) 数据库备份的存储位置一定是存在的，如果需要放入特定文件夹中，需要提前创建该文件夹，否则将提示错误信息——系统找不到指定的路径。

使用文本查看器打开 study.sql 文件，可以看到部分文件内容如下。

```
-- MySQL dump 10.13 Distrib 8.0.30, for Win64 (x86_64)
--
-- Host: localhost Database: db_study
-- ------------------------------------------------------
-- Server version8.0.30

/*!40101 SET @OLD_CHARACTER_SET_CLIENT=@@CHARACTER_SET_CLIENT */;
/*!40101 SET @OLD_CHARACTER_SET_RESULTS=@@CHARACTER_SET_RESULTS */;
/*!40101 SET @OLD_COLLATION_CONNECTION=@@COLLATION_CONNECTION */;
/*!50503 SET NAMES utf8mb4 */;
/*!40103 SET @OLD_TIME_ZONE=@@TIME_ZONE */;
/*!40103 SET TIME_ZONE='+00:00' */;
/*!40014 SET @OLD_UNIQUE_CHECKS=@@UNIQUE_CHECKS, UNIQUE_CHECKS=0 */;
/*!40014 SET @OLD_FOREIGN_KEY_CHECKS=@@FOREIGN_KEY_CHECKS, FOREIGN_KEY_CHECKS=0 */;
/*!40101 SET @OLD_SQL_MODE=@@SQL_MODE, SQL_MODE='NO_AUTO_VALUE_ON_ZERO' */;
/*!40111 SET @OLD_SQL_NOTES=@@SQL_NOTES, SQL_NOTES=0 */;

--
-- Table structure for table `tb_class`
--

DROP TABLE IF EXISTS `tb_class`;
/*!40101 SET @saved_cs_client = @@character_set_client */;
...
```

文件开头首先表明备份文件使用的 MySQLdump 工具的版本号；然后是备份账户的用户名和主机信息，以及备份的数据库名称；最后是 MySQL 服务器的版本号。

文件中的 SET 语句是将系统变量值赋给用户定义变量，以确保被恢复的数据库的系统变量和原来备份时的变量相同。例如，将系统变量 CHARACTER_SET_CLIENT 的值赋给用户定义变量@OLD_CHARACTER_SET_CLIENT。

```
/*!40101 SET @OLD_CHARACTER_SET_CLIENT=@@CHARACTER_SET_CLIENT */;
```

备份文件中以--字符开头的行为注释语句；以/*！开头、*/结尾的语句为可执行的 MySQL 注释，这些语句可以被 MySQL 执行，但在其他数据库管理系统中将被作为注释忽略，以提高数据库的可移植性。

14.5.2 备份数据表

虽然能够完全备份一整个数据库，但是在数据库数据较多的情况下，也可以选择备份所修改的数据表，使用 MySQLdump 工具备份数据表的语法格式如下。

```
mysqldump -u 用户名称 -p 数据库的名称 [表名 1 [表名 2...]] > 备份文件名称.sql
```

【案例 14-2】 备份 db_study 数据库中的 tb_class 数据表。

在 MySQL 中执行备份数据表的 SQL 语句如下。

```
mysqldump -u root -p db_study tb_class > d:\\tb_class.sql
```

执行上述 SQL 语句，结果如图 14-3 所示。

输入密码后，将 db_study 数据库中的 tb_class 数据表备份至 D 盘根目录下，以 tb_class.sql 文件的形式进行保存。在 D 盘根目录下查看备份的文件，如图 14-4 所示。

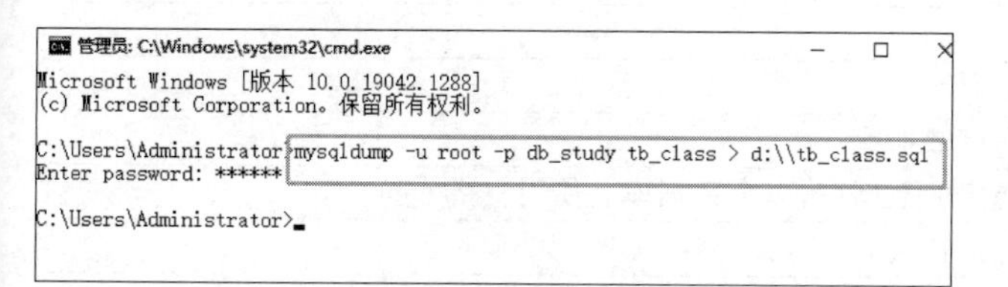

图 14-3　备份数据表

图 14-4　D 盘根目录下的 tb_class.sql 备份文件

使用文本查看器打开 tb_class.sql 文件，可以看到部分文件内容如下。

```
-- MySQL dump 10.13 Distrib 8.0.30, for Win64 (x86_64)
--
-- Host: localhost Database: db_study
-- ------------------------------------------------------
-- Server version8.0.30

/*!40101 SET @OLD_CHARACTER_SET_CLIENT=@@CHARACTER_SET_CLIENT */;
/*!40101 SET @OLD_CHARACTER_SET_RESULTS=@@CHARACTER_SET_RESULTS */;
/*!40101 SET @OLD_COLLATION_CONNECTION=@@COLLATION_CONNECTION */;
/*!50503 SET NAMES utf8mb4 */;
/*!40103 SET @OLD_TIME_ZONE=@@TIME_ZONE */;
/*!40103 SET TIME_ZONE='+00:00' */;
/*!40014 SET @OLD_UNIQUE_CHECKS=@@UNIQUE_CHECKS, UNIQUE_CHECKS=0 */;
/*!40014 SET @OLD_FOREIGN_KEY_CHECKS=@@FOREIGN_KEY_CHECKS, FOREIGN_KEY_CHECKS=0 */;
/*!40101 SET @OLD_SQL_MODE=@@SQL_MODE, SQL_MODE='NO_AUTO_VALUE_ON_ZERO' */;
/*!40111 SET @OLD_SQL_NOTES=@@SQL_NOTES, SQL_NOTES=0 */;

--
-- Table structure for table `tb_class`
--

DROP TABLE IF EXISTS `tb_class`;
/*!40101 SET @saved_cs_client = @@character_set_client */;
/*!50503 SET character_set_client = utf8mb4 */;
CREATE TABLE `tb_class` (
  `class_id` char(5) CHARACTER SET utf8mb4 COLLATE utf8mb4_0900_ai_ci NOT NULL
...
```

说明：

(1) 多个数据表名之间需要用空格隔开。

(2) 备份数据表和备份数据库中所有数据表的语句的不同之处在于要在数据库名称之后指定需要备份的数据表名称。

(3) 备份文件中包含了前面介绍的 SET 语句等内容,不同的是,该文件只包含数据表的 CREATE 和 INSERT 语句。

14.5.3 MySQLdump 常用选项

MySQLdump 常用选项及其主要用途如表 14-1 所示。

表 14-1 MySQLdump 常用选项及其主要用途

常用选项	主要用途
-h,--host=name	服务器 IP
-u,--user=name	登录名
-p,--password[=name]	登录密码
-A,--all-databases	导出所有数据库
-B,--databases	导出指定的数据库,多个数据库名使用空格分隔
--tables	导出指定数据表
--add-drop-table	在每个 CREATE TABLE 语句前添加 DROP TABLE 语句
--skip-add-locks	取消在每个数据表导出之前增加 LOCK TABLES,默认存在锁
--skip-comments	取消注释信息,默认存在注释信息
-c,--complete-insert	使用包括列名的完整的 INSERT 语句,可以提高插入效率
-debug-info	输出调试信息并退出
--delayed-insert	采用延时插入方式(INSERT DELAYED)导出数据
-f,--force	在数据表转储过程中,即使出现 SQL 错误也继续
--lock-all-tables,-x	提交请求锁定所有数据库中的所有数据表,以保证数据的一致性
--lock-tables,-l	开始转储前锁定所有数据表
--log-error	附加警告和错误信息到给定文件
--max_allowed_packet	服务器发送和接收的最大包长度
--order-by-primary	如果存在主键,或者第 1 个唯一键,对每个数据表的记录进行排序
--result-file,-r	将输出转向给定的文件

14.6 MySQL 数据恢复

管理人员操作的失误、计算机故障以及其他意外情况,都会导致数据的丢失和破坏。当数据丢失或被意外破坏时,可以通过恢复已经备份的数据尽量降低损失。本节将重点介绍使用 MySQL 命令恢复数据的方法。

14.6.1 从单库备份中恢复单库

前面介绍并进行了 db_study 数据库的备份,假设目前使用的数据库损坏,则需要将备份的数据库还原至 MySQL 中。MySQL 还原数据库的语法格式如下。

```
mysql -u 用户名称 -p 数据库的名称 < 备份文件名称.sql
```

【案例 14-3】 在 MySQL 未连接的情况下恢复 db_study 数据库中的数据。

恢复数据前使用“SHOW DATABASES;”语句查看数据库;使用“USE db_study;”语句切换至 db_study 数据库;使用“SHOW TABLES;”语句查看数据库中的数据表。如图 14-5 所示,当前数据库中没有数据表。

将 d:\\db_study. sql 文件中的数据恢复至 db_study 数据库，SQL 语句如下。

```
mysql  -u root  -p db_study < d:\\db_study.sql
```

执行上述 SQL 语句，结果如图 14-6 所示。

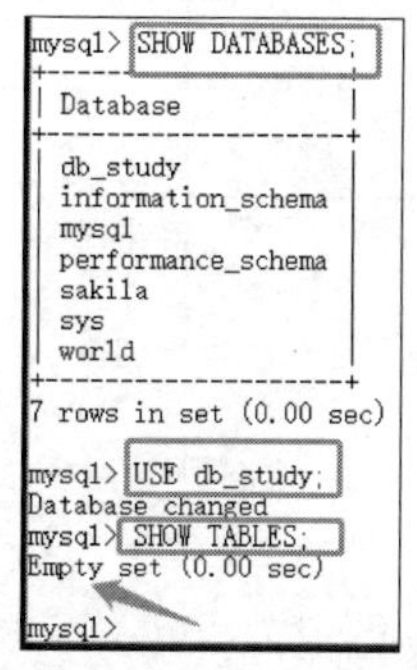

图 14-5　数据恢复前数据库和数据表的状态

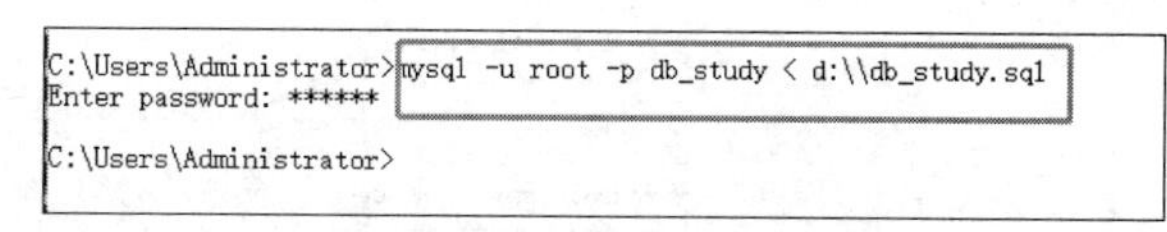

图 14-6　执行恢复数据库操作

由运行结果可知，与备份数据库相似，密码可在以后输入，而不一定需要明文输入；运行成功的效果即无报错。

再次使用"SHOW TABLES;"语句查看数据库中的数据表，存在需要的数据表，则表示恢复成功，如图 14-7 所示。

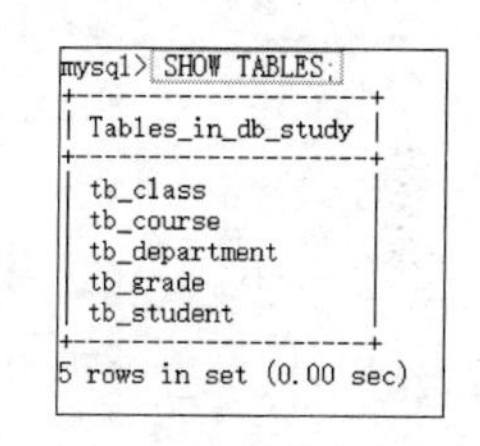

图 14-7　重新查看数据库中的数据表

说明：语法格式中，如果导入的脚本文件中规范注明了创建的数据库，就可以跳过语法中的指定数据库，直接使用 mysql -u root -p < d:\\study. sql 语句执行。

既然可以在未连接 MySQL 服务的情况下恢复数据库，那么也可以在连接 MySQL 服务的情况下恢复数据库，在成功登录 MySQL 服务器后，使用 SOURCE 语句恢复数据库，SQL 语句如下。

```
SOURCE 备份文件名称.sql
```

【案例 14-4】　在 MySQL 连接的情况下恢复 db_study 数据库中的数据。

还原数据库前，首先登录 MySQL，使用"USE db_study;"语句切换至 db_study 数据库，然后使用"SHOW TABLES;"语句查询数据库中的数据表。如图 14-8 所示，db_study 数据库为空，不存在任何数据表。

接下来，在 MySQL 中执行还原数据库操作，SQL 语句如下。

```
SOURCE d://study.sql;
```

执行上述 SQL 语句，结果如图 14-9 所示。

由运行结果可知，与导出成功的效果有所区别，恢复数据执行结果逐行显示；每项数据的恢复都有其信息显示，如影响行数、恢复所需时间等。

说明：

(1) 引入的备份文件名是其本身的名字，而不是数据库的名字。备份文件名和数据库名不一定同名。

(2) 地址中的//符号如果换成了\\，会提示错误但依旧执行，这是 MySQL 对于语法错误的包容性体现。

(3) 使用 SOURCE 语句前一定要登录 MySQL 才能有效执行。

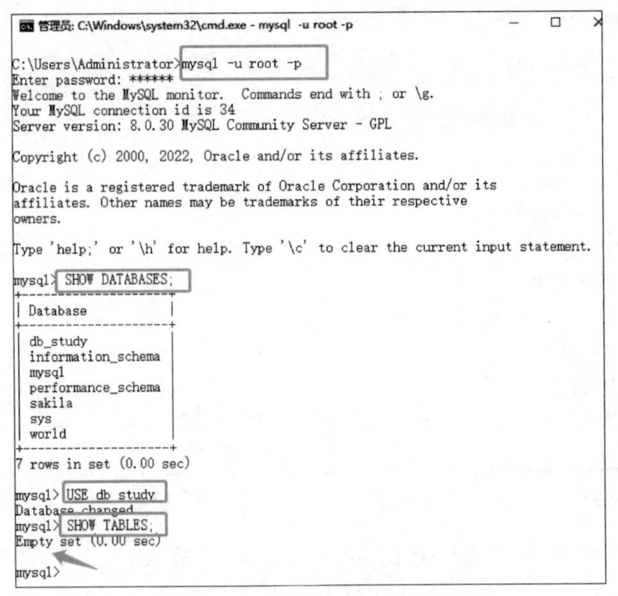

图 14-8　查看数据库和数据表的情况

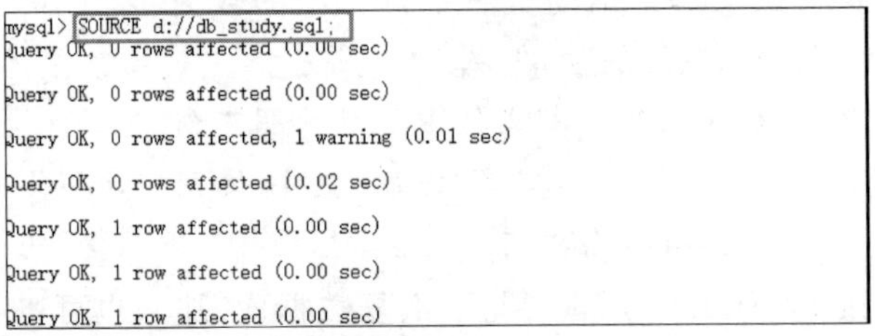

```
mysql> SOURCE d://db_study.sql;
Query OK, 0 rows affected (0.00 sec)

Query OK, 0 rows affected (0.00 sec)

Query OK, 0 rows affected, 1 warning (0.01 sec)

Query OK, 0 rows affected (0.02 sec)

Query OK, 1 row affected (0.00 sec)

Query OK, 1 row affected (0.00 sec)

Query OK, 1 row affected (0.00 sec)
```

图 14-9　还原数据库

14.6.2　从全量备份中恢复单库

前面介绍了仅备份一个数据库并进行恢复,但是实际生活中,需要备份的数据库不止一个。一个系统至少有一个数据库,如果每次备份都是逐个进行,工作量会很大,为了便捷操作,可以直接进行全量备份,将所有数据库备份至同一个脚本文件中。

对于全量备份,需要使用到 MySQLdump 工具的常用选项--all-databases,备份所有数据库的语法格式如下。

```
mysqldump -u 用户名 -p --all-databases > 备份文件名称.sql
```

恢复全量备份中的某个数据库的语法格式如下。

```
mysql -u 用户名称 -p 数据库的名称 --one-database < 备份文件名称.sql
```

【案例 14-5】 创建全量备份后恢复 db_study 数据库。

首先进行全量备份,备份得到一个名为 all_databases 的脚本文件,在 Windows 系统的命令提示符中输入 SQL 语句。

```
mysqldump -u root -p --all-databases > d:\\all_databases.sql
```

执行上述 SQL 语句,结果如图 14-10 所示,输入密码后备份成功。

在 D 盘下可以得到全量备份后的 all_databases.sql 文件,如图 14-11 所示。

得到全量备份脚本文件后,假设当前使用的 db_study 数据库损坏,需要从全量备份脚本

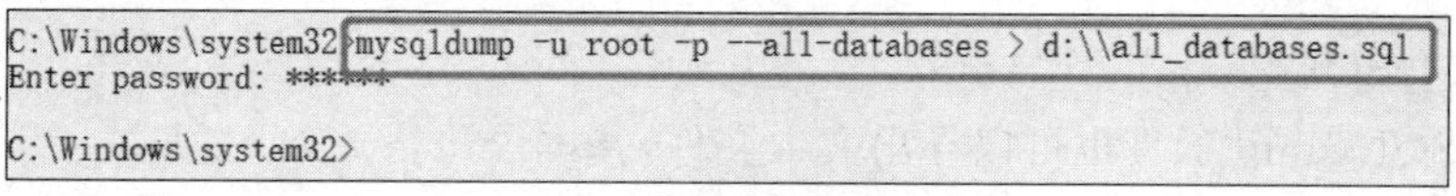

```
C:\Windows\system32>mysqldump -u root -p --all-databases > d:\\all_databases.sql
Enter password: ******

C:\Windows\system32>
```

图 14-10　执行全量备份操作

图 14-11　全量备份的 all_databases. sql 文件

文件中进行恢复操作，SQL 语句如下。

```
mysql -u root -p db_study --one-database < d:\\all_databases.sql
```

执行上述 SQL 语句，结果如图 14-12 所示，输入密码后恢复成功。

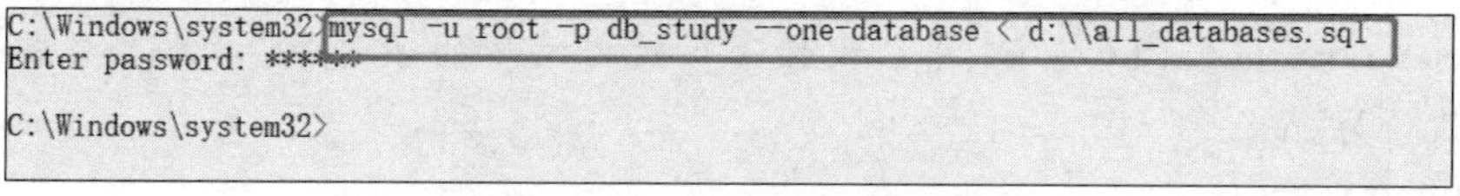

```
C:\Windows\system32>mysql -u root -p db_study --one-database < d:\\all_databases.sql
Enter password: ******

C:\Windows\system32>
```

图 14-12　执行恢复数据库操作

重新进入 MySQL 查看数据库和数据表，能够看到 db_study 数据库中存在相应的数据表。

14.7　MySQL 导出、导入文本文件

数据库备份所导出的格式一般分两种：. sql 文件和文本文件。由于每条 SQL 语句都会涉及一些逻辑关系，当. sql 文件重新恢复还原时会逐条执行，如果数据量很大，就会非常耗时。导出的文本文件就是纯粹的业务数据，因此数据量非常大的情况下建议用文本文件导入，相当于进行粘贴。下面将介绍 MySQL 导出、导入文本文件。

14.7.1　使用 MySQL 命令和 MySQLdump 工具导出文本文件

1. 导出文本文件

1）使用 MySQL 命令导出

MySQL 功能丰富，MySQL 命令不仅可以用于备份和恢复，也可以用于导出文本文件，基本语法格式如下。

```
mysql -u 用户名 -p 密码 -e "SELECT 语句" 目标数据库 > 备份文件名称.txt
```

或

```
mysql -u 用户名 -p 密码 --execute = "SELECT 语句" 目标数据库 > 备份文件名称.txt
```

说明：

(1) 使用-e 或--execute 选项表示执行选项后的语句并退出。

(2) 查询语句必须要用双引号括起来。

(3) 备份文件名称. txt 意为具体的存储地址以及存储文件名称。

(4) SELECT 的查询结果导出到文本文件之后，内容会变成垂直显示格式。

2) 使用 MySQLdump 工具导出

使用 MySQLdump 工具也可以导出文本文件,基本语法格式如下。

```
mysqldump -u 用户 -p 密码 -T 目标目录 目标数据库 [数据表] [可选参数选项];
```

说明:

(1) 只有指定了-T 参数,才可以导出文本文件。

(2) 目标目录是指导出的文本文件的路径。

(3) 可选参数选项需要结合-T 选项使用。可选参数选项常见取值如下。

- --fields-terminated-by=字符串:设置字符串为各个字段之间的分隔符,可以为单个或多个字符。默认值为制表符\t。
- --fields-enclosed-by=字符:设置字符括住字段的值。
- --fields-optionally-enclosed-by=字符:设置字符括住 CHAR、VARCHAR 和 TEXT 等字符型字段,只能为单个字符。
- --fields-escaped-by=字符:设置转义字符,只能为单个字符。默认值为\。
- --lines-terminated-by=字符串:设置每行数据结尾的字符,可以为单个或多个字符。默认值为\n。

2. 导出 XML 文件

1) 使用 MySQL 命令导出

MySQL 命令也可以导出同为文本文件的 XML 文件,且语法与导出文本文件相似。基本语法格式如下。

```
mysql -u 用户名 -p 密码 --xml|-X -e "SELECT 语句" 目标数据库 > 备份文件名称.xml
```

或

```
mysql -u 用户名 -p 密码 --xml|-X --execute="SELECT 语句" 目标数据库 > 备份文件名称.xml
```

说明: 使用-X 或--XML 选项表示导出 xml 格式的文件。

2) 使用 MySQLdump 工具导出

MySQLdump 工具也可以导出 XML 格式文件,基本语法格式如下。

```
mysqldump -u 用户 -p 密码 --xml|-X 目标数据库 数据表 > 备份文件名称.xml
```

说明:

(1) 使用-X 或--xml 选项表示导出 XML 格式的文件。

(2) 备份文件名称.xml 为具体的存储地址以及存储文件名称。

14.7.2 使用 SELECT INTO OUTFILE 语句导出文本文件

MySQL 还可以灵活使用查询操作,在 SELECT 查询语句中使用 INTO OUTFILE 参数可以将查询结果保存到文本文件中。基本语法格式如下。

```
SELECT [列名] FROM 数据表 [WHERE] INTO OUTFILE '目标文件' [可选参数选项];
```

说明:

(1) OUTFILE 参数指定的文件所在的路径需要有 MySQL 的访问权限,否则会报错。

(2) 每条记录的数据之间默认以 Tab 分隔,也可使用 fields terminated 参数指定分隔符。

(3) 执行 SELECT INTO OUTFILE 和 LOAD DATA INFILE 语句需要设置 secure_file_priv 参数。该参数的设置如下。

- NULL：MySQL 服务会禁止执行 SELECT INTO OUTFILE 和 LOAD DATA INFILE 命令。
- 目录名：MySQL 服务只允许在这个目录中执行文件的导入和导出操作。目录必须存在，MySQL 服务不会创建它。
- 空字符串('')：代表导出的文本文件可以存放在任意位置。

(4) 可选参数选项常见取值如下。

- FIELDS TERMINATED BY '字符串'：设置字符串为字段之间的分隔符，可以为单个或多个字符。默认值为\t。
- FIELDS ENCLOSED BY '字符'：设置字符括住字段的值，只能为单个字符。默认情况下不使用任何符号。
- FIELDS OPTIONALLY ENCLOSED BY '字符'：设置字符括住 CHAR、VARCHAR 和 TEXT 等字符型字段。默认情况下不使用任何符号。
- FIELDS ESCAPED BY '字符'：设置转义字符，只能为单个字符。默认值为\。
- LINES STARTING BY '字符串'：设置每行数据开头的字符，可以为单个或多个字符。默认情况下不使用任何字符。
- LINES TERMINATED BY '字符串'：设置每行数据结尾的字符，可以为单个或多个字符。默认值为\n。

【案例 14-6】 将 db_study 数据库中的 tb_class 数据表以文本文件导出至 D 盘。

登录 MySQL 服务器，执行“USE db_study;”语句将 db_study 切换为正在使用的数据库；执行“SELECT * FROM tb_class;”语句查询 tb_class 数据表中数据，结果如图 14-13 所示。

```
mysql> USE db_study;
Database changed
mysql> SELECT * FROM tb_class;
+----------+----------------+---------------+
| class_id | class_name     | department_id |
+----------+----------------+---------------+
| B1001    | 22计科1班      | X01           |
| B1002    | 22计科2班      | X01           |
| B1003    | 22计科3班      | X01           |
| B1004    | 22计科4班      | X01           |
| B1005    | 22计科5班 (Z)  | X01           |
| B1006    | 22计科6班 (Z)  | X01           |
| B1007    | 22软件1班      | X01           |
| B1008    | 22软件2班      | X01           |
```

图 14-13　查看 tb_class 数据表中的数据

执行“SELECT class_id,class_name,department_id FROM tb_class INTO OUTFILE 'D:/tb_class.txt';”语句将 tb_class 数据表中的 class_id、class_name、department_id 字段的数据导出到 D 盘下的 tb_class.txt 文件中，如图 14-14 所示。

```
mysql> SELECT class_id,class_name,department_id FROM tb_class INTO OUTFILE 'D:/tb_class.txt';
Query OK, 44 rows affected (0.00 sec)
```

图 14-14　执行导出操作

在 D 盘目录下能看到 tb_class.txt 文件，则表示导出成功，如图 14-15 所示。

tb_class.txt

图 14-15　导出成功

14.7.3　使用 LOAD DATA INFILE 方式导入文本文件

就像 MySQL 的 INSERT INTO 语句一样，导入也可以有这样高效的语句。LOAD DATA INFILE 语句以非常高的速度从一个文本文件中读取记录行并插入一个数据表中。LOAD DATA INFILE 是 SELECT

INTO OUTFILE 的相反操作,基本语法格式如下。

```
LOAD DATA INFILE '目标文件' INTO TABLE 数据表 [可选参数选项] [IGNORE number LINES]
```

说明:

(1) 目标文件为文件具体的存储位置。

(2) IGNORE number LINES 子句可用于忽略文件开头的行。

(3) 可选参数选项常见取值如下。

- FIELDS TERMINATED BY '字符串': 设置字符串为字段之间的分隔符,可以为单个或多个字符。默认值为制表符\t。
- FIELDS ENCLOSED BY '字符': 设置字符括住字段的值,只能为单个字符。默认情况下不使用任何符号。
- FIELDS OPTIONALLY ENCLOSED BY '字符': 设置字符括住 CHAR、VARCHAR 和 TEXT 等字符型字段,只能为单个字符。默认情况下不使用任何符号。
- FIELDS ESCAPED BY '字符': 设置转义字符,只能为单个字符。默认值为\。
- LINES STARTING BY '字符串': 设置每行数据开头的字符,可以为单个或多个字符。默认情况下不使用任何字符。
- LINES TERMINATED BY '字符串': 设置每行数据结尾的字符,可以为单个或多个字符。默认值为\n,在 Windows 操作系统中则为\r\n。

(4) FIELDS 和 LINES 参数说明: 使用 FIELDS 和 LINES 参数指定如何处理数据格式。

- 对于 LOAD DATA INFILE 和 SELECT INTO OUTFILE 语句,FIELDS 和 LINES 子句的语法是相同的。这两个子句都是可选的,但如果两者都指定,则 FIELDS 必须在 LINES 之前。
- 如果指定 FIELDS 子句,那么 FIELDS 的每个子句也是可选的,除非必须至少指定其中一个。
- 如果不指定处理数据的参数,则使用默认值。

【案例 14-7】 将 tb_class. txt 文本文件中的数据导入 tb_class 数据表(1)。

首先,登录 MySQL 服务器,执行"USE db_study;"语句将 db_study 数据库切换为当前数据库; 执行"DELETE FROM tb_class;"语句删除 tb_class 数据表中的数据,结果如图 14-16 所示。

清空 tb_class 数据表中的数据后,开始进行导入操作,执行"LOAD DATA INFILE 'D:/tb_class. txt' INTO TABLE tb_class;"语句进行导入,结果如图 14-17 所示。

```
mysql> USE db_study;
Database changed
mysql> SET FOREIGN_KEY_CHECKS=0;
Query OK, 0 rows affected (0.00 sec)

mysql> DELETE FROM tb_class;
Query OK, 44 rows affected (0.01 sec)
```

图 14-16 删除 tb_class 数据表中的数据

```
mysql> LOAD DATA INFILE  'D:/tb_class.txt'  INTO TABLE tb_class;
Query OK, 44 rows affected (0.01 sec)
Records: 44  Deleted: 0  Skipped: 0  Warnings: 0
```

图 14-17 执行导入操作

执行"SELECT * FROM tb_class;"语句重新查看数据表,如图 14-18 所示,能够看到 tb_class 数据表中的数据。

14.7.4 使用 MySQLimport 命令导入文本文件

MySQLimport 是 MySQL 数据库提供的一个命令行程序,不需要登录 MySQL 客户端就

```
mysql> SELECT * FROM tb_class;
+----------+---------------+---------------+
| class_id | class_name    | department_id |
+----------+---------------+---------------+
| B1001    | 22计科1班     | X01           |
| B1002    | 22计科2班     | X01           |
| B1003    | 22计科3班     | X01           |
| B1004    | 22计科4班     | X01           |
| B1005    | 22计科5班 (Z) | X01           |
| B1006    | 22计科6班 (Z) | X01           |
| B1007    | 22软件1班     | X01           |
| B1008    | 22软件2班     | X01           |
| B1009    | 22软件3班     | X01           |
| B1010    | 22软件4班     | X01           |
```

图 14-18　重新查看 tb_class 数据表中的数据

可进行数据导入。从本质上说,MySQLimport 是 LOAD DATA INFILE 的命令接口,实际上就是 LOAD DATA INFILE 命令的一个包装实现,且大多数选项都和 LOAD DATA INFILE 语法相同。

基本语法格式如下。

```
mysqlimport -u 用户名 -p 密码 数据库名称 目标文件 [可选参数选项]
```

说明:

(1) 数据库名称为所导入的数据表所在的数据库名称。注意,MySQL 命令不指定导入数据库的数据表的名称。

(2) 导入前数据表的名称要与导入的目标文件名称一致,且该数据表必须存在。

【案例 14-8】 将 tb_class.txt 文本文件中的数据导入 tb_class 数据表(2)。

首先,登录 MySQL 服务器,并切换至 db_study 数据库,删除 tb_class 数据表中的数据,SQL 语句分别为"USE db_study;"和"DELETE FROM tb_class;"。

清空 tb_class 数据表后,退出 MySQL 客户端,在命令提示符中输入 MySQLimport 命令:mysqlimport -u root -p db_study D:\\tb_class.txt,结果如图 14-19 所示。

```
C:\Windows\system32>mysqlimport -u root -p db_study D:\\tb_class.txt
Enter password: ******
db_study.tb_class: Records: 44  Deleted: 0  Skipped: 0  Warnings: 0
```

图 14-19　执行 MySQLimport 命令导入文本文件

操作完成后,再次登录 MySQL 客户端,使用"SELECT * FROM tb_class;"语句重新查询 tb_class 数据表,结果如图 14-20 所示。

```
mysql> SELECT * FROM tb_class;
+----------+---------------+---------------+
| class_id | class_name    | department_id |
+----------+---------------+---------------+
| B1001    | 22计科1班     | X01           |
| B1002    | 22计科2班     | X01           |
| B1003    | 22计科3班     | X01           |
| B1004    | 22计科4班     | X01           |
| B1005    | 22计科5班 (Z) | X01           |
| B1006    | 22计科6班 (Z) | X01           |
| B1007    | 22软件1班     | X01           |
| B1008    | 22软件2班     | X01           |
| B1009    | 22软件3班     | X01           |
```

图 14-20　查看导入结果

14.8　MySQL 数据库迁移

数据迁移(Data Migration)是指选择、准备、提取和转换数据,并将数据从一个计算机存储系统永久地传输到另一个计算机存储系统的过程。此外,验证迁移数据的完整性和退役旧的数据存储,也被认为是整个数据迁移过程的一部分。

数据库迁移原因多样,包括:服务器或存储设备更换、维护或升级;应用程序迁移;网站集成;灾难恢复和数据中心迁移。

根据不同的需求,可能采取不同的迁移方案,但总体来讲,MySQL 数据迁移主要分为 MySQL 数据库之间的迁移和不同数据库与 MySQL 数据库之间的迁移,迁移方案大致可以分为物理迁移和逻辑迁移两类。通常以尽可能自动化的方式执行,将人力资源从烦琐的工作中解放出来。

1. 物理迁移

物理迁移适用于大数据量的整体迁移。使用物理迁移方案的优点是速度快,但需要停机迁移并且要求 MySQL 版本及配置必须与原服务器相同,也可能引起未知问题。物理迁移包括复制数据文件和使用 XtraBackup 备份工具两种方法。

2. 逻辑迁移

逻辑迁移适用范围更广,无论是部分迁移还是全量迁移,都可以使用逻辑迁移。逻辑迁移最常用的方法是使用 MySQLdump 等备份工具。

14.8.1 MySQL 数据库之间的迁移

MySQL 数据库之间的数据迁移是系统开发、运营和维护时经常发生的事情。需要进行迁移的常见情况主要有 3 种:重新安装了操作系统、升级了 MySQL 版本和更换了新的机器。

在这些情况下,需要将 MySQL 原有的数据迁移到新的机器上,这就涉及备份与恢复的知识,常用方式有使用命令备份和还原数据库。前面介绍了 MySQLdump 工具,以及相关的 MySQL 命令对数据库或其数据进行导入、导出。

1. 相同版本的 MySQL 数据库之间的迁移

执行 MySQL 数据库之间的迁移,语法格式如下。

```
mysqldump -h host1 -u root -p password1 --all-databases |
mysql -h host2 -u root -p password2
```

说明:

(1) mysqldump 命令中,-h 后为主机或 IP 地址;-u 后为用户名;-p password1 意为迁移时需要使用密码,可以需要时再添加密码;--all-databases 意为将当前数据库的数据迁移出去。

(2) 管道符|的作用是将 MySQL 备份的文件传输给 MySQL。

(3) mysql 命令中,-h 后为接收备份文件的主机或 IP 地址;-u 后为接收该主机的用户名;-p 后为该主机的密码。

【案例 14-9】 将 db_study 数据库迁移至另一个服务器。

在 Windows 系统的命令提示符中使用 ping 命令查看服务器之间是否连通,现使用 IP 地址为 192.168.28.189 和 192.168.28.215 的服务器进行连通。如图 14-21 所示,两台服务器是连通的。

确保服务器之间连接成功之后,需要确认 MySQL 数据库之间的远程连接是成功的。在命令提示符中输入远程方的 MySQL 数据库的用户信息进行登录,执行 mysql -h 192.168.28.215 -u Test -p 语句,结果如图 14-22 所示,远程登录成功。

远程登录成功后,退出 MySQL,回到命令提示符中开始数据库迁移操作,将 IP 地址为

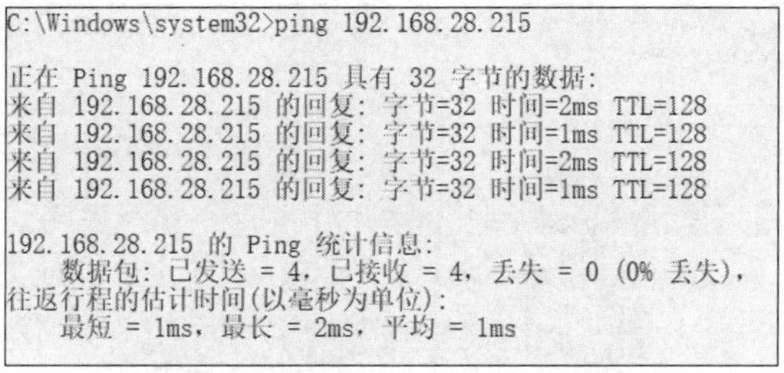

```
C:\Windows\system32>ping 192.168.28.215

正在 Ping 192.168.28.215 具有 32 字节的数据:
来自 192.168.28.215 的回复: 字节=32 时间=2ms TTL=128
来自 192.168.28.215 的回复: 字节=32 时间=1ms TTL=128
来自 192.168.28.215 的回复: 字节=32 时间=2ms TTL=128
来自 192.168.28.215 的回复: 字节=32 时间=1ms TTL=128

192.168.28.215 的 Ping 统计信息:
    数据包: 已发送 = 4，已接收 = 4，丢失 = 0 (0% 丢失)，
往返行程的估计时间(以毫秒为单位):
    最短 = 1ms，最长 = 2ms，平均 = 1ms
```

图 14-21　查看服务器之间是否连通

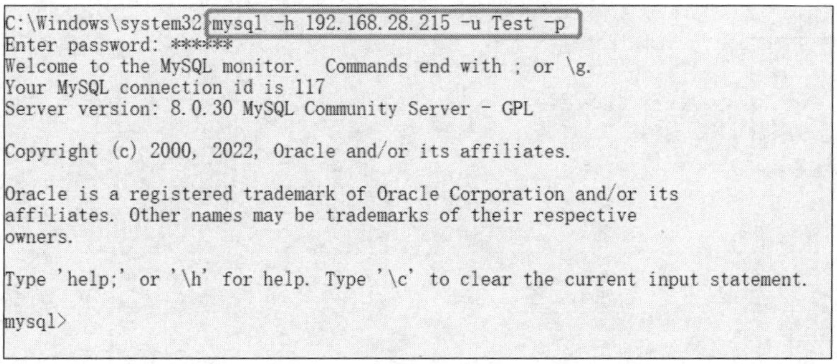

```
C:\Windows\system32>mysql -h 192.168.28.215 -u Test -p
Enter password: ******
Welcome to the MySQL monitor.  Commands end with ; or \g.
Your MySQL connection id is 117
Server version: 8.0.30 MySQL Community Server - GPL

Copyright (c) 2000, 2022, Oracle and/or its affiliates.

Oracle is a registered trademark of Oracle Corporation and/or its
affiliates. Other names may be trademarks of their respective
owners.

Type 'help;' or '\h' for help. Type '\c' to clear the current input statement.

mysql>
```

图 14-22　远程登录成功

192.168.28.189 的服务器中 MySQL 数据库的 db_study 数据库传输至 IP 地址为 192.168.28.215 的服务器中的 MySQL 数据库。在 Windows 系统的命令提示符中输入以下 SQL 语句。

```
mysqldump -h 192.168.28.189 -u root -p db_study |
mysql -h 192.168.28.215 -u Test -p db_study
```

执行结果如图 14-23 所示，执行数据库迁移成功。

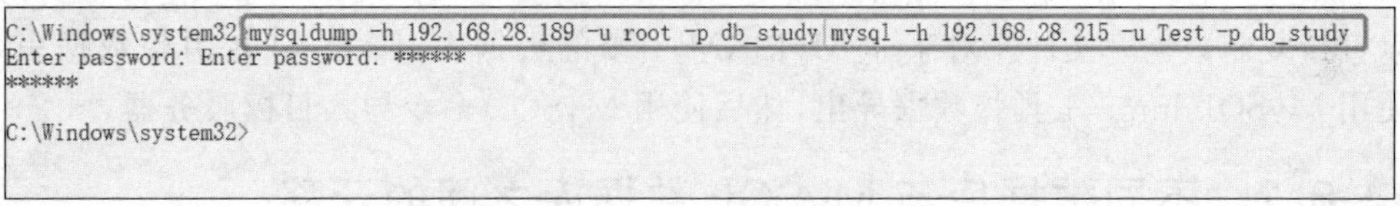

```
C:\Windows\system32>mysqldump -h 192.168.28.189 -u root -p db_study|mysql -h 192.168.28.215 -u Test -p db_study
Enter password: Enter password: ******
******

C:\Windows\system32>
```

图 14-23　数据库迁移成功

重新远程登录 MySQL 查看数据库和数据表，即能够看到 db_study 数据库中存在相应的数据表，如图 14-24 所示。

2. 不同版本的 MySQL 数据库之间的迁移

因为各种原因，旧版本的 MySQL 需要被更新为新版本，而 MySQL 数据库中的数据就需要被迁移到更新版本的 MySQL 中。MySQL 版本的更新比较直接明了，一般选择将旧版本的 MySQL 数据库完整卸载后再重新下载新版本的 MySQL 数据库。如果想保留旧版本中的用户访问控制信息，需要备份 MySQL 数据库，在新版本 MySQL 安装完成之后，重新读入 MySQL 备份文件中的信息。

迁移时需要注意，旧版本与新版本的 MySQL 可能使用不同的字符集，如 MySQL 8.0 之前字符集为 utf8，但并不是真正的 UTF-8 字符集。utf8 只支持每个字符最多 3 字节，而真正的 UTF-8 字符集支持每个字符最多 4 字节。utf8 字符集能够编码的 Unicode 字符并不多，而 MySQL 8.0 版本默认字符集为 utf8mb4，才算是真正的 UTF-8 字符编码。当数据库中有中文数据时，迁移过程中需要对默认字符集进行修改，否则可能无法正常显示结果。

```
C:\Windows\system32>mysqldump -h 192.168.28.189 -u root -p db_study|mysql -h 192.168.28.215 -u Test -p db_study
Enter password: Enter password: ******
******

C:\Windows\system32>mysql -h 192.168.28.215 -u Test -p
Enter password: ******
Welcome to the MySQL monitor.  Commands end with ; or \g.
Your MySQL connection id is 133
Server version: 8.0.30 MySQL Community Server - GPL

Copyright (c) 2000, 2022, Oracle and/or its affiliates.

Oracle is a registered trademark of Oracle Corporation and/or its
affiliates. Other names may be trademarks of their respective
owners.

Type 'help;' or '\h' for help. Type '\c' to clear the current input statement.

mysql> show databases;
+--------------------+
| Database           |
+--------------------+
| 123                |
| db_study           |
| information_schema |
| mysql              |
| performance_schema |
| sys                |
| test               |
+--------------------+
7 rows in set (0.00 sec)

mysql> use db_study;
Database changed
mysql> show tables;
+--------------------+
| Tables_in_db_study |
+--------------------+
| tb_class           |
| tb_course          |
| tb_department      |
| tb_grade           |
| tb_student         |
+--------------------+
5 rows in set (0.01 sec)

mysql>
```

图 14-24　远程查看迁移过来的数据库

新版本会对旧版本有一定的兼容性。从旧版本的 MySQL 向新版本的 MySQL 迁移时，对于 MyISAM 引擎的数据表，可以使用 MySQLhotcopy 和 MySQLdump 等工具进行操作，也可以直接复制数据库文件。对于非 MyISAM 引擎的数据表，如 InnoDB 引擎数据表，一般只能使用 MySQLdump 工具将数据导出，然后使用 MySQL 命令导入目标服务器。

14.8.2　不同数据库与 MySQL 数据库之间的迁移

不同类型的数据库之间的迁移，是指把 MySQL 数据库迁移到其他类型的数据库，或者将其他数据库的数据迁移到 MySQL 数据库上。常见的 Oracle 数据库，只需要对 MySQL 的脚本文件中的 CREATE 语句进行简单修改，就可以实现和 MySQL 数据库的互通。但是，同样常见的 SQL Server 数据库不与 MySQL 数据库直接互通，无法通过修改语句等方式直接迁移。对于 SQL Server 数据库与 MySQL 数据库之间的迁移，它们之间需要增加 MyODBC 操作引擎，通过操作引擎才可以实现两种数据库之间数据的迁移。

在众多数据库软件中，无法保证 MySQL 数据库和其他数据库之间完美地迁移，所以迁移之前需要了解不同数据库的架构，包括数据的备份以及数据的检查，比较它们之间的差异。不同数据库中定义相同类型的数据的关键字可能会不同。例如，MySQL 几乎完全支持标准 SQL，而 SQL Server 使用的是 T-SQL，两种语言的差异使得在迁移时必须对这些语句进行映射处理。

数据库迁移可以使用一些工具，如在 Windows 系统下可以使用 MyODBC 实现 MySQL 和 SQL Server 之间的迁移。MySQL 官方提供的 MySQL Migration Toolkit 工具也可以在不同数据库间进行数据迁移。

课业任务

扫一扫

视频讲解

课业任务 14-1　使用 MySQLdump 工具导出文本文件

【能力测试点】

MySQLdump 工具的使用。

【任务实现步骤】

(1) 在 Windows 系统的命令提示符中调用 MySQLdump 工具，执行"mysqldump -u root -p --xml db_study tb_class > D://tb_class.xml"命令，将 db_study 数据库中的 tb_class 数据表导出至 D 盘，并将其备份的文本文件命名为 tb_class.xml，结果如图 14-25 所示。

```
C:\Windows\system32>mysqldump -u root -p -X db_study > D://tb_class.xml
Enter password: ******

C:\Windows\system32>
```

图 14-25　使用 MySQLdump 工具导出文本文件

(2) 打开 D 盘文件夹，存在 tb_class.xml 文件即表示备份成功。

说明：按 Win+R 快捷键，在弹出的"运行"窗口中输入 cmd 命令后，按 Ctrl+Shift+Enter 快捷键可弹出"用户账户控制"对话框，单击"是"按钮，即可以管理员身份进入 Windows 系统的命令提示符。

扫一扫

视频讲解

课业任务 14-2　使用 MySQL 命令导出文本文件

【能力测试点】

掌握导出文本文件的 MySQL 命令。

【任务实现步骤】

(1) 在 Windows 系统的命令提示符中调用 MySQL，执行"mysql -u root -p -e "SELECT * FROM tb_class " db_study > D://tb_class.txt"命令，将 db_study 数据库中的 tb_class 数据表导出至 D 盘，并将其备份的文本文件命名为 tb_class.txt，结果如图 14-26 所示。

```
C:\Windows\system32>mysql -u root -p -e "SELECT * FROM tb_class " db_study > D://tb_class.txt
Enter password: ******

C:\Windows\system32>
```

图 14-26　使用 MySQL 命令导出文本文件

(2) 打开 D 盘文件夹，存在 tb_class.txt 文件即表示导出成功。

扫一扫

视频讲解

*课业任务 14-3　使用 MySQL Workbench 工具对数据库进行备份

【能力测试点】

使用数据库图形化管理工具 MySQL Workbench 对数据库学习系统的 db_study 数据库进行备份。

【任务实现步骤】

任务需求：使用数据库图形化管理工具 MySQL Workbench 定期备份数据库学习系统的 db_study 数据库。

(1) 启动 MySQL Workbench，登录成功后，在左侧列表中切换至 Administration 选项卡，

可以看到 Data Export 和 Data Import/Restore 选项,如图 14-27 所示。

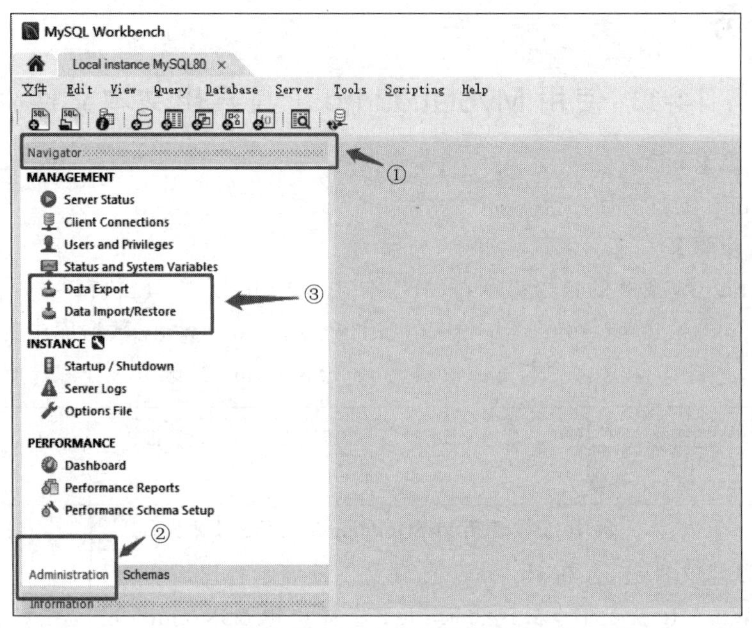

图 14-27 导入和导出选项

(2) 单击 Data Export 选项,弹出 Administration - Data Export 窗口,勾选 db_study 复选框,并单击 Export to Self-Contained File(导出到自包含文件)单选按钮,在其右侧的文本框中输入备份文件的存储地址(本课业任务中输入 D:\db_study. sql),单击 Start Export 按钮进行数据导出,如图 14-28 所示。

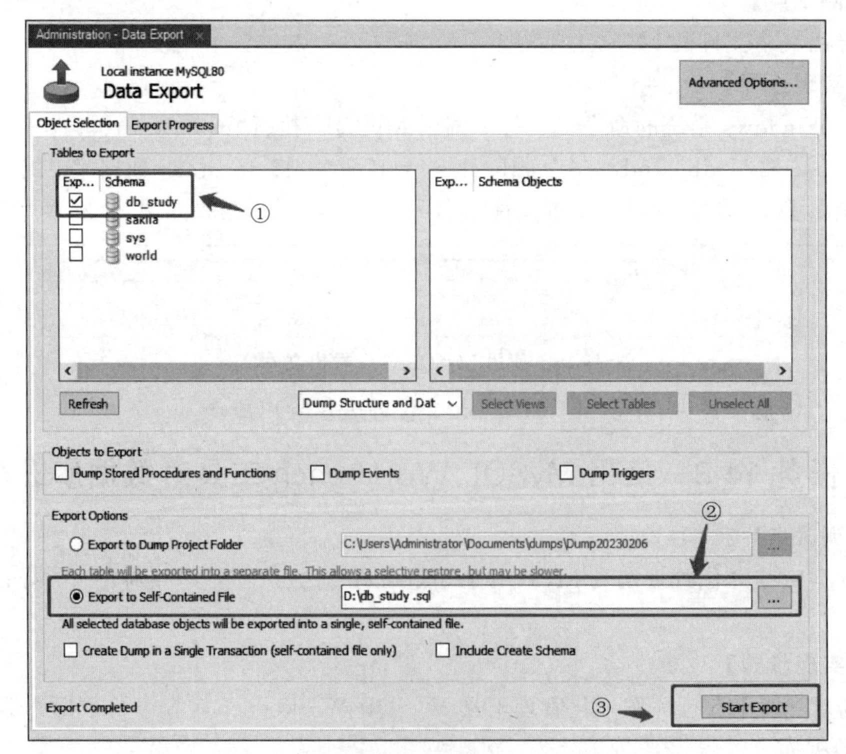

图 14-28 将数据库导出为单个文件

打开 D 盘文件夹，存在 db_study. sql 文件即表示备份成功。

说明：

(1) 勾选 Dump Stored Procedures and Functions 复选框表示备份数据库时存储和函数一同进行备份。

(2) 勾选 Dump Events 复选框表示备份数据库的同时将事件一同进行备份。

(3) 勾选 Dump Triggers 复选框表示备份数据库的同时将触发器一同进行备份。

(4) 单击 Export to Dump Project Folder 单选按钮表示备份的数据库以文件夹的形式保存，文件夹中每个数据表单独导出为一个. sql 文件。

(5) 若单击 Export to Dump Project Folder(导出到备份项目文件夹)单选按钮，并在其右侧的文本框中输入备份文件的存储地址(本课业任务为 D:\db_study，事先可以不创建该文件夹)，单击 Start Export 按钮进行数据导出，如图 14-29 所示。

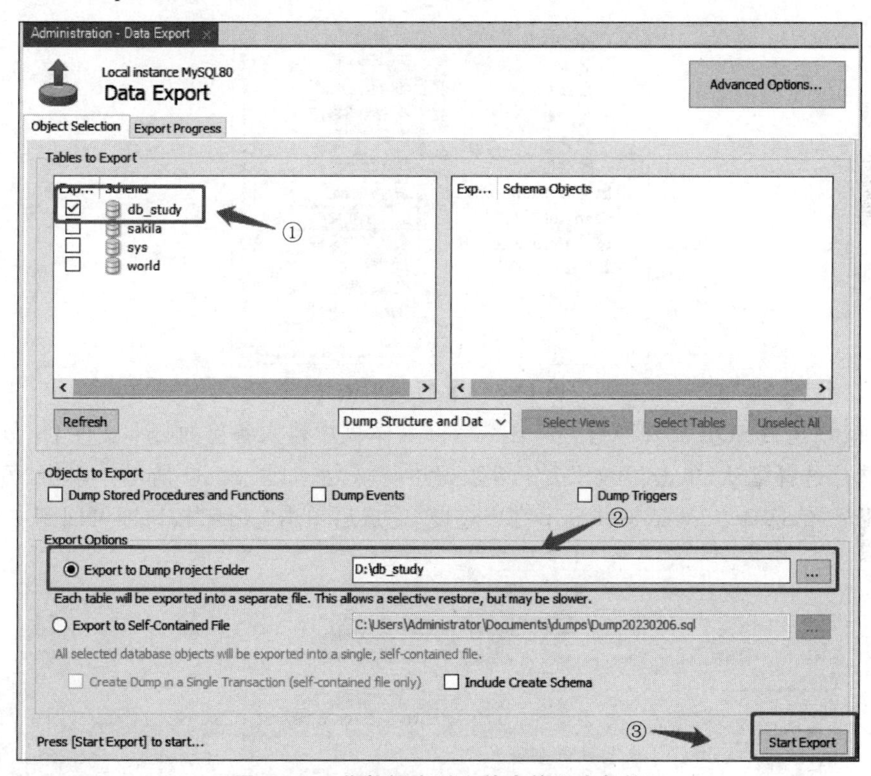

图 14-29　将数据库以文件夹的形式备份

进入 D 盘查看对应文件夹和对应的脚本文件，如图 14-30 和图 14-31 所示。

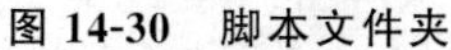
图 14-30　脚本文件夹

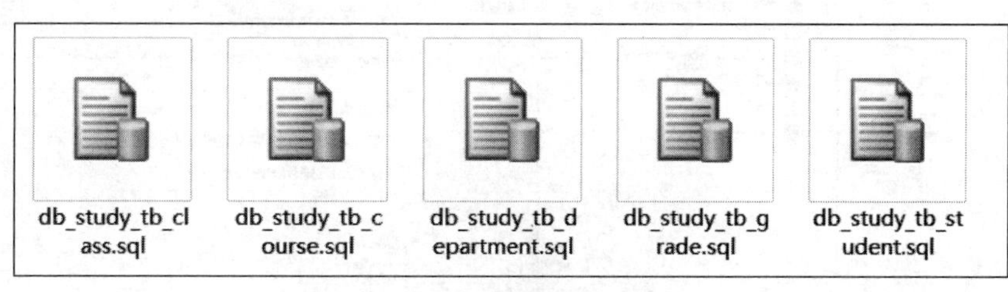

图 14-31　数据表脚本文件

说明：在 MySQL Workbench 工具中选择 Data Import/Restore 可完成对数据库进行恢复的操作。

扫一扫

视频讲解

课业任务 14-4　使用 Navicat Premium 工具对数据库进行恢复

【能力测试点】

使用数据库图形化管理工具 Navicat Premium 对数据库学习系统的 db_study 数据库进行恢复。

【任务实现步骤】

任务需求：因项目开展需要，将 D:\db_study. sql 文件(文件存储的位置因人而异)进行恢复。

(1) 启动 Navicat Premium 16，登录成功后，选择需要进行备份的 db_study 数据库(该数据库可以是新建的空数据库)，右击 db_study 数据库，在弹出的快捷菜单中选择“运行 SQL 文件”，如图 14-32 所示。

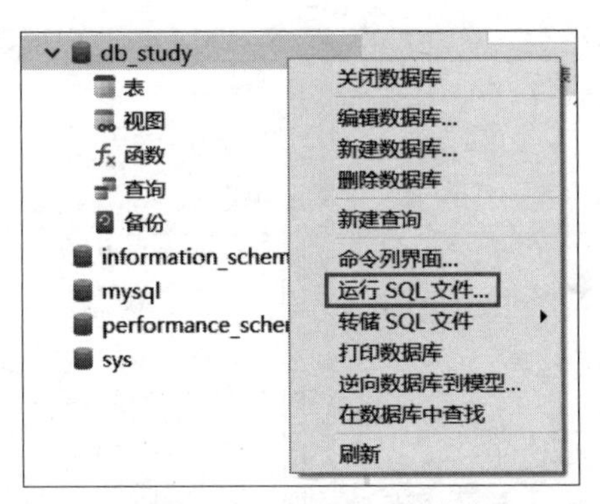

图 14-32　运行 SQL 文件

(2) 弹出“运行 SQL 文件”对话框，在“文件”文本框中输入备份的脚本文件 D:\db_study. sql，其他选项选择默认，单击“开始”按钮对数据进行恢复，如图 14-33 所示。单击“开始”按钮后，会跳转至“信息日志”对话框并显示完成进度，完成后单击“关闭”按钮即可回到主界面。

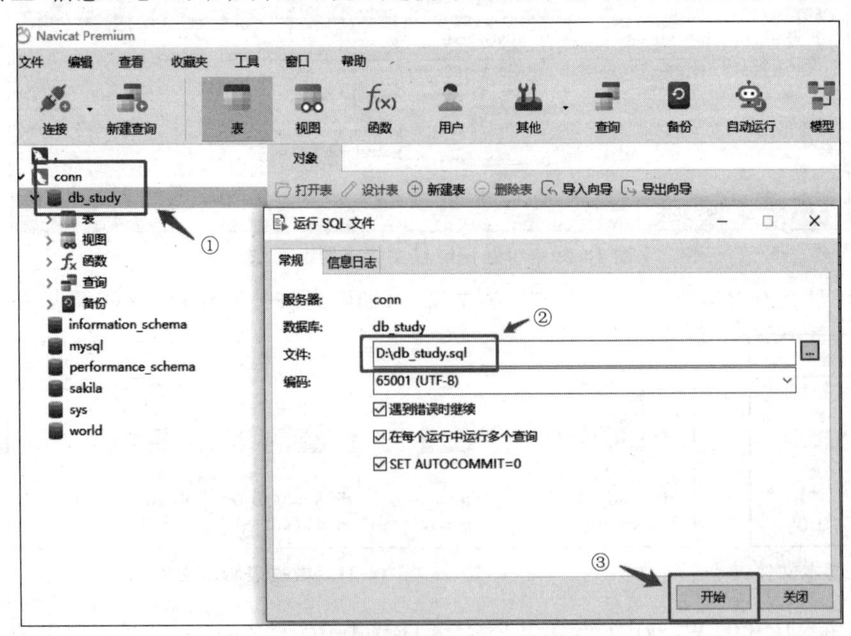

图 14-33　“运行 SQL 文件”对话框

(3) 刷新 db_study 数据库后，若存在数据表则表示导入恢复成功，如图 14-34 所示。

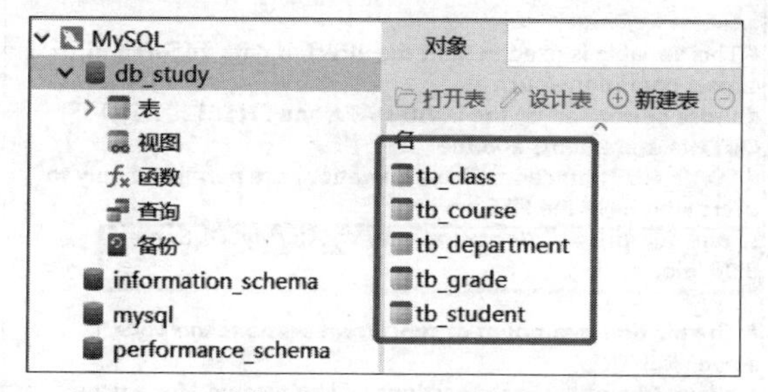

图 14-34 恢复后 db_study 数据库中的数据表

说明：在 Navicat Premiun 工具中，使用“转储 SQL 文件”命令可完成对数据库进行备份的操作。

常见错误及解决方案

错误 14-1 导出失败

【问题描述】

在使用 SELECT INTO OUTFILE 语句导出 tb_class 数据表时，出现错误提示，如图 14-35 所示。

```
mysql> SELECT class_id,class_name,department_id FROM tb_class INTO OUTFILE 'D:/tb_class.txt';
ERROR 1290 (HY000): The MySQL server is running with the --secure-file-priv option so it cannot
execute this statement
mysql>
```

图 14-35 导出失败

【解决方案】

目标目录不符合 secure-file-priv 参数，需要设置该参数。在 MySQL 中使用“SHOW VARIABLES LIKE '%secure_file_priv%';”语句查询可存储目录，如图 14-36 所示。

```
mysql> SHOW VARIABLES LIKE '%secure_file_priv%';
+------------------+-----------------------------------------------+
| Variable_name    | Value                                         |
+------------------+-----------------------------------------------+
| secure_file_priv | C:\ProgramData\MySQL\MySQL Server 8.0\Uploads\ |
+------------------+-----------------------------------------------+
1 row in set, 1 warning (0.00 sec)

mysql>
```

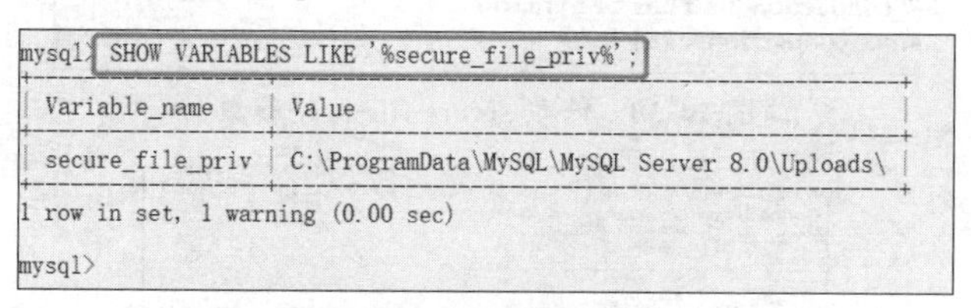

图 14-36 查询可存储目录

可见存储的位置应为 C:\ProgramData\MySQL\MySQL Server 8.0\Uploads\。所以，有两种修改方式。

(1) 将目标目录修改为 C:\ProgramData\MySQL\MySQL Server 8.0\Uploads\tb_class.txt。

(2) 在 my.ini 配置文件中修改 secure-file-priv 参数的值。

在 C:\ProgramData\MySQL\MySQL Server 8.0 目录下使用文本查看器打开 my.ini 配置文件，搜索查找到 secure-file-priv 参数，如图 14-37 所示。

将 secure-file-priv 后的参数修改为空字符串('')，如图 14-38 所示。

再次在 MySQL 中使用“SHOW VARIABLES LIKE '%secure_file_priv%';”语句查询可存储目录，会发现目录为空，此时可以导出至任意位置，如图 14-39 所示。

```
my.ini - 记事本
文件(F) 编辑(E) 格式(O) 查看(V) 帮助(H)
# This variable is used to limit the effect of data import and
export operations, such as
# those performed by the LOAD DATA and SELECT ... INTO
OUTFILE statements and the
# LOAD_FILE() function. These operations are permitted only to
users who have the FILE privilege.
secure-file-priv="C:/ProgramData/MySQL/MySQL Server
8.0/Uploads"

# The maximum amount of concurrent sessions the MySQL
server will
# allow. One of these connections will be reserved for a user
with
# SUPER privileges to allow the administrator to login even if
the
# connection limit has been reached.
max_connections=151
```

图 14-37 查看 secure-file-priv 参数

```
my.ini - 记事本
文件(F) 编辑(E) 格式(O) 查看(V) 帮助(H)
#        table names and view names are stored in lowercase, as
for lower_case_table_names=1.
lower_case_table_names=1

# This variable is used to limit the effect of data import and
export operations, such as
# those performed by the LOAD DATA and SELECT ... INTO
OUTFILE statements and the
# LOAD_FILE() function. These operations are permitted only to
users who have the FILE privilege.
secure-file-priv=""

# The maximum amount of concurrent sessions the MySQL
server will
# allow. One of these connections will be reserved for a user
with
# SUPER privileges to allow the administrator to login even if
the
# connection limit has been reached.
max_connections=151
```

图 14-38 修改 secure-file-priv 参数

```
mysql> SHOW VARIABLES LIKE '%secure_file_priv%';
+------------------+-------+
| Variable_name    | Value |
+------------------+-------+
| secure_file_priv |       |
+------------------+-------+
1 row in set, 1 warning (0.01 sec)
```

图 14-39 重新查询可存储目录

错误 14-2 删除数据表失败

【问题描述】

在执行删除数据表操作时,出现错误提示,如图 14-40 所示。

```
mysql> USE db_study;
Database changed
mysql> DELETE FROM tb_class;
ERROR 1451 (23000): Cannot delete or update a parent row: a foreign key constraint fails (`db_study`.`tb_student`, CONST
RAINT `fk_class_id1` FOREIGN KEY (`class_id`) REFERENCES `tb_class` (`class_id`) ON DELETE RESTRICT ON UPDATE RESTRICT)
mysql>
```

图 14-40 删除数据表失败

【解决方案】

由于数据表结构严谨，表与表之间有着各种约束，所以导致删除失败。在 MySQL 中执行“SET FOREIGN_KEY_CHECKS=0;”语句，使数据库忽略外键约束，然后再执行删除语句，如图 14-41 所示，操作成功。

操作成功后，为保证数据库严谨性，需要使用“SET FOREIGN_KEY_CHECKS=1;”语句将约束再次打开，如图 14-42 所示。

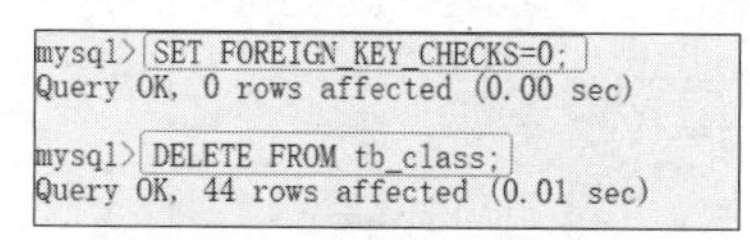

图 14-41　忽略外键约束

```
mysql> SET FOREIGN_KEY_CHECKS=1;
Query OK, 0 rows affected (0.00 sec)
```

图 14-42　再次打开约束

错误 14-3　迁移失败(1)

【问题描述】

在进行 MySQL 数据库迁移时，出现错误提示，如图 14-43 所示。

```
C:\Windows\system32>mysqldump -h 192.168.28.189 -u root -p db_study|mysql -h 192.168.28.215 -u Test -p
Enter password: Enter password: ******
******
ERROR 1046 (3D000) at line 22: No database selected
mysqldump: Got errno 32 on write
```

图 14-43　迁移失败(1)

【解决方案】

语句中没有输入接收数据库数据的目标数据库，需要在后面加上指定的目标数据库。

错误 14-4　迁移失败(2)

【问题描述】

在进行 MySQL 数据库迁移时，出现错误提示，如图 14-44 所示。

```
C:\Windows\system32>mysqldump -h 192.168.28.189 -u root -p db_study|mysql -h 192.168.28.215 -u Test -p db_study
Enter password: Enter password: ******
******
ERROR 1142 (42000) at line 22: DROP command denied to user 'Test'@'DESKTOP-2QVR6V8' for table 'tb_class'
mysqldump: Got errno 32 on write
```

图 14-44　迁移失败(2)

【解决方案】

因为 MySQL 数据库迁移数据的原理是先删除后插入，在这个过程中接收方如果没有对发送方进行操作授权的话就无法进行，授权操作请参考第 13 章。

错误 14-5　迁移失败(3)

【问题描述】

在进行 MySQL 数据库迁移时，出现错误提示，如图 14-45 所示。

```
C:\Windows\system32>mysqldump -h 192.168.28.189 -u root -p db_study|mysql -h 192.168.28.215 -u Test -p db_study
Enter password: Enter password: ******
mysqldump: Got error: 1045: Access denied for user 'root'@'DESKTOP-2QVR6V8' (using password: YES) when trying to connect
******

C:\Windows\system32>
```

图 14-45　迁移失败(3)

【解决方案】

系统提示访问被拒绝,原因是主机访问没有权限,查看 mysql 数据库中的 user 数据表,如图 14-46 所示。可以发现 root 用户的 Host 主机名是 localhost。

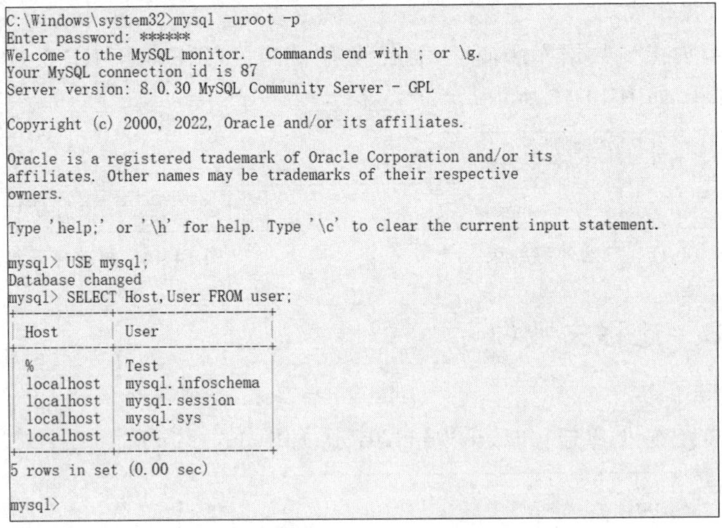

```
C:\Windows\system32>mysql -uroot -p
Enter password: ******
Welcome to the MySQL monitor.  Commands end with ; or \g.
Your MySQL connection id is 87
Server version: 8.0.30 MySQL Community Server - GPL

Copyright (c) 2000, 2022, Oracle and/or its affiliates.

Oracle is a registered trademark of Oracle Corporation and/or its
affiliates. Other names may be trademarks of their respective
owners.

Type 'help;' or '\h' for help. Type '\c' to clear the current input statement.

mysql> USE mysql;
Database changed
mysql> SELECT Host,User FROM user;
+-----------+------------------+
| Host      | User             |
+-----------+------------------+
| %         | Test             |
| localhost | mysql.infoschema |
| localhost | mysql.session    |
| localhost | mysql.sys        |
| localhost | root             |
+-----------+------------------+
5 rows in set (0.00 sec)

mysql>
```

图 14-46　查看 user 数据表

所以,在传输过程中输入 IP 地址会报错,可以将迁移语句中的 Host 修改为与 mysql 数据库中的 user 数据表对应的 Host 参数 localhost。也可以将 root 用户对应的 Host 参数修改为通配符%,通配任意 N 个字符。在 MySQL 中执行“UPDATE user SET Host='localhost' WHERE User='root';”和“FLUSH PRIVILEGES;”语句,刷新权限后再次查询,如图 14-47 所示。

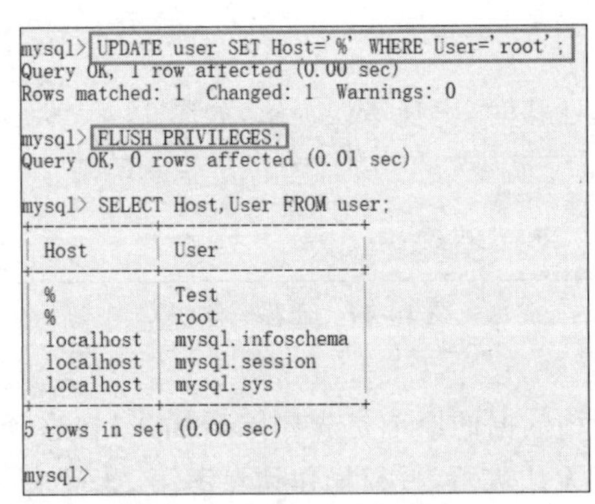

```
mysql> UPDATE user SET Host='%' WHERE User='root';
Query OK, 1 row affected (0.00 sec)
Rows matched: 1  Changed: 1  Warnings: 0

mysql> FLUSH PRIVILEGES;
Query OK, 0 rows affected (0.01 sec)

mysql> SELECT Host,User FROM user;
+-----------+------------------+
| Host      | User             |
+-----------+------------------+
| %         | Test             |
| %         | root             |
| localhost | mysql.infoschema |
| localhost | mysql.session    |
| localhost | mysql.sys        |
+-----------+------------------+
5 rows in set (0.00 sec)

mysql>
```

图 14-47　执行迁移操作成功

再次尝试 MySQL 数据库迁移即可。

扫一扫

自测题

习题

1. 选择题

(1) 数据库备份类型从(　　)两个角度划分。

A. 冷备和热备　　B. 物理和逻辑　　C. 冷备和温备　　D. 完全和不完全

(2) 下列选项中不属于备份策略的 3 个角度的是(　　)。

A. 完全备份　　B. 差异备份　　C. 增量备份　　D. 时间备份

(3) 实现逻辑备份的 MySQL 自带工具是(　　)。

A. MySQLdump　　B. MySQL 命令

C. MySQLhotcopy　　D. Percona XtraBackup

(4) 在 MySQL 中,|符号是(　　)。

A. 管道符　　B. 通配符　　C. 结束符　　D. 以上都不正确

(5) 备份数据库的 SQL 语句中的比较符号是(　　)。

A. <　　B. >　　C. =　　D. 以上都不正确

(6) 恢复数据库的 SQL 语句中的比较符号是(　　)。

A. <　　B. >　　C. =　　D. 以上都不正确

2. 填空题

(1) 数据库备份类型从两个角度划分,分别是________。

(2) 数据库迁移时的管道符|的作用是________。

(3) 备份数据库时应该使用________符号。

(4) 恢复数据库时应该使用________符号。

(5) 需要进行数据库迁移的可能情况有哪些,试举两个例子:________。

3. 判断题

(1) 数据库可以长期使用不备份。　(　　)

(2) 数据库可以仅备份数据表。　(　　)

(3) 使用终端恢复数据库时可以在 MySQL 外恢复。　(　　)

(4) MySQL 与其他类型数据库之间进行数据迁移时需要提前查看规范差异。　(　　)

(5) SQL Server 数据库和 MySQL 数据库是互通的。　(　　)

4. 操作题

(1) 使用 MySQLdump 工具对数据库学习系统的 db_study 数据库进行备份。

(2) 使用 DROP DATABASE 语句删除 db_study 数据库。

(3) 在 MySQL 连接的情况下恢复 db_study 数据库。

(4) 使用 MySQL Workbench 工具对 db_study 数据库进行备份。

(5) 使用 Navicat Premiun 工具删除 db_study 数据库。

(6) 使用 Navicat Premiun 工具对 db_study 数据库进行恢复。

第 15 章

部署和运行数据库学习系统

CHAPTER 15

“纸上得来终觉浅，绝知此事要躬行。”MySQL 数据库的使用非常广泛，很多网站和管理系统都在使用 MySQL 数据库管理和存储数据。本章主要介绍 MySQL 在数据库学习系统中的应用，以及如何将 Java 项目部署到腾讯云轻量应用服务器上。通过本章的学习，可以清楚地了解一个系统的结构与部署，以及它们与数据库技术之间的关联。

【教学目标】

- 了解系统的基本结构；
- 了解系统开发中数据库技术的应用；
- 了解如何将一个系统部署到服务器上。

【课业任务】

王小明想利用 MySQL+Java 开发一个数据库学习系统。经过前面的学习，他已经掌握了 MySQL 的知识，现具体讲解数据库技术在数据库学习系统中的应用，以及如何将系统部署到服务器上。

15.1　数据库学习系统概述

数据库学习系统能够实现登录、学生信息查询、学生成绩查询、部门人数查询、对学生表数据进行增删改、管理用户等功能。将该系统部署到腾讯云轻量应用服务器上，作为“数据库原理与应用”课程设计的模拟开发系统。

如图 15-1 所示，数据库学习系统分为 8 个功能模块：单表查询的应用、函数查询的应用、连接查询的应用、综合查询的应用、视图的应用、存储过程的应用、触发器的应用以及用户管理，具体如下。

(1) 单表查询的应用：实现新增课程、修改和删除课程信息功能，同时可以通过“课程类型”字段查询相关课程信息。

(2) 函数查询的应用：实现新增学生、修改和删除学生信息功能，同时可以通过按钮调用函数查询，获取学生表中的最高身高和最低身高。

(3) 连接查询的应用：实现新增班级、修改和删除班级信息功能，同时可以通过查询学院名称得到该学院下所管理的班级数量信息。

(4) 综合查询的应用：实现新增成绩以及查看、修改和删除成绩信息功能，同时可以通过 CASE 函数以及多表连接实现对“成绩等级”字段的赋值。

(5) 视图的应用：实现新增部门以及查看、修改和删除部门信息功能，同时可以通过按钮调用视图，查看属于计算机系的学生人数。

(6) 存储过程的应用：可以通过学生姓名调用存储过程查询学生成绩。

(7) 触发器的应用：由触发器生成日志表的信息，可以查看日志表功能。

(8) 用户管理：实现新增用户以及查看、修改和删除用户信息功能。

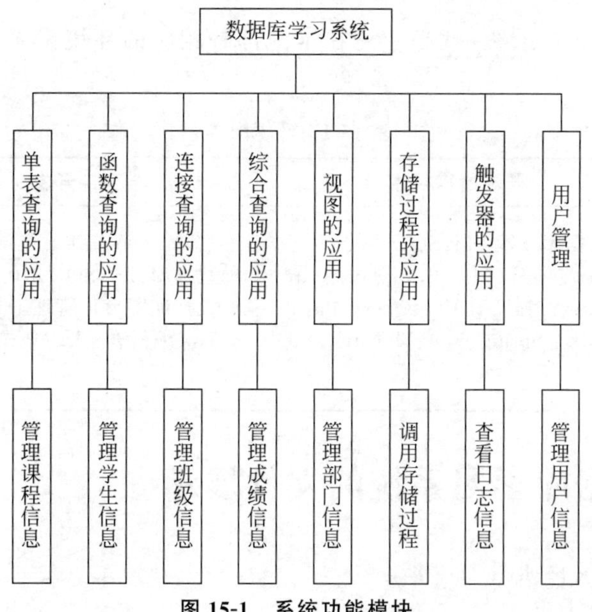

图 15-1　系统功能模块

15.2 创建数据库和导入数据表

15.2.1 新建数据库

本系统数据库命名为 db_study,具体创建步骤详见本书课业任务 4-1。

15.2.2 向数据库中导入已经存在的数据表

向数据库中导入事先准备的数据表,具体步骤详见本书课业任务 4-6,导入的数据表如图 15-2 所示。

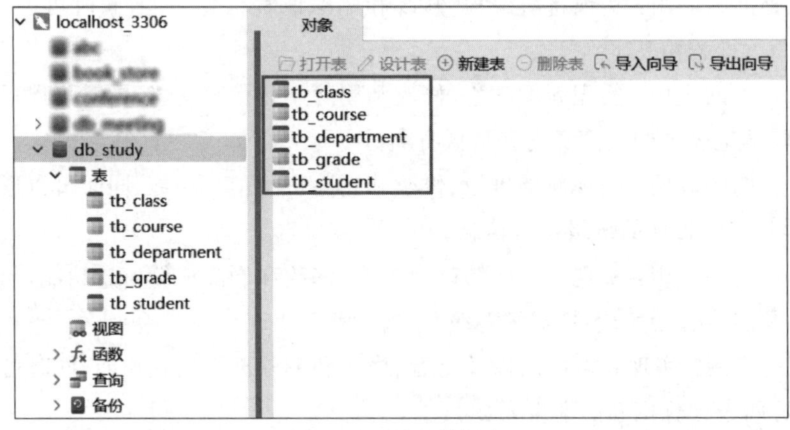

图 15-2 导入数据表

15.3 教学管理系统所需环境

要想运行数据库学习系统,就必须先在本地部署相应的环境配置,具体内容如表 15-1 所示。

表 15-1 环境配置

开发环境	开发所需技术	开发所需软件
• JDK 1.8 • Maven 3.5.2 • MySQL 8.0	• 数据库技术:MySQL • 前端:HTML、CSS、JavaScript、Thymeleaf、AJAX、JQuery、Layui • 后端:Spring Boot、Mybatis、Druid	• 数据库:MySQL 8.0.31 • 数据库图形化管理工具:Navicat Premiun 16 • Java 编程语言开发集成环境:IntelliJ IDEA 2020

15.4 数据库学习系统的文件展示

数据库学习系统文件如图 15-3 所示。

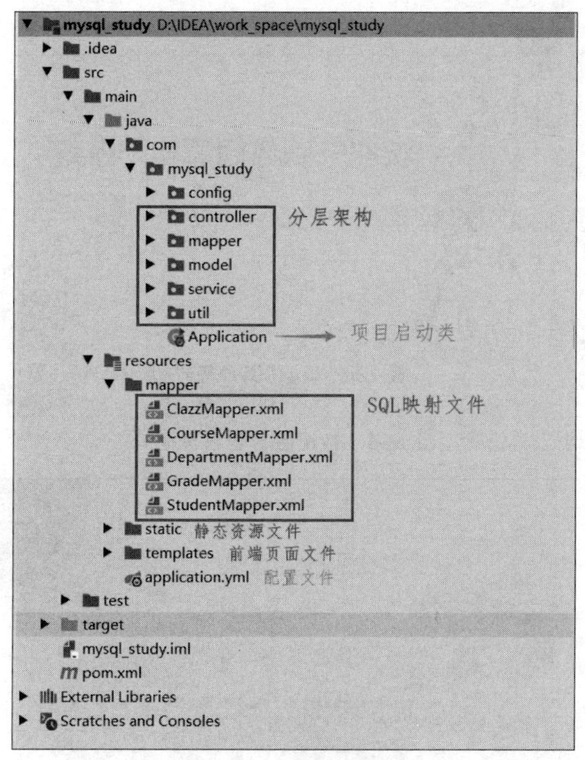

图 15-3　系统文件展示

*15.5　数据库技术在数据库学习系统中的应用

15.5.1　登录功能的应用

在数据库学习系统中输入用户名和密码，与 tb_login 数据表中的数据进行比较，比较成功后完成登录。具体参考课业任务 5-1 的任务实现步骤完成用户登录表 tb_login 的创建和数据录入，SQL 语句如下。

```
SELECT * FROM tb_login WHERE login_name = 'admin' AND login_password = '123';
```

控制台输出日志记录如图 15-4 所示。

```
==>  Preparing: SELECT * FROM tb_login WHERE 1=1 AND login_name = ? AND login_password = ?
==> Parameters: admin(String), 123(String)
<==    Columns: login_id, login_name, login_password
<==        Row: 1, admin, 123
<==      Total: 1
```

图 15-4　登录功能实现

登录成功后，进入系统后台管理页面，如图 15-5 所示。

若登录失败，登录页面提示错误信息“请确定账号是否正确！”，如图 15-6 所示。

15.5.2　分页查询功能的应用

系统中各功能模块所对应的数据表在前端页面的显示都采用了分页查询功能。本节以对 tb_course 数据表的分页查询为例进行介绍，SQL 语句如下。

图 15-5 系统后台管理页面

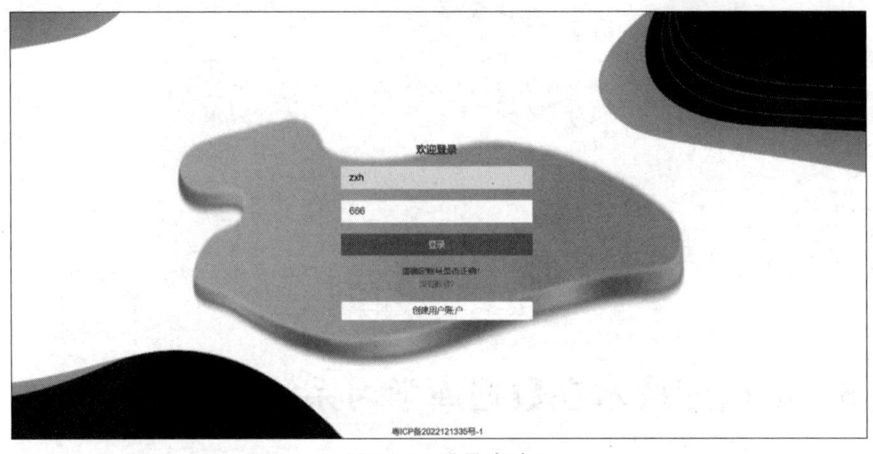

图 15-6 登录失败

```
SELECT * FROM tb_course LIMIT 10;
```

控制台输出日志记录如图 15-7 所示。

```
==>  Preparing: SELECT * FROM tb_course WHERE 1=1 LIMIT ?
==> Parameters: 10(Integer)
<==    Columns: course_id, course_name, course_type, course_credit, course_describe
<==        Row: K1001, 数据库原理与应用, 专业基础课, 4, <<BLOB>>
<==        Row: K1002, 面向对象程序设计, 专业基础课, 3, <<BLOB>>
<==        Row: K1003, 大学英语, 公共必修课, 3, <<BLOB>>
<==        Row: K1004, 信息安全管理, 专业选修课, 4, <<BLOB>>
<==        Row: K1005, 网页设计, 专业选修课, 3, <<BLOB>>
<==        Row: K1006, 数据库原理与应用课程设计, 集中实践课, 1, <<BLOB>>
<==        Row: K1007, 工作室教学, 拓展课, 3, <<BLOB>>
<==        Row: K2001, 体育, 公共必修课, 2, <<BLOB>>
<==        Row: K2002, 创新创业, 公共选修课, 4, <<BLOB>>
<==        Row: K2003, 数字电子技术, 专业基础课, 4, <<BLOB>>
<==      Total: 10
```

图 15-7 分页查询

分页查询功能在系统中的应用如图 15-8 所示。

15.5.3 添加功能的应用

以向 tb_course 数据表中添加一条课程信息为例介绍添加功能的实现。具体可参考课业

图 15-8　tb_course 数据表的分页查询

任务 8-1 的任务实现步骤。SQL 语句如下。

```
INSERT INTO tb_course
( course_id, course_name, course_type, course_credit, course_describe )
VALUES
( 'K6001', 'UML 建模技术', '专业基础课', '4', 'UML 建模技术是一种建模语言,指用模型元素组建整个系统的模型,模型元素包括系统中的类、类和类之间的关联、类的实例相互配合实现系统的动态行为等。');
```

控制台输出日志记录如图 15-9 所示。

```
==> Preparing: INSERT INTO tb_course ( course_id, course_name, course_type, course_credit,
 course_describe )VALUES( ?, ?, ?, ?, ? )
==> Parameters: K6001(String), UML建模技术(String), 专业基础课(String), 4(Integer), UML建模技术是一种
 建模语言，指用模型元素来组建整个系统的模型，模型元素包括系统中的类、类和类之间的关联、类的实例相互配合实现系统的动
 态行为等。(String)
<==     Updates: 1
```

图 15-9　添加功能

添加功能在系统中的应用如图 15-10 所示。

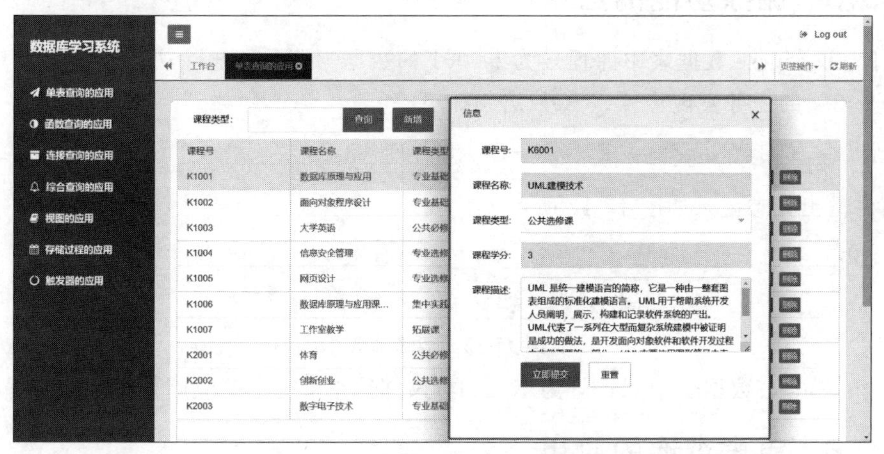

图 15-10　tb_course 数据表的数据添加

15.5.4　修改功能的应用

以修改 tb_course 数据表中课程号为 K6001 的数据为例介绍修改功能的实现。具体可参

考课业任务 8-3 的任务实现步骤。SQL 语句如下。

```
UPDATE tb_course SET course_name = 'UML 建模技术Ⅰ',
course_type = '专业选修课',
course_credit = '3',
course_describe = 'UML 建模技术是一种建模语言,指用模型元素组建整个系统的模型,模型元素包括系统中的类、类和类之间的关联、类的实例相互配合实现系统的动态行为等。'
WHERE course_id = 'K6001';
```

控制台输出日志记录如图 15-11 所示。

```
==>  Preparing: UPDATE tb_course SET course_name = ?, course_type = ?, course_credit = ?, course_describe = ? WHERE
 course_id = ?
==> Parameters: UML建模技术Ⅰ(String), 专业选修课(String), 3(Integer), UML建模技术是一种建模语言, 指用模型元素来组建整个系统的模型, 模型元
 素包括系统中的类、类和类之间的关联、类的实例相互配合实现系统的动态行为等。(String), K6001(String)
<==    Updates: 1
```

图 15-11　修改功能

对课程号为 K6001 的课程信息进行修改,在系统中的应用如图 15-12 所示。

图 15-12　tb_course 数据表的数据修改

15.5.5　删除功能的应用

以删除 tb_course 数据表中课程号为 K6001 的数据为例介绍删除功能的实现。具体可参考课业任务 8-4 的任务实现步骤。SQL 语句如下。

```
DELETE FROM tb_course WHERE course_id = 'K6001';
```

控制台输出日志记录如图 15-13 所示。

```
==>  Preparing: DELETE FROM tb_course WHERE course_id=?
==> Parameters: K6001(String)
<==    Updates: 1
```

图 15-13　删除功能

删除 tb_course 数据表中课程号为 K6001 的数据,在系统中的应用如图 15-14 所示。

15.5.6　单表查询的应用

"单表查询的应用"功能模块管理的是 tb_course 数据表。可以通过查询 course_type 和 course_credit 这两个字段获取相关课程的信息。具体可参考课业任务 6-1 的任务实现步骤。SQL 语句如下。

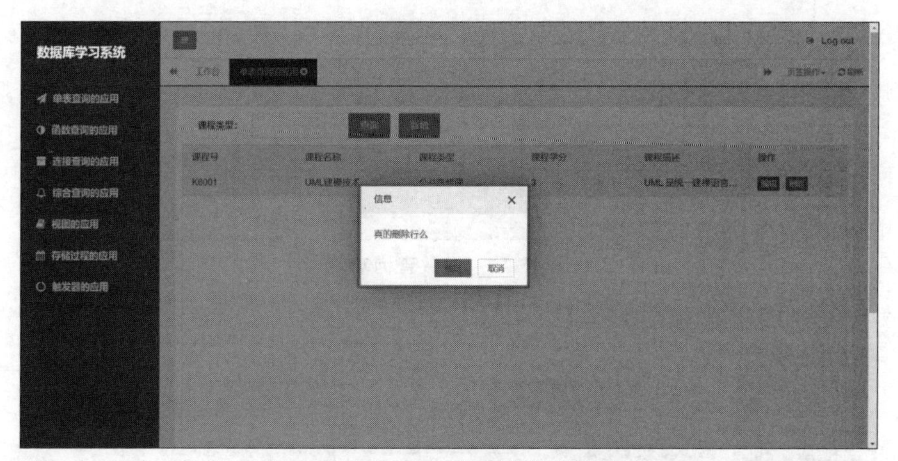

图 15-14　tb_course 数据表的数据删除

```
SELECT * FROM tb_course WHERE course_type = '专业基础课' AND course_credit = '4';
```

控制台输出日志记录如图 15-15 所示。

```
==>  Preparing: SELECT * FROM tb_course WHERE 1=1 AND course_type = ? AND course_credit = ? LIMIT ?
==> Parameters: 专业基础课(String), 4(Integer), 10(Integer)
<==    Columns: course_id, course_name, course_type, course_credit, course_describe
<==        Row: K1001, 数据库原理与应用, 专业基础课, 4, <<BLOB>>
<==        Row: K2003, 数字电子技术, 专业基础课, 4, <<BLOB>>
<==        Row: K2004, 数字信息处理, 专业基础课, 4, <<BLOB>>
<==        Row: K3003, 工程力学, 专业基础课, 4, <<BLOB>>
<==        Row: K3004, 建筑结构, 专业基础课, 4, <<BLOB>>
<==        Row: K4003, 物流信息管理, 专业基础课, 4, <<BLOB>>
<==        Row: K5003, 财务管理, 专业基础课, 4, <<BLOB>>
<==      Total: 7
```

图 15-15　单表查询功能

单表查询在系统中的应用如图 15-16 所示。

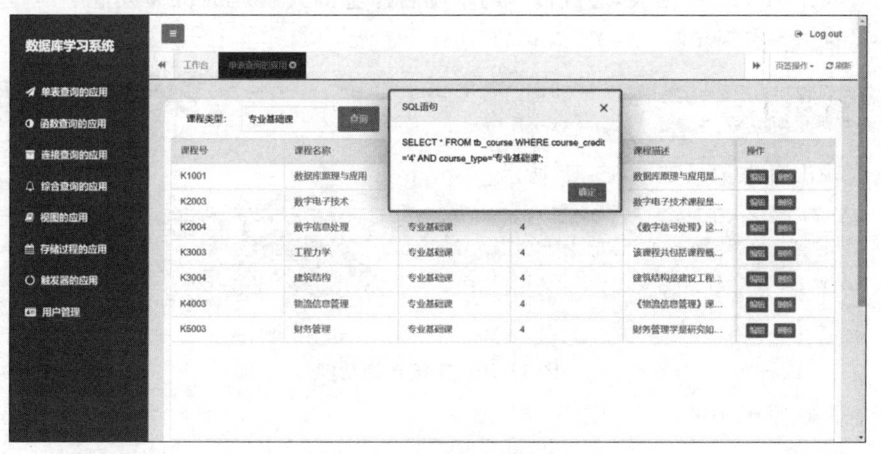

图 15-16　单表查询的应用

15.5.7　函数查询的应用

“函数查询的应用”功能模块管理的是 tb_student 数据表。可以通过 MAX()函数和 MIN()函数查询 tb_student 数据表中的最高身高和最低身高。具体可参考课业任务 6-2 的任务实现步骤。SQL 语句如下。

```
SELECT MAX(student_height) AS maxHeight, MIN(student_height) AS minHeight FROM tb_student;
```

控制台输出日志记录如图 15-17 所示。

```
==>  Preparing: SELECT MAX(student_height) AS maxHeight,MIN(student_height) AS minHeight FROM tb_student
==> Parameters: 
<==    Columns: maxHeight, minHeight
<==        Row: 187, 145
<==      Total: 1
```

图 15-17　函数查询功能

函数查询在系统中的应用如图 15-18 所示。

图 15-18　函数查询的应用

15.5.8　连接查询的应用

"连接查询的应用"功能模块管理的是 tb_class 数据表。使用 JOIN…ON 语句连接 tb_class 和 tb_department 数据表,通过输入的学院名称查询其管理的班级数量。具体可参考课业任务 6-3 的任务实现步骤。SQL 语句如下。

```
SELECT COUNT( * ) FROM tb_class JOIN tb_department td on tb_class.department_id = td.department_id WHERE department_name = '计算机学院';
```

控制台输出日志记录如图 15-19 所示。

```
==>  Preparing: SELECT COUNT(*) FROM tb_class JOIN tb_department td on tb_class.department_id = td.department_id WHERE department_name=?;
==> Parameters: 计算机学院(String)
<==    Columns: COUNT(*)
<==        Row: 15
<==      Total: 1
```

图 15-19　连接查询功能

连接查询在系统中的应用如图 15-20 所示。

15.5.9　综合查询的应用

"综合查询的应用"功能模块管理的是 tb_grade 数据表。tb_grade 数据表中的 grade_level 字段值全部为 NULL,使用 CASE 函数对成绩进行分级并为 grade_level 字段赋值。具体可参考课业任务 6-5 的任务实现步骤。SQL 语句如下。

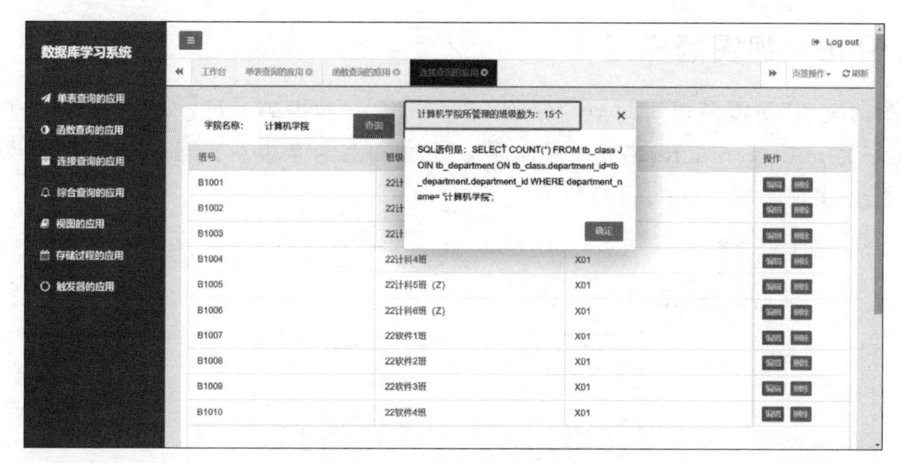

图 15-20　连接查询的应用

```
SELECT tb_grade.student_id,course_id,grade_score,
(CASE WHEN grade_score < 60 THEN '不及格'
    WHEN grade_score <= 70 THEN '及格'
    WHEN grade_score <= 80 THEN '中'
    WHEN grade_score <= 90 THEN '良'
    WHEN grade_score <= 100 THEN '优'
    ELSE '成绩异常'
END) AS grade_level
FROM tb_grade JOIN tb_student ts on tb_grade.student_id = ts.student_id;
```

控制台输出日志记录如图 15-21 所示。

```
==>  Preparing: SELECT tb_grade.student_id,course_id,grade_score, (CASE WHEN grade_score < 60 THEN '不及格' WHEN grade_score
<= 70 THEN '及格' WHEN grade_score <= 80 THEN '中' WHEN grade_score <= 90 THEN '良' WHEN grade_score <= 100 THEN '优' ELSE '成
绩异常' END) AS grade_level FROM tb_grade JOIN tb_student ts on tb_grade.student_id = ts.student_id WHERE 1=1 LIMIT ?
==> Parameters: 10(Integer)
<==    Columns: student_id, course_id, grade_score, grade_level
<==        Row: 20220101156, K2002, 49, 不及格
<==        Row: 20220101003, K1001, 69, 及格
<==        Row: 20220101156, K5004, 44, 不及格
<==        Row: 20220101089, K5004, 55, 不及格
<==        Row: 20220101133, K5003, 66, 及格
<==        Row: 20220101175, K4002, 65, 及格
<==        Row: 20220101153, K4002, 49, 不及格
<==        Row: 20220101142, K4006, 80, 中
<==        Row: 20220101147, K2004, 43, 不及格
<==        Row: 20220101129, K1006, 69, 及格
<==      Total: 10
```

图 15-21　综合查询功能

综合查询在系统中的应用如图 15-22 所示。

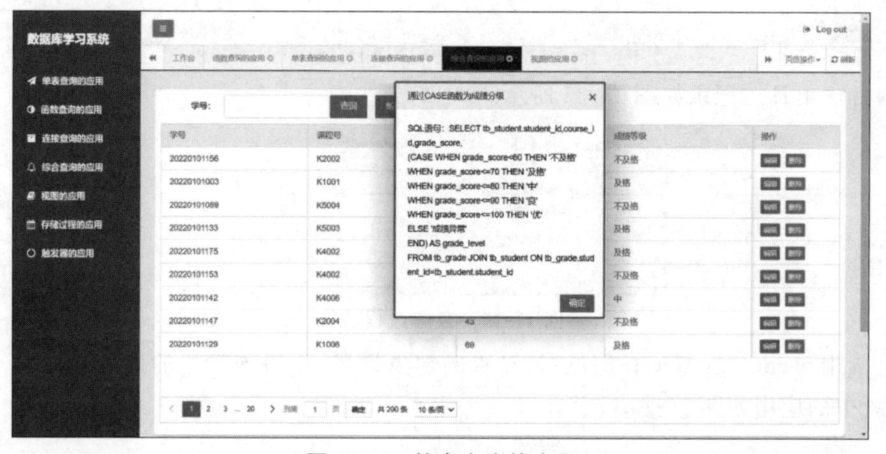

图 15-22　综合查询的应用

15.5.10 视图的应用

“视图的应用”功能模块所对应的是 tb_department 数据表。可以通过 SELECT 关键字调用创建好的 num_computer 视图,查询属于计算机系的学生总人数。具体可参考课业任务 7-1 的任务实现步骤。SQL 语句如下。

```
SELECT * FROM num_computer;
```

控制台输出日志记录如图 15-23 所示。

```
==>  Preparing: SELECT * FROM num_computer;
==> Parameters:
<==    Columns: 计算机系人数
<==        Row: 69
<==      Total: 1
```

图 15-23 视图应用功能

视图在系统中的应用如图 15-24 所示。

图 15-24 视图的应用

15.5.11 存储过程的应用

“存储过程的应用”功能模块可以调用 student_grade 存储过程,输入学生的姓名,获得该学生所学课程对应的课程号以及成绩。具体可参考课业任务 9-3 的任务实现步骤。SQL 语句如下。

```
CALL student_grade('黄安琪');
```

控制台输出日志记录如图 15-25 所示。

```
==>  Preparing: CALL student_grade(?)
==> Parameters: 黄安琪(String)
<==    Columns: course_id, grade_score
<==        Row: K4004, 56
<==        Row: K4005, 82
<==      Total: 2
<==    Updates: 0
```

图 15-25 存储过程功能

通过调用 student_grade 存储过程,输入的学生姓名,获得该学生的课程号以及对应的成绩,在系统中的应用如图 15-26 所示。

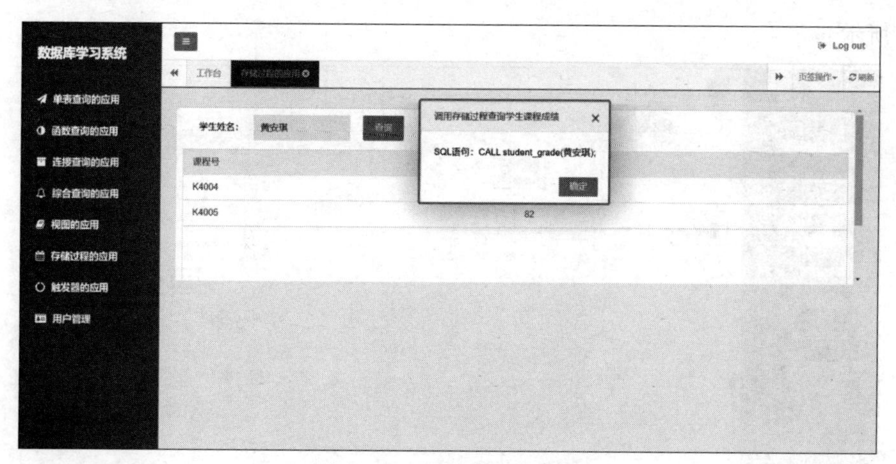

图 15-26　存储过程的应用

15.5.12　触发器的应用

"触发器的应用"功能模块可以通过 SELECT 关键字查询 tb_class_logs 数据表，而 tb_class_logs 数据表中的数据都由 tb_class 数据表中的触发器生成。具体可参考课业任务 11-3 的任务实现步骤。SQL 语句如下。

```
SELECT id,date,log_text FROM tb_class_logs;
```

控制台输出日志记录如图 15-27 所示。

```
==>  Preparing: SELECT id,date,log_text FROM tb_class_logs LIMIT ?
==> Parameters: 10(Integer)
<==    Columns: id, date, log_text
<==        Row: 1, 2023-03-14, 添加了新的班级信息
<==        Row: 2, 2023-03-16, 添加了新的班级信息
<==      Total: 2
```

图 15-27　触发器功能

触发器在系统中的应用如图 15-28 所示。

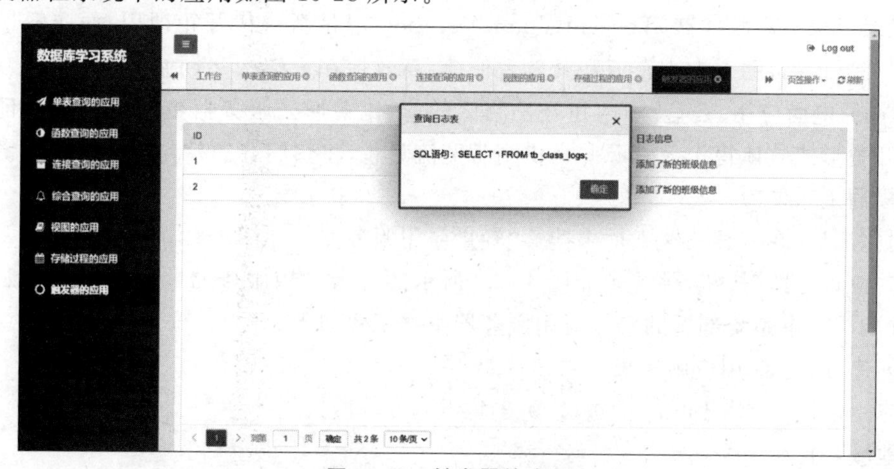

图 15-28　触发器的应用

15.5.13　用户管理的应用

"用户管理"功能模块所对应的是 tb_login 数据表，管理员可以管理所有用户的信息，如

图 15-29 所示。

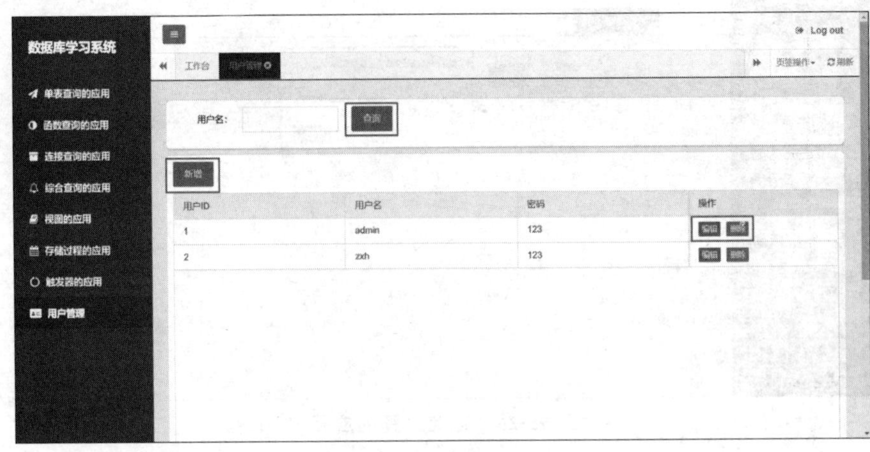

图 15-29　用户管理的应用

*15.6　将数据库学习系统部署到腾讯云轻量应用服务器

15.6.1　腾讯云轻量应用服务器的配置

1. 注册腾讯云账号

进入腾讯云官网(https://cloud.tencent.com),如图 15-30 所示。单击右上角"免费注册"按钮,然后使用微信扫码进行快速注册。注册完成后,根据提示进行实名认证。

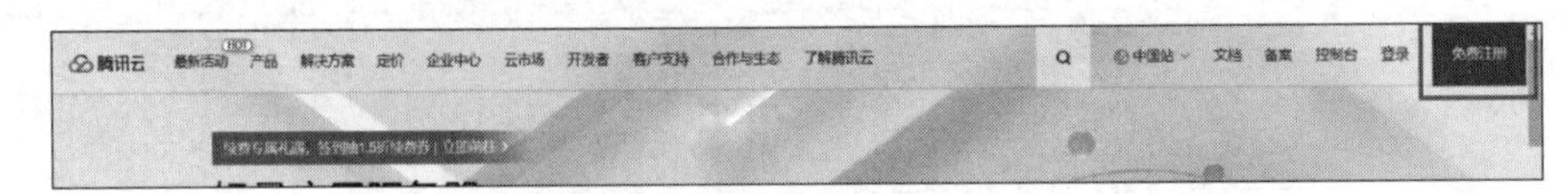

图 15-30　注册腾讯云账号

2. 购买轻量应用服务器

腾讯云轻量应用服务器(TencentCloud Lighthouse)是新一代开箱即用、面向轻量应用场景的云服务器产品,助力中小企业和开发者便捷、高效地在云端构建网站、Web 应用、小程序/小游戏、App、电商应用、云盘/图床和开发测试环境,比普通云服务器更加简单易用且更贴近应用,以套餐形式整体售卖云资源并提供高带宽流量包,将热门开源软件打包实现一键构建应用,提供极简上云体验。

注册完成后,在首页的搜索框中搜索"轻量应用服务器",如图 15-31 所示。

单击"立即选购"按钮,跳转到如图 15-32 所示的轻量应用服务器购买页面。按照需求进行配置并购买。本系统部署的轻量应用服务器基本配置如下。

- 创建方式:使用应用模板。
- 应用模板:宝塔 Linux 面板(7.9.3 腾讯云专享版)。
- 地域:上海。
- 可用区:随机分配。
- 套餐类型:入门型。
- 套餐规格:2 核(独享)CPU;2GB 内存;40GB SSD 系统盘;3Mb/s 带宽;200GB/月流量包。

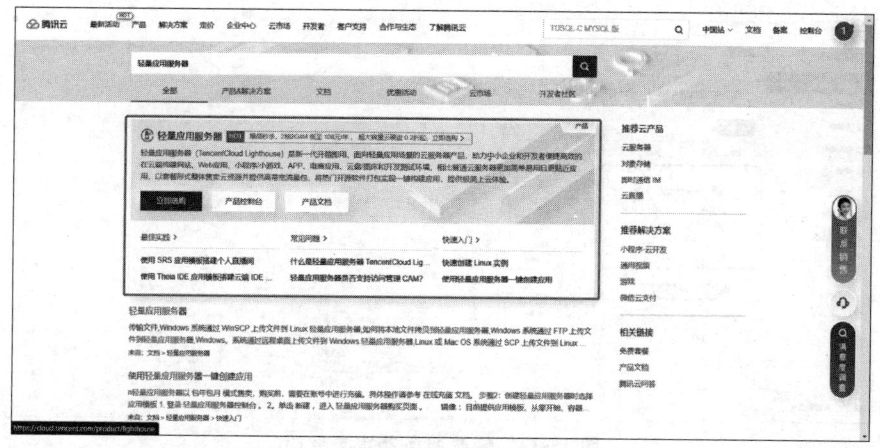

图 15-31　搜索"轻量应用服务器"

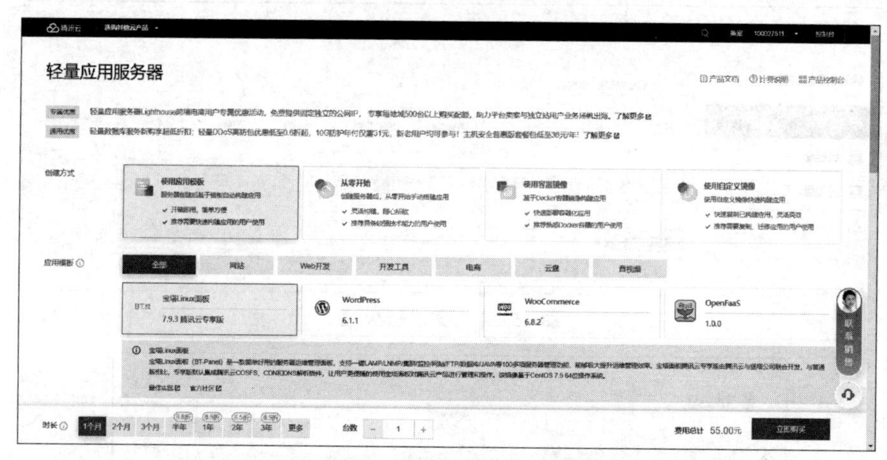

图 15-32　购买轻量应用服务器

说明：根据《互联网信息服务管理办法》和《非经营性互联网信息服务备案管理办法》规定，所有对中国大陆境内提供服务的网站都必须先进行 ICP 备案。备案需要当前选择的轻量应用服务器购买时长需要在 3 个月及以上。请确保已经完成了 ICP 备案并获得了备案号，再开始使用轻量应用服务器提供的服务。

3. 远程管理服务器

购买成功后，在轻量应用服务器的控制台上单击"更多"下拉列表，如图 15-33 所示。选择"重置密码"选项，修改服务器登录密码，为后续连接服务器实例与登录做准备。

单击服务器实例，进入实例后，切换至"防火墙"选项卡，单击"添加规则"按钮，如图 15-34 所示。

如图 15-35 所示，端口设置与数据库学习系统所需端口一致，然后单击"确定"按钮添加规则。后续即可通过服务器实例的 IP 地址＋端口号访问数据库学习系统。

按照同样的步骤添加宝塔(宝塔 Linux 面板默认端口为 8888)和 MySQL(MySQL 默认端口为 3306)的访问规则，从而确保宝塔能够顺利登录，如图 15-36 所示。

远程管理服务器的方式有多种，如 SSH 远程登录、SecureCRT 远程登录以及 Xshell 远程登录等。本系统使用轻量应用服务器中的 WebShell 对服务器进行远程管理。WebShell 是一种基于 Web 的命令行接口，它允许在使用任何特定的远程登录软件的情况下，通过简单地在 Web 浏览器中输入 URL 和凭据快速连接并访问远程服务器。

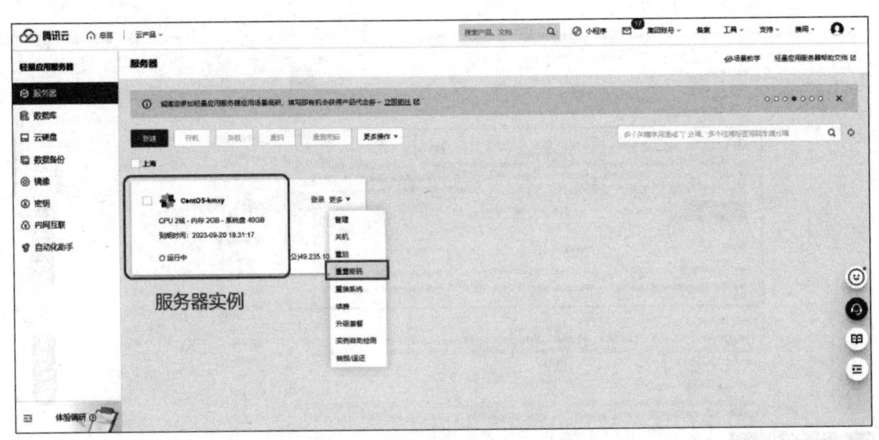

图 15-33　修改服务器登录密码

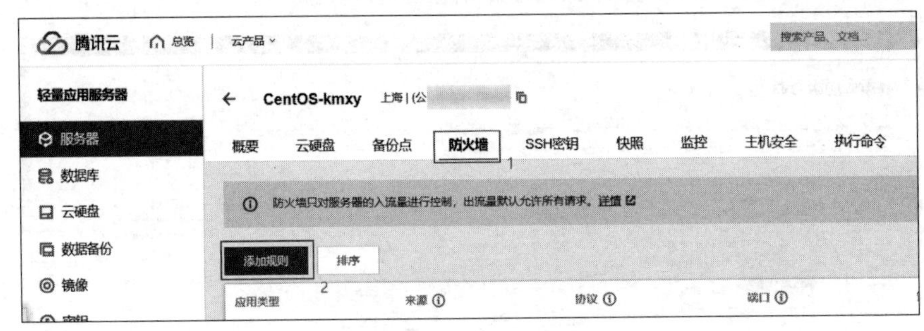

图 15-34　设置防火墙

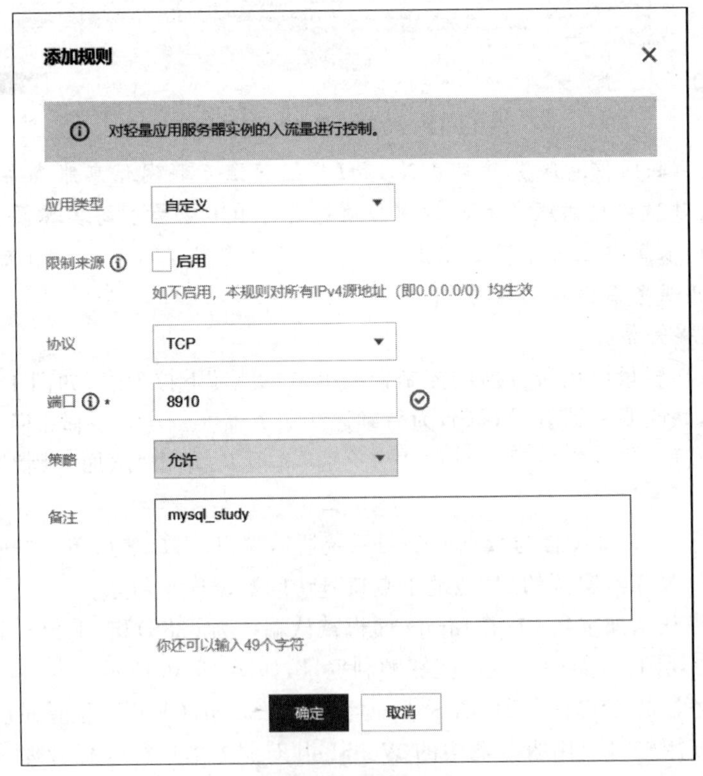

图 15-35　添加规则

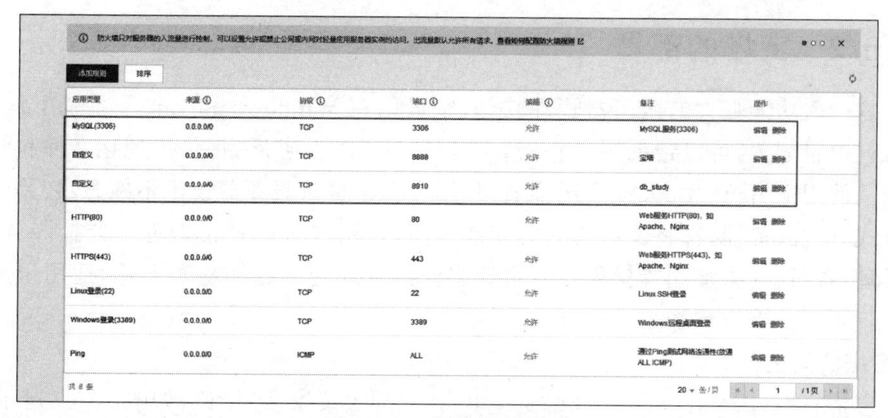

图 15-36　添加其他规则

防火墙设置完成后，切换至“概要”选项卡，在“远程登录”子窗口中单击“密码/密钥登录”下的“登录”按钮，如图 15-37 所示。

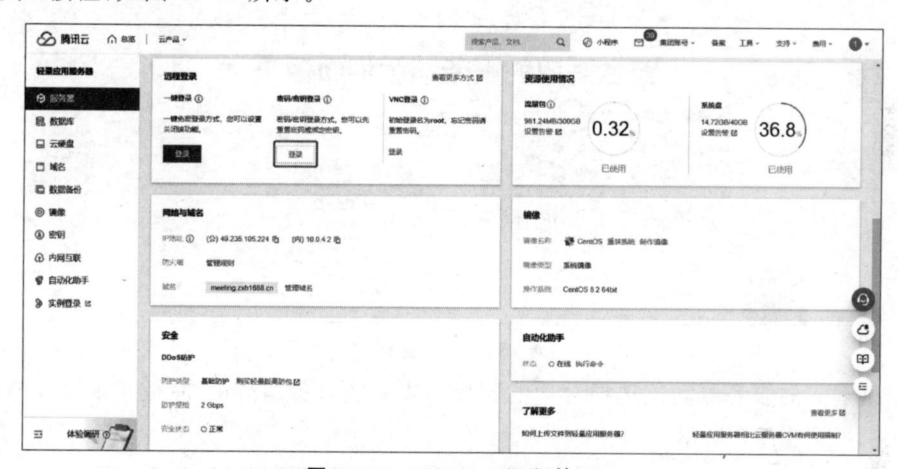

图 15-37　WebShell 远程管理

进入如图 15-38 所示的登录页面。输入服务器登录密码后，单击“登录”按钮即可远程管理服务器。

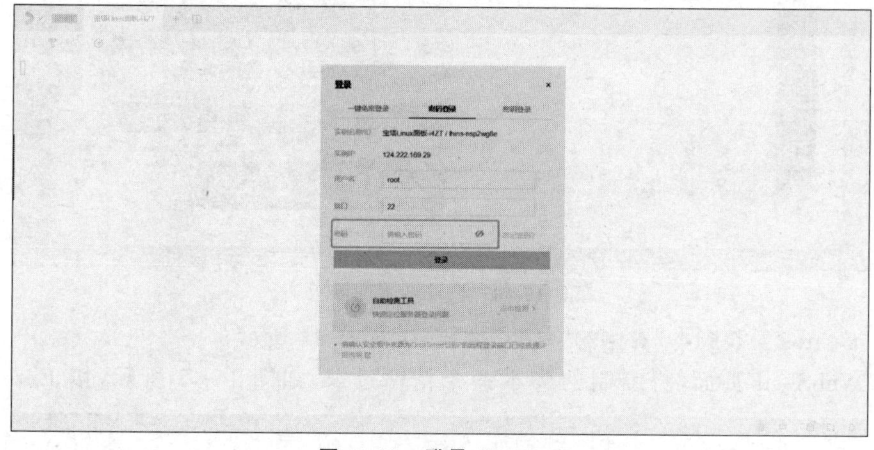

图 15-38　登录 WebShell

15.6.2 宝塔的部署

宝塔是一款功能强大的服务器管理软件,它可以在 Windows 和 Linux 系统上运行,并提供了一系列内置配置,可以帮助用户轻松管理网站、FTP、数据库,提供可视化文件和软件管理器等功能。使用宝塔可以大大提高运维效率,用户无论是对服务器技术不熟悉,还是希望以更简单的方式管理服务器,都将受益于它。安装宝塔后,用户可以轻松管理并监控服务器,并进行网站管理、备份、安全加固等操作。宝塔让服务器管理变得更加易于上手,适用于广泛的使用需求。宝塔的部署步骤如下。

1. 宝塔的安装

进入宝塔官网(https://www.bt.cn),单击"立即免费安装"按钮,如图 15-39 所示。

图 15-39　宝塔官网

根据已购买的服务器实例选择合适的面板。本系统选择"Linux 面板 7.9.4",单击"安装脚本"按钮,如图 15-40 所示。

图 15-40　选择合适的面板

单击"Centos 安装脚本"右侧的"复制"按钮,如图 15-41 所示。

回到 WebShell 页面,将复制的脚本命令粘贴过来,如图 15-42 所示,按 Enter 键进行安装。

如图 15-43 所示,输入 y,按 Enter 键后等待宝塔安装完成。

如图 15-44 所示,保存外网面板地址、username 和 password 等信息,为后续登录宝塔面板做准备。

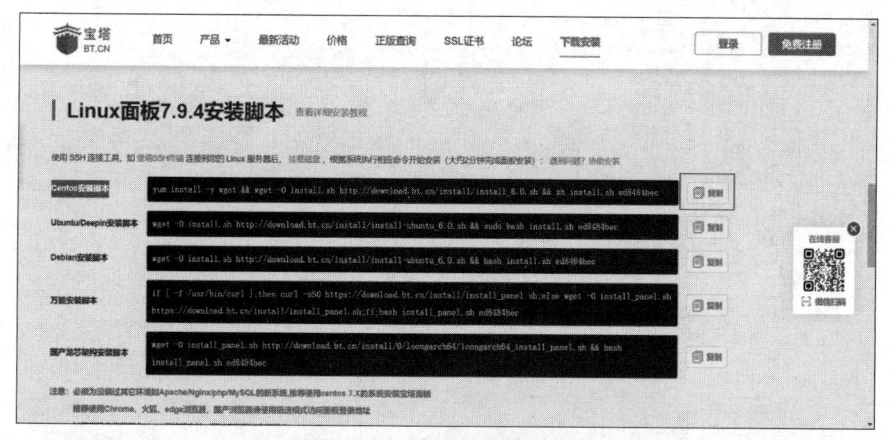

图 15-41　复制安装脚本命令

```
[root@VM-4-2-centos ~]# yum install -y wget && wget -O install.sh http://download.bt.cn/install/install_6.0.sh && sh install.sh ed8484bec
```

图 15-42　安装宝塔

```
2022-09-24 20:02:53 (241 MB/s) - 'install.sh' saved [30239/30239]

+----------------------------------------------------------------------
| Bt-WebPanel FOR CentOS/Ubuntu/Debian
+----------------------------------------------------------------------
| Copyright © 2015-2099 BT-SOFT(http://www.bt.cn) All rights reserved.
+----------------------------------------------------------------------
| The WebPanel URL will be http://SERVER_IP:8888 when installed.
+----------------------------------------------------------------------

Do you want to install Bt-Panel to the /www directory now?(y/n): y
```

图 15-43　安装宝塔完成

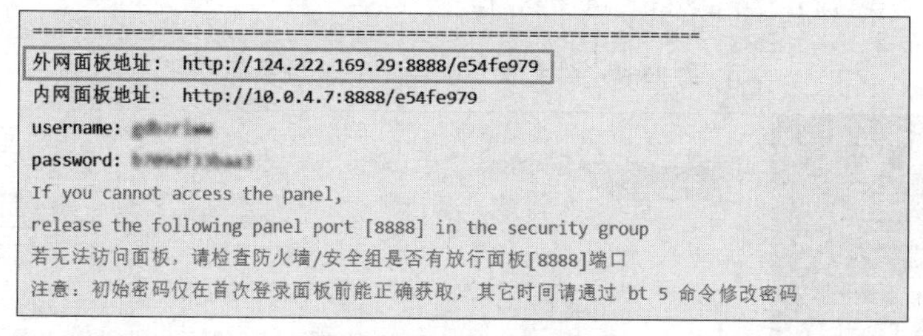

图 15-44　保存账号信息

注意：宝塔安装好后，也可以通过在 WebShell 输入 bt 命令，以获取宝塔命令行辅助管理工具。这将允许用户在命令行模式下快速执行各种有助于管理和优化服务器的任务。当然，这需要用户对命令行操作有一定的了解，熟悉基本的 Linux 命令和操作，如图 15-45 所示。

2. 登录宝塔 Linux 面板

在浏览器的地址栏中输入外网面板地址进入“宝塔 Linux 面板”登录页面，如图 15-46 所示。填写在图 15-44 中获得的用户名和密码，单击“登录”按钮进入宝塔首页。

3. 下载部署系统所需软件

注册登录成功后，在宝塔首页进入“软件商城”，自行下载 Tomcat 8.5.78(Tomcat 中自带了 JDK 8.0)、“Java 项目一键部署”以及 MySQL 8.0.24 软件，如图 15-47 所示。

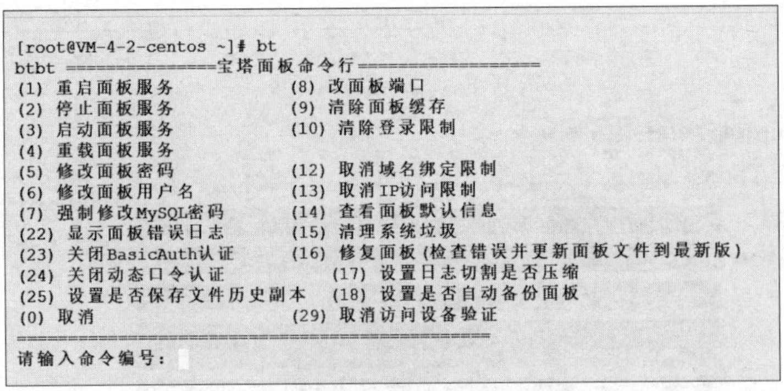

[root@VM-4-2-centos ~]# bt
btbt ===============宝塔面板命令行==================
(1) 重启面板服务
(8) 改面板端口
(2) 停止面板服务
(9) 清除面板缓存
(3) 启动面板服务
(10) 清除登录限制
(4) 重载面板服务
(5) 修改面板密码
(12) 取消域名绑定限制
(6) 修改面板用户名
(13) 取消IP访问限制
(7) 强制修改MySQL密码
(14) 查看面板默认信息
(22) 显示面板错误日志
(15) 清理系统垃圾
(23) 关闭BasicAuth认证
(16) 修复面板(检查错误并更新面板文件到最新版)
(24) 关闭动态口令认证
(17) 设置日志切割是否压缩
(25) 设置是否保存文件历史副本
(18) 设置是否自动备份面板
(0) 取消
(29) 取消访问设备验证
请输入命令编号：

图 15-45　获取宝塔命令行辅助管理工具

宝塔Linux面板
124.222.169.29:8888/e54fe979
切换扫码登录
宝塔Linux面板
账号
密码
登录
忘记密码>>

图 15-46　“宝塔 Linux 面板”登录页面

124.222.169.29
首页
网站
FTP
数据库
Docker
监控
安全
防火墙
文件
终端
计划任务
软件商店
面板设置
退出
立即购买
Linux企业版优势
在线客服
最近使用入口
软件名称
开发商
说明
价格
腾讯云COSFS 2.0
微步木马检测 1.0
Apache 2.4.56
MySQL 8.0.24
MySQL是一种关系数据库管理系统!(支持alisql/greatsql/mariadb)
Java项目一键部署 3.5
Java项目一键部署，包括tomcat、spring boot
Tomcat 8.5.78
开发和调试JSP程序的首选
腾讯云CDN 1.0
腾讯云DNS解析 1.0
宝塔SSH终端 1.0
完整功能的SSH客户端，仅用于连接本服务器
宝塔Linux面板 ©2014-2023 广东堡塔安全技术有限公司 (bt.cn)

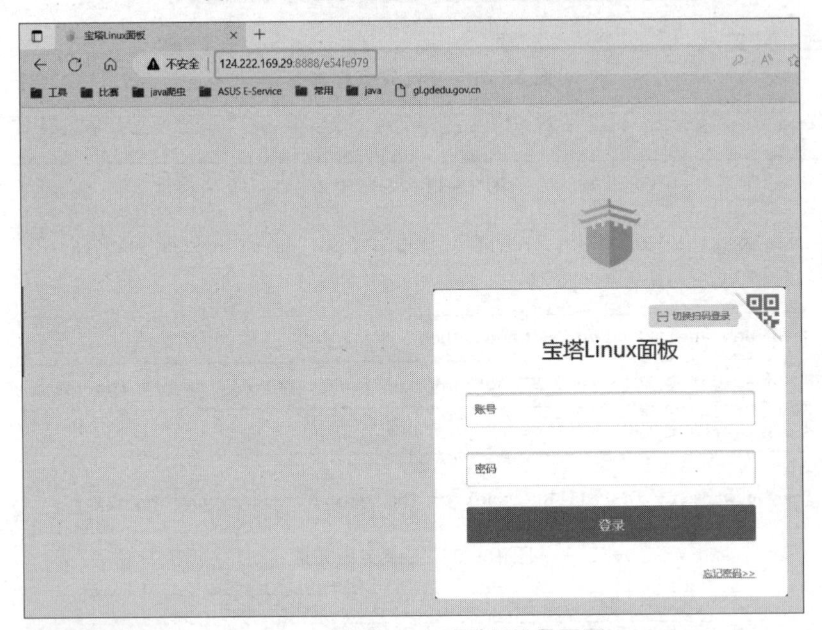

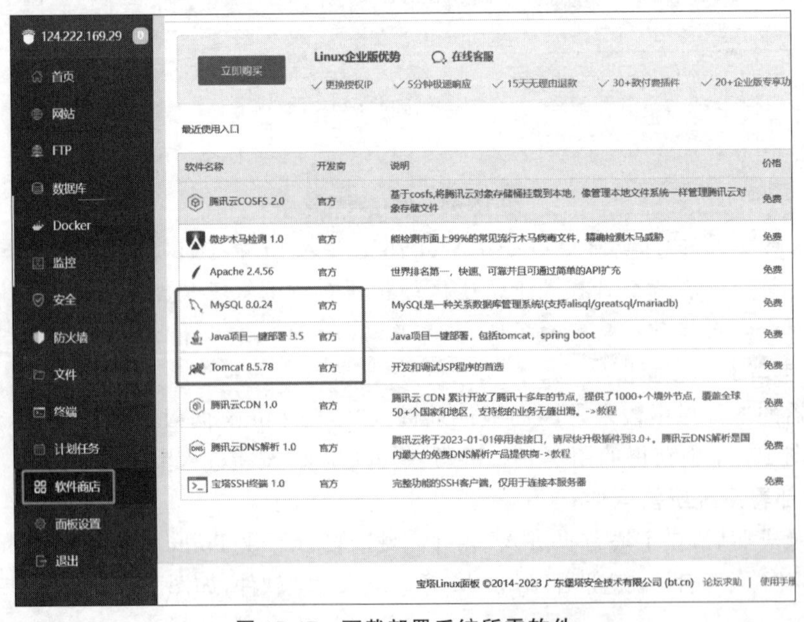

图 15-47　下载部署系统所需软件

4. 数据库的导入

在宝塔首页进入“数据库”页面，单击“添加数据库”按钮，弹出“添加数据库”对话框，如图 15-48 所示。填写完数据库名和密码后，单击“提交”按钮，即可在服务器上成功创建数据库。

注意：此时的数据库名和密码并非本地的数据库名和密码，因此可以自行输入。若出现“数据库管理密码错误！”的提示，可以尝试单击“root 密码”按钮修改密码并重新提交。

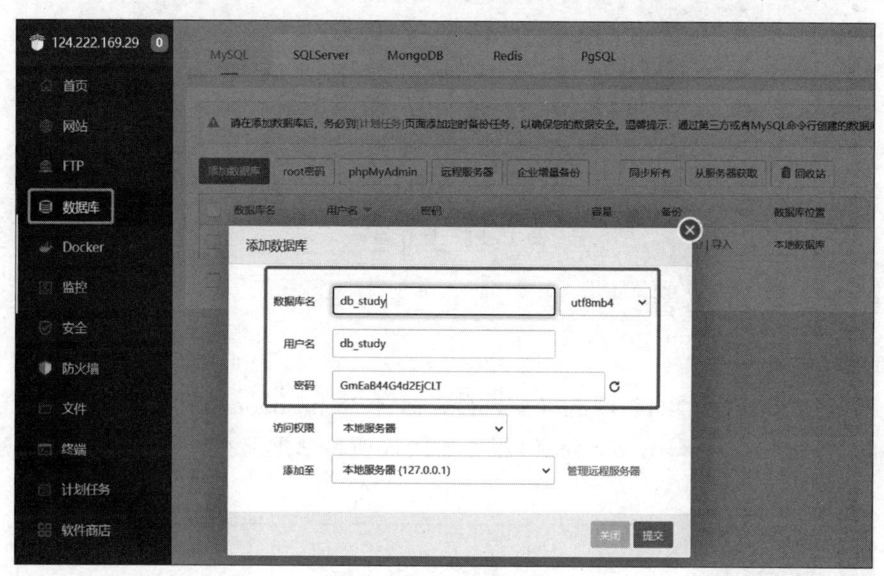

图 15-48　添加数据库

如图 15-49 所示，单击“导入”选项，弹出“从文件导入数据库”对话框。

图 15-49　导入数据库

如图 15-50 所示，单击“从本地上传”按钮，将项目所需的本地数据库导出并上传。

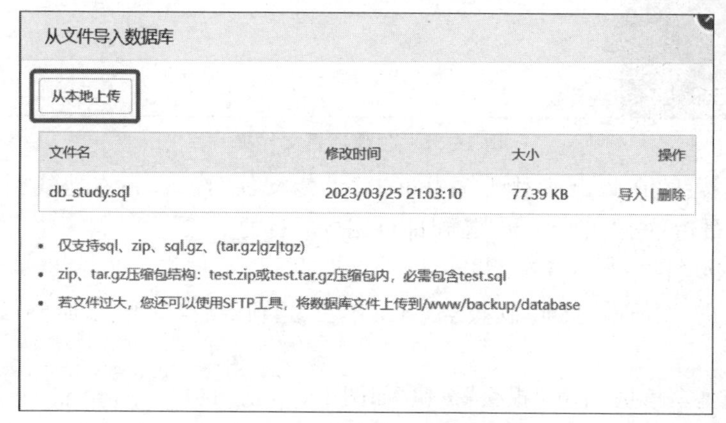

图 15-50　从本地上传数据库

完成本地数据库的上传后，单击“导入”选项，弹出如图 15-51 所示的操作验证。完成验证后，本地数据库上传成功。

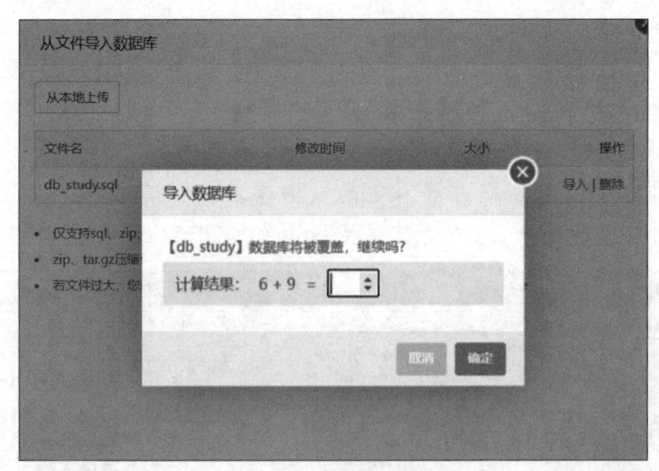

图 15-51 操作验证

15.6.3 系统部署

1. 项目打包与上传

本系统是 SpringBoot 项目，因此以下内容以部署 SpringBoot 项目为例。在宝塔首页进入“文件”页面，找到/www/wwwroot 路径(服务器默认项目部署路径)，在该路径下新建文件夹存放项目，如图 15-52 所示。

图 15-52 创建项目文件夹

单击“上传”按钮，在弹出的对话框中单击“上传文件”按钮，在本地找到项目 jar 包，如图 15-53 所示。最后单击“开始上传”按钮即可完成项目的上传。

2. 添加 Java 项目

在宝塔首页进入“网站”页面，切换至“Java 项目”选项卡后，单击“添加 Java 项目”按钮，如图 15-54 所示。

填写项目的基本信息，单击“提交”按钮，如图 15-55 所示。

如图 15-56 所示，检查项目日志中无明显报错后，就可以通过服务器实例的 IP 地址＋项目端口号进行访问。

根据 IP＋端口号访问数据库学习系统，如图 15-57 所示。

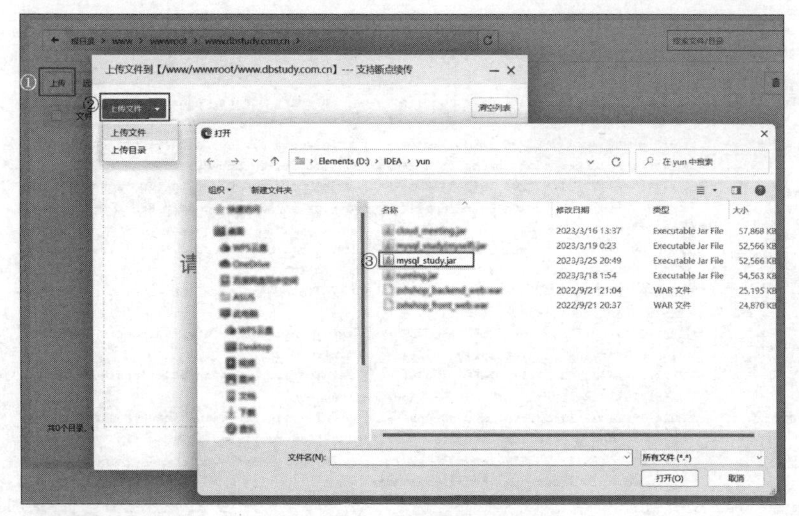

图 15-53　上传项目 jar 包

图 15-54　添加 Java 项目

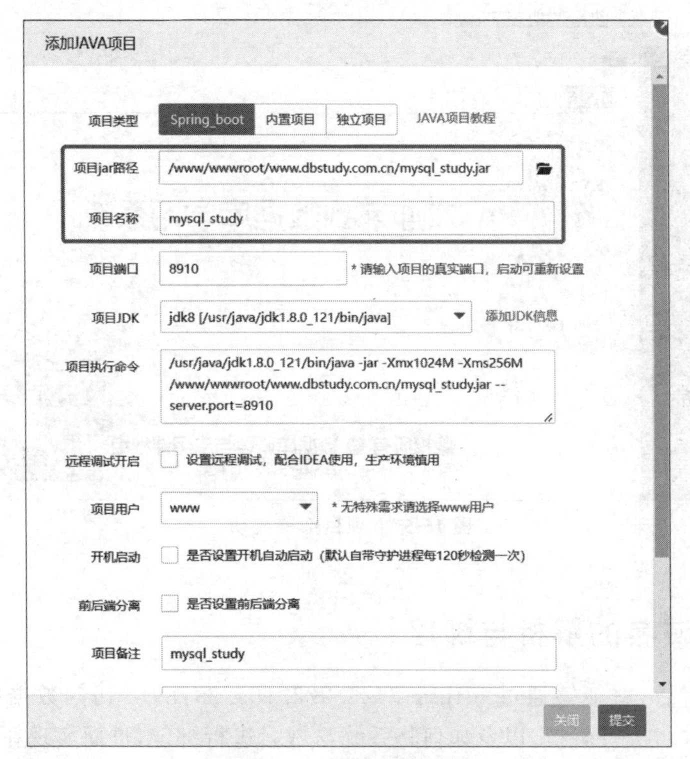

图 15-55　完善项目信息

JAVA项目管理-[running1], 添加时间[2022-09-24 22:11:52]

项目信息 | 域名管理 | 外网映射 | 伪静态 | 配置文件 | SSL | 服务状态 | 负载状态 | 项目日志 | 网站日志

```
egate : Multiple Spring Data modules found, entering strict repository configuratio
n mode!
2022-09-24 22:11:56.238 INFO 336036 --- [ main] .s.d.r.c.RepositoryConfigurationDel
egate : Bootstrapping Spring Data Redis repositories in DEFAULT mode.
2022-09-24 22:11:56.294 INFO 336036 --- [ main] .s.d.r.c.RepositoryConfigurationDel
egate : Finished Spring Data repository scanning in 36 ms. Found 0 Redis repository
interfaces.
2022-09-24 22:11:57.404 INFO 336036 --- [ main] o.s.b.w.embedded.tomcat.TomcatWebSe
rver : Tomcat initialized with port(s): 7111 (http)
2022-09-24 22:11:57.430 INFO 336036 --- [ main] o.apache.catalina.core.StandardServ
ice : Starting service [Tomcat]
2022-09-24 22:11:57.430 INFO 336036 --- [ main] org.apache.catalina.core.StandardEn
gine : Starting Servlet engine: [Apache Tomcat/9.0.48]
2022-09-24 22:11:57.540 INFO 336036 --- [ main] o.a.c.c.C.[Tomcat].[localhost].[/]
: Initializing Spring embedded WebApplicationContext
2022-09-24 22:11:57.540 INFO 336036 --- [ main] w.s.c.ServletWebServerApplicationCo
ntext : Root WebApplicationContext: initialization completed in 2643 ms
2022-09-24 22:11:58.979 INFO 336036 --- [ main] o.s.b.a.w.s.WelcomePageHandlerMappi
ng : Adding welcome page template: index
2022-09-24 22:11:59.097 WARN 336036 --- [ main] org.thymeleaf.templatemode.Template
Mode : [THYMELEAF][main] Template Mode 'LEGACYHTML5' is deprecated. Using Template
Mode 'HTML' instead.
2022-09-24 22:12:00.139 INFO 336036 --- [ main] o.s.b.w.embedded.tomcat.TomcatWebSe
rver : Tomcat started on port(s): 7111 (http) with context path ''
2022-09-24 22:12:00.159 INFO 336036 --- [ main] com.mty.running.Application : Start
ed Application in 6.441 seconds (JVM running for 7.241)
2022-09-24 22:12:14.174 INFO 336036 --- [nio-7111-exec-1] o.a.c.c.C.[Tomcat].[local
host].[/] : Initializing Spring DispatcherServlet 'dispatcherServlet'
2022-09-24 22:12:14.174 INFO 336036 --- [nio-7111-exec-1] o.s.web.servlet.Dispatche
rServlet : Initializing Servlet 'dispatcherServlet'
2022-09-24 22:12:14.175 INFO 336036 --- [nio-7111-exec-1] o.s.web.servlet.Dispatche
rServlet : Completed initialization in 1 ms
2022-09-24 22:12:15.344 WARN 336036 --- [nio-7111-exec-7] o.s.web.servlet.PageNotFo
und : No mapping for GET /favicon.ico
```

图 15-56　检查项目日志

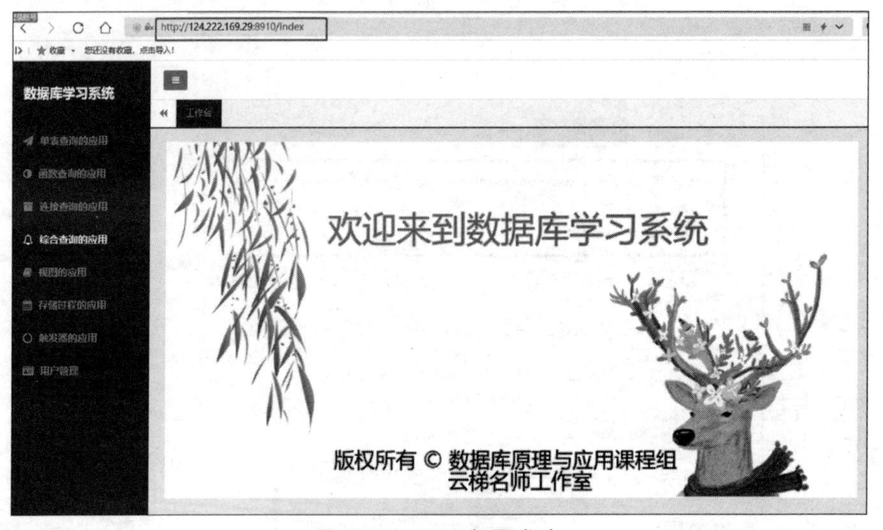

图 15-57　项目部署成功

15.6.4　域名的解析与绑定

完成系统部署后，就能够通过 https://124.222.169.29:8910 访问数据库学习系统。本节将讲解如何对域名进行解析，以及如何将系统与域名进行绑定，进而实现在浏览器中输入域名访问数据库学习系统。

1. 信息模板补充完整

在腾讯云首页搜索框中搜索“域名注册”,在信息页中选择“控制台”,进入域名注册管理页面,如图 15-58 所示。将信息模板内的信息补充完整后,等待实名审核,通常审核需要 3～5 天。

图 15-58　域名注册管理页面

2. 域名的购买与备案

请注意,根据相关政策法规的要求,域名注册时需要选择已经经过实名审核的信息模板。如果没有可用的信息模板,请先创建一个并等待实名审核。实名审核通过后,进入域名注册购买页面,选择合适的域名进行购买,本项目购买的域名是 www. dbstudy. com. cn。

购买域名后,需要进行备案才能使用。备案是指将域名和网站的相关信息注册到中国政府的备案系统中,确保网站的合法性和安全性。没有备案的域名无法在中国大陆访问。因此,购买域名后需要尽快进行备案。

在腾讯云首页的搜索框中搜索“网站备案”,进入网站备案管理页面。如图 15-59 所示,单击“新增备案”按钮。

如图 15-60 所示,完善备案信息并进行验证。

说明:若轻量应用服务器购买时长不足 3 个月,是无法通过备案的。

提交备案信息等待工信部系统通过审核,如图 15-61 所示。

3. 域名解析

域名购买成功后,回到“域名注册”控制台,进入“我的域名”页面,单击购买的域名记录的

图 15-59　网站备案

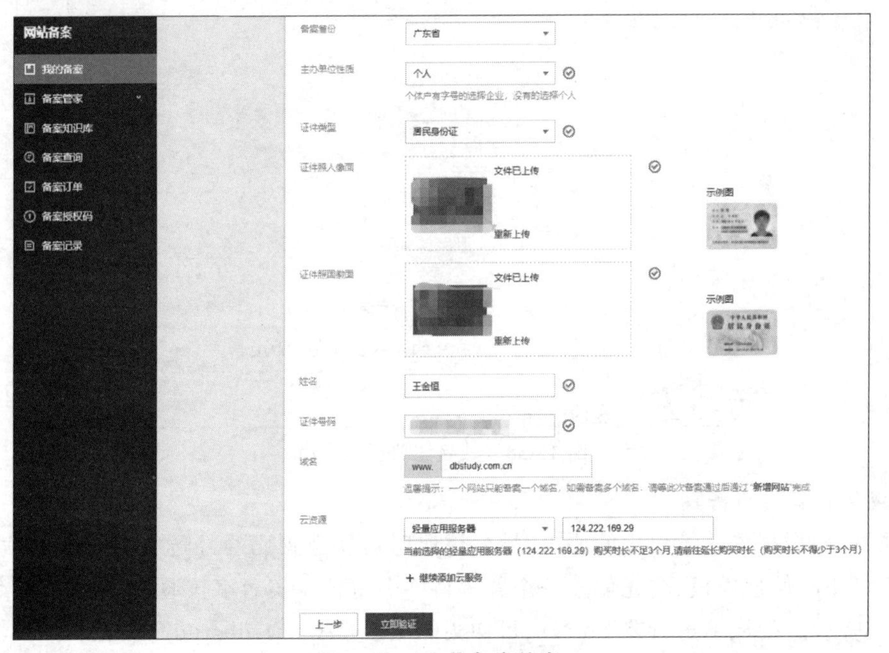

图 15-60　完善备案信息

“解析”选项,如图 15-62 所示。

如图 15-63 所示,单击“快速添加解析”按钮,在“网站解析”选项中单击“轻量应用服务器”的单选按钮,找到已经购买的轻量应用服务器,添加成功后,用户可以通过 www.dbstudy.com.cn 访问部署的项目。修改敏感信息需要验证身份,最后单击“确定”按钮配置生效。

4. SSL 证书申请

SSL 证书遵守 SSL 协议,由受信任的数字证书颁发机构(Certificate Authority,CA)在验证服务器身份后颁发,具有服务器身份验证和数据传输加密功能。SSL 证书具有以下作用。

(1) 防止信息被窃听。SSL 证书通过加密技术确保信息在传输过程中不被监听或窃取,从而保障了信息的安全性。

图 15-61　等待审核

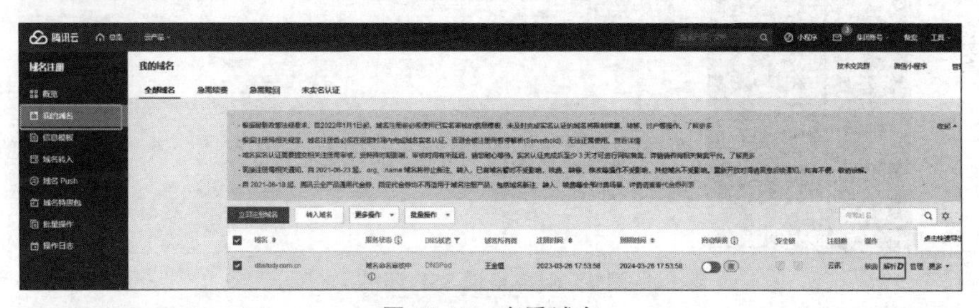

图 15-62　查看域名

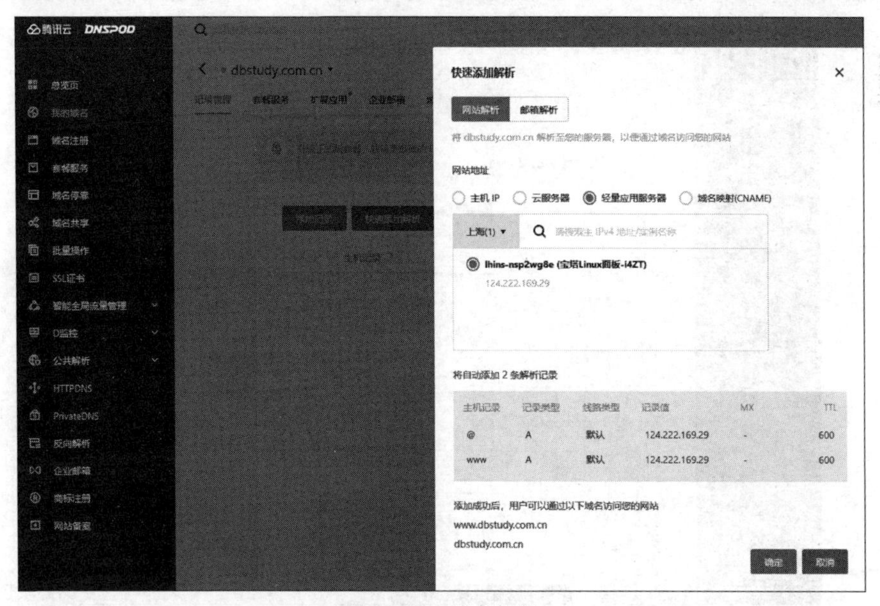

图 15-63　域名解析

(2) 防止信息被篡改。SSL 证书在通信双方之间创建了一个安全通道，保证任何信息在传输过程中不会受到篡改或损坏，可以有效避免信息被篡改。

(3) 提高网站可信度。SSL 证书使网站遵循超文本传输安全协议(Hypertext Transfer

Protocol Secure,HTTPS)协议,浏览器在访问网站时会给予“安全”的标识,并显示一个绿色的小锁头图标,这样可以告诉用户网站是可信的,并且他们不必担心自己的个人信息是否受到保护。

(4) 提高 SEO 排名。谷歌宣布使用 HTTPS 协议的网站将获得更高的搜索引擎排名,因为它们被认为比非加密的网站更安全,这进一步推动了 SSL 证书的普及。

SSL 证书的申请步骤如下。

在当前控制台的搜索框中搜索“SSL 证书”,单击“前往控制台”按钮进入“我的证书”管理页面。如图 15-64 所示,单击“申请免费证书”按钮。

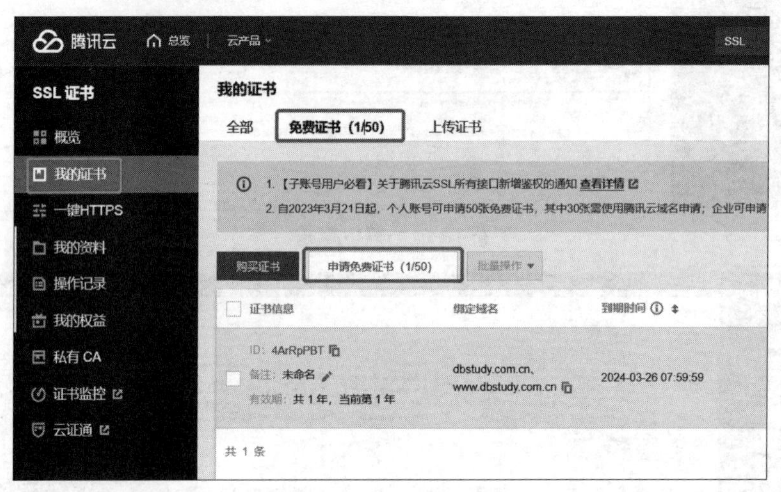

图 15-64 申请 SSL 证书

选择证书类型为免费版。如图 15-65 所示,填写证书申请表并提交,等待签发即可。

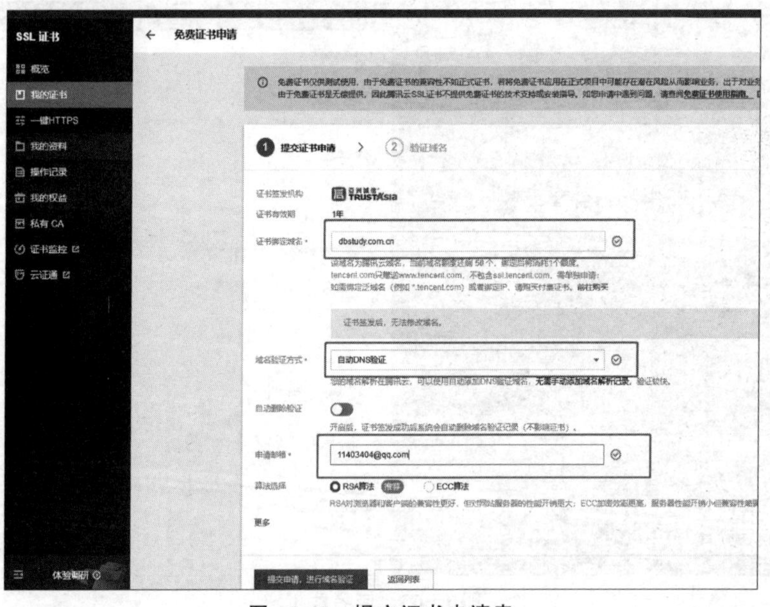

图 15-65 提交证书申请表

证书签发成功后,进入“我的证书”页面,单击证书对应的“下载”按钮,如图 15-66 所示。

如图 15-67 所示,在弹出的“下载证书”对话框中,单击“腾讯云宝塔面板”选项右侧的“下载”链接下载 SSL 证书,保存备用。

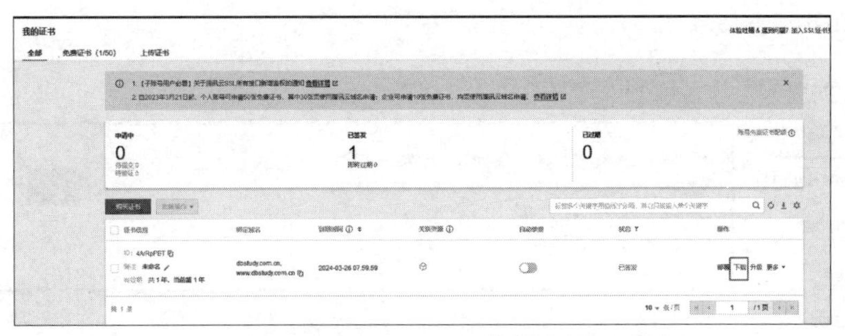

图 15-66　下载证书

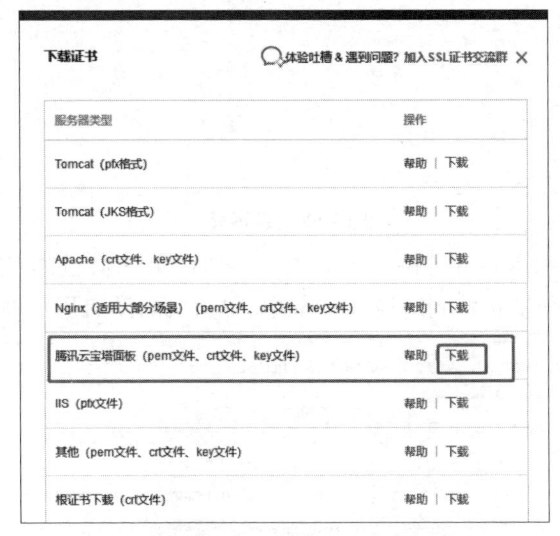

图 15-67　下载 SSL 证书

5. 项目绑定域名

回到宝塔面板，进入“网站”页面，切换至“JAVA 项目”选项卡，双击数据库学习系统对应的 mysql_study 项目，弹出“JAVA 项目管理”对话框，如图 15-68 所示。

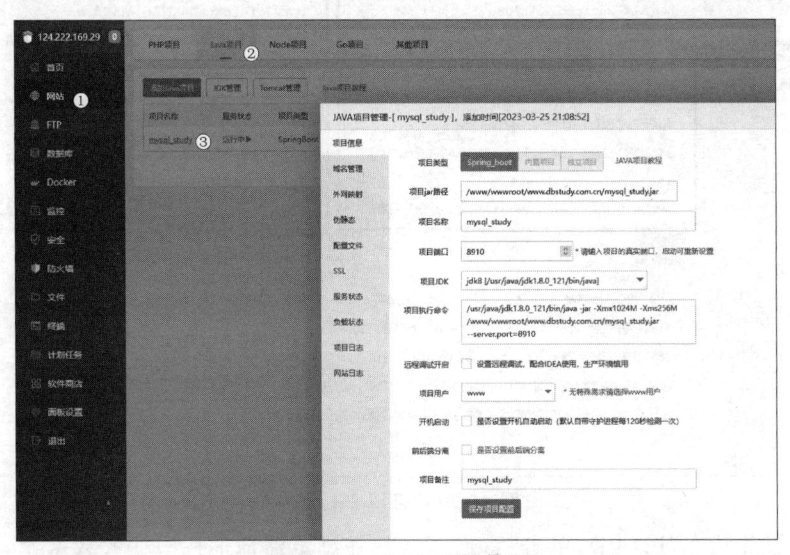

图 15-68　JAVA 项目管理

切换至“域名管理”选项卡，将注册的域名输入并绑定。如图 15-69 所示，本项目绑定的域名为 www.dbstudy.com.cn。

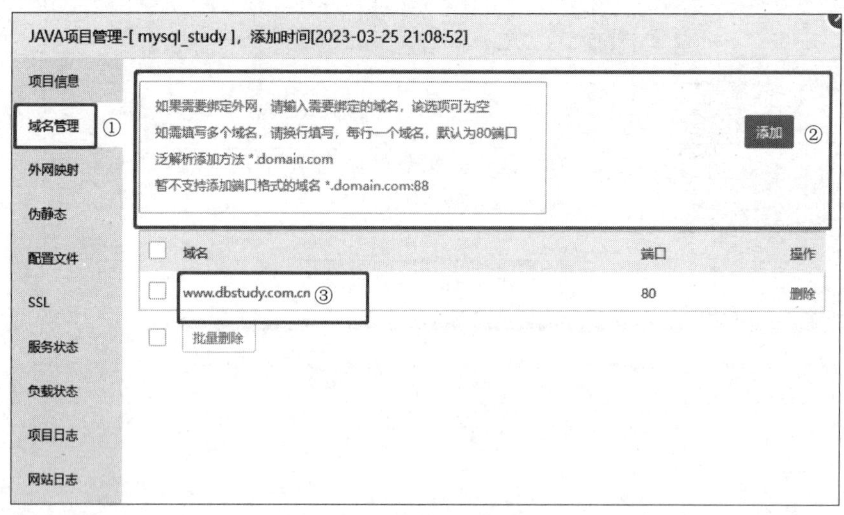

图 15-69 绑定域名

单击“外网映射”选项卡打开外网映射开关。再切换至 SSL 选项卡，将之前下载的 SSL 证书内容（KEY 和 PEM）分别粘贴到对应文本框中，单击“保存”启用证书，如图 15-70 所示。

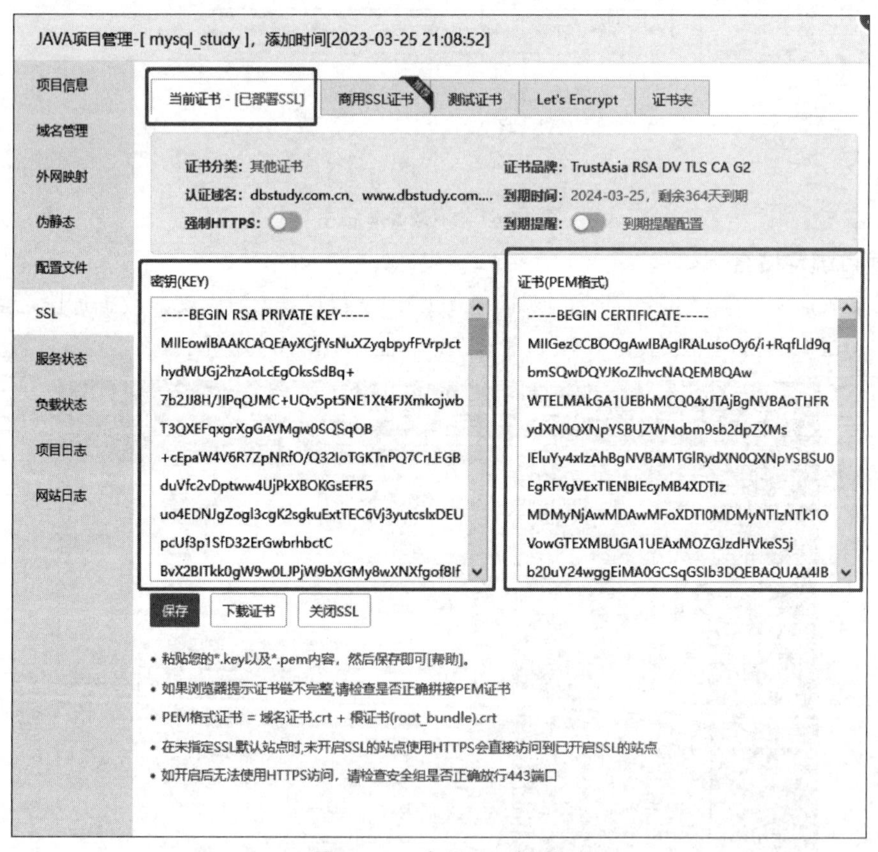

图 15-70 启用 SSL 证书

切换至“服务状态”选项卡，单击“重启”按钮，在浏览器地址栏中输入数据库学习系统所绑定的域名（https://www.dbstudy.com.cn）进行访问，如图 15-71 所示。

图 15-71　通过域名访问数据库学习系统

图书资源支持

感谢您一直以来对清华版图书的支持和爱护。为了配合本书的使用，本书提供配套的资源，有需求的读者请扫描下方的"书圈"微信公众号二维码，在图书专区下载，也可以拨打电话或发送电子邮件咨询。

如果您在使用本书的过程中遇到了什么问题，或者有相关图书出版计划，也请您发邮件告诉我们，以便我们更好地为您服务。

我们的联系方式：

地　　址：北京市海淀区双清路学研大厦 A 座 714

邮　　编：100084

电　　话：010-83470236　010-83470237

客服邮箱：2301891038@qq.com

QQ：2301891038（请写明您的单位和姓名）

资源下载：关注公众号"书圈"下载配套资源。

资源下载、样书申请

书圈

图书案例

清华计算机学堂

观看课程直播